音视频电学基础

王建林 编著

浙江工商大學出版社
ZHEJIANG GONGSHANG UNIVERSITY PRESS
·杭州·

图书在版编目(CIP)数据

音视频电学基础 / 王建林编著. — 杭州 : 浙江工商大学出版社，2020.12

ISBN 978-7-5178-3968-2

Ⅰ. ①音… Ⅱ. ①王… Ⅲ. ①电工技术—教材②电子技术—教材 Ⅳ. ①TM②TN

中国版本图书馆 CIP 数据核字(2020)第 126443 号

音视频电学基础

YINSHIPIN DIANXUE JICHU

王建林 编著

责任编辑 吴岳婷
封面设计 林朦朦
责任印制 包建辉
出版发行 浙江工商大学出版社
(杭州市教工路 198 号 邮政编码 310012)
(E-mail:zjgsupress@163.com)
(网址:http://www.zjgsupress.com)
电话:0571-88904980,88831806(传真)
排　　版 杭州朝曦图文设计有限公司
印　　刷 杭州高腾印务有限公司
开　　本 710mm×1000mm 1/16
印　　张 18.5
字　　数 474 千
版 印 次 2020 年 12 月第 1 版 2020 年 12 月第 1 次印刷
书　　号 ISBN 978-7-5178-3968-2
定　　价 58.00 元

浙江工商大学出版社营销部邮购电话 0571-88904970

前　言

现代传媒艺术类专业需要利用现代化的技术手段去进行艺术作品创作，从专业人员经常要和高科技设备打交道，只有具备了一定的电学基础知识，才能深入地了解这些设备的基本原理及其性能特点，使设备运行在最佳的工作状态，发挥其最大的潜能，从而去熟练地使用它们为自己的创作服务。

音视频制作设备种类繁多，如录音与音响设备、摄录编设备、数字音视频工作站、灯光舞美设备等。从这些设备的电学原理来看，涉及许多课程，比如“电工技术”“电子技术”“电路分析”“高、低频电子线路”“脉冲数字电路”“数字信号处理”等。根据传媒艺术类专业的教学计划来看，学校是不可能像工程技术专业那样开设这么多的电子技术方面课程的，只能选择性开设一两门。因此，需要充分利用有限的一两门课程，对相关的许多门电学课程内容进行整合，用不太多的课时，将可能要用到的电学基础知识进行精炼而实用的讲授。

还有一点就是，艺术类专业学生大多在中学阶段是文科生，理科基础相对较弱，对理工科课程的学习普遍不感兴趣。这就决定了不能使用针对理工科专业学生进行教学的那一套方法和手段进行电学基础教学，否则教学效果很差。再则是对于这些传媒艺术类专业的学生而言，他们只需要了解音视频制作设备的各种功能、基本原理使用特点，从而能够发挥设备的效能，没有必要去深入地学习电路分析和计算的详细过程。这就需要我们对传媒艺术类专业的电学基础课程教学从教学内容、教学要求、教学方法等诸方面进行探索。选择用得着的课程内容，去掉理工科教材中的定量计算和公式推导过程，多结合一些实例来解释每一个基本概念，将一些验证性实验改为操作性、实践性实验，从而激发学生的学习兴趣。

本教材针对艺术类专业学生进行电学基础知识教学过程中存在的这些问题编写。共分为八章，分别为：电与电路、电场与磁场、交流电路、半导体元器件、低频放大电路、高频电子电路、数字电路基础、无线电与信号传输。考虑到艺术类学生的中学物理基础普遍不好，本书用通俗易懂的语言，结合了大量的插图和实例进行讲解，方便学生进行专业学习。

本书主要适用于影视传媒类大专院校的影视多媒体相关专业，也特别适合相关行业的电子技术爱好者自学使用。

浙江传媒学院　王建林

2020 年 8 月

目　录

第一章　电与电路

首先我们来了解电的本质、物质的电结构、基本电路的组成、电路的基本物理量、欧姆定律以及最大功率传递定理等理论基础。部分内容是对中学阶段学过的电学知识进行回顾和进一步理解，也是今后学习音视频电学知识的基础。

第 1 节　电与电量

对于电的现象和电路理论，由于探讨的是人眼看不到的电子的运动规律，所以有时会觉得有点摸不着头脑。但如果我们能从最基础的东西开始，一步一步去理解，就会真正轻松地学习下去。

1.1　摩擦起电现象

在很早的时候，人们就发现了用毛皮摩擦过的琥珀能够吸引羽毛、头发等轻小物体。后来人们发现，摩擦后能吸引轻小物体的现象并不是琥珀所独有的，像树脂棒、硬橡胶棒、硫磺块、水晶或钻石等，用毛皮或丝绸摩擦后，也都能吸引轻小物体(如图 1.1.1 所示)。

物体有了这种吸引轻小物体的性质，就说它带了电(希腊人把琥珀叫做“electron”，与“电子”的单词同音)，或带有了电荷，带电的物体叫做带电体。我们将这种用摩擦的方法使物体带电叫做摩擦起电。

图 1.1.1　摩擦起电

实验发现，两根用毛皮摩擦过的硬橡胶棒互相排斥；两根用丝绸摩擦过的玻璃棒也互相排斥；可是，用毛皮摩擦过的硬橡胶棒与用丝绸摩擦过的玻璃棒互相吸引。这表明硬橡胶棒上的电荷和玻璃棒上的电荷是不同性质的电荷。实验证明，所有的物质，无论用什么方法起电，所带的电荷性质或者与玻璃棒上的电荷相同，或者与硬橡胶棒上的电荷相同。因此，认识到自然界中只存在两种电荷；而且，同种电荷互相排斥，异种电荷互相吸引。

实验表明，两种电荷就像正数和负数一样，同种的放在一起相互增强，异种的放在一起相互抵消。为了区别这两种电荷，我们把其中的一种(用丝绸摩擦过的玻璃棒所带的电荷)叫做正电荷；另一种(用毛皮摩擦过的硬橡胶棒所带的电荷)叫做负电荷。电荷的正负本来是相对的，把两种电荷中的哪一种叫做“正”，哪一种叫做“负”，带有一定的偶然性。上述命名法从十六世纪一直沿用到今天。

实验表明，摩擦起电还有一个重要的特点，就是相互摩擦的两个物体总是同时带电的，而且所带的电荷等量异号。

1.2　静电感应与电荷守恒

如图 1.1.2 所示，取一对由玻璃柱支持着的金属柱体 A 和 B，它们起初彼此接触，且不带电。当我们把另一个带电的金属球C移近时，将发现A、B都带了电，靠近C的柱体A带的电荷与C相反，较远的柱体B带的电荷与C相同，这种现象叫做静电感应。如果把感应后的A、B分开，然后移去C，则发现A、B上仍保持一定的电荷。最后如果让A、B重新接触，它们所带的电荷就会全部消失，这表明，A、B重新接触前所带的电是等量异号的。

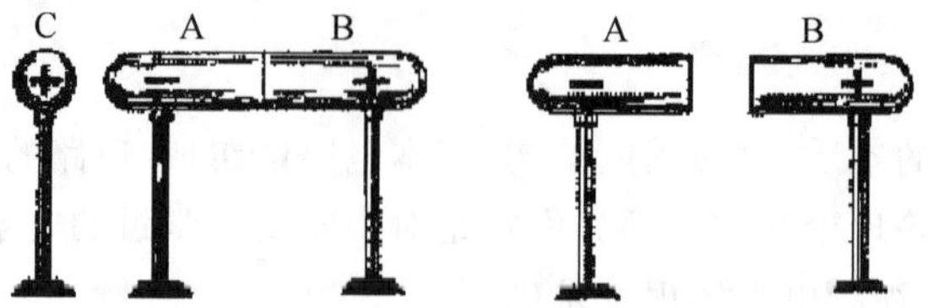

(a)将带电体C移近A、B　　(b)将A、B分开后，移去C

图 1.1.2　静电感应实验

摩擦起电和静电感应的实验表明，产生电的过程是电荷从一个物体（或物体的一部分）转移到另一个物体（或同一物体的另一部分）的过程。摩擦起电时，某种电荷从一个物体转移到另一个物体，从而使得两个物体的电平衡状态遭到破坏，各显电性。比如在电荷转移的过程中，失去它的一方带上正电，获得它的一方带上负电，因此两物体带上等量异号的电荷。在静电感应的现象里也是一样，把带电体C移近时，金属柱A和B中与C同号的电荷被排斥，异号电荷被吸引，于是在A、B之间发生了电荷的转移，使它们带上等量异号的电荷。

从以上一些事实可以总结出如下的定律：电荷既不能被创造，也不能被消灭，它们只能从一个物体转移到另一物体，或者从物体的一部分转移到另一部分，也就是说，在任何的物理过程中，电荷的代数和是守恒的，这个定律叫做电荷守恒定律。电荷守恒定律不仅在一切宏观的过程中成立，近代科学实践证明，它也是一切微观过程（如核反应）所普遍遵守的，它是物理学中重要的基本定律之一。

1.3　导体、绝缘体和半导体

前面的实验中，如果使带电体同玻璃棒的某个地方接触，玻璃棒的那个地方就带上了电荷，可是别的地方仍旧不带电。如果使带电体同金属物体的某个地方接触，那么，不仅接触的地方带了电，而且金属物体的其他部分也带上了电。图1.1.2中金属柱体A、B因静电感应而带的电荷并不会沿玻璃支柱跑掉，但是当它们重新接触时，两边的电荷却能跑到一起而中和。

从许多这类实验中可以得到一个结论，就是按照电荷在其中是否容易转移或传导，可以把物体大致分成两类：一类是电荷能够从产生的地方迅速转移到其他部分的那种物体，叫做导体；另一类是电荷几乎只能停留在产生地方而不能移动的那种物体，叫做绝缘体。金属、石墨、电解液（酸、碱、盐类的水溶液）、人体、大地、电离了的气体等都是导体；玻璃、橡胶、丝绸、松香、硫磺、瓷器、油类、未电离的气体等都是绝缘体。

应当指出，这种分类不是绝对的，导体和绝缘体之间并没有严格的界限。在一定的条件下，物体转移或传导电荷的能力（称为导电能力）将会发生变化。例如，绝缘体在强电力作用下，将被击穿而成为导体。另外，还有许多物质，它们的导电能力介于导体和绝缘体之间，而且对温度、光照、杂质、压力、电磁场等外加条件极为敏感，这类物质就是本课程后面要学的半导体。

1.4　物体带电的本质

近代物理学的发展已使我们对带电现象的本质有了深入的了解。物质是由分子、原子组成的，而原子又由带正电的原子核和带负电的电子组成(如图 1.1.3)。原子核中有质子和中子，中子不带电，质子带正电。一个质子所带的电量和一个电子所带的电量数值相等，也就是说，如果用 e 代表一个质子的电量，则一个电子的电量就是 $-e$ 。

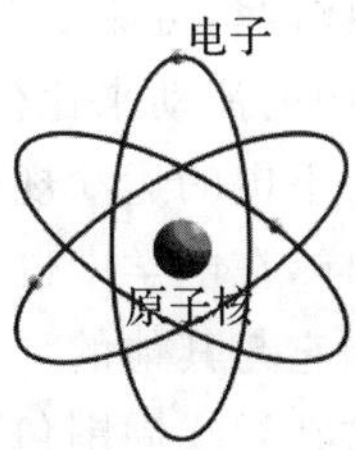

图 1.1.3　物质的原子结构

物质内部固有地存在着电子和质子这两类基本电荷正是各种物体带电过程的内在根据。由于在正常情况下物体中任何一部分所包含的电子的总数和质子的总数是相等的，所以对外界不表现出电性。但是，如果在一定的外因作用下，物体(或其中的一部分)得到或失去一定数量的电子，使得电子的总数和质子的总数不再相等，物体就呈现电性。

两种不同材料的物体互相摩擦之所以都会带电，是因为通过摩擦，每个物体中都有一些电子脱离了原子核的束缚，并跑到另一物体上去了。但是，不同材料的物体彼此向对方转移的电子数目往往不相等，所以总体上讲一个物体失去了电子，另一个物体得到了电子，结果失去电子的物体就带正电，得到电子的物体就带负电。因此，摩擦起电就是通过摩擦作用，使电子从一个物体转移到另一个物体的过程。

在金属导体里，原子中的最外层电子(价电子)可以摆脱原子的束缚，在整个导体中自由运动，这类电子叫做自由电子。在固态金属中，自由电子在晶体点阵间跑来跑去，像气体的分子那样作无规则运动，这就是金属微观结构的经典图像。

图 1.1.2 所示的静电感应现象可以解释如下。当我们把带正电的物体移到金属导体的附近时，导体内的自由电子就受到正电荷的吸引力，向靠近带电体的一端移动。结果导体的这一端就因电子过多而带负电，另一端则因电子过少而带正电。从这里可以看出，感应带电实际上是在外界电力的作用下，自由电子由导体的一部分转移到另一部分造成的。

总之，一切导体之所以能够带电，是因为它们内部都存在着可以自由移动的电荷，这种电荷叫做自由电荷。在不同类型的导体中，自由电荷的微观本质是不一样的。金属中的自由电荷就是自由电子。在电解液中，自由电荷不是电子，而是溶解在其中的酸、碱、盐等溶质分子解离出的正负离子。

在绝缘体中，绝大部分电荷都只能在一个原子或分子的范围内作微小的位移，这种电荷叫做束缚电荷。由于绝缘体中的自由电子很少，所以它们的导电性能很差。

上述物质结构的图像表明，电荷的量值是不连续的(近代物理学中称做“量子化”)。电荷的量值有个基本的单元，即一个电子或一个质子所带的电量的绝对值 e ，每个原子核、原子或离子、分子，以至宏观物体所带的电量，都只能是这个基本电荷 e 的整数倍。经测量表明，这个基本电荷的量值为

$$e = 1.602 \times 10^{-19} \text{(库仑)}$$

库仑是科学家规定的电量的单位，简称库，用[C]表示。根据上式我们也可以说1库仑的电量是基本电荷的

$$1/(1.602 \times 10^{-19}) = 6.24 \times 10^{18} \text{倍。}$$

1.5 电流

电荷在许多金属体和大地等导电物体内均可流动。在电学中把电荷的流动形成的相当于水流的东西称为电流。我们用水在水管中的流动来比作电荷在导体中的流动，其本质的确非常相似，因此在这里按照这种思路探索一下电的运动规律以及各要素之间的关系。

如同有不浪费水流的水渠或水管那样，在电学中也有被用于电流流动的通道，把这种通道称为导体或导线。若导线是裸露的，则当它与其他的导体接触时电荷会脱离原来的通道流到别处。为了防止这种情况发生，我们通常在导线周围包一层不导电的绝缘体材料防止电荷流到别处去。

现在我们来说明电流即电荷的定向移动是怎样形成的，图1.1.4中示出了带正电的A球和带负电的B球。在这两个球之间用铜线或其它导体连接时，多余的电子通过导线从B移动到A，当两个球中电子的数量相等时电子的移动就停止了。这时两个球中电子的数量差当然就消除了。我们把电子的这种流动称为电流。

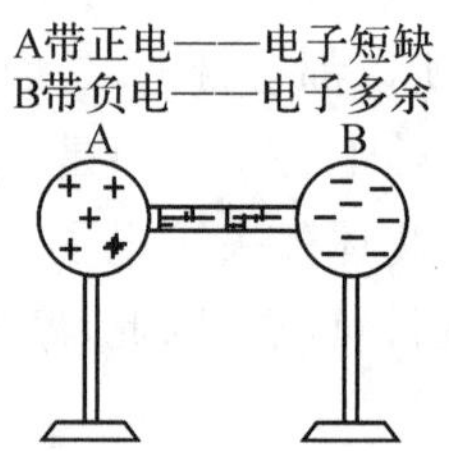

图 1.1.4 电流的形成

水流的速度以每秒流动多少立方米来衡量，电流的速度也以每秒移动多少电荷量来度量。为了计量电流的强弱，我们规定了电流强度这一物理量。我们把单位时间内通过导体横截面的电荷量定义为电流强度，用来衡量电流的大小。电流强度常简称为电流，用符号 i 表示，即设在 $\mathrm{d}t$ 时间内，通过导体某一截面的电量为 $\mathrm{d}q$，则电流强度为

$$i = \frac{\mathrm{d}q}{\mathrm{d}t} \tag{1.1.1}$$

式中 q 为电荷量，基本单位为库仑，用符号[C]表示；t 为时间，基本单位为秒，用符号[s]表示；i 为电流，科学家将其基本单位定义为安培，用符号[A]表示。在计量微小的电流时，也可以用毫安[mA]或微安[μA]为单位。

实际上电流的流动就是电子的移动，由于历史的原因，我们规定电子带的是负电荷，我们习惯上规定正电荷运动的方向为电流的实际方向，这恰好是带负电荷的电子运动的相反方向。所以，电子流动的反方向为电流的方向。

如果电流的大小和方向不随时间变化，则我们把这种电流叫做恒定电流，简称直流（简写作dc或DC），它的强度用大写字母符号 I 表示。如果电流的大小和方向都随时间变化，则称为交流电流，简称交流（简写作ac或AC），用小写字母符号 i 表示。我们日常生活中照明用的电就是交流电，声音和图像信号用的也都是交流电。

1.6　电压与电位

如果来自别处的电子要穿过导线而移动，由于导线中通常挤满了电子，就需要外加一定的力，就是说要像图 1.1.5 中那样提供将导体中的电子推出去的力，并重复这个动作使电子不断的通过导体形成电流。使电子产生这样移动的推力也可以说是导线两端的压力，我们称为电压。

图 1.1.5　导体通过电流

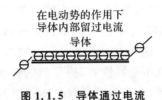

现把电荷流动和水流进行对比，为了使水流动，需要有一定的水位差，如果没有，要用人工的办法形成落差，或者利用水泵。水从高处流向低处，即两点间有水位差时，水就流动。同样我们可以认为电流是在电位差的作用下产生的。

图 1.1.6(a)中将测得的距基准点水面的高度称为水位，两点间的水位的差称为水位差。用相似的方法，我们认为电路中每一点都有一定的电位，将大地作为零电位点。当某设备或元件中有电流流过时，电流流出点的电位一定要比流入点的电位低，该下降的电位称为电位差。水位的高低通常用米来做单位，在此科学家规定了电位的高低用伏特(简称伏，用字母[V]表示)来做单位。

如图 1.1.6(b)所示，把具有 1.5[V]端电压的三个电池叠加起来，设定一个基准点，取该点为参考点 0[V]，(我们一般以大地为 0[V])某点对这一基准点的电压为该点的电位。

a、b、c 各点的电位各为多少伏呢？

测量结果是，a 点：1.5[V]，b 点：3.0[V]，c 点：4.5[V]。

a 点和 c 点间的电位差为：4.5－1.5＝3[V]。

把这样两点间的电位的差叫做电位差，电位和电位差的单位都用伏特[V]。

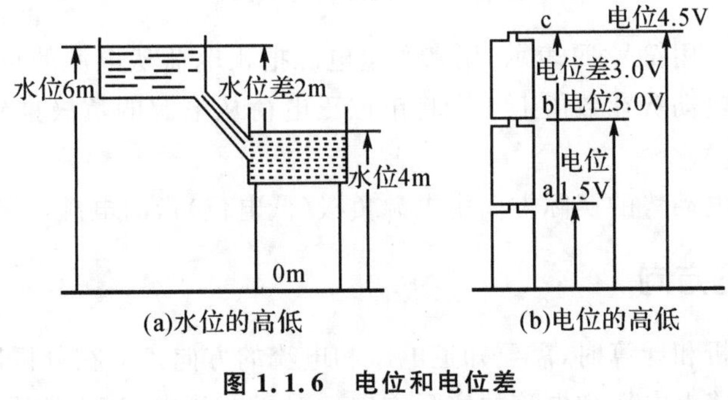

图 1.1.6　电位和电位差

两点间的水位差形成了水压，同样，两点间的电位差形成了电压。表示电压用符号 U 表示，电压的单位用伏特(简称伏)，用[V]表示。用伏作为单位嫌太大时，可以用毫伏[mV]。

1[mV]＝0.001[V]

1[V]＝1000[mV]

用伏作为单位嫌太小时，可用千伏[kV]。

1[kV]=1000[V]

我们习惯上规定电压的方向为由高电位指向低电位的方向。

按照电流和水流对比的思路，如水流比电流、水压似电压，我们还经常会说的“水平”这个词，通常指在某方面达到一定高度，引申指事物在同等条件下的比较结论。如人们常说到某某知识水平很高，这样的话都知其含义所在，水平是相比而言的。我们可以借“水平”来比喻“电平”这一概念，电平用电路中两点或几点的电位高低的相对比值来表示，用“分贝”作单位，记作“dB”。可以说，分贝就是两个量值之比取以 10 为底的对数，然后再乘以一个 10 或 20 倍的系数得到的结果，如 20 $\lg(V_2/V_1)$是两点间电压的相对值，即两点间的电平差。

其实，分贝在声学上应用更多，这是因为声压的分贝数增加或减少一倍，人耳感觉到的响度也提高或降低一倍。即人耳听觉不是线性的，感受到的响度与声压的分贝数成正比。例如蚊子叫声与大炮响声相差 100 万倍，但人的感觉仅有 60 倍的差异，而 100 万倍转换为分贝恰好是 60 dB，所以分贝这一单位在声学领域得到大量的应用。

1.7 电动势

如图 1.1.7(a)所示，为了使水从上水池持续不断地一直流向下水池，需用水泵将下水池的水打到上水池。图 1.1.7(b)能够对电流持续循环起水泵的作用的是干电池。干电池有持续产生电压的能力，在此我们将干电池称为电源，产生的电压称为电动势。

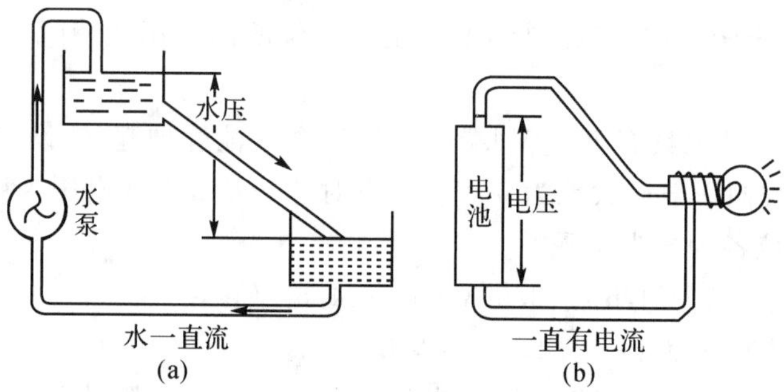

图 1.1.7 电动势的作用

电源的电动势通常用符号 E 表示，用来衡量电源把正电荷从电源的负极经电源内部移动到电源正极的能力。电动势在数值上等于将单位正电荷从电源的负极推到正极的力，电动势的基本单位也用伏特[V]。

我们习惯上规定电动势的实际方向由电源负极(低电位)指向电源正极(高电位)。

1.8 电流和电压的方向

在进行电路的分析和计算时，需要知道电压和电流的方向。但在分析比较复杂的电路时，往往事先难于知道电路上电压和电流的实际方向。对于交流电路，电路上电压和电流的实际方向随着时间的变化而变化，也难于标明电压和电流每时每刻的实际方向。为了便于分析，引入电压或电流的参考方向这一概念。

电压与电流的参考方向是人为设定的，电路图上所标出的电压或电流的方向都是参考方向。参考方向可用箭头标注方向，也可用“+”“-”号标注。通常，电流的参考方向在电路图上用箭头表示。电压的参考方向既可以用箭头表示，也可以在电路元件或支路的两端用“+”

“－”符号来表示。“＋”符号表示高电位端，“－”符号表示低电位端。电压的参考方向是由“＋”符号指向“－”符号的。

由于电压、电流的参考方向不一定是他们的实际方向，所以，此时的电压、电流就成为有正、负值之分的代数量。经过分析计算，若为正值，则电压、电流的实际方向与参考方向一致；若为负值，则电压、电流的实际方向与参考方向相反。如图 1.1.8 所示(图中的矩形方框符号代表一个电阻元件，以后我们会学到)。

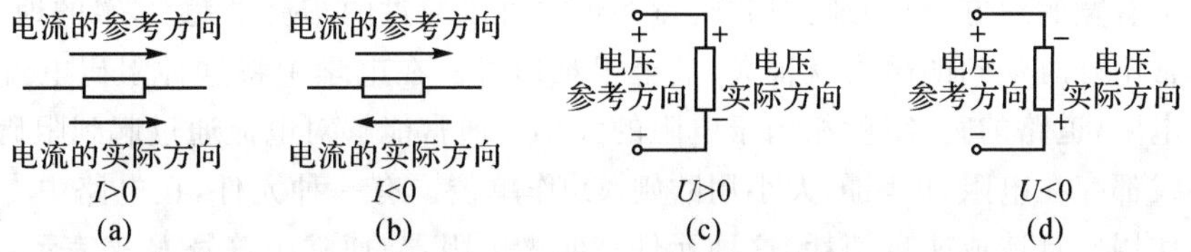

图 1.1.8 电流与电压的参考方向

原则上参考方向是可以任意选择的，但在分析某一个电路元件的电压与电流的关系时，为了简单起见，常把同一电路元件或支路上的电压和电流的参考方向选取得一致，称为关联参考方向。当采取关联参考方向后，在电路元件或支路上只需标出电压(或电流)的一个参考方向就可以了。

[例题 1.1] 图 1.1.9 中，已知流过电阻元件的直流电流为 4[A]，参考方向由 a 至 b，试问如何表明这一电流？

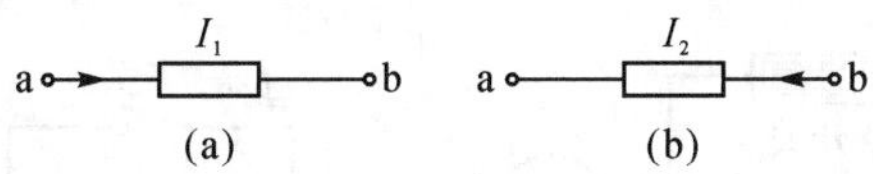

图 1.1.9

解：有两种表示方式：

(1)用图 1.1.9(a)所示的 I_1 表示，则

$$I_1 = 4[\mathrm{A}]$$

这是因为 I_1 的参考方向与电流的实际方向一致。

(2)用图 1.1.9 (b)所示的 I_2 表示，则

$$I_2 = -4[\mathrm{A}]$$

这是因为 I_2 的参考方向与电流的实际方向相反。

显然，这两种表示方式之间的关系为

$$I_1 = -I_2$$

第 2 节 电路的构成

各类电器、电子设备都是由各种各样的电路组成的。电路是应用电的最基本形式，学习电路原理也是学习音视频技术的基础。这一节将各种电路的具体形式抽象出来，去探求各种电路构成的普遍规律，从中学习电路的基本理论。

2.1 电路组成和作用

我们作一个比方，当驾车外出旅行时，需要沿着通畅的道路行驶，在汽车发动机动力驱使下车可以开得飞快，经过一定的路程旅行后又要返回家中。与此相同，电也有电流流通的通路（导线），通常需要有使电流流动的源动力（电源），在其产生电压的作用下，从始点出发，最后又返回到那里，即形成一个回路（闭路）。

在道路上有宽的地方、窄的地方那样，宽的地方可以通过的车流量就大，窄的地方就小，尤其是路况非常不好时受到的阻力就很大，甚至很难通过。在电学中将这种阻碍电流顺利通过的阻力称为电阻，道路的宽、窄就相当于电阻的大小。通常能够对电流通过起到阻碍作用的电路元件或导线都存在电阻，电阻的大小用欧姆[Ω]作单位。有一种元件，在电路中专门对电流通过起阻碍作用并且造成能量消耗，这种元件就叫做电阻器，通常用符号 R 来表示。

接下来，在道路混乱的十字路口，通常设置一些红绿灯，形成限制车辆通过的闸门。这在电路中相当于开关。

在电学中，电源（使电流流动的原动力）、导体（接线）、电阻（各种电器）、开关这些元素被组合起来，就形成了电流流通的通路，我们称之为电路。现实中它是由一些电气设备或元件为了实现某一功能而按一定方式组合起来的。

用电就要涉及电路，实际电路组成的方式是多种多样的，例如干电池手电筒的直流电路即是一个简单电路，如图 1.2.1 所示为电路的组成，图(a)为干电池、开关、灯泡组成的实际电路；图(b)为符号表示的电路。

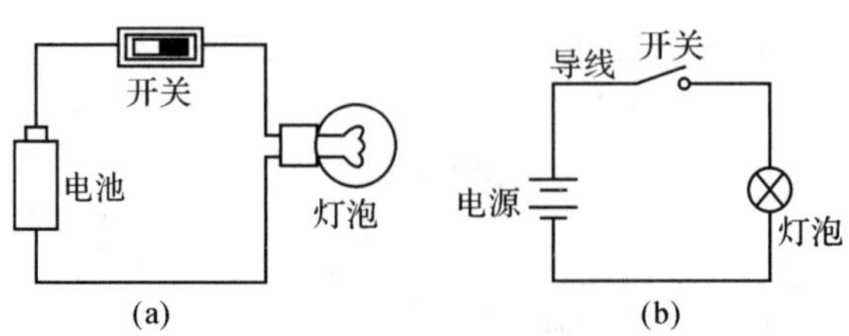

图 1.2.1　手电筒电路原理图

实际电路往往十分复杂，例如我们的收音机和电视机内部往往含有数百至数千个电路元件，相互连接成为一个庞大的电路系统。不管电路的结构是怎样的简单和复杂，电路都包含电源、负载和中间环节这三个基本组成部分。

(1)电源。

电源是向电路提供电能或信号的电器元件或设备、装置，它给电路提供电能。这些电能可以由其他形式的能量转换而来，如把化学能、光能、机械能等非电能转换为电能。常见的电源有蓄电池、干电池、太阳能电池和发电机、信号源等。也可以由某一种形式的电能转换为另一种形式的电能（如交流电能转换成直流电能的稳压电源）。

(2)负载。

负载是取用电能的设备，通常也称为用电设备。它是将电能转换成其他形式能的元器件，可以将电能转换为光能、热能、机械能或转换为声音、图像信号。如电灯、电动机、扬声器、电视机等。

(3)中间环节。

中间环节起传递、分配、处理、控制电能或电信号的作用，如电线、变压器、开关等等。其作用是将电源和负载连接起来形成闭合电路，并对整个电路实行控制、保护及测量。它主要包括：连接导线、控制电器（如开关、插头、插座等）、保护电器（如熔断器等）、测量仪表（如万用表等）。

最简单的中间环节就是开关和导线，导线通常是由外部包着绝缘材料的铜线或铝线制成，对于一个实际电路，中间环节也可以是相当复杂的，它可由各种元器件或设备组成复杂电路，一般中间环节还包括保护和测量设备。

图 1.2.2 所示为一扩声电路的示意图。

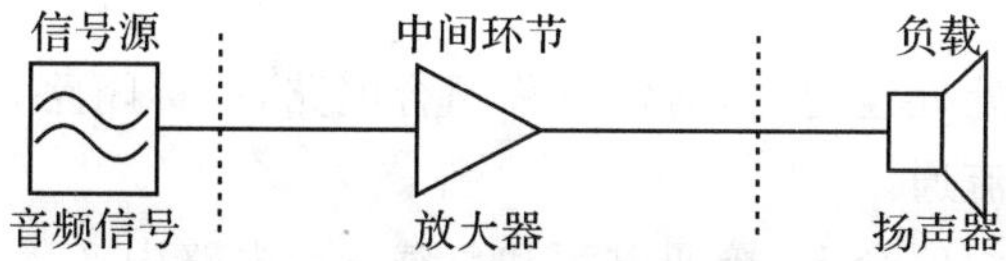

图 1.2.2　扩音机电路示意图

电路具有两个主要功能：其一，在电路中随着电流的流动，它能实现电能与其他形式能量的转换、传输和分配。例如，发电厂把热能（通过煤的燃烧）转换成电能，再通过变压器、输电线送到各用户，用户把它们再转换为光能（照明）、热能（加热电器）和机械能（电动机）加以应用。其二，电路可以实现信号的传递和处理。通过电路可以把输入的信号变换或“加工”成其他所需要的输出。例如，一台电视机，其天线接收到的是一些很微弱的电信号，这些微弱的信号必须通过调谐环节选择到某个频率信号，在经过一系列的放大环节，最后从输出端重现能满足工作需要的图像、声音信号。

根据电路中电流性质的不同，电路可分为直流电路和交流电路。电路中的电压和电流不随时间变化的电路称为直流电路，而电路中的电压和电流随时间变化的电路称为交流电路。

2.2　电路模型

电路中的电源、负载等器件都是电路元件，由于实际电路元件的电磁性质往往较为复杂，为了便于对实际电路的分析，我们往往将实际电路元件理想化，在一定的条件下忽略其次要的电磁性质，用足以体现其主要电磁性质的理想化的电路元件来表示，称为理想电路元件。

理想电路元件是具有某种单一的确定电磁性质的假想元件，例如能够提供能量，或将其它形式的能量转换为电能的电源元件；只消耗电能，并能将电能转换为热能的电阻元件。后面还将要学到的最基本的理想电路元件有：只表示磁场效应，具有储存或释放磁场能量性质的电感元件；只表示电场效应，具有储存或释放电场能量性质的电容元件等等。其常用电路符号如图 1.2.3 所示。

由理想电路元件组成，并用规定的图形符号表示的电路称为电路模型。手电筒电路的电路模型如图 1.2.4 所示。在这里灯泡用电阻 R_L 表示，干电池是用理想电源 U_s 和电池内电阻 R_s 表示；开关用 K 表示，导线的电阻忽略不计。

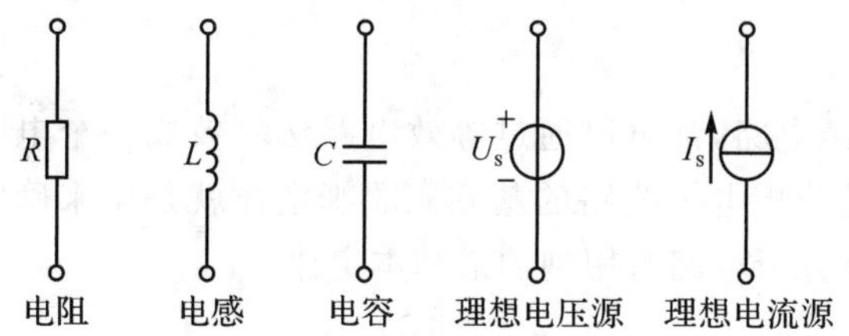

图 1.2.3　理想电路元件的符号

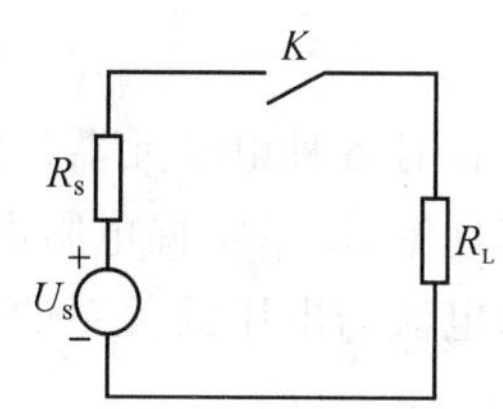

图 1.2.4　手电筒电路模型

为了具体地、有效地表示电路,使用电气图形符号。关于更多的电路元件图形符号,将在以后的章节中逐渐学到。

2.3 电路的工作状态

电路在不同的工作条件下,会处于不同的状态,并具有不同的特点。电路主要有通路、开路、短路三种工作状态。

(1)通路状态

通路状态是指电路是处处连通的,通常也称闭合电路,简称闭路,只有在通路的情况下,电路才能有正常的工作电流流通。

图 1.2.5(a)中,把开关 K 合上,接通电源和负载 R_L,电路中产生了电流,电路即处于通路状态。

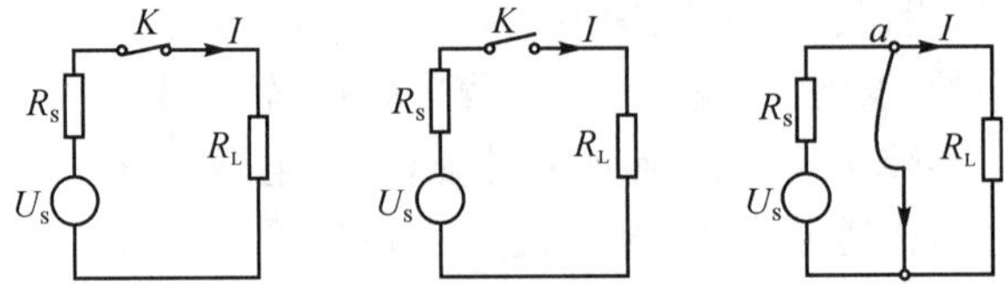

(a)通路状态　(b)开路状态　(c)短路状态

图 1.2.5　电路的工作状态

(2)开路状态

开路指电路中某处断开、不成通路的电路,开路状态也称为断路状态。此时电路中没有电流,不能正常导通。

图 1.2.5(b)的电路中,将开关 K 打开,则电路不通,此时电路所呈现的状态就是开路状态。在这种状态下,电路中的电流为零,电源的输出电压等于电源的电动势。

(3)短路状态

短路是指电路(或电路中的一部分)被短接,如负载或电源的两端被一根导线连在一起,就成为短路,如图 1.2.5(c)所示。此时电路的负载电阻将变为 0,电源将会输出非常大的电流通过短路线形成回路,一般会损坏电源设备。

短路通常是一种严重的事故,在供电线路中一般是不允许出现的。产生短路的原因主要是接线不慎或线路绝缘老化损坏。因此在电路接线时应尽量避免接错,还应该经常检查电气设备和线路的绝缘状况。此外,为了防止短路事故所造成的严重后果,通常在电路中安装熔断器或其他自动保护装置,一旦发生短路,能迅速自动切断故障电路,从而防止事故扩大。

第 3 节　电阻和欧姆定律

任何一个含有各种电子元器件的复杂电路,都可以通过等效电路法等效成一个电阻电路来进行分析和理解,所以掌握电阻电路是分析电子线路的基础。欧姆定律就是用来确定电阻电路中各部分电流与电压的关系的,它是分析电路时用到的最基本定律。

3.1　电阻

上一节我们讲到过电阻，电路中对电流通过有阻碍作用并且造成能量消耗的元件叫做电阻。用 R 来表示，大小的单位是欧姆[Ω]。电阻的重要特征就是对电荷的运动呈现阻力，它具有阻碍电流流动的性质。

(1)物体的电阻

根据电阻值的大小，可以将物体分为导体和绝缘体。电阻值小，电流容易流过的物质称为导体；电阻值大，几乎没有电流流过的物体为绝缘体。银和铜的电阻值较低，因此电线常为铜线，而银常用于音频制品。相反，电阻值大的瓷器常用于高压传输线路中的绝缘子。锗和硅的性质介于导体和绝缘体之间，因此被称为半导体。由于半导体具有各种各样的特性，所以广泛应用于晶体管、计算机等中。

导电物体的电阻由导体的材料、横截面积和长度决定。

$$R=\rho\cdot\frac{l}{S} \tag{1.3.1}$$

式中：l 表示导体的长度，S 表示导体的横截面积，ρ 为一个与导体导电性能有关的常数，称为导体的电阻率。

电阻元件或任一段导体的电阻与它本身的材料性质及几何尺寸有关，还与外界温度有关。

电阻元件的特性也可以用另一个参数——电导 G 来表示，它表示的是元件传导电流的能力。电导与电阻的关系是：

$$G=\frac{1}{R} \tag{1.3.2}$$

电导的单位是西门子，简称“西”[S]。

可见，同一线性电阻的电阻值和电导值互为倒数，即

$$R=\frac{1}{G}\text{或}G=\frac{1}{R}$$

(2)电阻器

在电子电路中，为了控制电流和电压，需要用到专门的电阻元器件，我们通常叫做电阻器，简称电阻。电阻器是电子电路中使用频率最高、应用量最大的最基本的电子元器件。电阻器在电路中起一个电阻的作用，在许许多多电路中，为了电路的正常工作，需要带有一定电阻值的电阻，此时就使用电阻器来完成这一任务。

①电阻器外形特征

图 1.3.1 是普通电阻器的外形特征示意图。图(a)是最常见的普通电阻器外形特征示意图，图(b)是无脚电阻器(又叫贴片电阻元件)外形特征示意图。

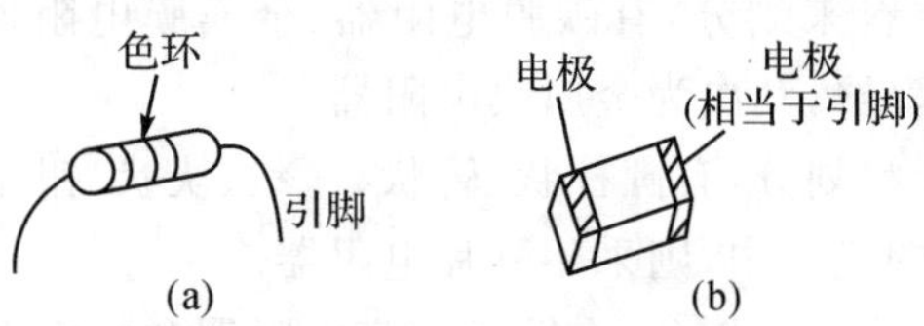

图 1.3.1　普通电阻器的外形图

普通电阻器的具体特征如下：

a. 普通电阻器通常是细而长的圆柱式形状，体积有大有小，电阻器的体积愈大，其能承受

的电功率愈大。

b. 电阻器有两根引脚，不分正、负极性，常见的电阻器两根引脚沿轴线方向伸出，引脚可以任意弯曲。

c. 现在用得最多的是色环电阻器。其上一般有四条色环（此外，还有三条、五条色环电阻器），这些色环用来表示该电阻器的阻值大小。对于非色环电阻器，在电阻器上会直接标出阻值等参数。

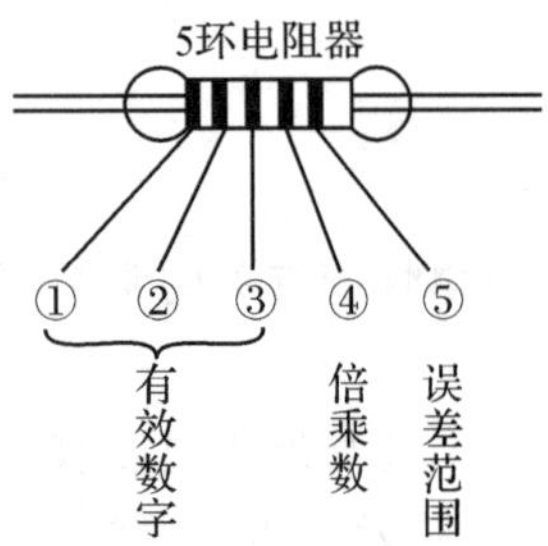

图 1.3.2　色环电阻

表 1.1.1　各色环的读数

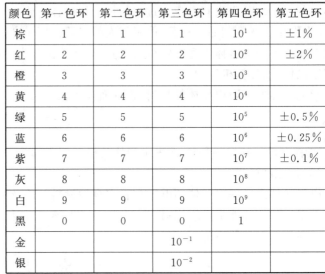

颜色	第一色环	第二色环	第三色环	第四色环	第五色环
棕	1	1	1	10^1	±1%
红	2	2	2	10^2	±2%
橙	3	3	3	10^3	
黄	4	4	4	10^4	
绿	5	5	5	10^5	±0.5%
蓝	6	6	6	10^6	±0.25%
紫	7	7	7	10^7	±0.1%
灰	8	8	8	10^8	
白	9	9	9	10^9	
黑	0	0	0	1	
金			10^{-1}		
银			10^{-2}		

d. 电阻器的阻值大小与它的体积大小之间没有联系，阻值大的电阻器不一定体积大，体积很小的电阻器也可以是阻值很大的电阻器。

e. 无脚元器件的特点是这种元器件没有引脚，体积非常的小，主要用于一些小型化的电子设备中，如用于手机、各种红外遥控器等微型设备中。无脚元器件安装时与普通的电子元器件也不同，它安装在线路板的背面，直接与铜箔线路相焊接。

(2)电阻的种类

电阻器种类很多，除了普通的电阻器，此外还有一些特殊的电阻器，例如热敏电阻器、光敏电阻器等，这里仅根据实际使用情况作简单的分类介绍。

①按照电阻器在电路中的性能划分，有普通型电阻器和特殊型电阻器。前者广泛应用于电子电路中，是目前大量使用的电阻器；后者主要用于一些特殊要求场合，如热敏电阻器可以用来构成电视机的消磁电路，压敏电阻器可以用于彩色电视机的过电压保护电路中，湿敏电阻器可以用于录像机的结露保护电路中作为传感元器件等。

②按照制造电阻器的材料来划分，有碳膜电阻器、金属膜电阻器、合成膜电阻器等多种。目前，用得最多的是碳膜电阻器，其次为金属膜电阻器。

③按照电阻器的外观形状划分，有圆柱状、管状、片状、块状、钮扣状等，目前常用的是圆柱形电阻器，在一些体积较小的机器中，则采用贴片电阻器。

④按照电阻器阻值的制造精度划分，有普通精度电阻器和精密电阻器，精密电阻器的阻值误差很小，民用电子设备中使用的是普通精度的电阻器。

⑤根据阻值的变化与否，有固定电阻、可变电阻和电位器。

一般电阻器的阻值都由一系列标称系列值来标注出（具体有关电阻的标称系列值在实验

课上讲,也可参考有关手册),另外还要给出电阻的功率大小。

电阻的应用非常普遍,比如电热器、灯泡等就是利用可以阻碍电流的电阻丝,使之转化为热或者光,电阻在我们的日常生活中起着十分重要作用。

3.2　欧姆定律

在中学物理课中,我们学习过欧姆定律,其内容是说:一个电阻元件中所通过的电流 I 与该元件两端电压 U 之间的关系是:

$$I=\frac{U}{R} \tag{1.3.3}$$

或

$$U=IR \tag{1.3.4}$$

式中的 R 是该电阻元件电阻。

由上式可知,当所加电压一定时,电阻 R 愈大,则电流 I 愈小。

欧姆定律表示:通过它的电流与其两端的电压成正比;而与其本身的电阻大小成反比。显然,电阻具有对电流起阻碍作用的物理性质。

在国际单位制(SI)中,电阻的单位是欧姆[Ω]。当电阻两端的电压为 1[V]、通过的电流为 1[A]时,则该电阻的电阻值为 1[Ω]。

计量高电阻时,则以千欧[kΩ]或兆欧[MΩ]为单位。

当电阻的电压和电流采用的方向与参考方向不一致时,则得

$$U=-IR \tag{1.3.5}$$

当电流和电压的正方向选取得不一致时,电压和电流,必须有一个为正值,另一个为负值。为了使等式成立,因此上式中要有负号。

[**例题 1.2**] 应用欧姆定律对图 1.3.4 所示的电路列出式子(注意图中电压和电流的参考方向),并求电阻 R 的值。

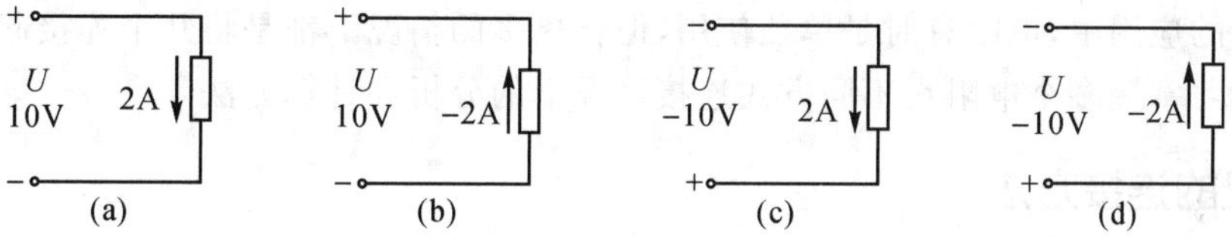

图 1.3.4　例题 1.2 图

解:图 1.3.4(a)

$$R=\frac{U}{I}=\frac{10\text{V}}{2\text{A}}=5\Omega$$

图 1.3.4(b)

$$R=-\frac{U}{I}=-\frac{10\text{V}}{-2\text{A}}=5\Omega$$

图 1.3.4(c)

$$R=-\frac{U}{I}=-\frac{-10\text{V}}{-2\text{A}}=5\Omega$$

图 1.3.4(d)

$$R=\frac{U}{I}=\frac{-10\text{V}}{-2\text{A}}=5\Omega$$

3.3 电阻的伏安特性

在直角坐标系中，以外加的电压为纵坐标，以通过电阻的电流为横坐标，对应于一系列电压和电流值，得到一条通过坐标原点的直线，这就是电阻的电压-电流关系曲线，简称伏安特性，见图 1.3.5(a)所示。这条直线的斜率就等于电阻的电阻值。

可以看出电阻的伏安特性在坐标平面上是一条直线，我们将具有这种直线形伏安特性曲线的元件称为线性元件。全部由线性元件组成的电路叫线性电路。

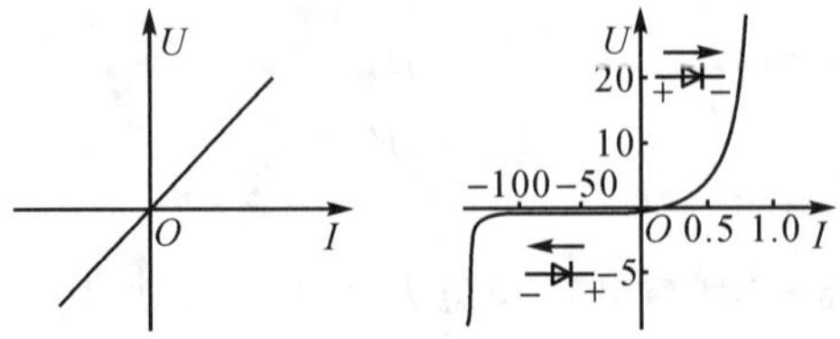

(a)线性元件伏安特性　　(b)非线性元件伏安特性

图 1.3.5　元件的伏安特性

与这种情况相对应的是，有些元件的电压-电流不是简单的正比关系，表现在伏安特性上就不是直线，而是曲线。如图 1.3.5(b)所示的半导体二极管(后面将讲到)的伏安特性曲线，这种类型的元件叫非线性元件。

显然，欧姆定律只适用于线性电阻元件，而不适用于非线性元件。如热敏电阻、光敏电阻，以后要学习的二极管、三极管等半导体材料呈现的电阻特性也大多是非线性的。

第 4 节　电阻的串并联

在实际的应用中，电阻有时是单独使用，但在更多的情况下都是将几个连接起来使用。本节我们要学习掌握多个电阻在不同方式连接情况下的分析和计算方法。

4.1 电阻的连接方法

节日里在树枝上挂上发出各种各样颜色光的彩灯，当它忽亮忽灭时，就营造出一种奇妙的气氛。被挂在树上的灯泡一个接一个地串联连接，在其中的一个灯泡内装有双金属片(使热膨胀系数高的金属和热膨胀系数低的金属粘在一起成为一块金属板)的自动开关，当双金属片脱开时，灯泡就全部熄灭。双金属片因灯丝发热而变形使开关断开，冷却时则复原，使开关重新接通。圣诞树的电灯泡则因此一会儿点亮、一会儿熄灭。

家庭中的灯泡连接方法与节日彩灯不同，家庭中的许多灯泡中，即使取下一个灯泡，其他灯泡仍连通着。圣诞树的灯泡不是这样，即使没有双金属片动作，只要取下一个灯泡，全部灯泡就都熄灭。

每个灯泡其实就是一个电阻负载，所以把多个电阻连接起来有两种方法：一种是图 1.4.1(a)所示的串联，另一种是图 1.4.1(b)所示的并联。这两种连接方法是把多个电阻进行各种连接时的基本连接方法。

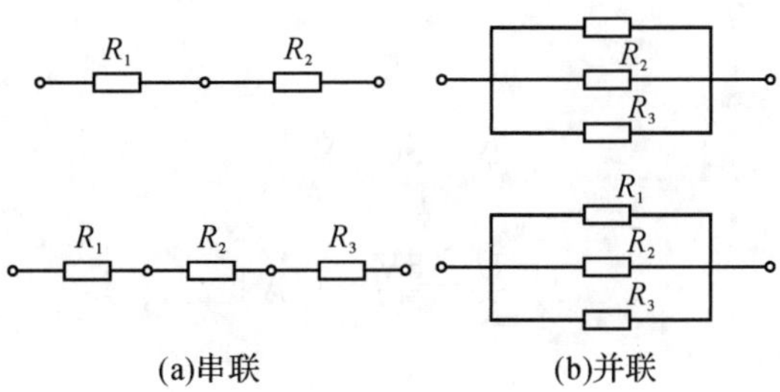

图 1.4.1　电阻的串并联

串联是一个电阻的电流出口与另一个电阻的电流入口相连接的方法。因此,两个电阻的电流相同。

并联是两个电阻的电流入口与入口、出口与出口相连接的方法。这时两个电阻上所加电压是相同的。

4.2　串联电路、并联电路的计算方法

(1)串联电路的计算

如图 1.4.2 所示,两个相同的灯泡串联时,其亮度要比用一个时暗。两个灯泡串联的电路相当于两个电阻的串联,灯泡变暗是因为流过灯泡的电流减小引起的。由欧姆定律可知,电源电压相同时,如果电流减小,则说明电阻变大了。可以得出结论,电阻串联时电阻增大。

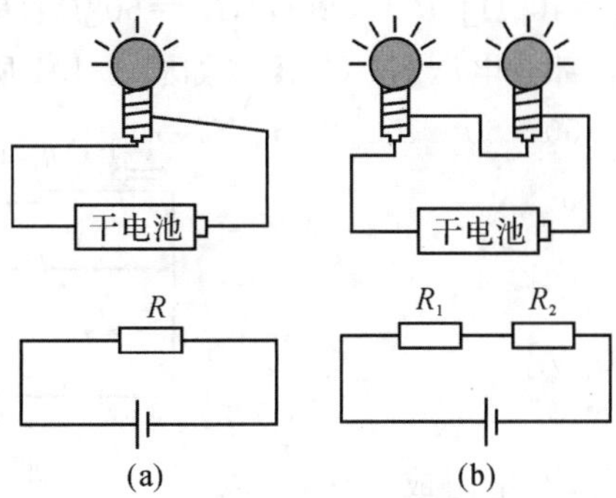

图 1.4.2　灯泡的串联

①串联等效电阻

在图 1.4.3 中,$R_1=2[\Omega]$,$R_2=3[\Omega]$,两个电阻串联后两端加 5[V]的电压。在此电路中流过的电流为 I,R_1、R_2 上的电压分别为 U_1、U_2,即

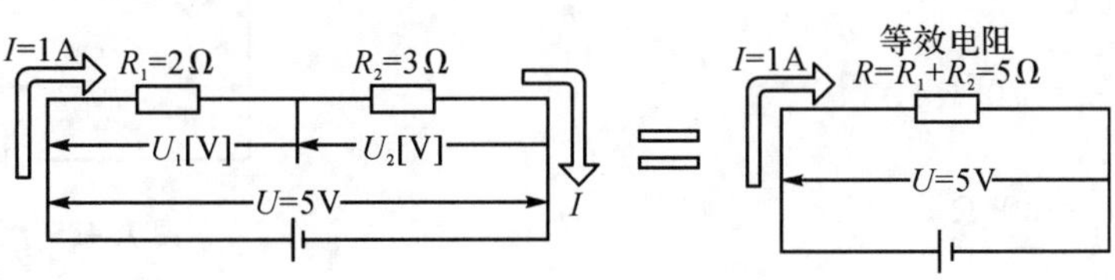

图 1.4.3　串联的等效电阻

$$U_1=R_1I \quad U_2=R_2I$$

$$U=U_1+U_2=R_1I+R_2I=(R_1+R_2)I$$

所以：$R=R_1+R_2=5[\Omega]$

总电阻：

$$R=R_1+R_2 \tag{1.4.1}$$

回路电流

$$I=\frac{U}{R}=\frac{5V}{5\Omega}=1[A]$$

流向各电阻的电流相同。

所以说，串联电路的总电阻是各个串联电阻的阻值之和。

②各电阻上所加电压

在电阻中流过电流时，电阻两端出现电压。这是由于电阻所引起的电压降，所以成为电阻的压降。电压降的大小由电阻和电流的乘积而定，而电压是沿电流的方向下降的。图 1.4.3 中

$$U_1=IR_1=2[V] \quad U_2=IR_2=3[V]$$
$$U=U_1+U_2=R_1I+R_2I=5[V]$$

串联各电阻上所加的电压之和等于回路两端所加电压。

③串联电路的计算

在计算串联电路的电流时，先计算等效电阻，再用等效电阻除电源电压就可求得。各电阻上的电压用电路电流乘电阻就可以了。

[例题 1.3] 三个电阻（$R_1=40[\Omega]$，$R_2=50[\Omega]$，$R_3=60[\Omega]$）串联接于 3V 电源上，计算等效电阻 R、电路中的电流 I 和各部分电压 U_1、U_2、U_3（如图 1.4.4 所示）。

解：$R=R_1+R_2+R_3=40+50+60=150[\Omega]$

$I=\frac{U}{R}=\frac{3}{150}=0.02[A]=20[mA]$

$U_1=IR_1=0.02\times 40=0.8[V]$

$U_2=IR_2=0.02\times 50=1.0[V]$

$U_3=IR_3=0.02\times 60=1.2[V]$

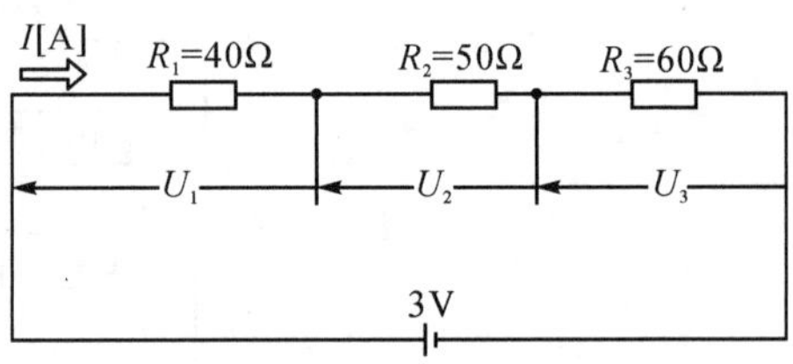

图 1.4.4 例题 1.3 图

因为电阻中有电流时电压降与电阻成正比，所以如果两个电阻串联时，电压按一定比例分压。

[例题 1.4] 用电阻把 10[V]电压分成 7[V]和 3[V]，两个串联电阻各多少？设总电阻为 100[Ω]（图 1.4.5 所示）。

解：$I=\frac{U}{R}=\frac{10}{100}=0.1[A]$

$R_1=\frac{U_1}{0.1}=\frac{7}{0.1}=70[\Omega]$

$R_2=\frac{U_2}{I}=\frac{3}{0.1}=30[\Omega]$

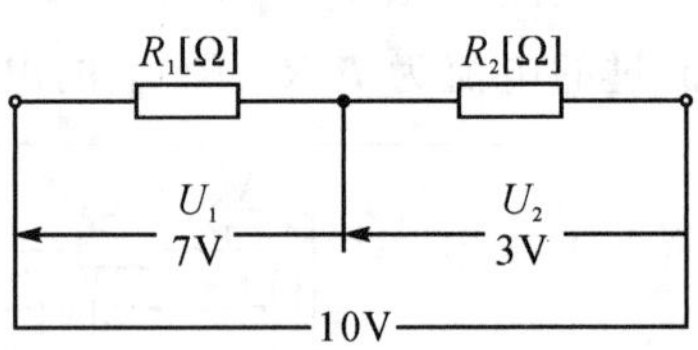

图 1.4.5 例题 1.4 图

(2)并联电路的计算

如图 1.4.6 所示，两个灯泡并联时灯泡的亮度和只接一个时相同，这是因为不管只接一个还是两个以上，每个灯泡中的电流相同。但两个并联时电流增至两倍，故总电阻减至原来的 $\frac{1}{2}$。可见，电阻并联时总电阻值减小。

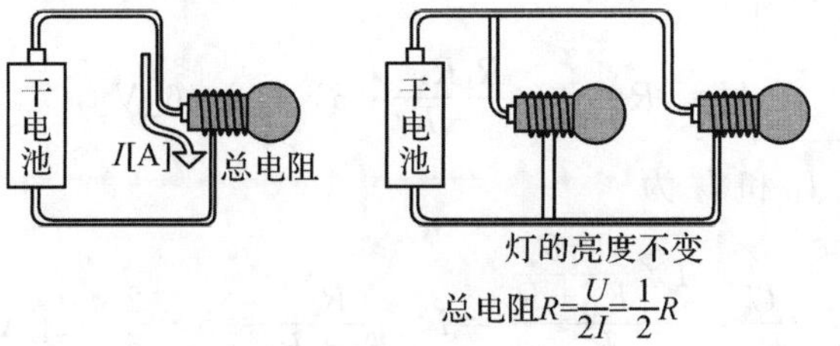

图 1.4.6　灯泡的并联

①并联等效电阻

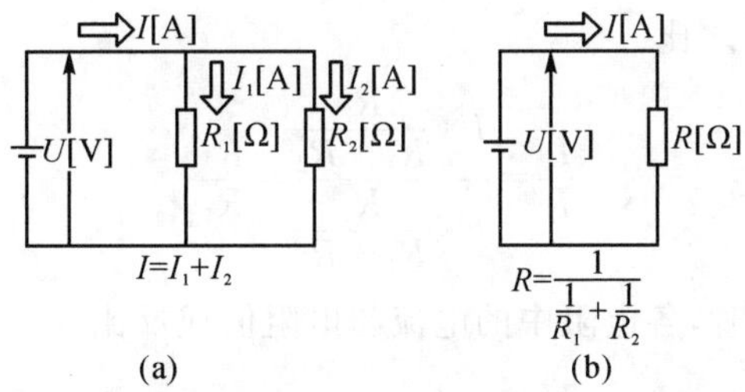

图 1.4.7　并联等效电阻

现求图 1.4.7 中两个电阻 R_1、R_2 并联时的等效电阻。

$$I=I_1+I_2=\frac{U}{R_1}+\frac{U}{R_2}=U\left(\frac{1}{R_1}+\frac{1}{R_2}\right) \tag{1.4.2}$$

因此,并联等效电阻

$$R=\frac{1}{\frac{1}{R_1}+\frac{1}{R_2}}=\frac{R_1R_2}{R_1+R_2} \tag{1.4.3}$$

三个电阻并联时,等效电阻为

$$R=\frac{1}{\frac{1}{R_1}+\frac{1}{R_2}+\frac{1}{R_3}} \tag{1.4.4}$$

②各电阻中的电流

现求两个电阻并联时各个电阻中电流的大小。

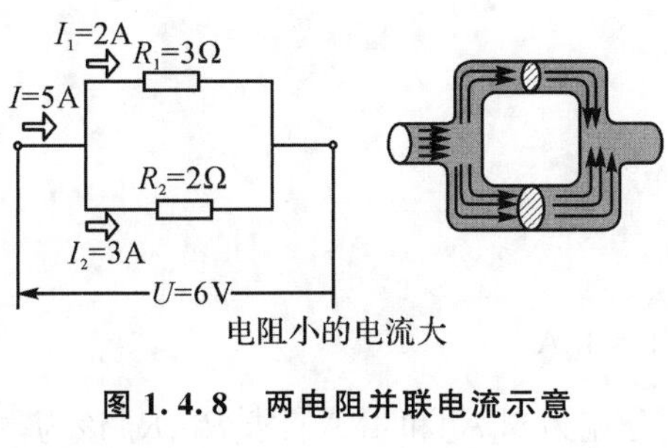

图 1.4.8　两电阻并联电流示意

图 1.4.8 的等效电阻 R 为

$$R=\frac{1}{\frac{1}{R_1}+\frac{1}{R_2}}=\frac{R_1R_2}{R_1+R_2}=1.2[\Omega]$$

电阻两端的电压为

$$U=IR=I\times\frac{R_1R_2}{R_1+R_2}=5\times1.2=6[\mathrm{V}]$$

通过各电阻的电流 I_1 和 I_2 为

$$I_1=\frac{U}{R_1}=\frac{I\times\frac{R_1R_2}{R_1+R_2}}{R_1}=I\times\frac{R_2}{R_1+R_2}=5\times\frac{2}{5}=2[\mathrm{A}]$$

$$I_2=\frac{V}{R_2}=\frac{I\times\frac{R_1R_2}{R_1+R_2}}{R_2}=I\times\frac{R_1}{R_1+R_2}=5\times\frac{3}{5}=3[\mathrm{A}]$$

下面计算一下 I_1 与 I_2 之比

$$\frac{I_1}{I_2}=\frac{I\times\frac{R_2}{R_1+R_2}}{I\times\frac{R_1}{R_1+R_2}}=\frac{R_2}{R_1}\tag{1.4.5}$$

可见，在两个电阻并联时，各电阻中的电流与电阻值成反比。

③并联电路的计算

求并联电路的总电流时，可先求等效电阻，然后用等效电阻除电源电压。另外，也可分别求出各电阻中的电流然后再相加。

[例题 1.5] 三个电阻(2[Ω]、3[Ω]、6[Ω])并联，给此并联电路加上 6[V]电压时，总电流为多少安培？

解 1:等效电阻为

$$R=\frac{1}{\frac{1}{R_1}+\frac{1}{R_2}+\frac{1}{R_3}}=\frac{1}{\frac{1}{2}+\frac{1}{3}+\frac{1}{6}}=1[\Omega]$$

$$I=\frac{U}{R}=\frac{6}{1}=6[\mathrm{A}]$$

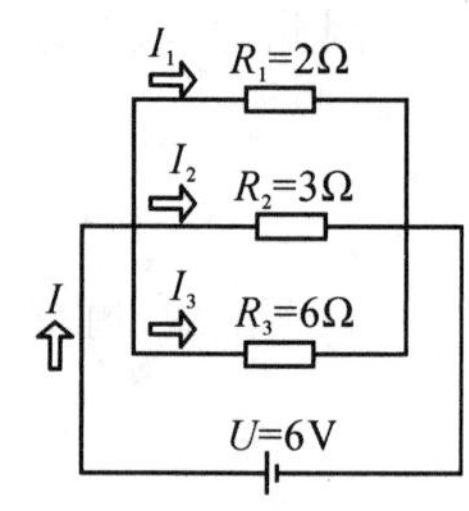

图 1.4.9　例题 1.5 图

解 2:

$$I_1=\frac{U}{R_1}=\frac{6}{2}=3[\mathrm{A}]$$

$$I_2=\frac{U}{R_2}=\frac{6}{3}=2[\mathrm{A}]$$

$$I_3=\frac{U}{R_3}=\frac{6}{6}=1[\mathrm{A}]$$

$$I=I_1+I_2+I_3=3+2+1=6[\mathrm{A}]$$

[例题 1.6] 欲将 10[A]分流为 6[A]和 4[A]，求 R_1、R_2 该为多少欧姆？已知两电阻并联的等效电阻为 6[Ω]。

解:$U=IR=10\times6=60[\mathrm{V}]$

$$R_1=\frac{U}{I_1}=\frac{60}{6}=10[\Omega]$$

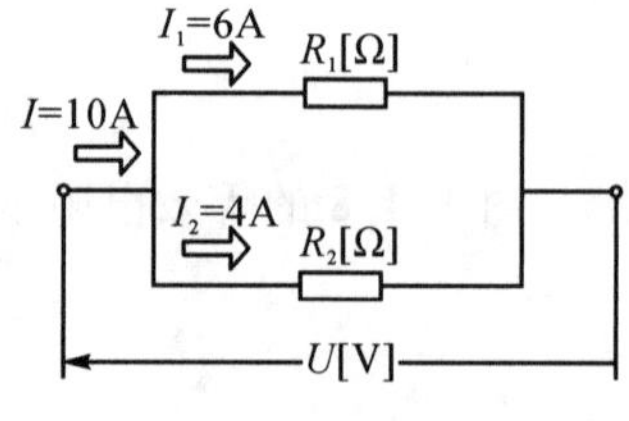

图 1.4.10　例题 1.6 图

$$R_2=\frac{U}{I_2}=\frac{60}{4}=15[\Omega]$$

4.3　电阻分压电路

分压电路是一个十分重要的实用电路，在复杂的电路中处处可见。电阻分压电路是各种分压电路的基础。

(1)分压电路分析

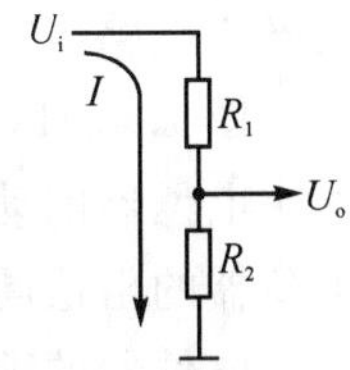

图 1.4.11　电阻分压

图 1.4.11 所示是一个典型的电阻分压电路。从图中可以看出，它由两个电阻 R_1 和 R_2 组成，输入电压 U_i 可以是直流电，也可以是交流电，它加在电阻 R_1 和 R_2 上，输出电压 U_0 是取自电阻 R_2 上的电压。下面来分析这一分压电路。

从电路中可以看出，输出电压 U_0 就是电阻 R_2 上的电压，电阻 R_2 的阻值大小是已知的。只要知道流过电阻 R_2 的电流，就能知道输出电压 U_0 的大小。

输入电压 U_i 产生的电流，流过电阻 R_1 和 R_2，电阻 R_1 和 R_2 是串联电路，这样，流过电阻 R_2 的电流就是流过电阻 R_1 的电流，其电流由下列公式计算

$$I=\frac{U_i}{R_1+R_2} \tag{1.4.6}$$

输出电压 U_o 等于流过电阻 R_2 的电流乘以电阻 R_2，即 U_o 由下式计算

$$U_o=\frac{R_2}{R_1+R_2}U_i \tag{1.4.7}$$

从上式可看出，由于 R_1+R_2 的阻值大于 R_2，分压电路的输出电压 U_o 小于输入电压 U_i，所以分压电路具有将输入电压进行减小的电路功能，当一个电路中的工作电压过高而需要降低时，就可以使用这种分压电路来实现，所以分压电路又可以称为分压衰减电路，这里的衰减就是对输入电压进行降低。

从上述公式中还可以看出，改变电阻器 R_1 或 R_2 的阻值大小，可以改变输出电压的大小。当两只电阻器的阻值相等时，其输出电压等于输入电压的一半。

(2)音量控制电路

音量控制电路广泛地应用于收音机、录音机、电视机等各种家用电器中，可以这样说，只要是有扬声器出声音的电子设备，就必须用到音量控制器电路。

普通的音量控制电路是一个典型的分压电路应用实例。音量控制器电路中主要使用音量电位器，它是一种阻值可以在一定范围内连续调节的电子元器件。

图 1.4.12 所示是电位器的电路符号。图 1.4.12(a)所示是电位器的一般电路符号，因为电位器在使用中一般情况下它的一根引脚接地，所以这一符号中的一根引脚接地了。电位器的电路符号中，以前用大写字母 W 表示电位器，最新国标规定用 RP 来表示，RP 是英文 Resistor Potentiometer(电位器)的缩写。

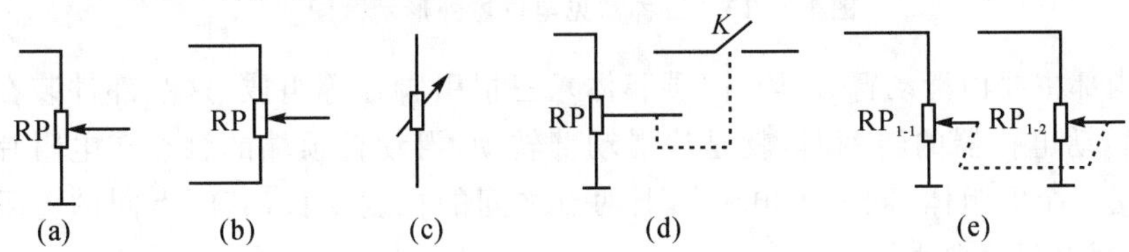

图 1.4.12　电位器电路符号

图 1.4.12(b)所示是电位器的另一种电路符号，当电位器的引脚在电路中不需要接地线时，将使用这种电路符号。

图 1.4.12(c)所示是将电位器作为可变电阻器使用时的电路符号，此时电位器作为可变电阻器使用，可以只用电位器三根引脚中的两根。

图 1.4.12(d)所示是附带开关的电位器电路符号，电路符号中的 RP 是电位器，K 是附加在电位器上的开关。开关 K 是受电位器 RP 的转柄动作控制的，当开始转动转柄时，首先将开关 K 接通，在开关接通之后，这一电位器便同普通电位器一样。这种电位器主要用于一些收音机电路中。

图 1.4.12(e)所示是双联同轴电位器的电路符号，它由两个电位器符号组成，并用虚线将两个电位器的动片连起来，表示这两个电位器的控制是同步的，当转动电位器的转柄时，两个电位器的阻值同步等值变化。

电位器的种类很多，这里只对它作一些简单的分类。

①按照操纵形式划分，主要有两种：一是旋转式（或转柄式）电位器，这种电位器有一个转柄，在调节阻值时左、右旋转电位器的这一转柄，这种电位器通常用在音响设备中用作音量旋钮；二是直滑式电位器，它的操纵柄不是旋转动作的，而是在一定范围内作直线滑动来改变电阻值。直滑式电位器由于操作形式不同，要求有较大的操作空间，通常在调音台上用作音量推子。

②按照联数来划分，主要有两种：一是单联电位器，即一个操纵柄只能控制一个电位器的阻值变化，这种电位器应用最为广泛；二是双联同轴电位器，它的外形与单联电位器基本一样，它有两个单联电位器的基本结构，但用一个操纵柄同步控制两个电位器（组合在一起）的阻值变化。这种电位器主要用于双声道立体声音响电路中。

③按照有无开关划分，主要有两种：一是无附设开关的电位器，这是最常用的一种；二是设有开关的电位器，这种电位器常用来作为收音机的音量电位器，其附设的开关可作为收音机的电源开关。

④按照阻值变化的函数特性划分，常用的电位器有三种：一是线性电位器（用 X 型表示）；二是对数式电位器（用 D 型表示）；三是指数式电位器（用 Z 型表示）。此外，还有 S 型电位器等许多种。

各种具体电位器的外形特征也有所不同，图 1.4.13 是三种常见电位器的外形示意图。图(a)和图(c)所示都是单联电位器，图(b)所示是双联同轴电位器。

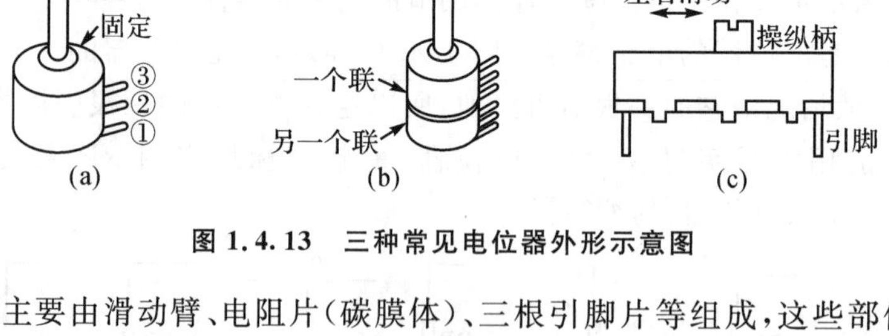

图 1.4.13　三种常见电位器外形示意图

电位器内部主要由滑动臂、电阻片（碳膜体）、三根引脚片等组成，这些部件装在一个金属外壳内。当转动电位器的转柄时，就是让滑动臂转动，滑动臂顶端的触点在电阻片上可以滑动。电阻片是一个电阻体，同一个电阻体上两点之间的长度愈长，其两点间的电阻愈大。反之，电阻片愈短电阻值愈小。

如图 1.4.13(a)所示，可变电阻器共有三根引脚，脚②内部为可滑动的，当转动电位器转柄时，滑动脚②与电阻片两端的固定脚①之间的电阻片长度会变大或减小，其阻值也随之在变大或减小。

第 5 节　基尔霍夫定律

欧姆定律不是万能的，对于简单的串并联以外的复杂电路，仅使用欧姆定律就分析不了，这时就要使用基尔霍夫定律。基尔霍夫定律是适合任何电路的一般定律，是分析计算电路必须掌握的一种规则，由第一定律和第二定律组成。第一定律是关于电流的定律，第二定律是关于电压的定律。

5.1　基尔霍夫第一定律

基尔霍夫第一定律是关于电流的一般定律，它指出“流入电路中的某个节点的电流的代数和为零”。另外一种表述是，流入某个节点的电流之和等于同一时刻从节点流出的电流之和(图 1.5.1 所示)。

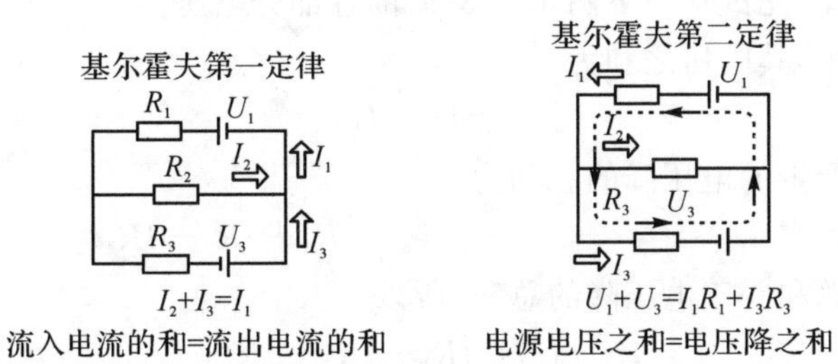

图 1.5.1　基尔霍夫定律

如图 1.5.2 所示，电路中的任意一节点流入的电流的总和等于流出电流的总和。若用公式表示，则为

$$I_1 + I_2 + I_3 = I_4 + I_5 \tag{1.5.1}$$

对于实际的电路，因为事先并不知道电流是流入节点还是流出节点的，所以可以任意的假定电流的参考方向。如果计算的结果为负值时，那就意味着原先的假设电流方向与实际的电流方向相反。

这就是说，如果流入节点的电流前取正号，流出节点的电流前取负号，则任一节点上的电流的代数和为 0。式(1.5.1)可以改写为：

$$I_1 + I_2 + I_3 - I_4 - I_5 = 0 \tag{1.5.2}$$

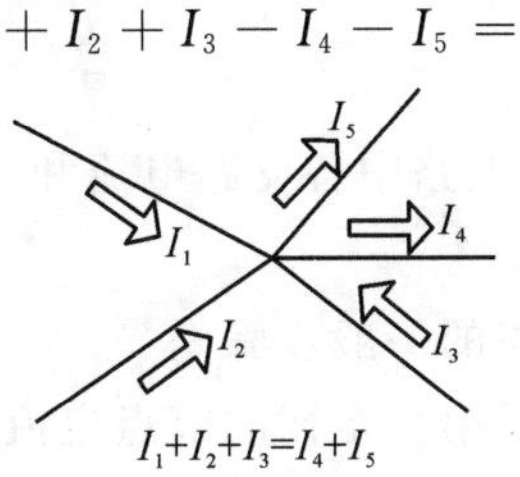

图 1.5.2　基尔霍夫第一定律

即：

$$\sum I = 0 \tag{1.5.3}$$

5.2 基尔霍夫第二定律

基尔霍夫第二定律是关于电压的一般定律。它指出“在一个闭合电路中，电压降的代数和与电动势的代数和相等”。这个所谓闭合电路就是像图 1.5.3(b)中的 a—b—c—d—a 那样形成的环路。

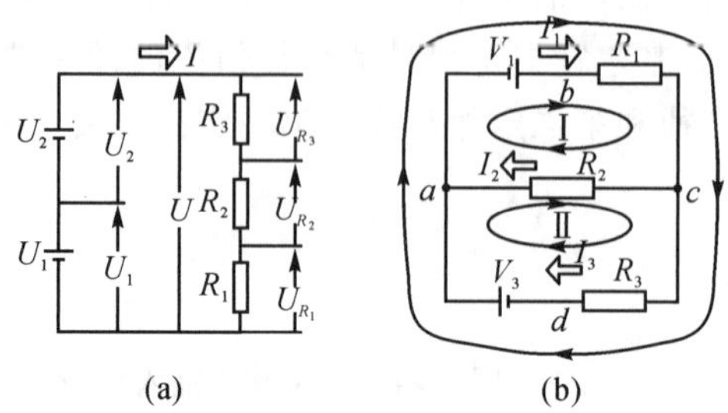

图 1.5.3　基尔霍夫第二定律

为了理解这一定律，先试求一下图 1.5.3(a)的各部分电压。

此回路电源有两个，其电压之和为

$$U=U_1+U_2$$

各电阻上电流所产生的电压降的总和为

$$U_R=U_{R_1}+U_{R_2}+UR_3=IR_1+IR_2+IR_3$$

因为电源电压的总和等于电压降的总和，所以

$$U_1+U_2=IR_1+IR_2+IR_3 \tag{1.5.4}$$

把这一想法扩展应用于任意闭合回路，就成为所说的基尔霍夫第二定律。这里所说的闭合回路是指从电路中某一点出发顺绕行方向再回到出发点所走的闭合环路。图 1.5.3(b)中有三个闭合回路，任意一个闭合回路都可应用基尔霍夫第二定律进行计算。

计算的方法是：从回路中的任意一点开始，绕行电路一周；遇到电源时，如果电动势的方向和事先设定的参考方向相同，电路电位升高而取正值，反之取负；遇到电阻时电位降低，降低的电位取负值；将绕行一周又返回原来的那点所经过所有电路元件上的电位相加，必然等于 0。

因此基尔霍夫电压定律还可表述为：任何一瞬间，在电路的任何一个回路中，沿同一方向环行，电压的代数和等于零。用公式表示：

$$\sum U = 0 \tag{1.5.5}$$

5.3 基尔霍夫定律的应用

应用上面的两条定律，就能进行电路中各支路电流和各点电位的计算，解决欧姆定律不好解决的电路分析问题。

应用基尔霍夫定律分析计算电路的一般步骤是：

第一步，假设电流方向，写出基于第一定律的节点电流方程。

第二步，规定闭合回路的绕行方向(事先假定参考方向)，写出基于第二定律的回路电压方程。

第三步，解由第一步和第二步列出的联立方程组。因为解方程组时方程数和未知数须相同，所以第一步和第二步双方的方程缺少时，就解不出来。这时可以根据未知数的个数列出多个节点电流方程或回路电压方程来求解。

比如图 1.5.4(b)中，就可以根据图示的两个回路，列出两个回路电压方程式。其实如果需要还可以列出一个大回路电压方程。

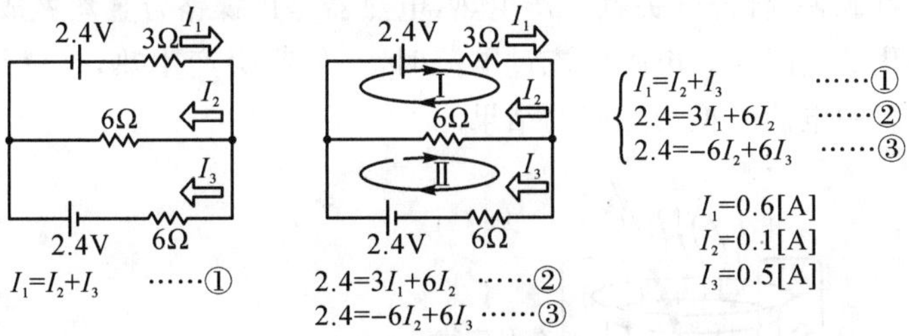

(a)应用第一定律　　(b)应用第二定律　　(c)解联立方程式

图 1.5.4　基尔霍夫定律的应用步骤

[例题 1.7] 图 1.5.5 所示电路中，$E_1=12[V]$，$E_2=12[V]$，$R_1=1[\Omega]$，$R_2=2[\Omega]$，$R_3=3[\Omega]$，$R_4=4[\Omega]$，求各支路的电流。

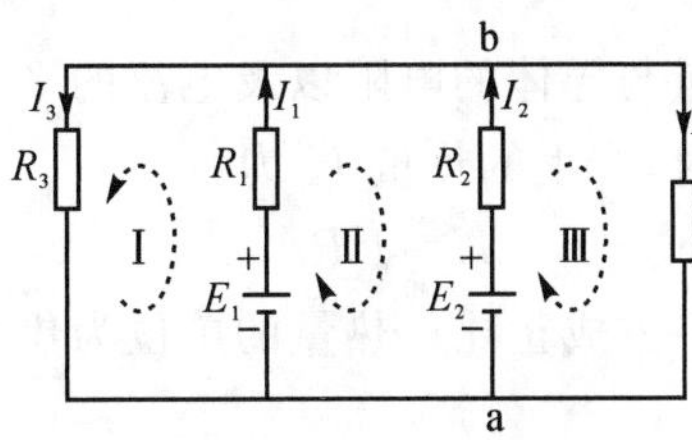

图 1.5.5　例题 1.7 图

解：选择各支路电流参考方向及回路方向如图所示，列出节点电流方程与回路电流方程：

节点 a 方程　$I_1+I_2-I_3-I_4=0$

回路Ⅰ方程　$R_1I_1+R_3I_3-E_1=0$

回路Ⅱ方程　$R_1I_1-R_2I_2-E_1+E_2=0$

回路Ⅲ方程　$R_2I_2+R_4I_4-E_2=0$

将已知数值代入上面方程：

$$I_1+I_2-I_3-I_4=0$$
$$I_1+3I_3=I_2$$
$$I_1-2I_2=0$$
$$2I_2+4I_4=12$$

解得

$I_1=4[A]$　$I_2=2[A]$　$I_3=4[A]$　$I_4=2[A]$

第 6 节　电功率与焦耳定律

在电路中，电源输出电能，负载吸收电能，并将电能转换为热能、光能、机械能等其它形式的能。电源输出电能的能力和负载吸收消耗电能的能力是用电功率大小来衡量的。在电路分析中，我们不仅要会计算电功率的大小，还要判断哪些元件输出电能，哪些元件吸收电能。本节先来学习电能的表示方法和电功率的基本计算。

6.1 焦耳定律

给电热器接通电源，一合上开关就会产生热，电热器是用镍铬合金丝做成的。镍铬合金丝是在高温下也不融化的电阻丝。电阻中流过电流时，一般都会产生热，这就是电流的热效应。电流的热效应是电阻中电能变换为热能的结果。

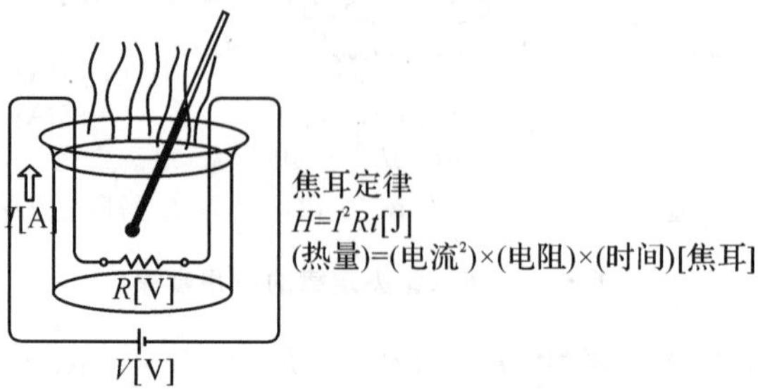

图 1.6.1 电流的热效应及焦耳定律

电阻在单位时间内产生的热量与导体的电阻以及电流的平方成正比，这就是焦耳定律。

电阻 R 中电流 I 通过 t 时间时，产生的热量 H 为：

$$H = I^2 Rt \tag{1.6.1}$$

产生的热量与电阻和电流的平方成正比。热量的单位为焦耳(用符号[J]表示)，这也是功的单位。

下面举两个用焦耳定律计算一下电阻产生的热量的例子。

[例题 1.8] 1[A]电流通过 1[Ω]电阻 1[s]的时间时，产生多少热量？

解：$H = I^2 Rt$

$= 1^2 \times 1 \times 1 = 1$[J]

[例题 1.9] 20[Ω]的电阻接于 100[V]电源上 1[h]，产生多少热量？

解：因 $I = \dfrac{U}{R}$，

将其代入焦耳定律公式中，得：

$$H = \left(\frac{U}{R}\right)^2 Rt = \frac{U^2}{R}t = \frac{100^2}{20} \times 60 \times 60 = 1.8 \times 10^6 \text{[J]}$$

6.2 电功率

我们认为在很多情况下，所用的功、能量、功率、马力等这些术语经常混淆。当说到做功时，科学的说法应是当把一个物体从一个地方移动到另一个地方时，力对于物体所做的功。力所做的功和电所发的热的单位都是焦耳，其实功和热都是能量的一种表现形式，本质是一样的。

另外，若考虑到所用的时间，每单位时间(每秒)内所做功的速率就称为功率，用符号 P 表示。表达式：

$$功率[W]=\frac{功或热[J]}{时间[s]}$$

或者说电的做功的能力称为功率，也就是说，即使做功相同，但所用的时间不同时，做功的快慢不同。功率（或者电功率）P 就表示物体或电做功的能力。对于电学来说，电学上称之为电功率。电功率的单位和功率的单位一样为瓦，符号为[W]，这与发明蒸汽机的瓦特有关。

电阻 R 中流过电流 I 时，经过时间 t 秒时，消耗的能量为 $H=I^2Rt$，因此 1 秒钟消耗的电能，即电功率为：

$$P=\frac{H}{t}=\frac{I^2Rt}{t}=I^2R \tag{1.6.2}$$

根据欧姆定律 $IR=U$，所以

$$P=UI \tag{1.6.3}$$

功率＝电流×电压（瓦）

所以电功率为电压和电流的乘积，如果某一电路元件两端加的电压是 1[V]，通过的电流是 1[A]，那么该元件消耗（或输出）的电功率是 1[W]。在电工技术中，电功率常常简称为功率。在 1 伏特电位差下，若在 1 秒的时间移动 1 库仑的电荷，这时做功的功率就是 1 瓦特。

在国际单位制中电功率的单位是瓦特[W]。通常表示大功率时用千瓦[kW]，表示小功率时用毫瓦[mW]。还有不常用的单位兆瓦[MW]（1 兆瓦等于 10^6 瓦），表示发电厂等的大功率时使用。

1[kW]＝1000[W]

$1[mW]=\frac{1}{1000}[W]$

1[kW]＝1.34[PS]（马力）

6.3　电功率与用电量的计算

（1）功率的计算

功率的计算公式为 $P=UI$，但根据欧姆定律变形后，可有图 1.6.2 所示的形式。电压、电流和电阻中两个量已知时，可以计算出功率。

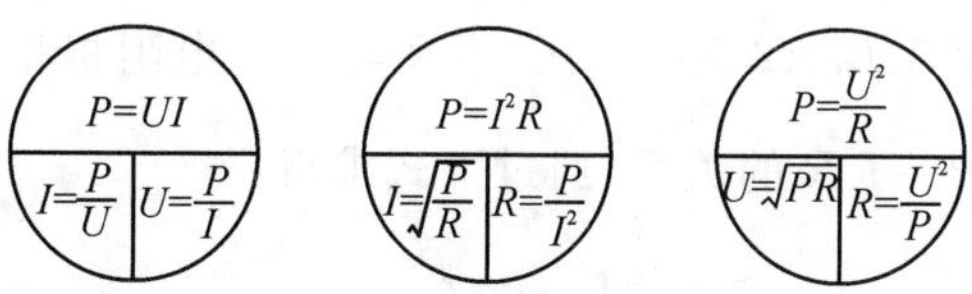

图 1.6.2　电功率的计算公式

[例题 1.10] 在某负载上施加 100[V]电压时，电流为 5[A]。问该负载的消耗功率为多少瓦？

解：$P=UI=100\times5=500[W]$

[例题 1.11] 求 100V、60W 的灯泡中的电流为多少安？

解：$I=\frac{P}{U}=\frac{60}{100}=0.6[A]$

(2)用电量的计算

因为功率表示1秒钟消耗的电能,所以某段时间内消耗的电能以功率和时间的乘积来表示,称为用电量。

$$用电量=功率\times时间(瓦\cdot秒) \quad (1.6.4)$$

用电量的单位(瓦·秒),这与焦耳的单位相同。

$$1(瓦\cdot秒)=1(焦耳)$$

因为(瓦·秒)单位在实际应用中往往嫌太小,所以在用电量大时,用千瓦时(kW·h)为单位。

$$1[kW\cdot h]=1000[W\cdot h]$$

1[kW·h]表示1[kW]功率使用1小时的用电量,计算电费时常用此单位,又称为“度”。

6.4 电阻器的容许电流

电阻器中通过电流时产生热,在热的作用下电阻器本身温度会上升。在图1.6.3电路中若不断升高电压,则电流增加,产生的热量也增多,温度随着上升,不久电阻器就会烧坏。因此,不至于烧坏电阻器而能通过的电流最大值,称为电阻器的容许电流。

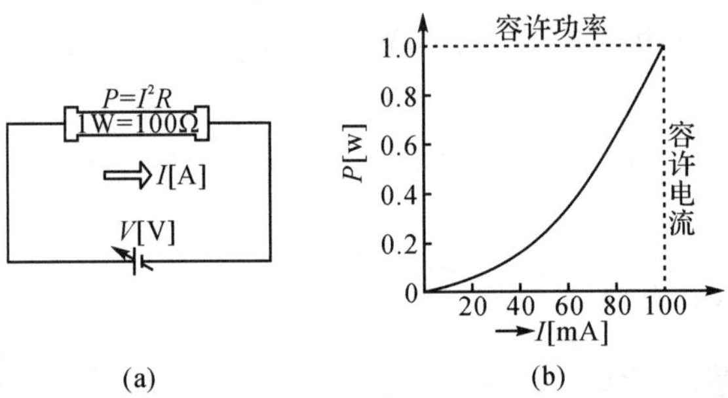

图1.6.3 通过电阻的电流和消耗的功率

除容许电流外,有时往往还用电阻能够消耗的功率最大值来表示电阻器能通过的最大电流,这称为容许功率。一般的电阻器在出厂时都会标明最大容许功率是多少,我们常见的小功率电路中使用的电阻通常是1瓦、12瓦、14瓦、$\frac{1}{8}$瓦等值。电阻根据容许功率P,电阻值为R的电阻器的容许电流可由$P=I^2R$的关系,通过下式求得:

$$I=\sqrt{\frac{P}{R}} \quad (1.6.5)$$

[例题1.12] 求$\frac{1}{2}$[W]型的200[Ω]电阻器的容许最大电流是多少?

解: $I=\sqrt{\frac{P}{R}}=I=\sqrt{\frac{0.5}{200}}=0.05A=50[mA]$

同样道理,电线由于实际上总是有很小的导线电阻存在,当通过较大的电流时就会产生不可忽略的焦耳热。生活中经常有因为导线过热引起火灾事件,应引起足够的重视。

第 7 节　最大功率传递

实际的电源在向电路输出功率时，其本身要消耗功率，生活中经常会感觉到电池在大负荷工作时会发热。往往电源的输出功率会受到内部因素的制约，什么条件下电源才能够向电路输出大的功率，将是本节要了解的。

7.1　电源的模型

常用的直流电源有干电池、蓄电池、直流发电机、直流稳压电源和直流稳流电源等。常用的交流电源有电力系统提供的 220[V]交流电源、交流稳压电源和产生多种波形的各种信号发生器等。这些实际的电源有一个共同的特点，那就是向电路输出电压、电流。

当实际电源本身的功率消耗可以忽略不计，这种电源便可以用一个理想电源模型来表示。理想电路元件是实际电路元件的理想化模型，理想电源就是从实际电源中抽象出来的。我们将能向电路提供一相对固定的电压的电源叫做电压源，将向电路提供一相对固定电流的电源叫做电流源。

(1)理想电压源

在正常供电情况下，不管外部电路如何变化，其端电压基本保持常量或确定的时间函数的电源称为理想电压源。

直流理想电压源的模型如图 1.7.1 所示。

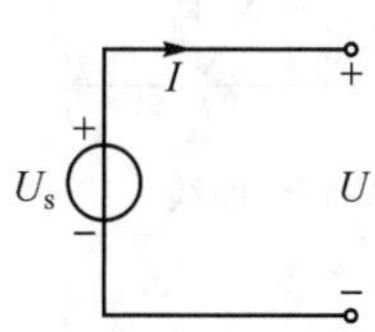

图 1.7.1　直流理想电压源

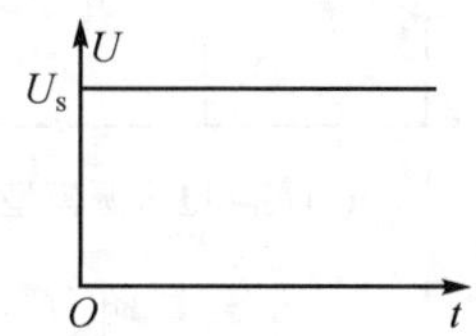

图 1.7.2　直流电压源特性

电源的特性可以用它的输出电压与输出电流之间的关系来表示。此关系称为电源的外特性，如图 1.7.2 所示。理想直流电压源输出的电压是一常量，这一常量是相对电流而言的。

实际电源的电压或电流往往会随着电源电流或电压的增加而下降，如干电池、蓄电池等。此时我们用一个电阻 R_0 和一理想电压源(输出电压 U_S)串联来表示实际电压源模型，如图 1.7.3(a)所示。

此时实际电压源的端电压为

$$U=U_S-R_0 I \tag{1.7.1}$$

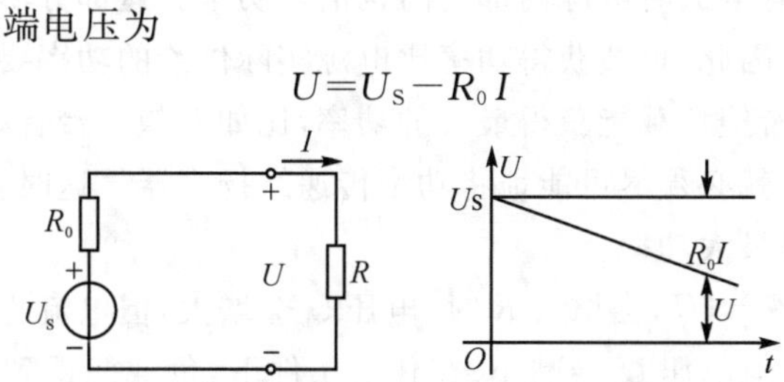

(a)实际电压源模型　　(b)伏安特性曲线

图 1.7.3　实际电压源模型

实际电压源的端电压即输出电压将不再是恒量，而是受到输出电流的影响。图1.7.3(b)为实际电压源的伏安特性曲线。

由上可看出，实际电压源的输出电流I越大，内阻R_0上电压降越大，输出电压U越低。

(2)电流源的模型

在正常供电情况下，不管外部电路如何变化，输出电流基本保持常量或确定的时间函数的电源称为理想电流源。

理想电流源的模型如图1.7.4所示，直流理想电流源的外特性曲线如图1.7.5所示，曲线是一条平行电压轴的直线，其输出电流值为I_S。

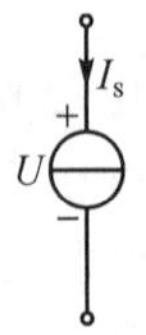

图1.7.4　理想电流源模型

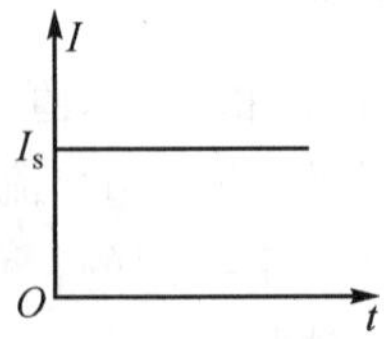

图1.7.5　理想电流源特性

实际的电流源的输出电流是随着端电压的变化而变化的，这就是实际电流源模型。实际电流源可以用一个理想电流源I_s和内电阻R_s相并联的模型来表示。图1.7.6(a)为实际电流源的模型；图1.7.6(b)为实际电流源的伏安特性曲线。

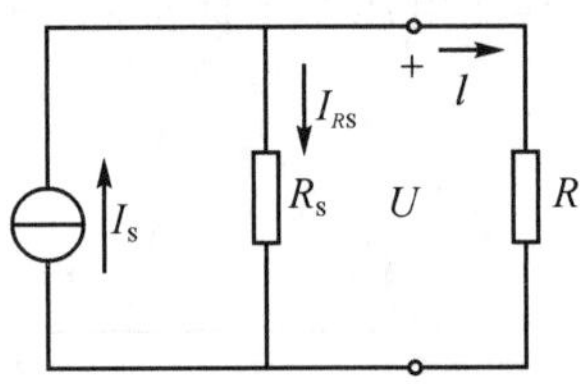

(a)实际电流源模型

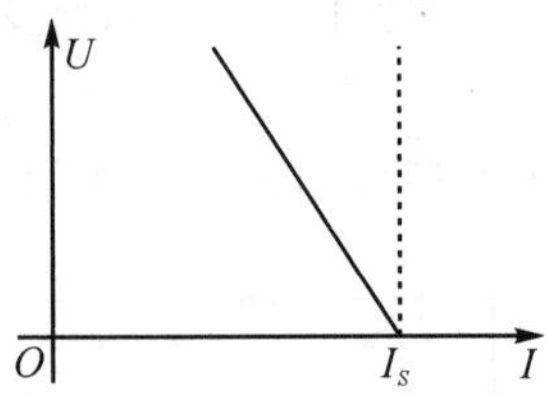

(b)伏安特性曲线

图1.7.6　实际电流源模型

当与外电阻相联接时，实际直流电源的输出电流I为

$$I = I_S - \frac{U}{R_S} \tag{1.7.2}$$

由上式可知，实际电流源的端电压U越大，内部的分流也越大，输出的电流就越小。

7.2　最大功率传递定理

电源中有内部电阻，有电流时电源内部电阻也消耗功率。这部分功率不能有效利用，而成为功率损耗(简称功耗)。因此，负载获得功率比电源实际供给的功率要小。

在实际工作中，经常希望负载能获得最大的功率，比如希望一台音频功率放大器所接的扬声器能够放出最大的声音就必须尽可能地将功率传递给扬声器。这时我们需要知道负载在什么条件下能够从电源获得最大功率。

负载R获得的功率$P=UI$，当增大R时，电压U会增大，但电流I会减小，如果减小R的阻值，虽然电流I会增大，但电压U会减小。在什么条件下，负载能得到最大功率呢?下面举例说明。

在图1.7.7(a)的电路中，给电动势为4[V]、内阻为0.5[Ω]的电源接上负载电阻R时，负载中的电流如下式所示：

$$I = \frac{E}{R + r} \tag{1.7.3}$$

而负载 R 获得的功率为

$$P = I^2 R = \left(\frac{E}{R + r}\right)^2 R = \frac{R}{R^2 + 2Rr + r^2} E^2 \tag{1.7.4}$$

计算 R 从 0[Ω]变化到 1[Ω]时的负载功率 P，若将结果用曲线表示，则如图 1.7.7(b)所示。

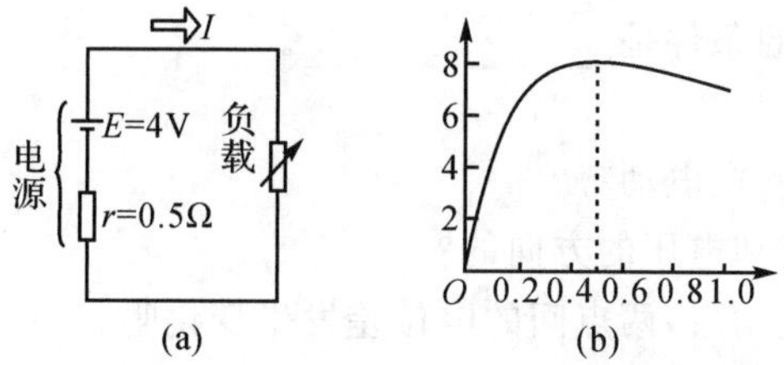

图 1.7.7　改变负载引起功率的变化

从图 1.7.7(b)的曲线可知，负载功率最大是在电源内阻和负载电阻相等之时。此时负载电阻 R 得到的最大功率是：

$$P = \frac{E^2}{4R} \tag{1.7.5}$$

这一结论还可以从数学上得到进一步的证明。

从上面的讨论可以得出结论：由电源或含有电源的电路传递给可变负载 R 的功率为最大的条件是负载电阻 R 应与电源内阻或信号源电路的内部等效电阻 r 相等(这个条件常称为最大功率传递定理)。

我们将负载电阻和电源的内阻相等时，电路能够输出最大的电功率，这种配接称为电路最佳匹配。这是用于电子电路和电力传输中的很重要的结论，是我们今后学习交流电路阻抗匹配的基础。

然而，负载获得最大功率时电源的传输效率却很低($\eta = 50\%$)，也就是说电源产生的功率有一半消耗在电源的内部，这种情况在电力系统中是不允许的，电力系统要求高效率的传输电功率。而在无线电技术和通信系统中，传输的功率较小，效率属于次要的问题，通常要求负载工作在匹配的条件下，以获得最大的功率。

习题一

一、填空题

1. 一切导体之所以能够带电，是因为它的内部都存在着________。

2. 电流的单位是________，电流的方向规定为________在电路中的移动方向。

3. 电源的________通常用来衡量电源把正电荷从电源的负极经电源内部移动到电源正极的能力。

4. 电路一般由________、________和________三部分组成。

5.电路有________、________和________三种工作状态。

6.在电路中，流过电阻的电流的大小与电阻两端的电压成________，与电阻的大小成________。

7.基尔霍夫第一定律指出：流入电路中的某个节点的电流的________为零。

8.现有100[W]、220[V]电烙铁50把，每天使用4[h]，问一个月(按30天计)用________度电。

9.实际电压源可以用一个理想电压源 U_S 和内电阻 R_S 相________的电路模型来表示；实际电流源可以用一个理想电流源 I_S 和内电阻 R_S 相________的电路模型来表示。

10.负载获得最大功率的条件是____________。

二、问答题

1.什么是电流、电压、电位、电动势？

2.我们是如何规定电流和电压的方向的？

3.电路中电位参考点变动后，两点间的电位差发生变化吗，为什么？

4.电路处于短路状态是会有哪些危害？

5.什么是基尔霍夫电流定律和电压定律，能写出它的表达式吗？

6.什么线性元件和非线性元件？

7.说说音响设备中音量调节旋钮的电路工作原理。

8.什么是最大功率传递定理？举例说明。

三、电路分析题

1.如下图所示，以C点为参考点，已知电位 $U_A=10[V]$，$U_B=5[V]$，$U_D=-3[V]$，试写出 U_{AB}，U_{BC}，U_{BD} 和 U_{AD} 的电位差各为多少？若改为A点为参考点，则B，C，D点的电位为多少？

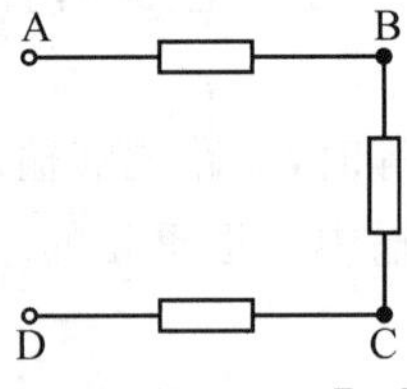

2.如下图所示电路中，已知流过 R_2 的电流 $I_2=2[A]$，求总电流 I 等于多少？

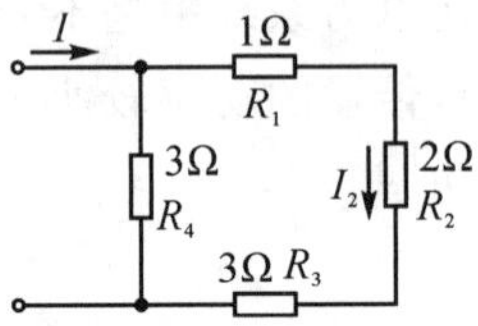

3.求下图中等效电阻 R_{ab} 的大小。

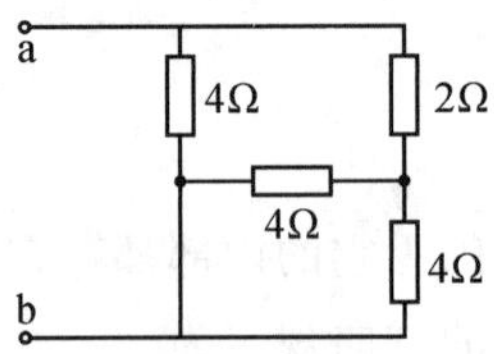

4. 在下图所示电路，d 点为参考点，即其电位 $U_d=0$，求 a、b、c 三点的电位 U_a、U_b 和 U_c。

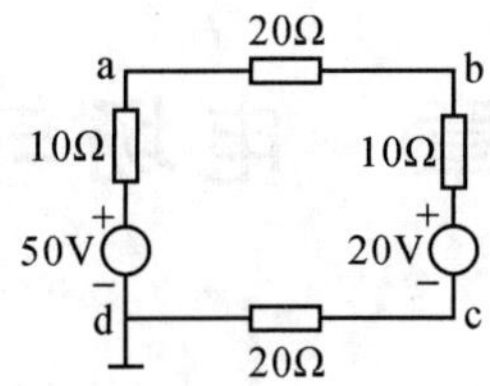

5. 下图所示是某电路的一部分，试求电路中的 U_{ac} 和 U_{cd}。

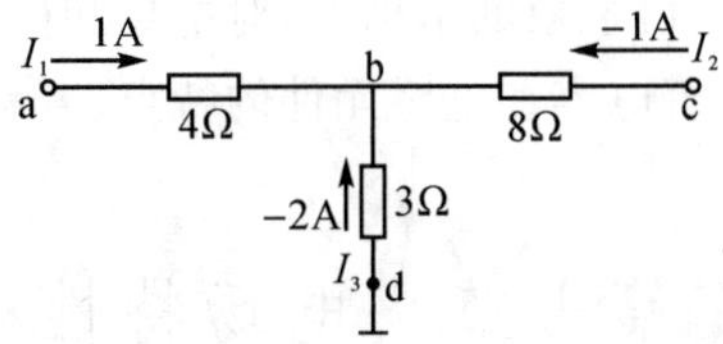

6. 试求(a)、(b)、(c)所示电路中 A，B 两点间的开路电压。

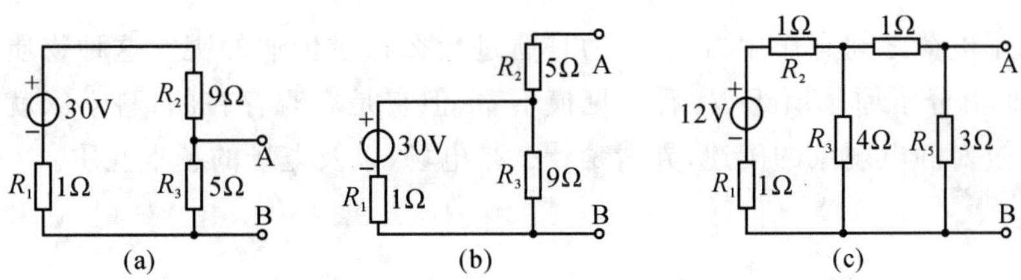

第二章　电场与磁场

电磁感应现象的发现，加深了人类对于电磁现象的本质认识，揭示了电与磁互相联系和转化的本质。本章我们在了解电与磁现象的基础上，对电场和磁场的本质、电磁感应的基本规律和基本概念做系统阐述，从而了解电容和电感元件的特点。

第 1 节　电场特性

实验证明了电荷之间有作用力，这些力是通过什么物质传递的呢？这种物质与通常的实物不同，它不是由分子原子所组成，看不见摸不着，但它是客观存在的，科学家就把它定义为“场”。本节通过对静电现象的阐述，弄清楚什么是电场，以及电场的基本性质。

1.1　静电力

何谓静电？所说的“静”字就是“静止”的意思，可以说静电即相对静止的电荷。电流是流动的电荷，若从解释各种现象的观点来看，静止的电荷与流动的电荷没有什么本质不同。正如在第一章中所提及的那样，玻璃棒与丝绸摩擦时，玻璃棒带正电。毛皮与橡胶棒摩擦时，橡胶棒带负电。若在黑暗的房间里脱衣服，就看到蓝白色光，并听到噼啪的响声，这就是静电放电。

电荷有一个基本的性质：同种电荷互相排斥，异种电荷相互吸引，这种吸引和排斥的力称为静电力。

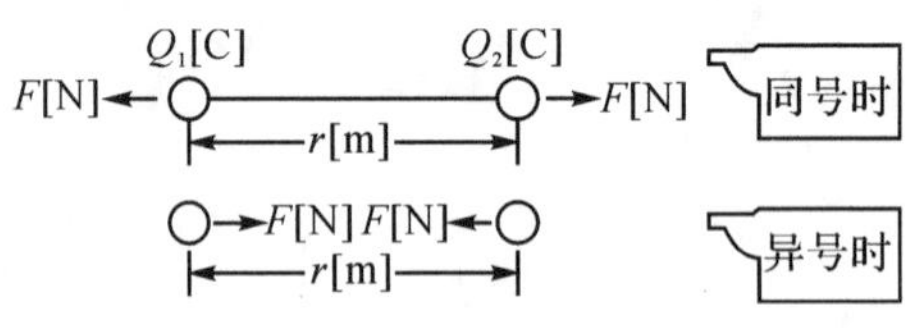

图 2.1.1　电荷间作用力

法国科学家库仑精密地测定了电荷间作用力的大小，发现了下面的定律：

两个带电体之间相互作用力的大小，与每个带电体所带的电量成正比，与它们之间距离的平方成反比，作用力的方向沿着两电荷的联线，这就是库仑定律。

关于库仑定律可用公式表示，即：“两个点电荷之间的静电力(F)与两个点电荷(Q_1 与 Q_2)的乘积成正比，与它们之间距离(r)的平方成反比”。

$$F = 9 \times 10^9 \times \frac{Q_1 Q_2}{r^2} \,[\text{N}](\text{牛顿}) \tag{2.1.1}$$

其中，Q_1，Q_2 是以库仑[C]为单位表示的电量，r 是以米[m]为单位表示的两点电荷之间的距离，F 是以牛顿[N]为单位表示的力。

上面的库仑公式是在真空(或空气)中测得的，实际上两个带电体处在不同的介质中时，静电力是会有变化的。考虑到不同的介质后公式变为：

$$F = \frac{1}{4\pi\varepsilon} \times \frac{Q_1 Q_2}{r^2} \text{[N]（牛顿）} \tag{2.1.2}$$

式中 ε 是与介质的电特性有关的系数，叫作介电常数。

介于电荷之间的物质，就传导静电作用的意义而言称之为电介质。在研究静电作用时，使用的介质必须是绝缘体，这是因为如果使用导体，正、负电荷会被立即中和。介电常数 ε 是由绝缘介质的性质决定的。

根据上面给出的公式，电量 1 库仑[C]可以这样定义：两个等量点电荷相隔 1[m]，作用力为 9×10^9[N]时，电量就等于 1[C]。

静电在生产、生活上给人们带来很多麻烦，甚至造成伤害。但是，静电力也可以被我们很好地利用，比如静电喷涂。在喷嘴上施加负高压，若对被喷涂的物体施加正高压，雾状涂料就吸附在被喷涂的物体上，也可以在物体内进行喷涂，喷涂均匀性很高。

一些工厂少不了烟囱，不声不响地冒烟。其中，含有尘埃的烟散发到城市的空气中，变成对人有害的物质，我们可以利用静电吸尘装置来防止这种公害。把两块金属板面对面地放置，对它施加高电压，发生电晕，烟中的粒子带上负电。它就被带正电的收集极板所吸引，附在极板的表面上，经常清扫下来即可。

1.2　电场与电场强度

正如第一章中所述，摩擦带电后的像玻璃棒、橡胶棒等都能吸引轻小物体，带不同电荷的带电体之间相距一定的距离就会有相互的作用力。这些作用力是通过什么传导的呢？电有灵魂吗？如果假设带电体周围存在一种看不见、摸不着的物质的话，那这些物质有质量和体积吗？这些物质的结构是怎样的？这些问题我们用带电物质周围的空间存在着眼睛看不见的、没有通常物质的质量和形体存在的“场”来解释。

也可以说，在带电体周围能够使其他的带电体受作用力的空间叫做电场。那么电荷在电场中受到的作用力的大小如何呢？我们用电场强度来描述。

当在电场中某一位置上放置＋1 库仑电荷时，电荷受到电力（负电荷的吸力或正电荷的斥力等）作用的大小就是由电场强度的大小决定的。

电极间施加电压 1[V]时，如图 2.1.2 所示，若在两极板间放置＋1[C]电荷，这电荷就与正极板上电荷相斥，与负极板上的电荷相吸。这样，在两极板间的电场中，电荷受到力的作用，其大小是根据作用到＋1[C]电荷上的力是几牛顿来决定的。这个作用力称为电场强度，简称为场强。

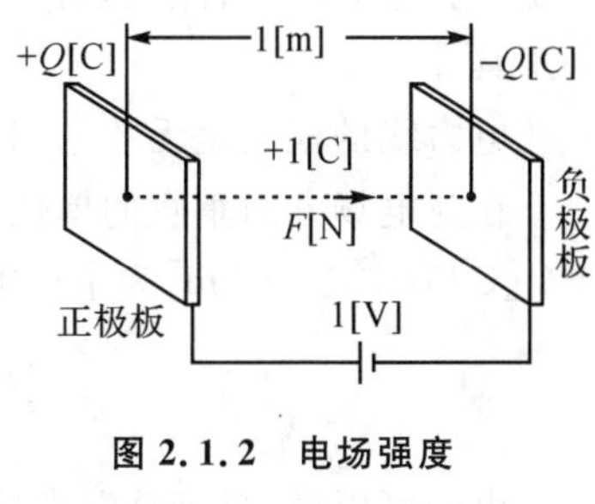

图 2.1.2　电场强度

由上述定义，若 Q[C]电荷受到 F[N]力，则这点的电场强度 E 就是

$$E = \frac{F}{Q} \text{[N/C]} \tag{2.1.3}$$

电场强度的单位是 N/C，即牛顿/库伦。电场强度其根本取决于力，所以电场强度也是一个矢量，还需要规定其方向。因此我们规定，当正电荷置于电场中时，其受力方向为电场强度的方向，与负电荷在该点受静电力的方向相反。

我们生活的空间就存在有电场，广播电视、无线电通信都是依靠电场来传递信号的。收音机、手机的收听效果和通话质量会因为电场的强弱而在各处大不一样，技术人员通常就是通过测量电场强度来衡量电波信号的强弱。

1.3 电力线

正如讲电场时所述，我们认为，电荷能在其周围产生称作电场的空间。为了帮助理解眼睛看不见、摸不着的电场空间的存在，我们认为有电场存在的地方，电荷好像有什么东西发出，电场就是由它而形成的。那么，它究竟是什么东西呢？它的量又是多少呢？我们采用了电力线（假想线）来处理（参照图 2.1.3 所示）。

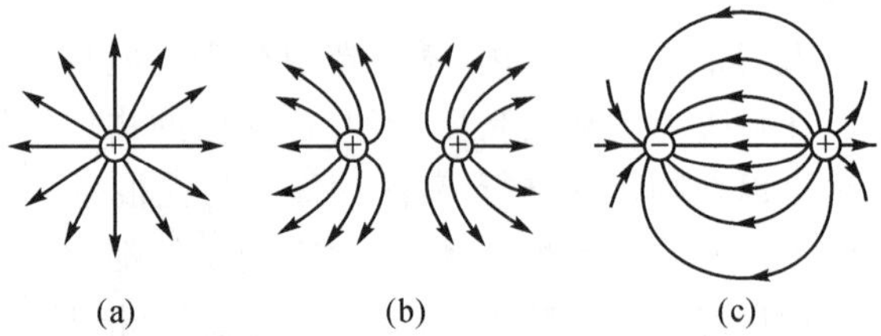

图 2.1.3 电荷及其互相作用时的电力线

在电场内放置单位正电荷＋1[C]，这个电荷受力而移动，假想电荷移动时的轨迹画了条线，称之为电力线。

好多科学家用实验观察了电力线的形态。在绝缘台上放一块金属板，放上缠好的细尼龙绒。将另一块金属板置于空间相距数十厘米处，使两块金属板带上强电荷（加上数万伏的电压），则细尼龙绒在空间散开，描绘出漂亮的电力线。这是每根尼龙绒在带电的同时受到静电力的作用，沿着电场的电力线排列的结果。

这种电力线。在带电物体附近电力线最密，而且与离开带电物体的距离的平方成反比地逐渐变稀[图 2.1.3(a)所示]。

图 2.1.3(b)(c)示出了两个带电体的电力线互相作用的状态图。图(b)表示同种电荷的电力线分布状态，电力线互相排斥。图(c)表示不同种电荷的情况，电力线互相吸引。

这样，用这里所讲的电场中电力线的状态也可以非常清楚地解释前面所给出的电荷的基本定律。电力线上各点的切线表示该点电场强度的方向，因此，电力线成为了解电场状况的便利工具。

电力线的根数是无数的，我们可用电力线的数目表示电场强度，定义如下：

在与电场方向垂直的单位面积内，电场强度等于通过该面积的电力线根数。于是穿过以＋Q[C]为中心，r [m]为半径的全部球面的电力线根数 N 为

$$N = 4\pi r^2 E = 4\pi r^2 \times \frac{Q}{4\pi r^2 \varepsilon} = \frac{Q}{\varepsilon} \text{根} \qquad (2.1.4)$$

由此可以说：置于介电常数为 ε 的电介质中的＋Q 电荷，发出电力线 $\frac{Q}{\varepsilon}$ 根。就是说，若构成电场的是介质，则由于介质的介电常数 ε 的存在，电力线减少为 1/ε 根，也就是说，由于介质的不同，即使电荷相同，电力线的根数也是变化的。

在电场空间电力线的分布，可以认为如图 2.1.3 那样有各种各样的情形。电荷单独存在时呈辐射状。附近有电荷存在时，受其影响，电力线产生了疏密分布[参照图 2.1.3(b)，(c)]。

电力线的分布可以总结有如下规律：电力线从正电荷的表面出来终止于负电荷的表面；电

力线垂直于导体表面进出；电力线不交叉；电力线相互间排斥；电力线的切线表示此切点的电场方向；电力线的密度表示电场强度。

1.4　电场中的位能

在上节，为了说明在带电体周围的现象，我们认为在带电体周围存在着电场。将电荷放入电场中，电荷将受到电场力的作用，如果逆着电场力的方向移动电荷，则需要做功。这种需要做功的电场具有与位能相当的势能。

在第一章中，将电位与水位作了对比说明，水位的高低对比电位的高低，不同水位所具有的势能对应不同电位的电位能大小。

如图 2.1.4 所示，在电荷为＋Q 的带电体 O 的电场内 S 点处，如果放＋1[C]电荷，则这个电荷受到一个排斥力。若使电荷逆着斥力移近 O，则外力必须做功。于是＋1[C]电荷移动一定的距离（S—P 间距）所需要的功与受到排斥力的大小有关，当 S—P 距 O 越远，所需的功越小，越近，则越大。当从 S 点移到 P 点后，＋Q 电荷在电场中由于位置的移动获得了位能，外力所做的功就相当于物体从低处移动到高处势能的增加。

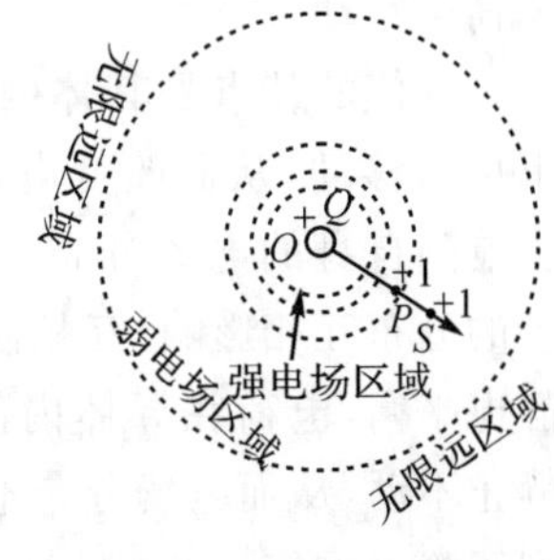

图 2.1.4　电位的说明

我们也用电位来表示这一电荷在电场中移动所需做功的程度，定义如下：

电场中某点的电位，表示把单位正电荷＋1[C]从无穷远移到该点所需要的功的大小，单位是伏特。

这样定义后，某点的电位就意味着该点的电位能。这和我们第一章中讲到的电位性质是一样的，属于同一个概念。

在由＋Q 电荷的带电体所形成的电场中，单位正电荷受到斥力作用，因此由这点移向＋Q 需要外力做功，所以认为＋Q 电场中的电位是正的。但是，在－Q 的电场中，单位正电荷受到吸引力，因此由这点移向－Q 不需要提供功，而是电场力做功。所以认为－Q 电场中的电位是负的。如图 2.1.5 所示，在这种情况下单位正电荷逆着引力移动，距离越远需要的功越大；所以与正电荷情况相反，在负电荷电场中电位距－Q 越近，变得越低。

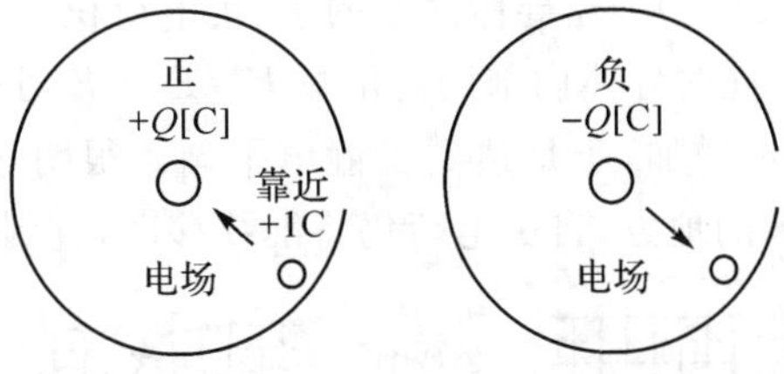

图 2.1.5　电荷电场中做功

电荷由电场的一点移到另一点所做的功，决定了两点间电位差的大小。

另外，我们把等电位点连接起来形成的面称为等电位面，在点电荷的情况下，就是以这点为中心的各同心球面。

等电位面具有以下性质：绝不交叉、与电力线垂直相交，等电位面间隔越窄处电场越强，导体的表面为等电位面，大地是零电位的等电位面。

第2节　静电屏蔽

上一节我们学习了电场的基本知识后，这节我们进一步了解在静电场的作用下电荷在导体内部的分布规律，了解静电屏蔽与尖端放电等基本现象的本质。

2.1　导体的静电平衡

依据静电感应原理，如图2.2.1所示，若带正电荷的导体A接近导体B，导体B两端内部电荷会移动。

导体的特点是其体内存在着自由电荷，它们在电场的作用下可以移动，从而改变电荷分布；反过来，电荷分布的改变又会影响到自身的电场分布。由此可见，导体内部电荷的分布和电场的分布互相影响，互相制约。当满足一定的条件，导体将达到静电平衡，电荷在导体内部不再移动。当一带电体系中的电荷静止不动，从而电场分布不随时间变化时，我们说该带电体系达到了静电平衡。

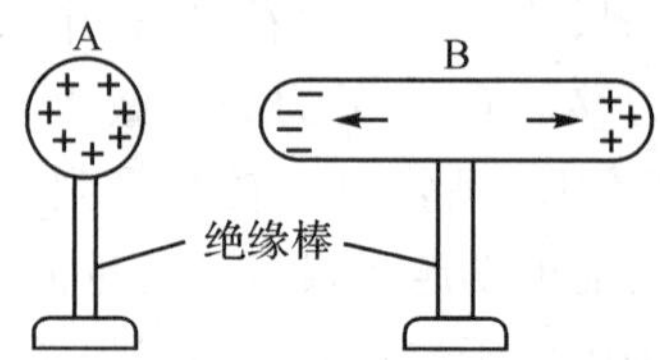

图2.2.1　静电感应

可见导体的静电平衡条件就是其体内的电场强度处处为零。这一结论可论证如下：

如果导体内的电场E不是处处为零，则在E不为零的地方自由电荷会移动，也就是说导体还没有达到静电平衡。换句话说，当导体达到静电平衡时，其内部电场强度必定处处为零。

上面的论述未涉及导体从非平衡态趋于平衡态的过程。这样的过程通常都很复杂。下面我们只举个例子定性地说明一下。

如图2.2.2(a)，把一个不带电的导体放在电场E_0中。在导体所占据的那部分空间里本来是有电场的，各处电位不相等。在电场的作用下，导体中的自由电荷将发生移动，结果使导体的一端带上正电，另一端带上负电，这就是读者熟悉的静电感应现象。然而，这样的过程会不会持续进行下去呢？不会的。因为当导体两端积累了正、负电荷之后，它们产生一个附加电场E'，E'与E_0迭加的结果，使导体内、外的电场都发生重新分布。在导体内部E'的方向是与外加电场E_0相反的[图2.2.2(b)]。当导体两端的正、负电荷积累到一定程度时，E'的数值就会大到足以把E_0完全抵消。此时导体内部的总电场$E=E_0+E'$处处为0时，自由电荷便不再移动，导体两端正、负电荷不再增加，于是达到了静电平衡。很明显，如果导体内的总电场E不处处为零，那么在E不为零的地方，自由电荷仍将继续移动，直到E处处为零为止。

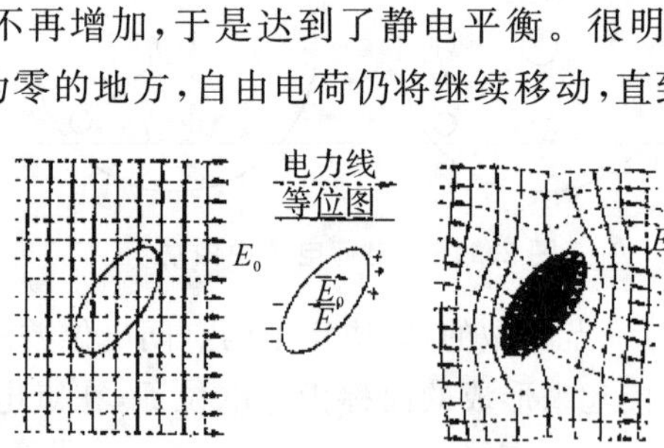

(a)　(b)　(c)

图2.2.2　导体的静电平衡

从上述导体静电平衡条件出发，还可直接导出以下几点推论：

(1)导体是个等位体,导体表面是个等位面。因导体内任意两点 P、Q 之间的电位差为零,则导体内部所有各点的电位相等,从而其表面是个等位面。

(2)导体外电场方向处处与它的表面垂直。因为电力线处处与等位面垂直正交,所以导体外电场方向必与它的表面垂直。

2.2　电荷分布与尖端放电

(1)导体内无电荷

根据上面的分析,在达到静电平衡时,导体内部所有各点的电位是相等的,导体内部处处没有未抵消的净电荷,电荷只分布在导体的表面。证明这个结论需要用高斯定理,比较复杂,在此不作讨论。我们只要知道根据静电平衡的要求,在达到平衡状态后,导体内部必定处处没有未抵消的电荷,电荷只能分布在导体的表面上。

在静电平衡状态下,导体表面的面电荷密度与表面之外附近空间的场强有关,电磁学中证明:导体表面面电荷密度大的地方场强大;面电荷密度小的地方场强小。

(2)尖端放电

电荷在导体表面的分布比较复杂,定量地研究这个问题是比较复杂的,除与外部电场有关外,还与形状有关,还和它附近有什么样的其他带电体有关。但是对于孤立的带电导体来说,电荷的分布有如下定性的规律:

导体表面突起而尖锐的地方(曲率较大的),电荷就比较密集,而面电荷密度较大;表面较平坦的地方(曲率较小),面电荷密度较小;表面凹进去的地方(曲率为负),面电荷密度更小。

孤立导体(所谓孤立导体,就是说在这导体附近没有其他的导体或带电体)表面附近的场强大小与表面电荷的分布同样遵循上面的规律,即导体表面附近的场强与表面电荷密度成正比。即尖端的附近场强大,平坦的地方次之,凹进去的地方最弱。

导体尖端附近的电场特别强,它会导致一个重要的后果,就是导体尖端放电。

如图 2.2.3 所示,在一个导体尖端的附近放一根点燃的蜡烛。当我们不断地给导体充电时,火焰就好像被风吹动一样朝背离尖端的方向偏斜。这就是尖端放电引起的。因为在尖端附近强电场的作用下,空气中残留的离子会发生激烈的运动。在激烈运动的过程中它们和空气分子相碰撞时,会使空气分子电离,从而产生了大量新的离子,这就使空气变得易于导电。与尖端上电荷异号的离子受到吸引而趋向尖端,最后与尖端上的电荷中和。与尖端上电荷同号的离子受到排斥而飞向远方,蜡烛火焰的偏斜就是受到这种离子流形成的"电风"吹动的结果。上述实验中,不断地给导体充电,就是为了防止尖端上的电荷因不断与异号的离子中和而逐渐消失,使得"电风"持续一段时间,便于观察。

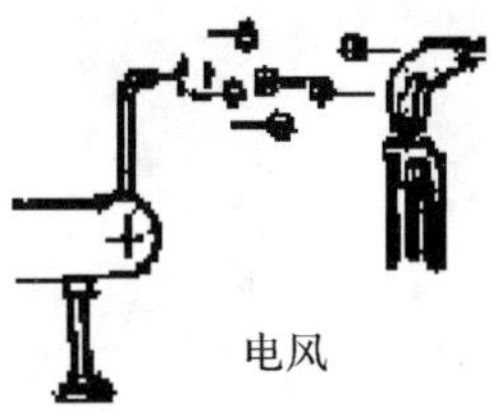

图 2.2.3　尖端放电

尖端放电时,在它的周围往往隐隐地笼罩着一层光晕,叫做电晕,在黑暗中看的特别明显。在夜间的高压输电线附近往往会看到这种现象,由于输电线附近的离子与空气分子碰撞时会使分子处于激发状态,从而产生光辐射,形成电晕。

高压输电线附近的电晕放电浪费了很多电能,把电能消耗在气体分子的电离和发光过程中,这是应尽量避免的,为此高压输电线表面应做得极光滑,其半径也不能过小。此外一些高压设备的电极常常做作成光滑的球面也是为了避免尖端放电漏电,以维持高电压。

尖端放电也有可以利用的一面,典型的就是避雷针。当带电的云层接近地表时,由于静电感应使地上物体带异号电荷，这些电荷比较集中地分布在突出的物体（如高大的建筑物、烟囱、大树）上。当电荷积累到一定程度，就会在云层和这些物体之间发生强大的火花放电。这就是雷击现象。为了避免雷击，可在建筑物上安装尖端导体（避雷针），用粗铜缆将避雷针通地，通地的一端埋在几尺深的潮湿泥土里或接到埋在地下的金属板（或金属管）上，以保持避雷针与大地电接触良好。当带电的云层接近时，放电就通过避雷针和通地粗铜导体这条最易于导电的通路局部持续不断地进行，以免损坏建筑物。

2.3　静电屏蔽

如前所述，在静电平衡的状态下，导体内部处处没有未抵消的净电荷，电荷只分布在导体的表面。腔内无其他带电体的导体壳和实心导体一样，内部没有电场。只要达到了静电平衡状态，不管导体壳本身带电还是导体处于外界电场中，这一结论总是成立的。

可以得出空腔的导体有一个基本的性质：当导体的壳内没有其他的带电体时，在静电平衡下，导体壳的内表面上处处没有电荷，电荷只能分布在外表面；空腔内没有电场，或者说空腔内的电位处处相等。

这样，导体壳的表面就“保护”了它所包围的区域，使之不受导体壳外表面上的电荷或外界电场的影响，这个现象称为静电屏蔽。

如图 2.2.4(a)所示的一种情况，带电体 A 附近若有导体，静电感应作用必使导体 B 上感应带电。防止静电感应的方法，空腔导体 S 包围着带正电的导体 A，则 S 内表面带负电荷，S 外表面出现正电荷。如果导体 B 接近 S，则会受到静电感应。但若如图(b)那样 S 接地，则 S 外表面的电荷都跑到大地里去了，来自 S 的电通量就消失了，导体 B 不再受到静电感应。像这样 S 接地，B 就不受静电感应的现象也是静电屏蔽。防止一种电路对其他电路的电场或磁场产生影响的方法通常简称为屏蔽。

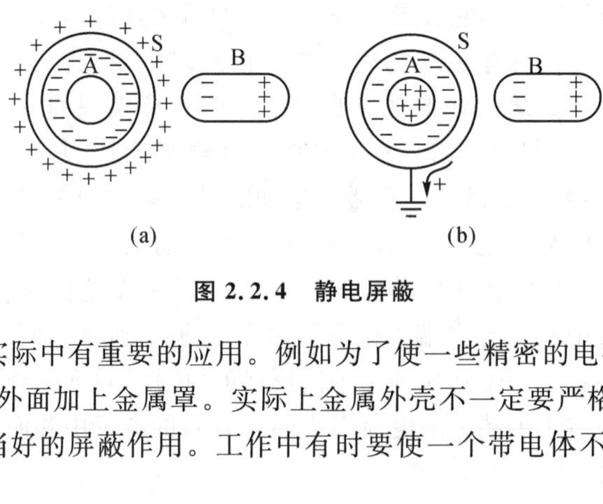

图 2.2.4　静电屏蔽

静电屏蔽现象在实际中有重要的应用。例如为了使一些精密的电磁测量仪器不受外界电场的干扰，通常在仪器外面加上金属罩。实际上金属外壳不一定要严格封闭，甚至用金属网做成的外罩就能起到相当好的屏蔽作用。工作中有时要使一个带电体不影响外界，例如对室内的高压设备就要这样。

下面通过图 2.2.5 来说明屏蔽接地的重要性。为了叙述方便，我们假定带电体带正电。有了金属外壳之后，其内表面出现等量的负电荷。由内部带电体发出的电力线就会全部终止在外壳内表面等量的负电荷上，使电力线不能穿出导体壳。这样就把内部带电体对外界的影响全部隔绝了。说得确切一点，应是外壳内表面的负电荷在导体壳外产生了一个电场，它和内部带电体在导体壳外产生的电场处处抵消。然而，如果外壳不接地，在它的外表面还有等量的感应电荷，它的电场将对外界产生影响[见图 2.2.5(a)]。如果把外壳接地，则由于内部带电体的存在而在外表面产生的感应电荷将流入地下[见图 2.2.5(b)]，这样，内部带电体对外界的影响就全部消除了。

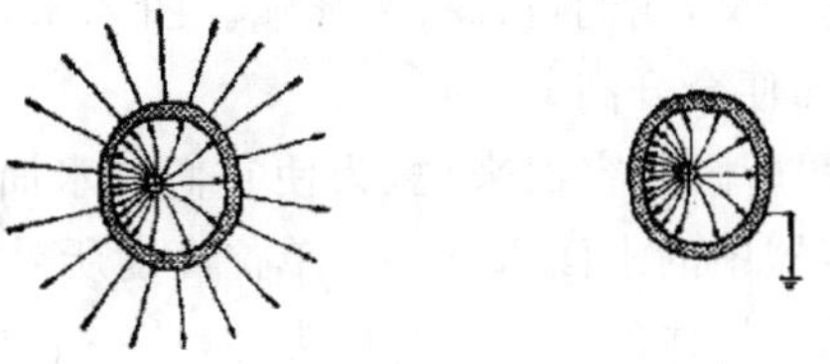

(a)外壳不接地　　(b)外壳接地

图 2.2.5　接地的重要性

为了避免外界电场对音视频仪器设备的影响，或者为了避免一些电器设备内部电场对外界的影响，通常用一个金属外壳把内部电路封闭起来，有些时候还要求很好地接地，目的就是使其内部电路不受影响，也不使电器设备对外界产生影响，这就静电屏蔽原理的应用。

电力系统有时用到等电位高压带电作业的情形，大家都知道，接触高压电是很危险的。怎样才能在不停电的条件下检修和维护高压电路呢？原来对人体造成威胁的并不是由于电位高造成的，而是电位梯度大造成的。近年来，工程技术人员经过多次科学实验和反复实践，摸索出一套等电位高压带电的作业的方法。作业人员全身穿戴金属丝网制成的衣、帽、手套、鞋子。这种保护服叫做金属均压服。穿上均压服后，作业人员就可以用绝缘软梯和通过瓷瓶串逐渐进入强电场区。当手与高压电线直接接触时，在手套与电线之间发生火花放电之后，人和高压线就等电位了，从而可以进行操作。

第 3 节　电容与电容器

电容器是我们继电阻之后将重点介绍的第二个基本的电路元件。前面我们学习了有关电场的知识，在本节进一步学习综合了电场知识的电容和电容器的原理。

3.1　电容

什么是电容呢？可以说导体能够容纳或存储电荷的这种性质就是电容。就像可以存储或容纳水的容器叫做水容器一样，我们把可以容纳或存放电荷的元器件叫做电容器。我们知道好多物体都可以带电，比如被充电或摩擦起电的物体，也就是说这些物体可以存放有电荷了，具有了电容的特性。

下面我们首先来看孤立导体的电容特性：

设想我们使一个孤立的导体带有电荷 Q，它将具有一定的电位 U（如图 2.3.1 所示）。

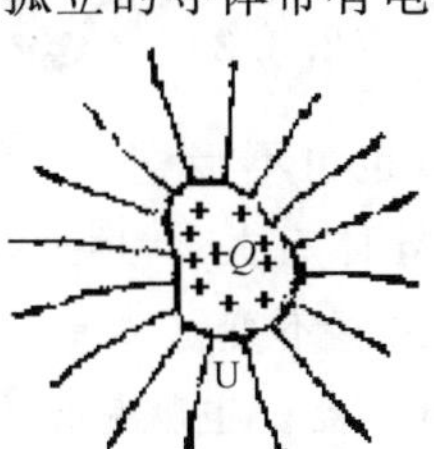

图 2.3.1　孤立导体的电容

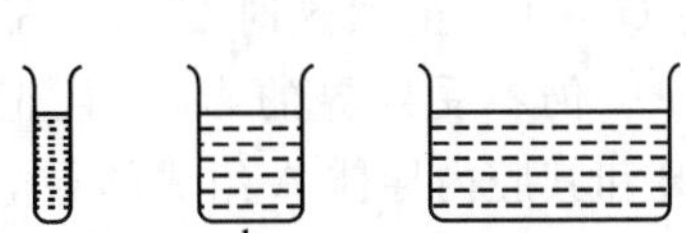

图 2.3.2　水容器的比喻

但是对于不同的导体，尽管其具有相同的电位，导体所能收容电荷的数量却因导体的结构而异。电容也可以说是导体能够收容电荷的能力。

为了帮助读者了解电容的意义，我们可以打个比喻。图 2.3.2 表示出几个盛水容器，当我们向各容器灌水时，容器内水面便会升高。

可以看到，对 a、b、c 三个图所画的容器来说，为使它们的水面都增加一个单位的高度，需要灌入的水量是不同的。使容器中的水面每升一个单位高度所需要灌入的水量是由容器本身的性质(即它的截面积)所定的。导体的“电容”与此类似，若一个导体的电容比另一个大，就表示每当升高一个单位电压时，该导体上面所需增加的电量比另一个多。

实验表明，随着 Q 的增加，U 将按比例地增加，这样一个比例关系可以写成：

$$C=\frac{Q}{U}[\mathrm{F}] \tag{2.3.1}$$

也就是说导体收容的电荷 Q[C]与电位成正比，有

$$Q=CU[\mathrm{C}] \tag{2.3.2}$$

式中 C 与导体的尺寸和形状有关，它是一个与 U、Q 无关的常量。我们就用这个量来表示物体能够容纳电荷的多少的性质，称之为该孤立导体的电容。它的物理意义是使导体每升高单位电位所需要的电荷量。

电容的单位是库仑/伏特，这个单位有一个专门的名称叫做法拉，简称法，用[F]来表示。

$$1\text{ 法拉}=\frac{1\text{ 库仑}}{1\text{ 伏特}}$$

实际上，法拉这个单位太大，常用微法(记作 μF)、皮法(又叫微微法，记作 pF)等单位。

$$1[\mu\mathrm{F}]=10^{-6}\mathrm{F}$$

$$1[\mathrm{p}]\mathrm{F}=10^{-12}\mathrm{F}。$$

我们再来看非孤立导体的电容：

如果在一个导体的近旁有其他导体，则这个导体的电位 U 不仅与它自己所带电量 Q 的多少有关，还取决于其他导体的位置和形状。这是由于电荷 Q 使邻近导体的表面产生感应电荷，它们将影响着空间的电位分布和每个导体的电位。在这种情况下，我们不可能再用一个常数 $C=Q/U$ 来反映 U 和 Q 之间的依赖关系了。要想消除其它导体的影响，可采用静电屏蔽的办法。

如图 2.3.3 用一个封闭的导体壳 B 把导体 A 包围起来，并将 B 接地($U_b=0$)。这样一来，壳外的导体 C、D 等就不会影响 A 的电位了。这时若使导体 A 带电 $+Q_a$，导体壳 B 的内表面将带电 $-Q_a$ 随着 Q_a 的增加，U_a 将按比例地增大，因此我们仍可定义它的电容为

$$C_{ab}=\frac{Q_a}{U_a} \tag{2.3.3}$$

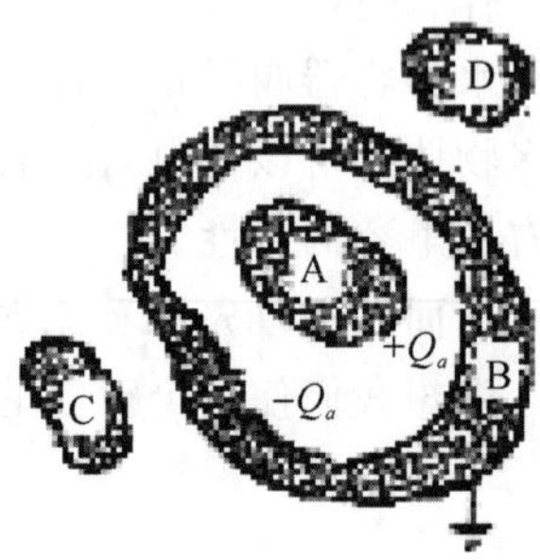

图 2.3.3 完全屏蔽的电容

当然这时 C_{ab} 已与导体壳 B 有关了。其实导体壳 B 也可不接地，则它的电位 $U_b\neq0$。虽然这时 U_b、U_a 都与外界的导体有关，但电位差 U_a-U_b 仍不受外界的影响，且正比于 Q_a，比值不变。这种由导体壳 B 和其腔内导体 A 组成的导电系，叫做电容器。也就是说在导体 A 和外壳导体 B 之间有一个相对固定的存储或容纳电荷的性质。

可见，导体 A 和导体壳 B 组成的电容器的电容量与两导体的尺寸、形状和相对位置有关，与 Q_a 和 U_a-U_b 无关。组成电容器的两导体叫做电容器的两个极，下面我们来详细讨论。

3.2　电容器的原理结构

实际中对电容器屏蔽性的要求并不像上面所述那样苛刻。如图 2.3.4 所示那样，一对平行平面导体 A、B 的面积很大，而且靠得很近，电荷将集中在两导体相对的表面上，电力线集中在两表面之间狭窄的空间里。这时外界的干扰对二者之间的电位差 U_a-U_b 的影响实际上是可以忽略的。我们也可把这种装置看成电容器(平行板电容器)。

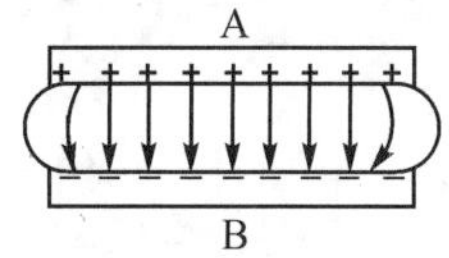

图 2.3.4　平行板电容器

下面我们来看平板电容器的电容公式，由此可以看出电容量的大小是由哪些因素决定的。

实际常用的绝大多数电容器可看成是由两块彼此靠得很近的平行金属极板组成的平行板电容器。暂不考虑绝缘介质，即认为极板间是空气或真空。设它们的面积都是 S，内表面间的距离是 d(图 2.3.4)，空气的介电常数为 ε。我们近似地看成两极板的内表面均匀带电，极扳间的电场均匀分布的。通过数学的公式推导可以得出如下的结论：

$$C=\frac{\varepsilon S}{d} \tag{2.3.4}$$

这便是平行板电容器的电容公式。此式表明，C 正比于极板面 S，反比于极板间距离 d。它指明了加大电容器电容量的途径：首先必须使电容器极板的间隔小，但是由于工艺的困难，这有一定的限度；其次要加大极板的面积，这势必要加大电容器的体积。为了得到体积小电容量大的电容器，需要选择适当的绝缘介质，这个问题请参考其他的教材，我们在此不作讨论。

常用的各种类型的电容器的基本结构大致相同，都由两片面积大的金属导体极板中间夹一层绝缘介质组合而成。

图 2.3.5(a)是电容器的基本结构示意图，图 2.3.5(b)是电容器结构的平面示意图。从图中可以看出，电容器的基本结构是由两块极板构成，上极板引出一个电极(引脚)，下极板引出一根引脚，上、下极板之间为绝缘的介质，如果绝缘介质采用的是空气，这时的电容器称为空气介质电容器。

如图 2.3.5(c)(d)所示，当两极板之间距离小时，电容器的容量就大，当两极板之间距离大时，电容器容量就小。

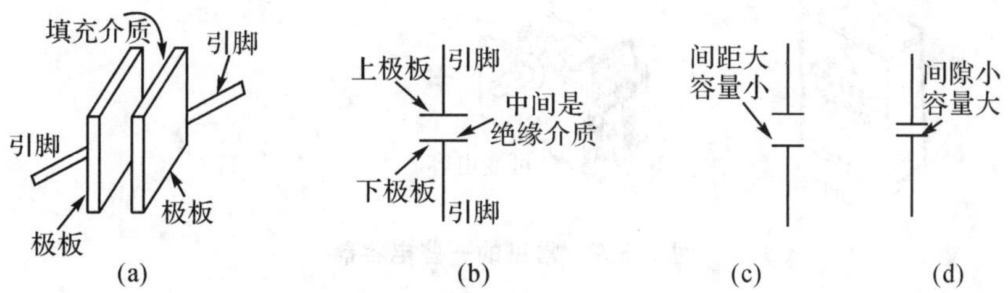

图 2.3.5　电容器基本结构示电图

无论哪种电容器，它的基本结构都是一样的。由于电容器的两极板之间是绝缘的，所以两极板之间是不通的。例如当我们把一个纸介电容器拆开时就会看到它是在两块铝箔之间置入纸介质，卷绕成圆柱形而构成的，如图 2.3.6 所示。用引线从两块金属箔接到外部电路。

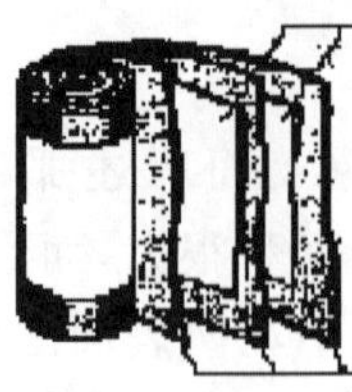

图 2.3.6　纸介电容器的结构

3.3　各种电容器

简单地说，电容器就是在两块导体板之间夹入绝缘物质（也称为电介质）构成的。通常在电容器的两金属极板之间还夹有一层绝缘介质（又叫电介质）。绝缘介质也可以就是空气或者真空，也可以是一些其它的绝缘材料构成。根据其结构不同、使用的材料不同分为很多种。

(1)电容器的种类

①按照两金属极板间所用的绝缘介质来划分，主要有：云母电容器、陶瓷电容器、聚四氟乙烯电容器、纸质电容器、油浸纸介电容器、电解电容器、钛酸钡电容器、油质电容器和空气介质电容器、真空电容器等。

②按照电容量的可变与否来划分，主要有：固定电容器、可变电容器和微调电容器等。固定电容器是最常用的电容器；可变电容器（还有微调电容器），主要用于收音机、电视机的选台电路中。可变电容器是转动轴来改变电容量的电容器。微调电容器（又叫半可变电容器）也是一种可变电容器，但是通过微调螺丝钉来改变电容量的。

③按照工作频率划分，主要有两类：一是低频电容器（用于工作频率较低的电路中）；二是高频电容器（对高频信号的损耗小，用于工作频率较高的电路中）。

图 2.3.7 所示为常见种类的电容器外形图。

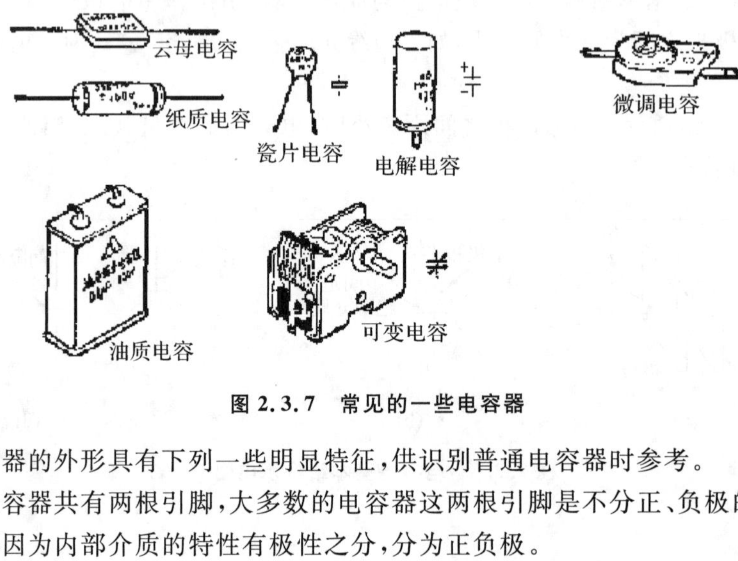

图 2.3.7　常见的一些电容器

普通电容器的外形具有下列一些明显特征，供识别普通电容器时参考。

①普通电容器共有两根引脚，大多数的电容器这两根引脚是不分正、负极的。但是大多数的电解电容器因为内部介质的特性有极性之分，分为正负极。

②普通电容器的体积通常不大，外形可以是圆柱形、长方形、圆片状等，当电容器是圆柱形时，注意不要与电阻器相混。

③普通电容器的外壳是彩色的，在外壳上有的直接标出容量大小，有的采用其他表示方式（字母、数字、色码表示法等）标出容量和允许偏差等。

(2)电容器的电路符号

电容器的图形符号就用如图 2.3.8 中所示，电容器的电路符号用 C 表示，C 是英文 Capacitor（电容器）的缩写。

图 2.3.8(a)所示是电容器的一般电路符号，这一电路符号中没有表示出电容器的正、负极性，所以这一电路符号只用来表示无极性电容器。

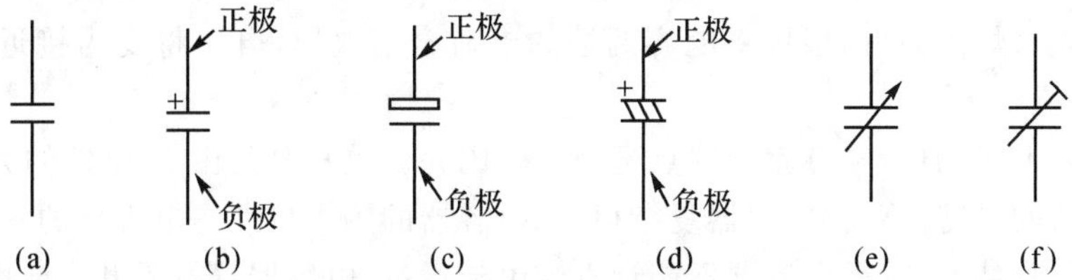

图 2.3.8 电容器的电路符号

图 2.3.8(b)所示是有极性电容器的电路符号，这是国标最新规定的有极性电容器电路符号，有极性电容器的两根引脚有正、负之分，在使用中是不能相互搞混的。常见的电解电容器都是有极性电容，电路符号中的“＋”表示电容器是有极性的，且表示该引脚为正极，另一个引脚为负极，在有极性电容器电路符号中一般不标出负号标记。

图 2.3.8(c)所示是过去使用的有极性电容器电路符号，用空心矩形表示这根引脚为正极，另一个为负极。现在大量的电路图中，仍采用这种旧的有极性电容器的电路符号。新、旧电路符号之间只是表示方式不同，有极性电容器本身并没有什么不同之处。

图 2.3.8(d)所示是国外有极性电容器的电路符号，用“＋”表示该引脚为正极，在进口家用电器的电路图中，常见到这种有极性电容器的电路符号。

图 2.3.8(e)所示是可变电容器的电路符号，图 2.3.8(f)所示是微调电容器的电路符号。

电容器在实际中（主要在交流电路、电子电路中）有着广泛的应用。当你打开任何的仪器设备（如电视机、收音机、示波器等）的外壳时，就会看到线路里有各种各样的元件，其中不少是电容器。

3.4 电容器的充放电

如图 2.3.9 所示，电容器接到直流电源时，按照现在这样两块金属板不直接接触，所以，为“开路”状态。因此，可以看到接在电路中的仪表只是在开关接通的瞬间有电流流通。

这是由于电子从电源一端流向电容器的一块板极，这些电子与相对侧极板中的电子相斥（同种电荷相斥），这些电子被吸引到电源“＋”端。这样一来，即使从电路中把电容器取下来，电容器里面还会有剩余电荷，能量蓄积在电场中。但这时要注意，直流是不能通过电容器流通的，电容器是隔离直流的元件。

可见电容器在直流电路中是不能有持续的电流导通，而在接通的一瞬间是有充电电流的，充了电的电容器两极板短接时也有很大的放电电流。

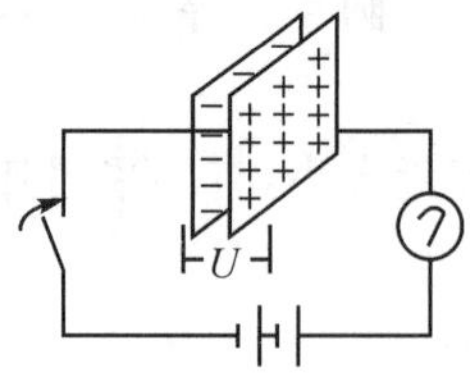

图 2.3.9 电容器通以直流电

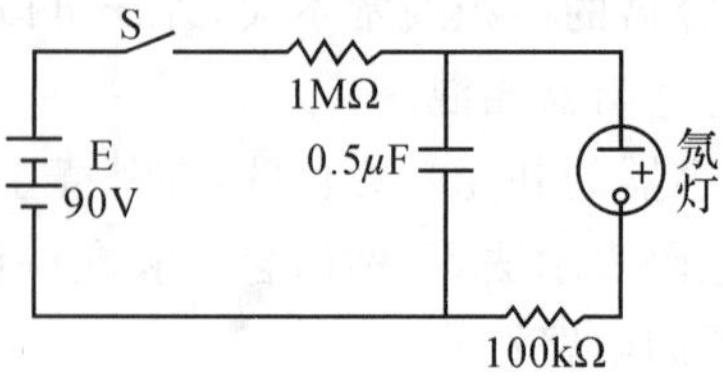

图 2.3.10 氖灯闪亮实验

现在我们看图 2.3.10 所示的电路，这是一个有趣的实验。

接通开关后，没有达到一定电压氖灯是不能点亮的。若电压达到“放电电压”，氖灯就被点亮。在电路中，若开关 S 接通，电容器就通过电阻充电，若充电电压升高到氖灯的放电电压，就通过氖灯放电。氖灯点亮后，很快将电容两端的电荷全部放掉，电压将变为接近 0，这时氖灯熄灭。

电路将重复上述动作，氖灯就断续点亮而产生闪光。重复时间由 R 和 C 的大小决定。

可见电容器的电特性要比电阻器复杂得多，电容器的隔直特性是电容器的一个基本特性。所谓电容器的隔直特性，就是电容器不能让直流电流通过，电容器具有隔开直流电的特性。

(1)电容器的充电过程

电容器的隔直特性可以用直流电源对电容器的充电过程来说明。

图 2.3.11 所示是直流电源对电容器充电过程示意图。电路中，E 是直流电源，R 是电阻器，C 是电容器，S 是开关。

如图 2.3.11(a)所示电路，在开关 S 没有接通之前，电容器 C 中没有电荷，电容器 C 两端没有电压，即电容器 C 两端的电压(又称为 C 上的电压)U_C 为 0V。

在开关 S 接通后，电路中的直流电源 E 通过电阻 R 开始对电容 C 充电，见图 2.3.11(b)所示电路，有电流 I 的流动。这样有电流流过电阻器 R，电路中电流 I 的大小由下列公式可以说明：

$$I=\frac{E-U_C}{R} \tag{2.3.1}$$

在开关 S 刚接通时，由于电容 C 两端的电压为 0V，这时电路中的电流为最大，即 $I=\dfrac{E}{R}$。随着电路中电流的流动，在电容器 C 的上极板上充有正电荷，在 C 的下极板上充有等量的负电荷。

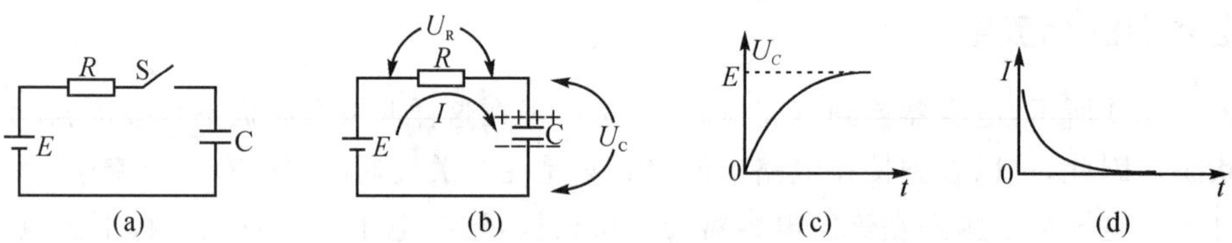

图 2.3.11 电容器的充电过程示意图

当电容器内充有电荷，电容器两端就有了电压，这一电压极性为上正下负。随着对电容器 C 的充电进行，C 中充到的电荷愈来愈多，电容器两极板之间的电压 U_C 愈来愈大。这是因为电容器两极板之间的电压与电容器内的电荷量成正比关系：

$$U_C=\frac{Q}{C} \tag{2.3.2}$$

从上式可知，随着电容 C 的充电进行，C 中的电荷愈来愈多，C 两端的电压也愈来愈大。从式(2.3.1)可以得出，C 两端的电压 U_C 愈来愈大，使充电电流愈来愈小。

图 2.3.11(c)所示是电容器充电过程中，电容 C 两端充电电压特性曲线，从曲线中可以看出，充电刚开始时电容 C 上的电压为 0V，然后电容两端的电压迅速增大，之后增大速度变得缓慢，直到达到充电电压 E。

图 2.3.11(d)所示是电容器充电过程中，对电容 C 的充电电流特性曲线，从图中可以看出，充电刚开始时充电电流最大，大小为$\frac{E}{R}$，然后充电电流迅速减小，之后充电电流减小速度变得缓慢，直至为零。

当电容器 C 两极板上的充电电压(上正下负的直流电压)充到等于直流电源电压 E 时，电阻器 R 两端的电压等于 0V，这时电路中就没有电流的流动，也就没有充电电流，直流电源 E 对电容器 C 的充电过程结束。

注意：电容 C 充电结束后，电路中也就没有直流电流的继续流动，这说明电容 C 处于断开状态，由此可知电容器具有隔开直流电流的作用，将电容器的这一特性称为隔直作用。

上述可见，电容器具有隔直作用，即直流电源对电容器充电完成之后，电路中没有电流流动。但是要搞清楚一点，在直流电源刚加到电容器上时，电路中是有电流流动的，这一电流就是对电容器的充电电流，不过充电电流的流动过程很快会结束。

对于电容充电电路而言，具体的充电时间长短只与电路中电阻 R 和电容 C 的大小有关，而与充电电压无关。充电(或放电)时间的长短用时间常数表示，时间常数用 τ 来表示：

$$\tau = R \times C$$

τ 愈大，充电(或放电)的时间就愈长，反之则愈短。

(2)电容器的放电过程

电容器有充电过程，也有放电过程，此时电容器放掉所存储的电荷。电容器的放电过程可以用如图 2.3.12(a)所示电路来说明。

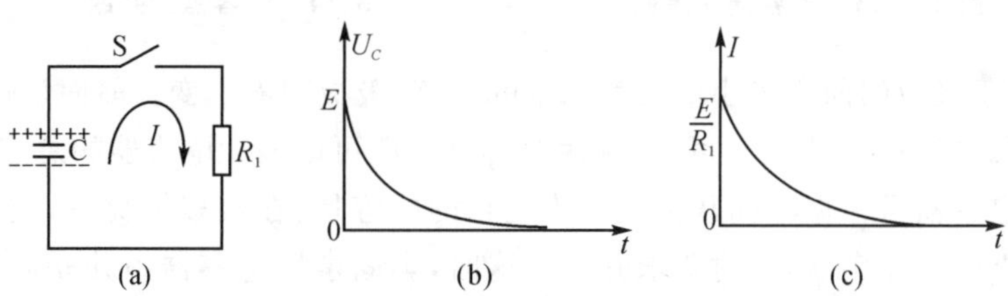

图 2.3.12　电容器的放电过程示意图

电路中，电容器 C 中已经充满了电荷，在 C 上的充电电压极性为上正下负。R 是 C 放电过程中的负载，S 是开关。

电容器 C 的放电过程是这样：在开关 S 接通后，由于 C 两端有电压，S 接通后又与电阻 R 构成一个闭合回路，这样形成了电流回路，放电电流从 C 的上极板出发，经导通的 S 和电阻 R 到达 C 的下极板，与电容器 C 下极板上的负电荷复合，这样就形成了放电电流，见图中所示，随着放电的进行，C 上极板上的电荷与 C 下极板上的电荷不断复合，电容器 C 中的存储电荷愈来愈少，直至正、负电荷全部复合完毕，完成整个放电过程。放电结束后，电容 C 两端电压为 0V，电路中就没有电流的流动。

图 2.3.12(b)所示是电容器放电时的电压特性曲线，从曲线中可以看出，刚开始放电时电

容上的电压下降速度很快，之后就变得比较缓慢，直至为0V。

图2.3.12(c)所示是电容器放电时的电流特性曲线，从曲线中可以看出，刚开始放电时放电电流下降速度很快，之后就变得比较缓慢，直至为零。

经理论计算可知，无论是充电还是放电，无论是电压还是电流，电容器充电、放电的电压和电流特性曲线都是按指数规律变化的，即先快后慢地变化。

理论上电容器不消耗电能，所以电容器中充到的电荷会永远储存在电容器中，只要外电路不存在让电容器放电的条件，电荷就一直存储在电容器中，电容器的这一特性称为储能特性。但是，实际上电容器存在着各种能量损耗，例如介质损耗等，所以电容器是损耗电能的，因此充满电荷的电容器在存放一段时间后，它内部的电荷就会全部消失，当然电容器比起电阻器来讲，它对电能的损耗要小得多。

3.5 电容的串并联

电容器的不同联接方法能改变电容量吗？电容器串并联时，电容量会怎样改变呢？这里再回到前面介绍的内容进行研究。

首先我们看串联的情况，如图2.3.13所示。

假如三个电容极板的大小相同，串联后相当于极板间隔增大为原来的3倍。根据前面结论，若电容极板间隔增大，则电容量C就减少。所以串联后总容量小于原来的单个电容器容量。

我们再来看并联的情况，如图2.3.14所示。

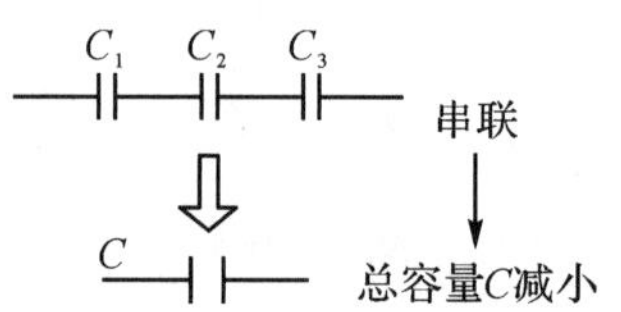

图2.3.13 电容器的串联

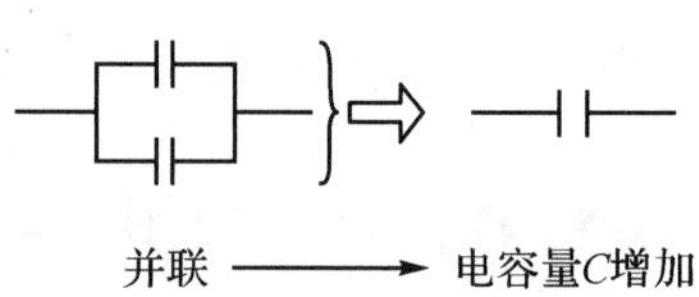

图2.3.14 电容器的并联

并联后相当于极板的面积大小增大为原来的2倍，极板间隔不变。前面学过，若电容器极板面积增大，则总电容量C增大。可见，利用电容器并联可以增大电容器的总容量。

如上所述，电容器可根据不同联接方法改变它的电容量：在很多情况下，技术人员使用电容器时，有时要求电容器串联，有时要求并联。这时，牢固掌握电容器串并联后对总的电容量的影响是非常重要的。

(1)电容器并联分析

这里，试用数学公式研究电容器并联时总的电容量为什么会增加。

若在电容器端子间施加电压U，各电容器上蓄积的电荷为Q_1、Q_2、Q_3。

$$Q_1=C_1U, Q_2=C_2U, Q_3=C_3U$$

因此，从端子看总电荷为Q，则有

$$Q=Q_1+Q_2+Q_3=C_1U+C_2U+C_3U=(C_1+C_2+C_3)U$$

由此并联总电容量C为

$$C=\frac{Q}{U}=C_1+C_2+C_3$$

可见，两只或更多只电容器并联之后，仍然可以等效为一只电容器，只是容量增大，如图

2.3.15 所示。

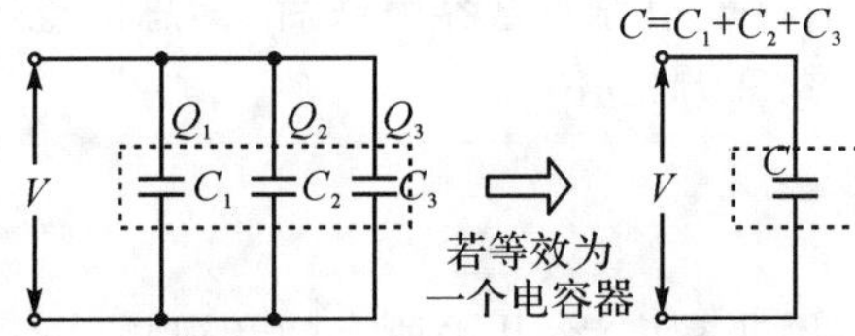

图 2.3.15　电容器并联等效

在电阻器的串联电路中，串联电路的总电阻是愈串愈大，对电容器并联电路而言，总容量愈并愈大。电容器并联电路的这一特性可以这样去理解和记忆，电容器是存储电荷的元件，电容器并联后就能存储更多的电荷，所以电容器并联后电路的总容量会增大。

电容器并联电路中，并联后的总电容等于参与并联各电容的容量之和。

(2)电容器串联分析

再来看电容器串联，则总容量减小的情况：

在串联电容器端子 X，Y 之间施加电压 V 时，若以总电荷 Q 进行充电，由于静电感应，使得各电容器的电极都产生相同的电荷 Q。因此，下述关系式成立：

$$U_1=\frac{Q}{C_1}\quad U_2=\frac{Q}{C_2}\quad U_3=\frac{Q}{C_3}$$

又因电容器串联电路中，各串联电容上的电压(降)之和等于加在这一串联电路上的电源电压，$U=U_1+U_2+U_3$，这一点也与电阻串联电路一样。

所以，总容量 C 为

$$C=\frac{Q}{U}=\frac{Q}{\dfrac{Q}{C_1}+\dfrac{Q}{C_2}+\dfrac{Q}{C_3}}=\frac{1}{\dfrac{1}{C_1}+\dfrac{1}{C_2}+\dfrac{1}{C_3}}$$

两个电容器串联时：

$$C=\frac{1}{\dfrac{1}{C_1}+\dfrac{1}{C_2}}=\frac{1}{\dfrac{C_2}{C_1C_2}+\dfrac{C_1}{C_1C_2}}=\frac{C_1C_2}{C_1+C_2}$$

可见，电容器串联之后，它仍然可以等效为一只电容器，但总的容量将减小，如图 2.3.16 所示。

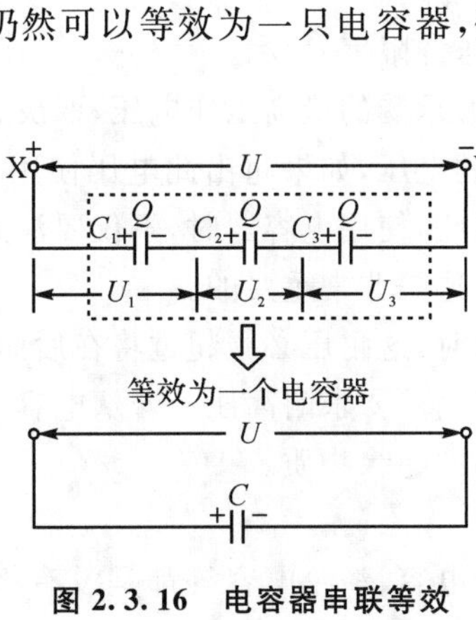

图 2.3.16　电容器串联等效

电容器串联电路中，各电容串联后总电容的倒数等于各串联电容的倒数之和，即

$$\frac{1}{C}=\frac{1}{C_1}+\frac{1}{C_2}+\frac{1}{C_3}\cdots\cdots$$

这一点与电阻并联电路相同。

记住一个特殊情况，当两个容量相等的电容串联后，其总的电容为每个串联电容的一半。例如，两只 10 μF 串联，它的总容量为 5 μF。

3.6 电容器的应用

电容器在电子电路中的应用非常广泛，几乎所有的音视频设备内部都离不开电容器，它可以说是电阻之后组成电路的第二种最基本的电路元件。后面的学习中会学到，它在电路中起着整流滤波、交流信号的耦合、振荡发生、微积分处理等等作用。

生活中也有好多利用电容的充放电原理来进行控制的电路，例如前面介绍过的氖灯闪烁电路。还有经常看到安装在自动电梯门旁的墙壁上的开关。用手刚一接触开关，特别是还没用手指按下开关，灯就“突然”亮起来。

如图 2.3.17 所示，这就是所说的触摸开关。若电容器充电，则其中一个电极获得正电荷，另一个电极获得同等量的负电荷。若人体(具有负电荷)成为电容器的一个电极，相对侧就应获得正电荷。电路中接入两个电容器，可知，若改变一个电容器上的电荷，另一电容器上的电荷也改变。因此，若触到电梯的召唤按钮(实际为触摸开关)，人体就起到电容器的一个电极的作用，C_S 充电，因此，C_1 也充电，C_1 上就呈现出电压。

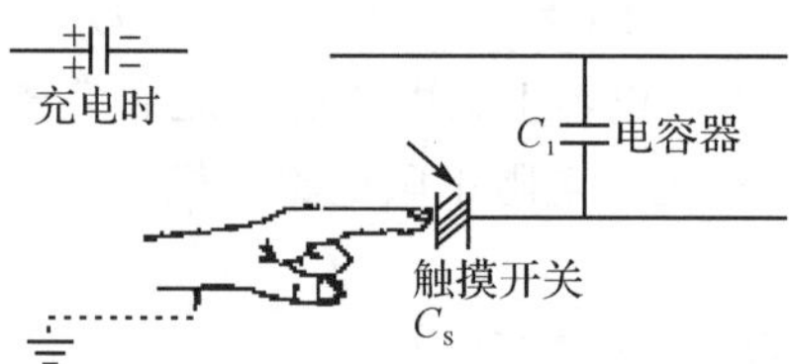

图 2.3.17　触摸开关示意图

现在大家的手机都用上了电容触摸屏，当我们触摸电容屏时，我们的手指和屏幕内部形成一个耦合电容，由于人体电场，会产生一个很小的电流，内部电路检测到这个电流后作出计算从而确定手指接触到的位置，然后向内部处理器发出执行指令。

电容器在使用时要注意以下几点：

(1)电容器的耐压(能使用电压的限度)

电容器的耐压是指电容器能够承受的最高工作电压，取决于构造的不同。也就是说，要看电容器中的绝缘物质能耐受多高的电压，如果超出此电压使用，绝缘物质(介质)就会被破坏，引起短路，即变成击穿的状态。因此，使用电容器时，不仅要注意电容器大小(容量)，而且要注意耐压(能够使用到多高的电压)，这是非常重要的。

另外，电容器使用于交流电路时，这耐压必须超过将在后面介绍的交流电压的最大值。也就是说，在高电压处使用的电容器当然要求耐高压。若从电容器方面考虑，可改变置入极板之间的绝缘物质的材料，或者使用厚的绝缘物质。

(2)电解电容器的极性

一般的小容量瓷片电容、云母电容、涤纶电容等都是没有极性的，但是对于大容量的电解电容，由于内部利用了电解液作为介质，是需要区分极性的。

电解电容通常正极只能接电路中相对高电位的一端，通常是与电源的正极一端相连；负极接低电位的一端，通常和电源的负极一端相连。如果极性接反，电容的内部漏电流将会增大，造成过热击穿。

(3)电容器注意放电

在收音机、电视机和其他电器中使用的电容器，即使切断电源，电容器中仍有剩余电荷。因此，在接触电容器之前要用绝缘螺丝刀使其端子与机壳短路，这一点很重要。若不注意，这种电压就会损坏测试设备，而且还会对操作者造成严重的电击。

第 4 节　磁场特性

对于磁的基本现象我们都有了解，在生活中经常有磁铁的应用。磁在形式上与静电非常相似。考察磁与电的类似性是进一步学习电学不可缺少的内容。本节我们将了解磁的作用机理和磁场的性质，以及描述磁场特征的磁力线、磁通量等基本物理量，进而掌握磁性物质的磁化特性。

4.1　磁现象

(1)磁性和磁极

在磁学的领域内，我国古代人民做出了很大的贡献。远在春秋战国时期，就对天然磁石(磁铁矿)已有了一些认识。利用地球磁性的指南针是我国古代的伟大发明之一，对世界文明的发展有重大的影响。十二世纪初我国已有关于指南针用于航海的明确记载。现在人们知道了最早发现的天然磁铁矿石的化学成分为四氧化三铁(Fe_3O_4)，并且人们已经能够大量制造人工磁铁。

磁铁能吸引铁与镍等，而且，磁铁彼此之间具有既相斥又相吸的性质。这种性质叫做磁性，其相互作用叫做磁作用。

磁铁除了天然磁铁的磁铁矿(具有 Fe_3O_4 分子结构的铁的氧化物)以外，还有人造的永久磁铁，常见的永久磁铁有条形磁铁与 U 形磁铁等。如图 2.4.1 所示，若在条形磁铁上撒上铁屑，铁屑就集中在条形磁铁的两端，中间附近没有铁屑。这就表明磁性最强的部分是在磁铁两端附近，这两端点称为磁极。

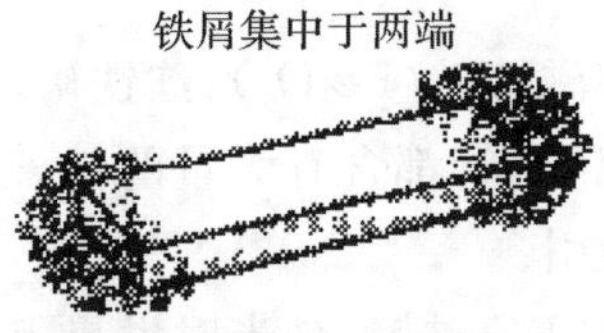

图 2.4.1　磁铁的磁性分布

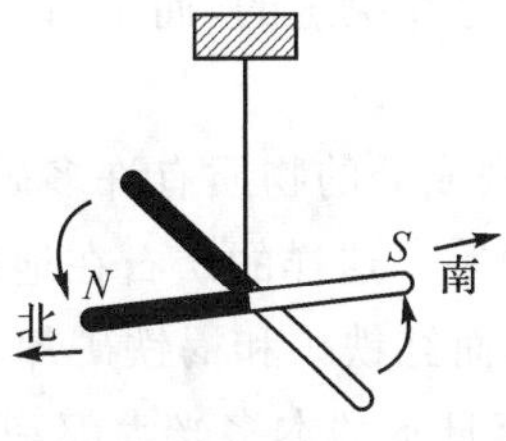

图 2.4.2　磁铁的南北极

另外，如图 2.4.2 所示，若用线绳把条形磁铁悬挂起来，使它能在水平面上自由转动，静止时两个磁极总是停在南北方向的位置上。它的一端总是指向地球的北极方向，另一端总是指向地球的南极方向。说明磁铁有两极，指向北极方向的磁极称为 N 极或者正极，而指向南极方向的磁极称为 S 极或负极。

如图 2.4.3 所示，用线绳悬挂起来的条形磁铁的 N 极接近其它磁铁的 N 极时，条形磁铁就被拒斥，一接近 S 极，就吸引在一起。这说明：同性磁极相斥，异性磁极相吸。同名的磁极 N

与 N,S 与 S 间是斥力。异名的磁极 N 与 S,S 与 N 间是引力。

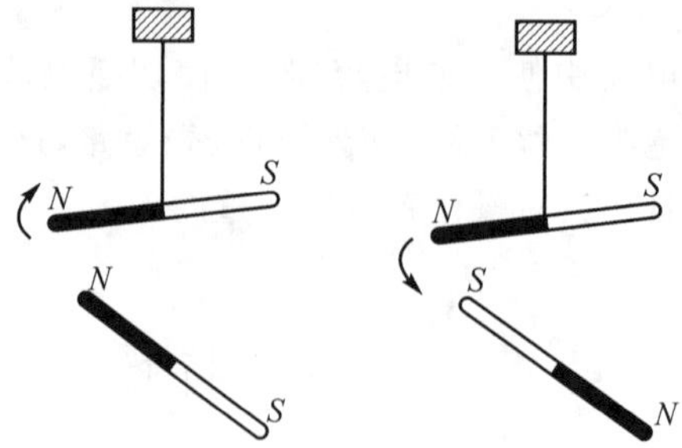

(a)同性相斥　　(b)异性相吸

图 2.4.3　磁铁的互相作用

所以可以这样认为,由于地球磁极产生的磁性使条形磁铁指向南北。显然,在地球北极里有地球磁铁的 S 极,地球南极里有地球磁铁的 N 极。

由此可知,在我们身边这样利用磁铁是普通的事情。若细想起来,也有各种各样的磁铁。比如利用电制造的电磁铁,一但切断电流就失去了磁性,用在各种控制中;但对于喇叭中的条形磁铁与 U 形磁铁,它们是本身具有磁性的永久磁铁。

(2)磁感应

生活中经常碰到,将一个铁钉接近一个强大的磁铁,铁钉就带上了磁性,变成了磁铁,拿开后这个铁钉就可以吸引别的铁钉了。我们把这个将铁钉变成磁铁,也就是说,使不带磁性的物体带上磁性称为磁化。

可见,磁铁不仅对其他磁铁有引力、斥力作用,对普通的铁也有吸引作用。这是因为置于磁场中的铁或物质带上了磁(被磁化),这种现象叫做磁感应。这时,铁钉所呈现的磁极:接近磁铁的磁极 S(N)的一端端产生不同极性的磁极 N(S),另一端感应出同极性磁极 S(N)。这与带电体使未带电的物体带电(静电感应)的作用相同。

物体置于磁场中,具有能被磁化的性质。称这种物体为磁性体。

那么,只要物体里含有铁,就能被所有的磁铁吸引,能这样认为吗?我们容易发现,不锈钢就是这样一个特殊的例子,虽然不锈钢含有大量的铁,但却不能被磁铁吸引。说明物质的磁性,不是仅由铁的存在决定的,而是由各种元素与铁的配合状态或原子的排列方式引起的变化来决定。

自然界含有铁成分的物质有许多矿物质,主要有磁铁矿(Fe_3O_4)、红铁矿(Fe_2O_3)、褐铁矿($2Fe_2O_3 \cdot 3H_2O$)等。这样的矿石在地球上储存丰富,尽管都含有大量的铁,磁铁对磁铁矿才有很强的吸引力,而红铁矿和褐铁矿却不能被磁铁吸引。

例如,1917 年日本的本多光太郎和高木弘发现的 KS 磁钢,是当时世界上的最强力磁铁。它的成分配合是碳 0.8%～1.0%,钴 30%～40%,铬 1.5%～3%,钨 5%～9%,其余是铁。在前面提到的不被吸引的不锈钢的成分是 18%铬和 8%镍,其余是铁,这种配合的含铁物质不具有磁性。因此,磁性的存在是由铁和其他元素的配合状态决定的。

关于磁铁等对物质的影响,有强磁化的物质和弱磁化的物质(实际上大部分都是不能磁化的物质),前者称为强磁性体,后者称为顺磁性体。

①强磁性体

能被磁铁强烈吸引的铁、镍及钴等物体,在磁场中很容易被磁化,称之为强磁性体。通常,多数情况下简称磁性体。

②顺磁性体

在非常强的磁场中才能被磁化的物质,称为顺磁性体。锰、铬、钛、白金、氧气、空气等属于顺磁性体,简称顺磁体。

强磁性体具有这样的特性,磁化后,若温度升高,磁性逐渐消失。在某一温度磁性急剧减少,最后失去强磁体的性质。磁化消失时的温度称为居里点或临界点。居里点的温度大小由不同的物质来决定,例如铁的居里点 790℃,铁铬化合物为 150℃。强磁性体在居里点失去其强磁性,在居里点以上的温度只剩下极弱的磁性,而成为顺磁体。

温度上升磁铁的磁性减少,这个现象被应用于我们常用的电饭锅中。电饭锅的自动温度调节器中,用一对磁铁做温度传感器。烧饭时,首先将内锅放于磁铁上,这个磁铁通常安装在电饭锅的外锅的底部中央处。电饭锅的加热器加热,不久水分没了,温度超过 100℃,磁铁的磁性变弱,缠在磁铁周围的弹簧力使磁铁间拉开。这时开关断开,告知饭已熟的灯点亮。温度下降,磁化加强,再恢复到开始状态。

4.2 磁铁的内部结构

(1)磁性单元

铁与镍是易被磁化的金属,这类金属可以看成是由非常微小的磁铁组成。磁铁可以被分解为众多的被称为磁畴的磁性单元。

为了便于理解,若用微小的磁铁表示一个磁畴,则如图 2.4.4 所示,铁片不接近磁铁时,铁片中小磁铁的排列如图 2.4.4(a)所示。各磁畴中小磁铁的方向是杂乱无章的,磁性被中和,作为铁片整体没有显示出磁性。若其两端接近磁铁,则各磁畴中的小磁铁变成图 2.4.4(b)所示那样,小磁铁沿外磁场方向整齐排列,铁片的两端呈现 N 和 S 极。这样,若从外部对铁片施加磁性,铁片就被磁化成为磁铁,由于与外部磁铁的吸引作用而相吸。这就很好地解释了磁感应现象的原理。

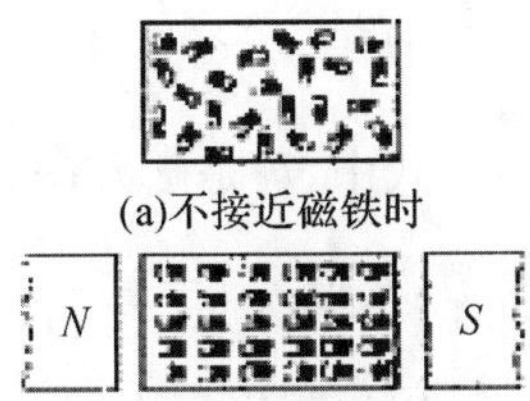

图 2.4.4 磁铁内部磁畴

另外,这时即使拿走靠近铁片两端的磁铁,如果各磁畴的排列整齐,这铁片就被磁化,变成了永久磁铁。不显磁性的强磁性体,其磁偶极子的方向是杂乱无章的,但若给强磁性体加上磁场,磁偶极子全部整齐地指向同一方向,从而被磁化了。

以上考虑的是铁的磁性分子在磁铁的诱导下所呈现的各种姿态。

(2)磁极的不可分性质

如图 2.4.5 所示,虽然我们想取出单独的磁极。但是切开的截面又出现磁极,因此,磁铁不可能取出单独的磁极。这一点,与电荷的情况有很大的不同。电荷的情况是一个物体上能带上正的或负的电荷。但在磁极的情况,分开取出单一的磁极是不可能的。

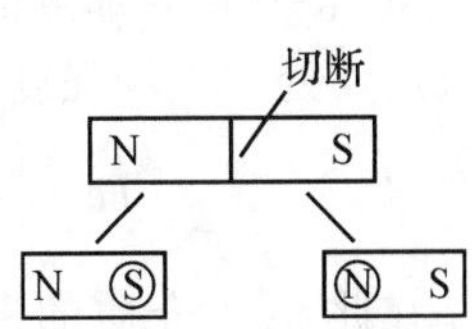

图 2.4.5 磁极不可分开

研究条形磁铁两端可知,两磁极强度的大小相等。这可理解为,在一块磁铁上磁极的代数和为 0。磁极必是 N,S 成对地存在。

一块磁铁不管从哪里开始切,切得如何小,一定会在切口处的两截面上出现一对相反的磁极,磁铁是以小磁铁(磁分子或磁偶极子)为单位的,可认为如图 2.4.5 所示那样。

相距微小距离的等量异号的电荷 $+Q$,$-Q$,叫电偶极子。因此,N 极、S 极存在一微小距离的状态称为磁偶极子。

4.3 磁场

如第一章所述，静止电荷之间的相互作用力是通过电场来传递的，即每当电荷出现时，就在它周围的空间里产生一个电场；而电场的基本性质是它对于任何置于其中的其他电荷施加作用力。这就是说，电的作用是“近距”的。磁极之间的相互作用也是这样的，不过它通过另外一种场，磁场来传递。

用磁场的观点，我们就可以把上述关于磁铁和磁铁之间相互作用的各个现象统一起来了，所有这些相互作用都是通过磁场来传递的。

下面我们来了解与电场相对应的磁场的有关概念：

将一块磁铁的磁极置于其他磁铁的磁极形成的磁场中一定位置处，则磁极间将会产生作用力，在同一位置磁极受到磁力的大小与这一磁极的磁性强度成正比。同静电场的情况一样，磁极的周围存在着磁力作用的空间(场)，称这个空间(场)为磁场，其强度用磁场强度 H 表示。

和静电场中的电荷相对应，我们可以认为磁极形成的磁场是由磁极上包含的“磁荷”产生的。磁极上包含的磁荷量越大，磁极在磁场中受力就越大，磁场也就越强。磁荷的单位用韦伯(Wb)表示，是磁粒子的基本单位，磁极具有的磁荷量决定了磁极的磁场中受力大小和磁性强弱。和库仑定律相对应，同样有关于磁铁的库仑定律。

N、S磁极间相互作用力所遵循的规律，与正、负电荷间相互作用的静电力的规律非常相似。库仑用实验方法得到静电作用力的规律，同样，现已证实磁极间产生与静电力相同形式的力，就是

$$F=k\frac{m_1m_2}{r^2} \tag{2.4.1}$$

式中，F 是磁力；m_1、m_2 为磁极的磁量或磁荷；r 表示两极间的距离；k 是表示磁力的一个常数，其值为 $k=\frac{10^7}{(4\pi)^2}\approx 6.33\times 10^4$。

效仿静电学中的库仑定律，可以将上式改写为

$$F=\frac{1}{4\pi\mu_0}\times\frac{m_1m_2}{r^2}\ [\mathrm{N}] \tag{2.4.2}$$

在此，F，m_1、m_2，r 的单位分别为[N]，[Wb]，[m]。另外 μ_0 为真空中的磁导率，其值为 $\mu_0=4\pi\times 10^{-7}$，和静电学中的真空介电常数 ε_0 相对应。

在磁场中放置单位磁荷即+1[Wb]磁荷的磁极，其受力的大小与方向因位置而不同。这个力是表示该点磁场状态的物理量，将其作为那点的磁场强度 H(图 2.4.6)。因此，距磁极 r 远点处的磁场强度 H 用库仑定律表示为

$$H=\frac{1}{4\pi\mu}\times\frac{m\times 1}{r^2}\ [\mathrm{A/m}] \tag{2.4.3}$$

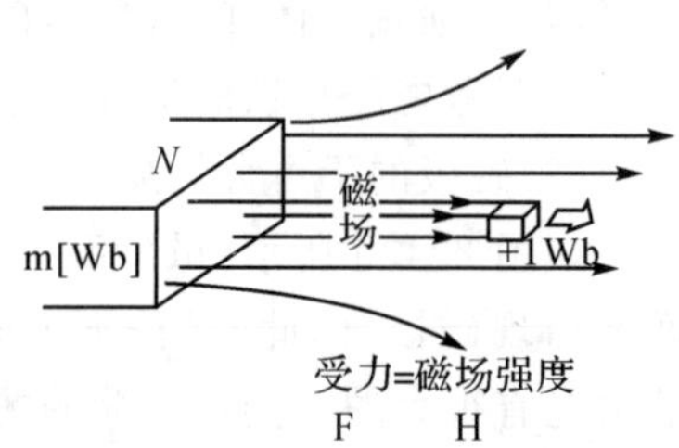

图 2.4.6 磁场强度

在此，μ 为介质的磁导率。磁场强度的单位为“安培/每米”，为什么是这么一个单位呢？这是由于最早科学家在研究磁现象时磁场是和电流一起研究的，所以用了与单位长度导线电流的受力来定义了磁场强度。还有一个定义单位为“奥斯特”，在本书不作介绍了。

磁场强度是由力决定的量，因此与电场强度一样是个矢量。在磁场强度为处放入磁极时，该磁极受力 F 为

$$F=mH[\mathrm{N}] \tag{2.4.4}$$

4.4　磁力线与磁通量

(1)磁力线

相对于静电学中的电力线,磁场中也可以有假想的磁力线存在。

如图 2.4.7,在磁铁上放一玻璃板,在玻璃板上撒上用筛子滤过的铁粉,铁粉由一个磁极到另一个磁极清晰地排列成路径。或如图 2.4.8,在条形磁铁周围的磁场里放入磁针,则磁针的轴与磁场方向(铁粉的路径)排列一致。

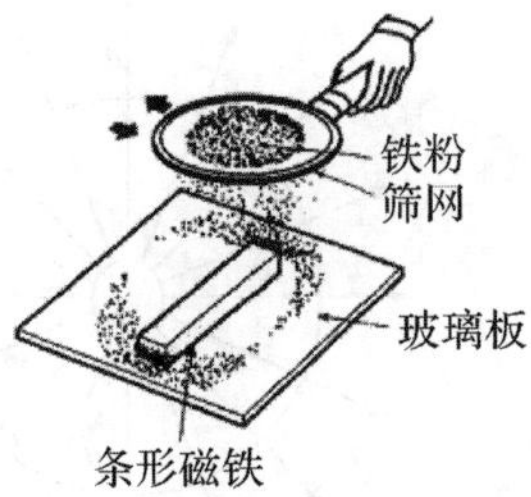

图 2.4.7　用铁粉演示磁力线

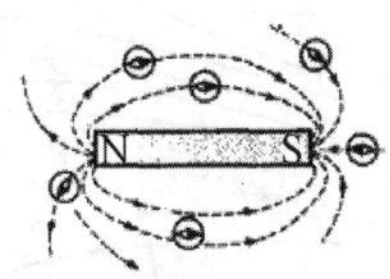

图 2.4.8　磁针与磁力线方向

在这些实验中,用假想路径描绘的线,叫磁力线,磁力线由 N 极出发,终止于 S 极,且距磁极近则密,远则疏。

磁场强度大处磁力线密,磁场强度小处磁力线疏。磁力线的条数原本是无数的,但用来表示磁场强度却非常方便。比如,磁力线的数目与磁场强度之间的关系,可规定每 $1m^2$ 面积上的磁力线的数目为 H 根时,磁场强度就是 H[A/m]。

简单地说,磁力线与静电学中的电力线非常相似。电力线与磁力线的区别在于,磁力线是闭合曲线,而电力线因电荷单独存在,电力线不可能形成闭合曲线。电力线的发出处与吸入处分别存在。

从图 2.4.6 中可以看到,磁力线都集中于磁极,在磁极附近磁力线最稠密,远处较稀疏。这种关系表明磁场强度随着离开磁极距离的增加而变弱。若观察磁力线,就能了解磁场强度的分布以及磁场的方向。

(2)磁通量

上面讨论了磁力线和磁场强度的关系,即:在 H[A/m]磁场强度处,垂直于磁场方向每平方米穿过磁力线数目为 H 根。

例如,在 1[A/m]的磁场处,可认为垂直于磁场方向,每平方米穿过磁力线一根。

下面我们来看一下从 m[Wb]磁荷的磁极发出的磁力线根数。

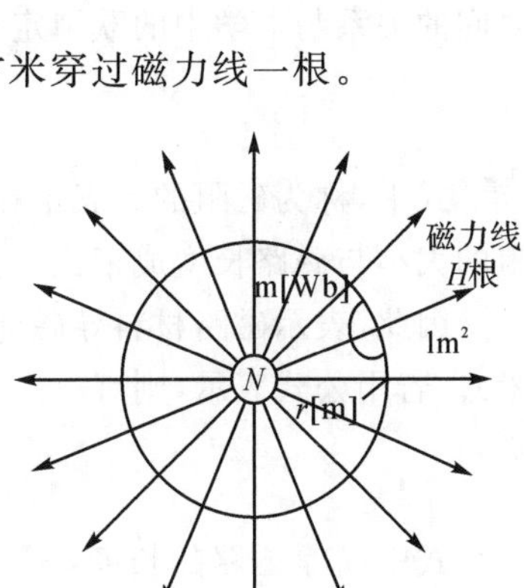

图 2.4.9　包围磁极的球面

假定 m[Wb]的磁极独立存在,由这个磁极向四面八方发出均匀的磁力线。如图 2.4.9,考虑距磁极 r[m]的球面,从磁极发出的磁力线全部穿过这个球面。

距磁极 r[m]远点的磁场强度为 H[A/m],由磁场强度公式),在空气中为

$$H=\frac{1}{4\pi\mu_0}\times\frac{m}{r^2}\,[\mathrm{A/m}] \tag{2.4.5}$$

因此,在 r 为半径的球面上的 $1m^2$ 范围内,根据规定只有

H 根磁力线通过。半径为 r 的球面积是 $4\pi r^2[\mathrm{m}^2]$,因此,m[Wb]的磁极发出全部磁力线的根数 N 为

$$N = H\times 4\pi R^2 = \frac{1}{4\pi\mu_0}\times\frac{m}{r^2}\times 4\pi r^2 = \frac{m}{\mu_0} = 7.958\times 10^5\times m$$

由上面的计算可知,从 1[Wb]磁荷的磁极发出 7.958×10^5 根磁力线。由于这个数量过多,处理上不方便,因此,如图 2.4.10 所示,把 7.958×10^5 根看作 1 束,认为是发出 1[Wb]的磁通量。

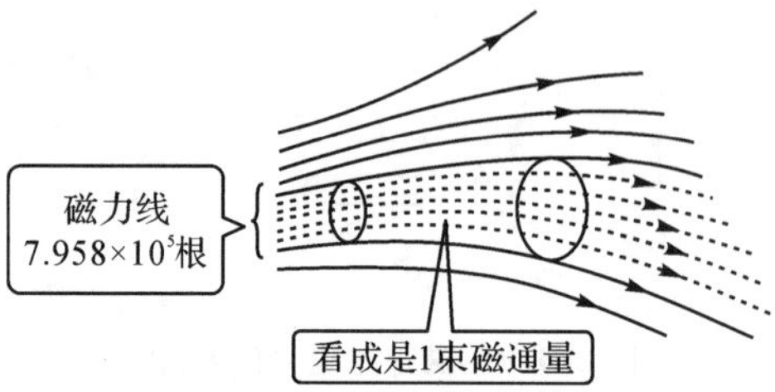

图 2.4.10　磁力线与磁通量

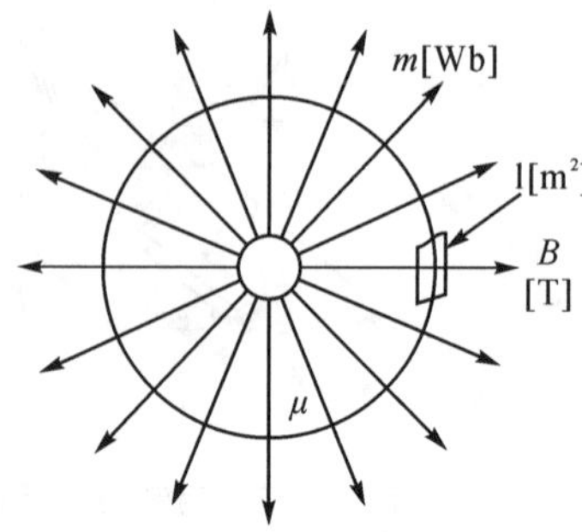

图 2.4.11　磁通量密度

这样,从 m[Wb]磁荷的磁极发出 m 束,就发出 m[Wb]的磁通量。这样就定义了磁通量。利用磁通量,对以后的计算非常的有利。

如图 2.4.11 所示,我们将通过与磁场方向垂直的 $1\mathrm{m}^2$ 面积的磁力线总数称为这点的磁通量密度,用 B 表示,单位[$\mathrm{Wb/m^2}$]。这一单位通常又用特斯拉[T]来表示。

4.5　磁导率

电流的通路作为电路来处理,而传导磁性的通路就是磁路。描述磁路性质与参量的术语与描述电路时非常类似。将下面概念进行比较,这样对比便于记忆。

磁通量 Φ[Wb]←——→电流 I[A]

磁动势 NI[A]←——→电动势 E[V]

磁阻 R[A/Wb]←——→电阻 R[Ω]

这里磁动势在磁路中是产生磁通的原动力,但有时也用符号 F 表示。而且,上述各参量之间的关系与电学中的欧姆定律相同,作为磁学的欧姆定律,下述公式成立:

$$\Phi = \frac{F}{R} \tag{2.4.6}$$

式中,称为磁阻的是表示在磁通路中阻碍磁通通过的性质。与电学中的电阻情形相同,磁阻的大小与磁路长度成正比,与磁路的截面积成反比。而且,磁路使用材料不同也有影响。

因此,表示磁路材料导磁能力的值是导磁率(又叫磁导率),用 μ 表示,单位为 H/m(亨利/米)。若用公式表示,则有

$$R = \frac{l}{\mu S} \tag{2.4.7}$$

式中,l 是磁路的长度,S 是磁路的横截面积。在电学中相当于磁导率 μ 的是电导率 ρ,它表示材料的导电性能,在这儿 μ 表示材料的导磁性能。

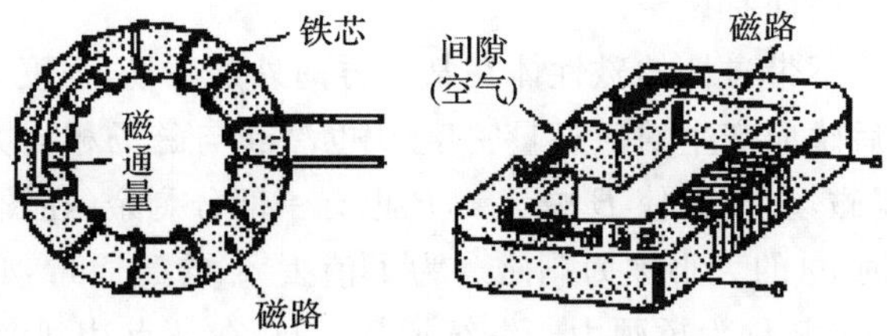

图 2.4.12　磁路的例子

注意和电路不同的一点，电路中有电阻 R，若电阻中流过的电流为 I[A]，就会产生 I^2R[W]的焦耳热，变成消耗功率，但在磁路中，磁通量不变期间是不消耗能量的。

电路中，导体的导电率同周围的绝缘体的导电率相比约为 10^{20} 倍，而磁路中，磁性体的导磁率是其周围的非磁性体的导磁率的 10^4 倍左右，从磁性体的表面也泄漏出很多磁力线，称为漏磁。在磁路中必须考虑漏磁问题。

4.6　物质的磁化过程

给铁磁性体加上外磁场，磁性体内的磁化强度或磁通量的密度发生变化，根据其随外磁场强度变化的大小可观察磁性体的特性。

(1)磁化曲线

我们在讨论磁性体的磁化特征时，给不带磁性的物体加外磁场，在磁场强度逐渐加强时，测定其磁化强度或磁通量密度 B 的变化情况。用以表示外加磁场强度 H 与磁通量密度 B(或磁感应强度)之间关系的曲线叫磁化曲线(或 $B-H$ 曲线)。以图 2.4.13 为例，表示的是铁的磁化曲线，其他的磁性体的磁化曲线一般也都与之类似。

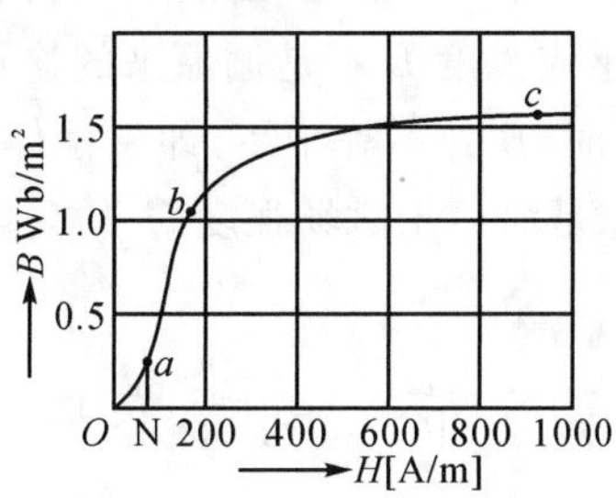

图 2.4.13　铁的磁化曲线

如图所示，在 H 较小时，o_a 部分随 H 的增加 B 缓慢地增加，但当 H 超过 100[A/m]附近时，B 急剧增加(ab 部分)，其后超过 $H=200$[A/m]，在 $B=1.5$[Wb/m^2]附近，几乎看不出变化，这样的性质称为磁饱和，c 点附近为饱和磁通量密度。

为何引起磁饱和呢？

强磁性体内所含的磁偶极子受外部磁场作用，强迫按磁场方向排列，当排列方向全体一致后，就是加再强的外磁场，磁化强度也不能增加，这就是磁饱和现象。例如，软铁最容易被磁化，但在 $H=1000$[A/m]附近就达到了饱和点，此时 B 约为 1.5[Wb/m^2]。

(2)磁滞现象

强磁性体的磁化强度，只用所加磁场的大小是不能简单地判断的。原因是，磁场达到某个程度以上，无论再大，磁通量密度不再增加，有饱和现象；还有，由于磁性体一旦被磁场磁化过，磁通量密度就不会全部消失而有剩余。

如图 2.4.14 所示,给不带磁性的磁性体在某一方向外加磁场,强度沿该方向增加,则该磁性体受到外磁场的作用后感应产生的磁通量密度 B 也沿着与磁场相同方向的 o_a 磁化曲线增加。当达到 a 点后,减弱磁场,但即使 B 减为 0,B 也有一部分剩余(在图 2.4.14 的 b 点,例子中为 1.2[Wb/m^2]),这时 o_b 的大小称为剩磁。为了消去 o_b 的磁通量,必须加反向磁场 $-H$,在 c 点剩磁通密度 B 消失,o_c 称为矫顽力。继续增加 $-H$,在 d 点达到饱和状态,之后,减弱磁场使 $-B$ 减为 0,也有剩磁 o_e,再增加 $+H$,经过矫顽力 o_f,回到 a 点。结果磁化曲线形成 $a-b-c-d-e-f-a$ 闭合曲线,称之为磁滞回线。

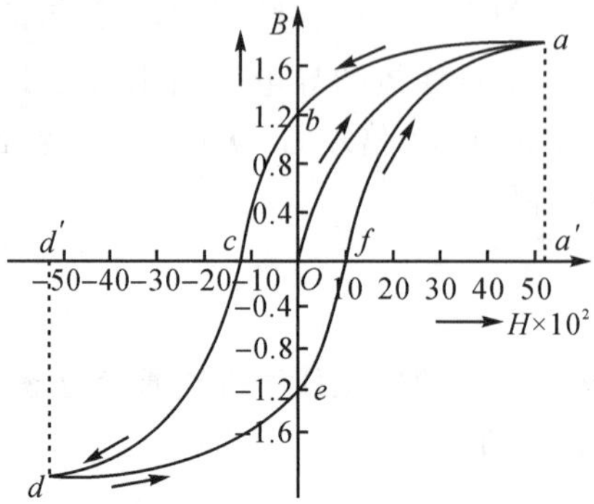

图 2.4.14　磁滞回线

通常剩磁大、矫顽力小的材料适用于电磁铁(暂时磁铁)。剩磁并不那么大但矫顽力大的材料适用于永久磁铁。软铁、电磁铁、钢及其他铁合金适用于永久磁铁。

可见,磁性体的磁化存在着明显的不可逆性,当铁磁体被磁化到饱和状态后,若将磁场强度 H 由最大值逐渐减小时,其磁感应强度 B 不是循原来的途径返回,而是沿着比原来的途径稍高的一段曲线而减小,当 $H=0$ 时,B 并不等于零,即磁性体中 B 的变化滞后于 H 的变化。也就是说,磁感应强度 B 的变化总是滞后于磁场强度 H 的变化的,这种现象就是磁滞现象。

第 5 节　电磁感应

前面我们已学习了电场与磁场的性质及其基本规律。本节中,我们要分析电流与磁场的相互感应规律,其中有些内容是中学物理学过的,我们也做一个复习总结。

5.1　电与磁相互作用

在历史上很长一段时期里,关于电和磁的研究一直彼此独立地发展着,直至十九世纪初,一系列重要的发现才打破了这个界限,使人们开始认识到电与磁之间有着不可分割的联系。那是在 1820 年,奥斯特就发现了,若给导体通上电流,在导体的周围能产生磁场。之后安培、毕奥和萨伐尔等给出了计算导体周围磁场所需要的公式,阐明了电流与磁场之间的关系。

电与磁经常联系在一起并互相转化,所以凡是用到电的地方,几乎都有磁的参与其中。在现代化的生产、科学研究和日常生活里,大至发电机、电动机、变压器等电力装置,小到话筒、扬声器、电报、电话、收音机等各种电子设备,无不与磁现象有关。

1819～1820 年间，丹麦科学家奥斯特发表了自己多年研究的成果，这便是历史上著名的奥斯特实验。他的实验可概括叙述如下：

如图 2.5.1 所示，导线 AB 沿南北方向放置，下面有一可在水平面内自由转动的磁针。当导线中没有电流通过时，磁针在地球磁场的作用下指向南北方向。但当导线中通过电流时，磁针就会发生偏转。如图所示，当电流的方向是从 A 到 B 时，则从上向下看去，磁针的偏转是沿逆时针方向的；当电流反向时，磁针的偏转方向也倒转过来。

奥斯特实验表明，电流可以对磁铁施加作用力。反过来，磁铁是否也会给电流施加作用力呢？图 2.5.2 所示的实验回答了这个问题，把一段水平的直导线悬挂在马蹄形磁铁两极间。通电流后，导线就会移动。这表明，磁铁可以对通以电流的导线施加作用力。

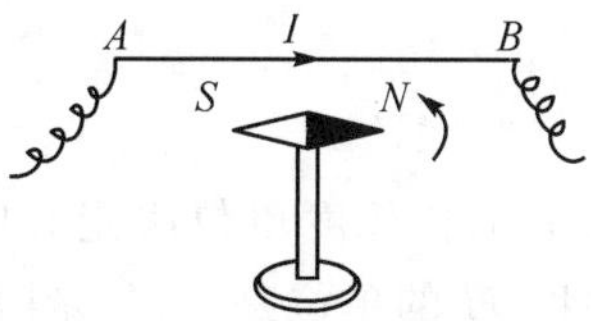

图 2.5.1　奥斯特实验

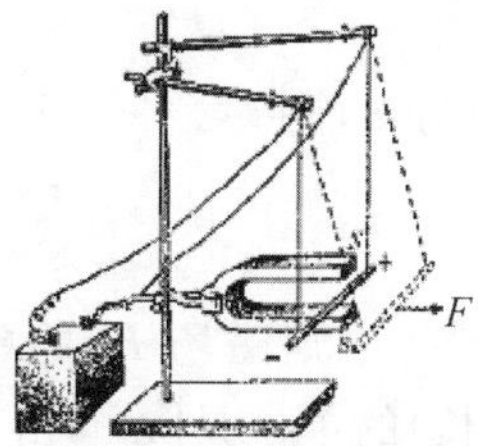

图 2.5.2　通电导线受到磁力

此外，电流和电流之间也有相互作用力。例如把两根细直导线平行挂起来，当电流通过导线时，便可发现它们之间有相互作用。当电流的方向相同时，它们相互吸引，当电流的方向相反时它们互相排斥。

上面的现象说明了若给导线通上电流，在导体的周围能产生磁场。产生磁场的方向与电流的方向有关。电流可以产生磁场，可应用于电流的测量，因而成为现在所用的检流计、电流计的工作原理。

5.2　电流产生的磁场

约在十八、十九世纪，很多科学家都研究了电流与磁之间的相互关系。

(1)直导线产生磁场

如图 2.5.3 给直导线通电流，在与导体垂直的平面上距导体一定距离 r[m]处放置两个小磁针，则小磁针指向相同。

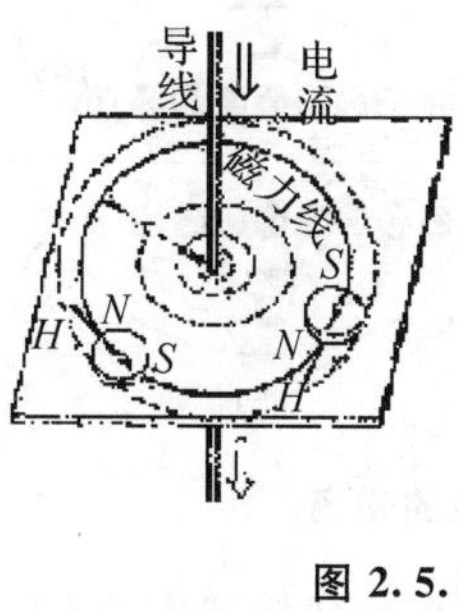

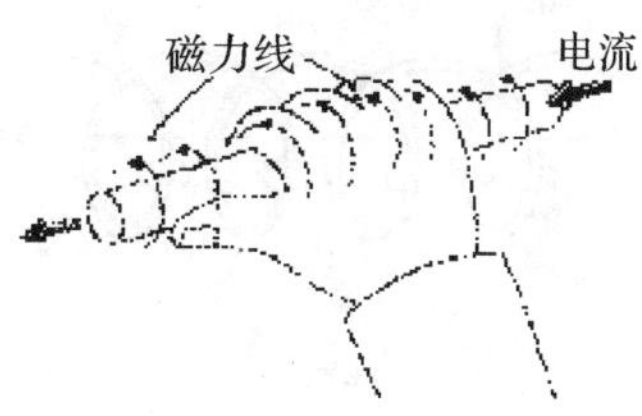

图 2.5.3　导线周围的磁力线

如果电流方向相反，则磁针指向与前面相反的方向。观察到这一个现象，说明了在电流周围产生了磁场，这个现象是由奥斯特发现的。其后安培为了更容易理解直线电流与磁力线(磁场)的方向，规定以下右手螺旋定则。

用右手握住通电直导线，让大拇指指向电流的方向，那么四指螺旋的指向就是磁力线的环绕方向。

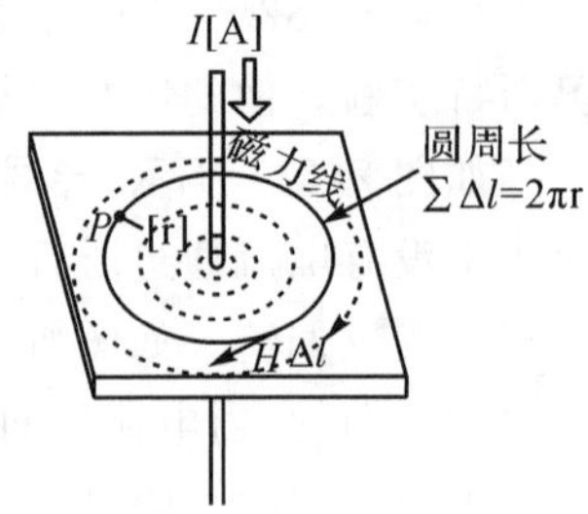

图 2.5.4　安培环路积分定理

怎样计算距离通以电流直导线 r[m]处的 P 点的磁场的大小呢？如图 2.5.4 所示，磁场的大小 H 与距导体的距离成反比，与电流成正比，这一点已被实验所证实，因此下列关系成立：

$$H \propto \frac{I}{r} \tag{2.5.1}$$

在这个式的右边乘以$\frac{1}{2\pi}$，这个比例关系也不会变，

$$H \propto \frac{I}{2\pi r} \tag{2.5.2}$$

在此设比例常数为 k，则

$$H = k\frac{I}{2\pi r} \tag{2.5.3}$$

假设比例系数 $k=1$，则磁场 H 的单位可由电流单位和长度单位决定。电流的单位是[A]，$2\pi r = l$（圆周长）的单位是[m]，由此可知磁场强度 H 的单位是安培/米[A/m]。

在上式中，若 $k=1$，$2\pi r = l$，得到下式：

$$Hl = I \tag{2.5.4}$$

可以叙述如下：

在以导体为轴心，r 为半径的圆周形磁力线上，磁场大小和圆周长的积，等于闭合圆周曲线所包围的电流。这就是安培的环路定理。

图 2.5.4 中，直导线为无限长时，距导体 r[m]处的 P 点的磁力线，是以直导线为中心的同心圆，且圆周上磁场的大小每点都相等。磁场大小 H 用下式计算即可：

$$H = \frac{I}{2\pi r} \tag{2.5.5}$$

(2)螺旋线圈产生磁场

当给一个螺旋线圈通电时，如图 2.5.5(a)所示产生的磁力线分布。改画为图(b)那样，按照右手螺旋定则，很容易理解螺旋线圈周围产生的磁场。⊙符号表示电流由纸的背面流向前面，⊗符号表示电流由纸的前面流向背面。

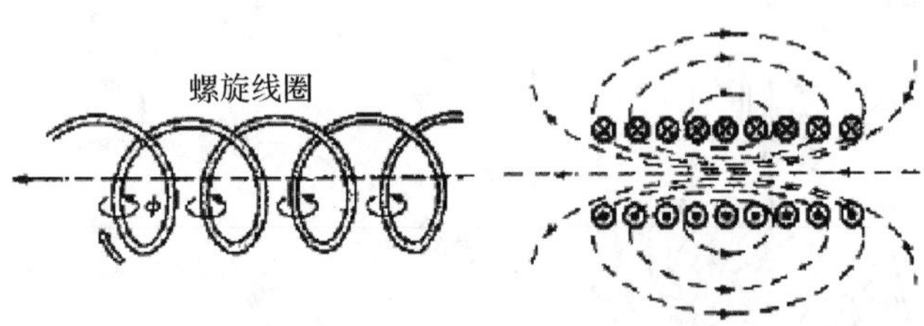

图 2.5.5　螺旋线圈产生的磁场

我们在中学时就学过，通过实验可以知道，一个通电的螺旋线圈很像一个条形磁铁。一端为磁铁的 N 极，一端为 S 极。

如图 2.5.5 所示，导体卷绕成螺旋线圈时，导体的每一圈产生的磁场相加就是总磁场，螺旋线圈（用导体均匀而密集卷绕的）的一端表现为 N 极，另一端表现为 S 极。这时，判断哪一

端是 N 极的方法是用右手螺旋定则确定，即用右手握住通电螺线管，让四指指向电流的方向，那么大拇指所指的那一端是通电螺线管的 N 极。

下面我们讨论螺绕环所产生的磁场的大小。

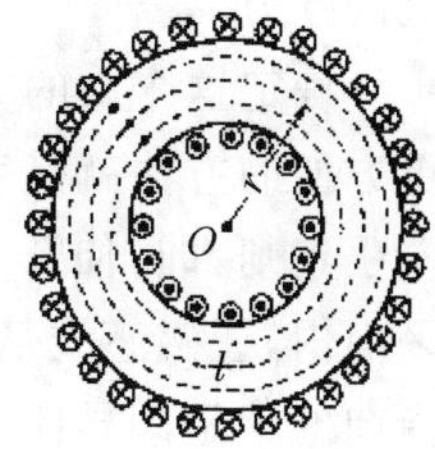

图 2.5.6　环形螺旋管产生磁场

图 2.5.6 是由 N 匝线圈绕成的环形螺线管(螺绕环)，通以电流 I 时，环形螺线管内部磁场强度的大小 H 将变成什么样呢？

若环形螺线管的匝数 N 足够大，则只在环形螺线管内部产生磁场，且磁场的大小在哪个位置都近似相等。

在图 2.5.6 中，环形螺线管的半径 r 用的是其内径与外径的平均值，路径长 l 为 $2\pi r$，沿路径 l，应用环路定理求磁场的大小 H。因环形螺线管是 N 匝，所以有

$$Hl = NI \tag{2.5.6}$$

所以

$$H = \frac{NI}{l} = \frac{NI}{2\pi r}\,[\mathrm{A/m}] \tag{2.5.7}$$

由此可求得 H，在此 $N/2\pi r$ 表示的就是每单位长度内的匝数，用 N_0 表示。因此，若把环状螺线管伸长(无限长螺线管)，其内部磁场的大小 H 可由下式求得：

$$H = N_0 I\,[\mathrm{A/m}] \tag{2.5.8}$$

可见为了增大螺旋线圈的磁场强度，重要的是增大“安·匝”数(匝数乘以电流)。

(3)电磁力

我们已经知道。电流对磁针(磁铁)有作用，反之磁铁也一定对电流施加作用力。这种作用与反作用当然有其规律，并已被安培的实验所证实。只要将载流导体置于磁场中，导体就会受到磁场的作用力，这个作用力叫做电磁力。利用电磁力能把电能转换成动能。下面我们将讨论关于电磁力的问题。

如图 2.5.7 所示，在磁场中置一导体，若给导体通电，则在导体周围产生磁力线。这个磁力线是以导体为中心的同心圆，与外磁场的合成结果，如图 2.5.8(a)和(b)所示，在导体的下方磁场变强，在导体的上方磁场变弱。

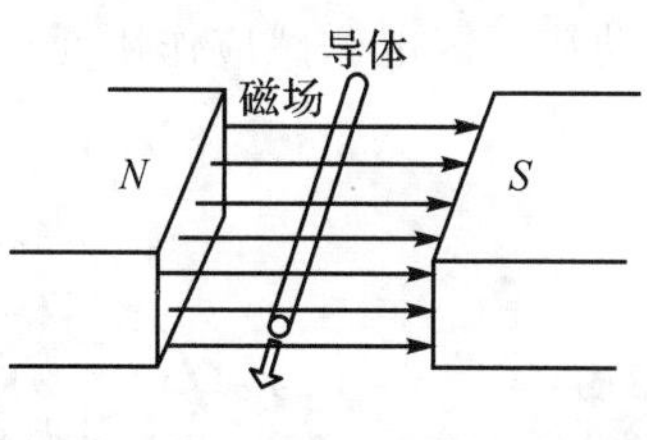

图 2.5.7　通电导线在磁场中受力

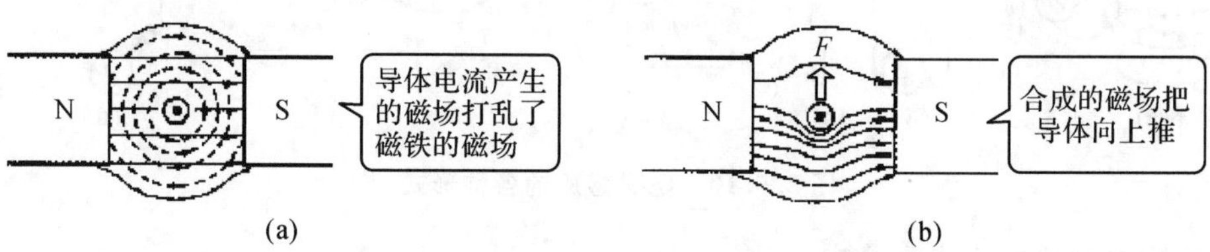

图 2.5.8　磁铁的磁场和电流的磁场相加

磁力线有闭合的性质。并且 N 极和 S 极之间有个拉力，图中闭合的磁力线就像橡皮筋那

样的东西，所以当它收缩时导线就被向上提，受到向上箭头方向的力 F。通电的导线将受到向上的推力。

确定这个力的方向，并不需要一根一根地画磁力线。更方便的方法就是我们高中就学过的众所周知的弗莱明左手定则，即：伸开左手，使拇指与其他四指垂直且在一个平面内，让磁感线从手心流入，四指指向电流方向，大拇指指向的就是即导体受力的方向。

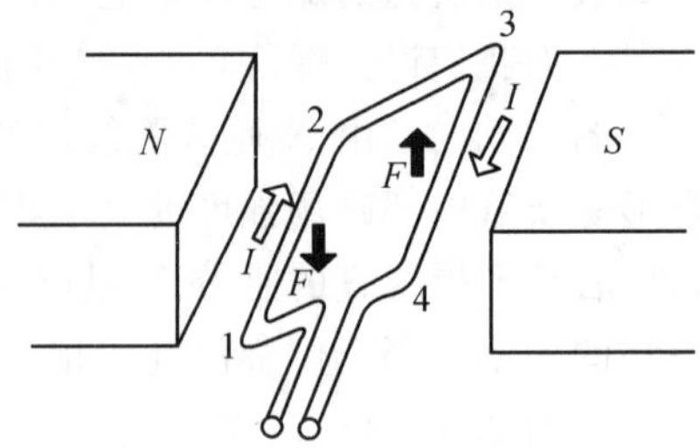

图 2.5.9　方形线圈的受力

电动机的转动也好，仪表指针的偏转也好，都是如图 2.5.9 那样利用电磁力对方形线圈的作用而形成的。若导体两边 1—2、3—4 的电流方向如图所示，则线圈的 1—2 边受到向下的力，线圈的 3—4 边受到向上的力，因此线圈沿逆时针方向旋转。

根据前面的分析，同学们可以思考一下，两根平行导线间受到怎样的作用力，在此不再讨论。

5.3　磁场感应电流

(1)感应电流的产生

前面学了电流可以产生磁场，现在我们来看磁场如何感应出电的情况。

从图 2.5.10(a)到(d)，每幅图都表示了由电磁感应产生电动势的形态。图(a)表示的是当磁铁接近或远离线圈时，线圈里产生的电动势使检流计的指针振动。

图(b)表示在线圈 B 的附近有线圈 A，当给线圈 A 通电的开关开闭时(使电流发生变化)，在线圈 B 中引起电动势使检流计的指针振动。图(c)和(b)的情况一样，但这时圆线圈 A 和线圈 B 共用同一铁芯，因此，产生的电动势远远大于(b)的情况，图(d)表示在均匀磁场中转动线圈也能产生电动势，使检流计的指针摆动。

检流计的指针摆动说明有电流流过，但这个电流是怎样产生的呢？

这些都是由于通过每个线圈的磁通量发生变化而引起的电动势产生的。因通过线圈的磁通量发生变化，在线圈中产生电动势的现象，称为电磁感应。更严格地讲，只要通过线圈的磁通量发生变化，线圈内就能产生电动势。因电磁感应作用而产生的电动势称为感应电动势，由此产生的电流称为感应电流。

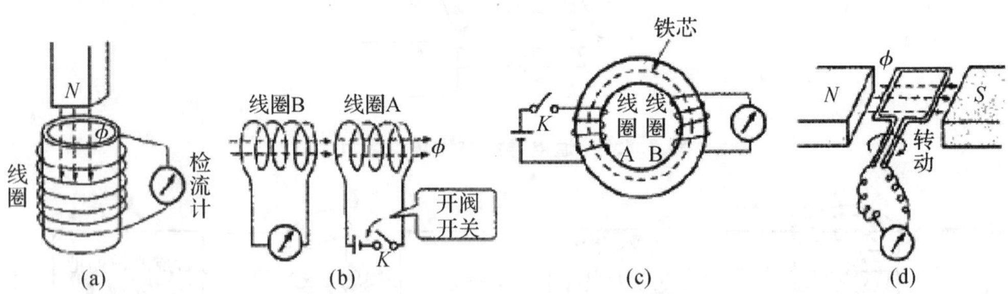

图 2.5.10　电磁感应的各种形式

(2)感应电动势的大小和方向

先来看下面的两条定律：

①通过线圈的磁通量变化时，线圈内产生的感应电动势 e 的大小，正比于穿过线圈的磁通

量随时间的变化率。

②感应电动势的方向是，感应电流所产生的磁通量，阻碍穿过线圈的磁通量发生变化而指向的方向(参照图 2.5.11)。

前者是法拉第定律，后者为楞次定律。

由上面的法拉第定律，感生电动势 e 可用磁通量 Φ 表示为下式：

$$e = -\frac{\Delta\Phi}{\Delta t}\ [\mathrm{V}] \tag{2.5.9}$$

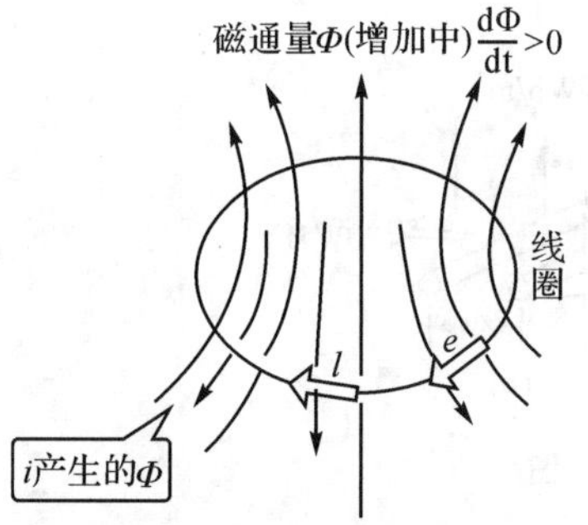

图 2.5.11　感应电动势方向

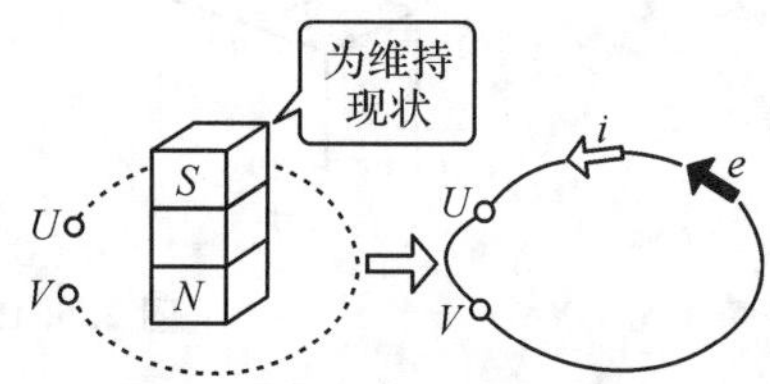

图 2.5.12　线圈上感应电流方向

即如图 2.5.11 所示，通过一匝线圈的磁通量在一秒内改变 1[Wb]时，则产生 1[V]的电压。这里，负号表示感应电动势 e 产生阻碍原磁通量的变化。

当线圈为 N 匝时，式(2.5.9)变为

$$e = -N\frac{\Delta\Phi}{\Delta t}\ [\mathrm{V}] \tag{2.5.10}$$

具体决定感生电动势的方向，要活用楞次定律：

如图 2.5.12，若条形磁铁接近线圈，则通过线圈的磁通量增加。为了妨碍磁通量变化(为维持现状)，只要出现反方向的磁铁即可。要使反方向磁铁存在，只须线圈中的电流 i 按照图 2.5.12 那样流动即可，这个方向就是感应电动势 e 的方向。

如图 2.5.13 所示，在磁通密度为 $B[\mathrm{Wb/m^2}]$ 磁场中，放置如图所示形状的导线，让长度为 l [m]的导体棒在导线上以速度 v[m/s]向右移动，这时在导体与导线所围成的长方形闭合回路中被感应的电动势大小可由法拉第定律求得。

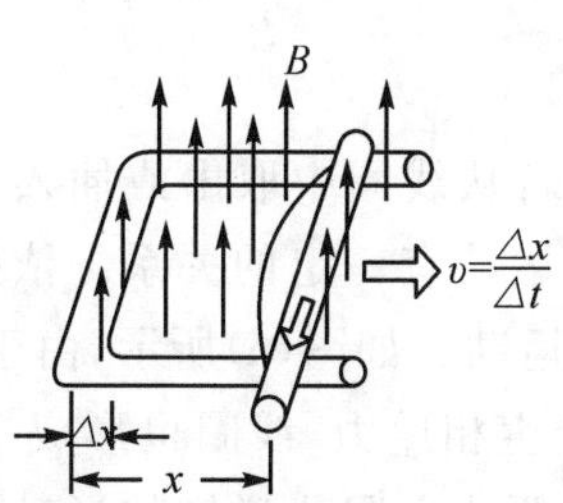

图 2.5.13　闭合回路感应电流

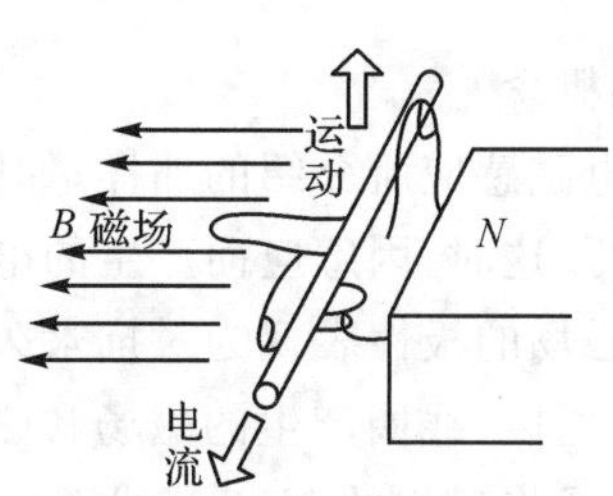

图 2.5.14　右手定则

首先，闭合回路的全磁通量为 Φ，

$$\Phi = Blx \tag{2.5.11}$$

其次，Δx 区间的磁通量数为 $Bl\Delta x$，因此，电动势的大小 e 为

$$e = \frac{\Delta\Phi}{\Delta t} = Bl\frac{\Delta x}{\Delta t} = Blv\ [\mathrm{V}] \tag{2.6.12}$$

式中没有考虑 e 的方向，所以式的符号为正。

关于感应电动势的方向判断，在图 2.5.14 中，利用著名的弗莱明右手定则：右手的拇指，食指，中指互相垂直地伸开，拇指指向导体的运动方向，食指若指向磁场 B，则中指指向感应电动势 e 的方向。

［**例题 2.1**］ 如图 2.5.15(a)所示，在磁通量密度为 2[Wb/m]的均匀磁场中，长 45[cm]的导体垂直于磁场向右以 720[m/s]的速度移动，表示出这时感应电动势的大小与方向。

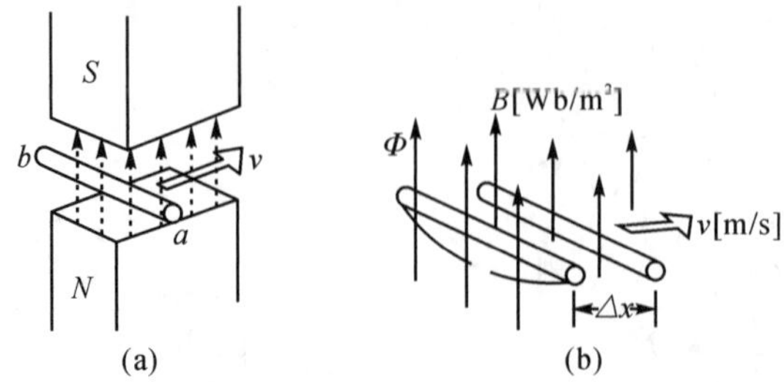

图 2.5.15　例题 2.1 图

解：电动势的大小 e 与方向如图 2.5.15(b)所示，

由导体的速度 $v = \dfrac{\Delta x}{\Delta t}$，有 $e = Bl\dfrac{\Delta x}{\Delta t} = Blv$

所以 $e = 2 \times 0.45 \times 720 = 648\,[\mathrm{V}]$

第 6 节　电感器

我们知道，一个通电线圈中的电流发生变化，则会产生磁通量的变化。那么产生的变化磁通是否会反过来在其自身内部产生感应电动势呢？本节我们讨论由电与磁的互相感应形成的电感现象。利用电感特性做成的电感元件又可以说是电阻、电容之后我们学习的第三个电路基本元件。

6.1　线圈的电感

(1)电感的概念

如上一节电磁感应所介绍的那样，如图 2.6.1 所示，若从线圈中取出或插入永久磁铁，就会产生感应电压，这时，因感应而产生的电流方向与磁铁运动有一定的关系。依据楞次定律，感应电流产生磁场的极性表现为对抗永久磁铁的极性的运动。如图(a)所示，由于是将磁铁的 N 极放进线圈，所以，线圈产生的磁场和磁铁的 N 极就产生相斥力，线圈也形成 N 极(同性磁极相斥)，图(b)是将磁铁的 N 极从线圈中取出，为了产生吸力以阻止磁铁的运动，线圈就形成 S 极。这样，线圈总是在“对抗”，就如同人一样，例如处于青春期的少男、少女就容易产生逆反情绪。

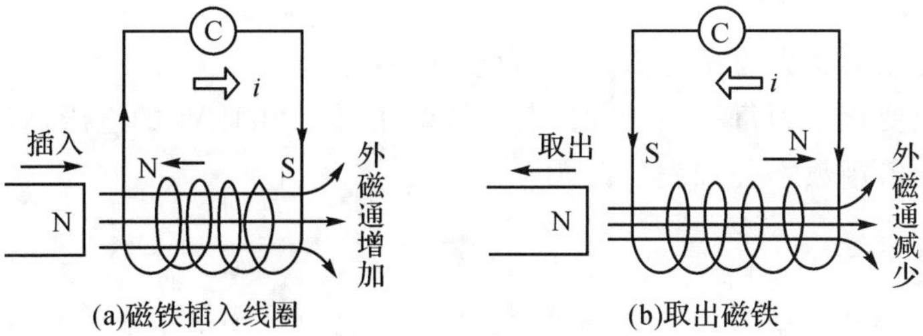

图 2.6.1　线圈的电磁感应

线圈直接连接直流电源，若有电流流通，由此电流产生磁场，恰与上述把磁铁放进线圈的情形相同，这时线圈中也感应出起反抗作用的感应电流。这样，线圈中流过的电流就会受到线圈本身由于感应产生的电流的抵抗作用。我们把决定线圈对外加电流起反抗作用的性质及大小的物理量称为电感。

当线圈中有变化的电流流过时，由于此电流的变化引起线圈本身产生感应电动势，这一感应电动势将抵抗流过电流的变化。也就是说，电感是表示所产生的感应电动势大小的因素，这与线圈的匝数、形态及磁路的导磁率有关。

(2)线圈的电感

根据电磁感应原理，通电的导体其周围存在着磁场，当导体内部的电流发生改变时，包围导体的磁场也要发生相应的改变，而这一磁场的改变又将引起导体内的感应电动势，这就是电感现象。由于流过线圈本身的电流发生变化而引起的电磁感应叫自感应，简称自感。自感其实就是线圈本身的电感。

电感现象可以用如图 2.6.2 所示实验来说明。电路中，E 是电源，D 是灯泡，L 是线圈(线圈的电阻很小，远小于灯泡的电阻)，K 是开关。

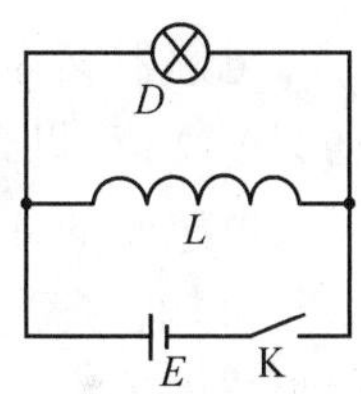

图 2.6.2　电感实验

当开关 K 接通时，由于 L 的电阻远小于灯泡的电阻，所以电流只流过 L 所在支路，没有电流流过灯泡，这样灯泡不亮。但是，当开关 K，突然断开时，灯泡却突然很亮后熄灭，这一现象就是电感现象引起的。

出现这一现象是因为开关断开时，L 中的磁通突然从有磁通突变到无磁通。这时 L 的两端要产生感应电动势以阻止这一磁通的变化(不让原来的磁通消失)，这一感应电动势加在灯泡的两端，使灯泡突然很亮。

可见，关于电感可以总结得出以下几点：

①由电感自身感应产生的电动势与线圈本身的电感量成正比关系。线圈电感量是线圈的固有参数，电感量 L 与线圈匝数和结构(有无磁芯、铁心)等情况有关。

②感应电动势还与线圈中电流的变化率成正比关系，当 L 一定时，电流变化愈快，感应电动势愈大，反之则愈小。这就是说，在线圈的电感量 L 一定时，电流的变化率愈大，线圈两端的感应电动势愈大。

③对某一个具体线圈而言，L 的大小反映了线圈产生自感电动势的能力。

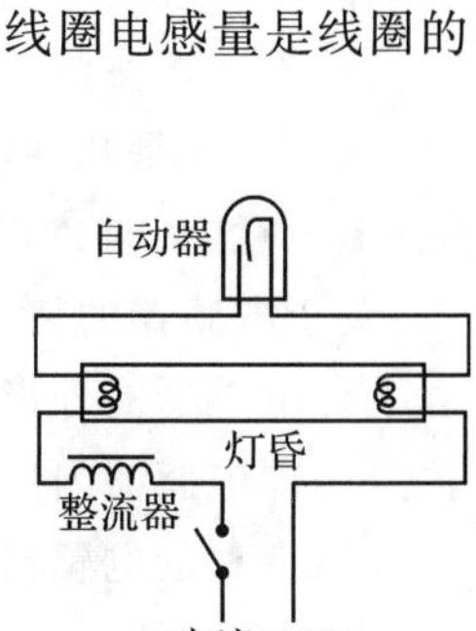

图 2.6.3　日光灯电路

如图 2.6.3 所示，日光灯电路这就是自感的应用例子。日光灯中有称为整流器的电感，电流在其中流过，当电流在流动过程中被切断时，就产生很高的电压。利用此电压作为日光灯的启动电压，激发荧光粉发光。

(3)电感量计算

电感的符号使用英文大写字母 L,单位为亨利[H]。

当电路的电流变化率为每秒 1[A]时,若在线圈中感应出 1[V]的电压,就可以说这个线圈的电感是 1 亨利。若用数学公式表示:

$$e = L\frac{\Delta I}{\Delta t} \tag{2.6.1}$$

式中,ΔI 是以安培为单位测得的电流变化量,Δt 是以秒为单位测得的时间变化量。符号 Δ 就是变化的意思。根据此式子,则有:

$$L=\frac{\text{线圈的感应电压[V]}}{\text{线圈的电流变化率[A/s]}}[\text{H}]$$

电感量的单位为亨利,用[H]表示,实用中[H]太大,常用毫亨[mH]和微亨[μH],它们之间的换算关系如下

1[H]=1000[mH]=1000000[μH]

[例题 2.2] 0.5H 电感线圈中流过电流,每 0.01 秒时间内电流变化 1[A],问感应的电动势是几伏?

解:由上式,得

$$e = L\frac{\Delta I}{\Delta t}=0.5\times\frac{1}{0.01}=0.5\times 100=50[\text{V}]$$

通常为了增大电感量,可在线圈中插入铁芯。

6.2 电感器

电感器又称电感线圈,俗称电感,用导线绕制而成,具有一定匝数,能产生一定电感量。为增大电感值,提高品质因数,缩小体积,常加入铁磁物质制成的铁芯或磁芯。

电感器的种类较多,这里对它进行简单的分类介绍:

(1)电感器按照名称分为单层线圈、多层线圈、蜂房式线圈、带磁芯线圈、固定电感器和低频扼流圈等。

(2)电感器按照有无磁芯划分有两种:一是空芯电感器(没有磁芯),二是有磁芯电感器。

(3)电感器按照工作频率高低划分有两种:一是高频电感线圈,这种线圈的特点是高频损耗小、电感量较小,用于工作频率比较高的电路中;二是低频扼流圈,又称为低频阻流圈,它主要用在低频(音频)电路中,电感量较大。

(4)电感器按照安装形式划分有:立式电感器、卧式电感器和小型固定式电感器等。

图 2.6.4 是几种常见电感器的外形特征示意图。其中,图 2.6.4(a)~(d)是一般电感器的外形示意图,图 2.6.4(e)~(h)是新型的小型固定电感器外形示意图,共有四种类型。

关于电感器的特征,主要说明以下几点:

(1)电感器的外形"怪异",各种形状都有,外形没有一个具体的固定模式,但有一点是可以肯定的,即电感器内部有线圈。

(2)常见的电感器只有两根引脚,这两根引脚是不分正、负极性的,一般情况下两根引脚是可以互换使用的。

(3)除小型固定电感器安装比较方便外,其他电感器的安装不方便。

图 2.6.4(a)所示是空芯电感器,线圈绕在骨架上,无磁芯。

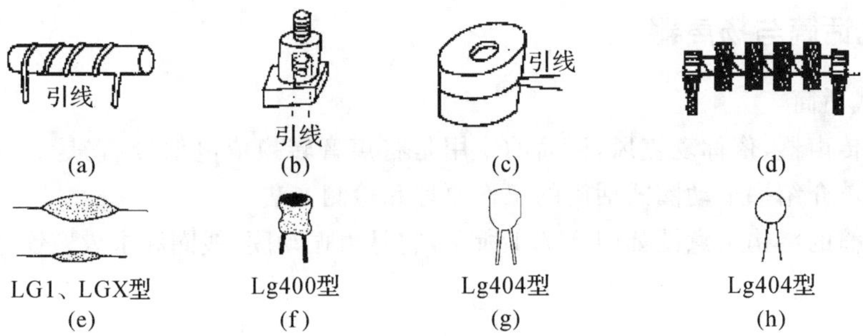

图 2.6.4 电感的外形特征示意图

图 2.6.4(b)所示是可调式电感线圈，骨架上有引脚，这是线圈的引出线，上面有一个带螺纹的磁芯，转动磁芯可将此磁芯旋入或旋出线圈，这样可以改变线圈的电感量，所以这是一个电感量可以进行微调的微调电感器。将小磁芯往里面调节，电感量增大；将小磁芯往外面调节，电感量减小。调整磁芯时，要使用有机玻璃的螺丝刀。微调的意思是能够在小范围内改变线圈的电感量。

图 2.6.4(c)所示是磁罐式电感器，线圈装在磁罐内。图(d)是低频扼流圈式电感。

上述这几种电感线圈都有一个共同的缺点，即不能方便地安装在线路板上。

固定电感器则做成一个像电容器那样的形状，引出两根线脚，可以方便地固定在线路板上，使用十分方便，图 2.6.4(e)～(h)所示就是固定式电感器。

图 2.6.5 所示是电感器的电路符号，电路符号中用大写字母 L 表示电感器。

图 2.6.5(a)所示是电感器的一般电路符号，这一电路符号所表示的电感器其线圈中不含磁芯或铁心。

图 2.6.5(b)所示是有磁芯电感器的电路符号，电路符号中用一条实线来表示磁芯。

图 2.6.5(c)所示是有磁芯中，且电感量可在一定范围内连续调整的电感器的电路符号，符号中的箭头表示电感量可调，这种电感器又称为微调电感器。

图 2.6.5(d)所示是表示无磁芯但有一个抽头的电感器的电路符号，这种电感器有三根引脚。

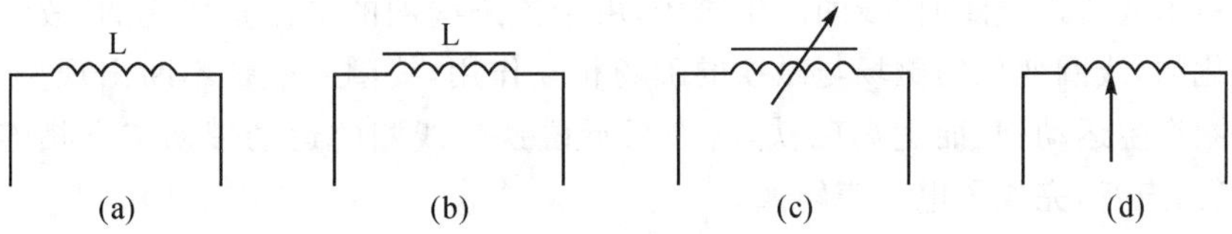

图 2.6.5 电感器的电路符号

第 7 节 电磁感应的应用

法拉第关于电磁感应作用的研究成果，从话筒、扬声器到发电机、电动机，已被广泛地应用于各种领域。本节我们学习了解一些常见的电气设备应用电磁感应工作的原理。

7.1 动圈式话筒与扬声器

(1)动圈式话筒

话筒又叫传声器,俗称麦克风,话筒的作用是将声音转换成电信号,它是一种声—电转换器件。下面简单介绍一下动圈式话筒的工作原理和检测方法。

动圈式话筒的结构示意图如图 2.7.1 所示,它是由振动膜、线圈和永久磁铁等组成。

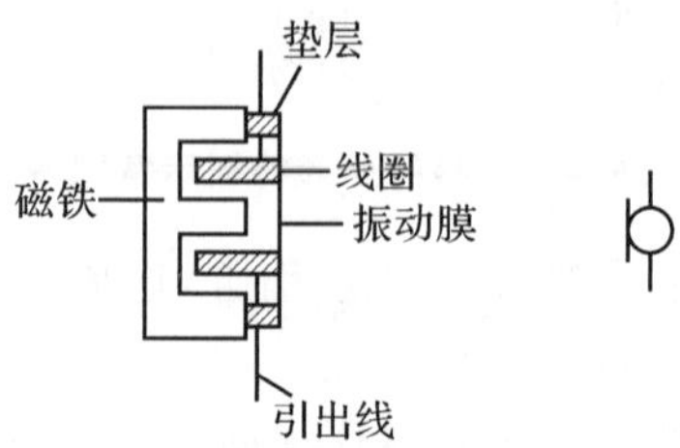

(a)动圈式话筒结构　　(b)电路符号

图 2.7.1　动圈式话筒结构示意图

当声音传递到振动膜时,振动膜产生振动,与振动膜连在一起的线圈会随振动膜一起运动。由于线圈处于永久磁铁的磁场中,当线圈在磁场中运动时,线圈中就会感应产生电流。由于线圈的运动快慢是和声音的大小成比例的,所以线圈中产生的感应电流的大小就反应了声音的变化特征,从而将声音的振动转换成电信号。

动圈式话筒可以用万用表测电阻的方法来判断好坏,低阻式的阻值为 20～200[Ω],高阻式的阻值为 500～1500[Ω],由于动圈式话筒与动圈式扬声器结构相似,所以在用万用表测电阻时,话筒会发出"咔咔"的响声。

(2)动圈式扬声器

扬声器又称喇叭,它能将电信号还原成声音,是一种电—声转换器件,其功能与话筒正好相反。扬声器的种类很多,但它们的工作原理基本相同,下面就以图 2.7.2 所示的动圈式扬声器为例来说明扬声器的电—声转换原理。

动圈式扬声器主要由永久磁铁、线圈(或称为音圈)和与线圈做在一起的纸盘等构成。当电信号通过引出线流进线圈时,线圈产生磁场,由于流进线圈的电流是变化的,故线圈产生的磁场也是变化的,线圈变化的磁场与磁铁的磁场相互作用,线圈和磁铁不断出现排斥和吸引,重量轻的线圈产生运动(时而远离磁铁,时而靠近磁铁),线圈的运动带动与它相连的纸盘振动,纸盘就发出声音,完成了电—声转换。

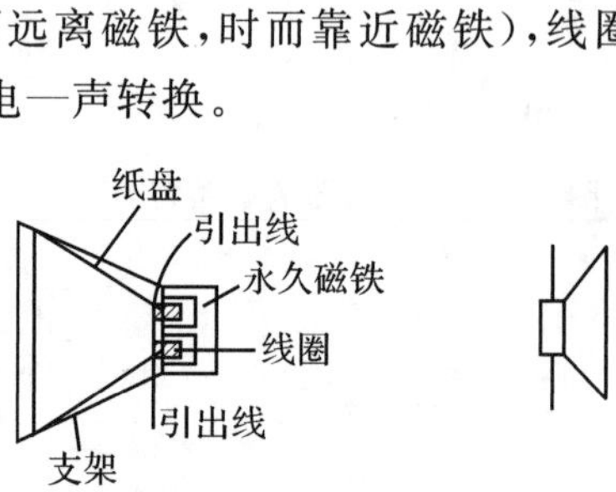

(a)动圈式扬声器结构　　(b)电路符号

图 2.7.2　动圈式扬声器的结构示意图

7.2 发电机与电动机

(1)发电机

上一节我们学习了磁场感应产生电，只要让穿过线圈的磁通发生变化，通过这种磁通的变化，可以在线圈中产生电(电磁感应)。

图 2.7.3 为直流发电机的物理模型。为了利用感应电压，可考虑用由多匝导线绕成的线圈来取代只有 1 匝导体的线圈，在磁极间转动这个线圈。

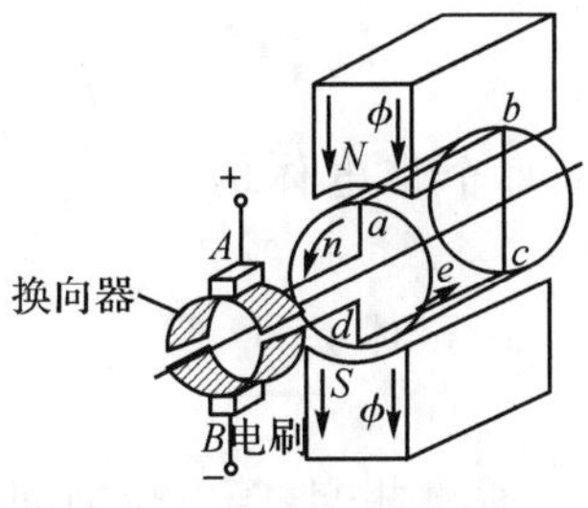

图 2.7.3　直流发电机原理

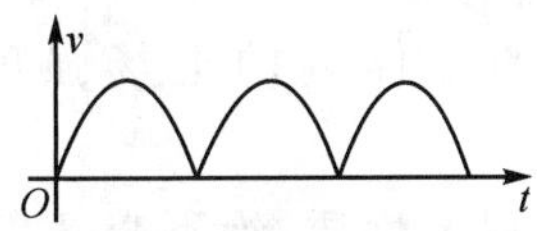

图 2.7.4　脉动直流电波形

实际发电机的线圈由外加动力系统拖动以恒定转速逆时针旋转时，线圈的导体切割磁力线而产生感应电动势，电动势的方向根据右手定则确定，方向如图中箭头所示。由于铁心在连续旋转，导体 ab、cd 切割磁力线的方向不断变化，因此线圈中的感应电动势的方向是交变的。但是，由于换向器(也称为整流子)的作用，电刷 A、B 总是分别与同一切割磁力线方向的导体相联接，因此电刷 A 始终呈正极性，同理，电刷 B 始终呈负极性，从而保证了电刷 A 和 B 两端极性不变，其两端电压为为直流电压。如在电刷两端接有负载，则发电机向外电路负载输出直流电，产生的电压(电流)波形如图 2.7.4 所示，是一种脉动直流电。

这里说明的是直流发电机的原理，有关交流电的问题将在后面介绍。

(2)电动机

前面一节介绍了电磁力，如图 2.7.5 所示，电动机就是应用这个原理制成的。

图 2.7.5 所示为直流电动机的物理模型。图中 N、S 是主磁极，它是固定不动的，$abcd$ 是装在可以转动的圆柱体上的一个线圈。线圈的两端接在两个互相绝缘的半圆钢片上，钢片称为换向器(又称为整流子)，节点(又称电刷)A、B 分别放在两换向片上并固定不动。现在将电刷 A、B 接在直流电源上，于是线圈 $abcd$ 中有电流流过，电流方向如图中箭头所示，根据安培定律，导体 ab、cd 在磁场中受到电磁力的作用而产生电磁转矩，铁心在电磁转矩作用下便旋转起来，旋转方向由左手定则判断。当线圈导体从一个极性的范围下转入相反极性的范围下时，由于换向片的作用，使得通人导体的电流方向发生改变，从而保证所产生的电磁转矩的方向不变，这样，电动机便能连续地旋转起来，图 2.7.5 所示的旋转方向为逆时针旋转。

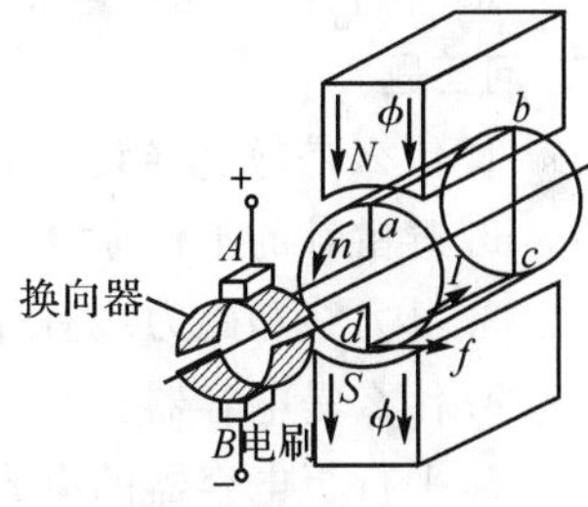

图 2.7.5　电动机原理

实际的直流电机铁心上不止一个线圈，但不管有多少个线圈，它们的工作原理都是相同的。

上面介绍的电动机是称为永磁电动机的小型电动机，它应用广泛。常用于青少年活动模型和一些日用电器中。例如，各种电动玩具、小型吸尘器、电剃刀、电动牙刷、警报灯、小型割草机等。

后面学到的交流电动机的应用更广，可用于家庭的电冰箱、洗衣机、吸尘器等，也可用于开动学校和工厂的机器。

习题二

一、填空题

1. 两个带电体之间相互作用力的大小，正比于每个带电体的________，与它们之间________成反比。

2. 处于电场中的导体内的电场强度________。导体是个________，导体表面是个________。

3. 等电位面具有以下性质：绝不交叉、与________垂直相交，等电位面间隔越窄处电场________，导体的表面为等________，大地是________电位的等电位面。

4. 导体的静电平衡条件就是其体内的电场强度________。

5. 平行板电容器的电容量C正比于极板________，反比于极板________。

6. 电力线与磁力线的区别在于，磁力线是________曲线，而电力线因电荷单独存在，电力线不可能形成________曲线。

7. 只有通过线圈的磁通量发生________，线圈内才能产生感应电动势。

8. 楞次定律：感应电压的方向是使得由该电压产生的________阻止线圈内磁通变化的________。

9. 感应电动势的方向是感应电流所产生的磁通量________穿过线圈的磁通量发生变化而指向的方向。

10. 在直流电路中电感相当于________，电容相当于________。

二、问答题

1. 什么是静电屏蔽？举例说说它有哪些应用。
2. 避雷针的工作原理是什么？
3. 电力线和磁力线有什么相同点和不同点？
4. 什么是电容器？平行班电容器的电容量与哪些因素有关？
5. 平行板电容器的电容量与哪些因素有关？
6. 电容器充放电的快慢与什么因素有关？电容器消耗电能吗？
7. 什么是磁性物质的磁滞特性？
8. 什么是电感？它反映线圈的什么性质？它的大小与哪些因素有关？
9. 为什么在直流电路中常把线圈当作短路，电容当作开路？
10. 直流发电机与电动机中电刷的作用是什么？

三、简述题

1. 简述电容器的原理，举例说说生活中哪些地方都应用了电容的原理。
2. 画出一个磁滞回线，说明剩磁和矫顽力的大小。
3. 简述动圈式话筒和扬声器的工作原理，并画出原理图。

四、电路分析题

1. 如图 2.1 所示，电容 $C_1=4.7\ \mu F$，$C_2=2.2\ \mu F$，$C_3=10\ \mu F$，求 ab 两端的总电容。

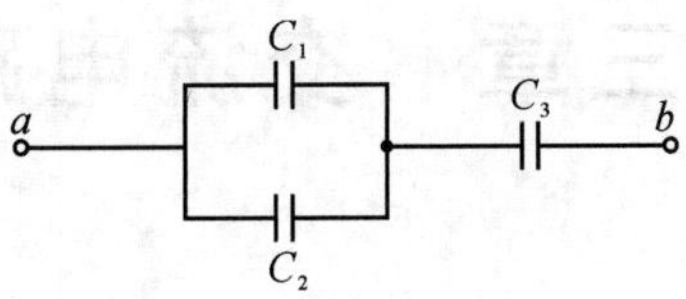

图 2.1

2. 如图 2.2 所示电路中，$C=1$ F，$R=1\ \Omega$，$L=1$ H，$E=1$ V，电流 I 等于多少？

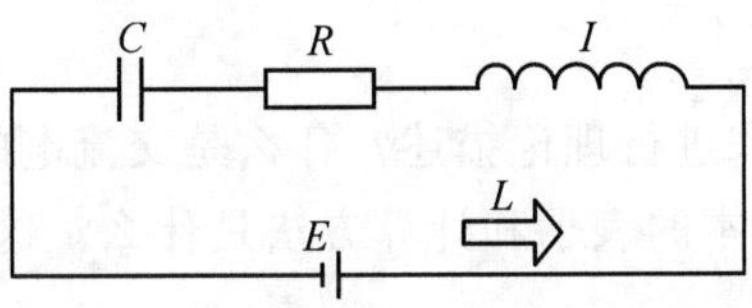

图 2.2

第三章　交流电路

现代电子技术中广泛应用的电能大部分是以交流电形式提供的。更重要的是，在电子信息领域传输和处理的电信号大多是交流电信号，我们的声音和图像信号都是交流电，所有的音视频编辑制作设备内部处理的也都是交流电信号。本章主要学习交流电的基本理论，以及电阻、电容、电感各元件在交流电路中的电压和电流的变化规律等内容。

第1节　正弦交流电

什么是正弦交流电？如何来进行理论描述？什么是交流电的频率、角频率、周期、相位、波长，以及它们彼此的关系？最基本的表示和计算方法是什么？这些都是本节主要讨论的问题。

1.1　交流电的基本概念

电的形式大致分为三种，即干电池那样提供的直流(DC：direct current)电，经发电厂供给的交流(AC：alternating current)电，还有一种，以类似电话拨号产生的脉冲那样的脉冲数字信号。

电压和电流的大小和方向不随时间变化的是直流电，它可以用一个固定大小的量来表示。

大小和方向随时间作周期性往复变化的电压和电流是交流电。从交流电的波形来看，可分为正弦波交流电和非正弦波交流电两大类。把交流电沿时间坐标展开，横轴代表时间，纵轴代表交流电的大小，如图 3.1.1 所示。由图可见，交流电的大小和方向随时间的推移不断变化。它由零变到最大，再由最大变到零，再变到负值，正负交替变化，往复变化。交流电随时间变化，它是时间的函数，不是空间物理量。图(a)是正弦交流电，(b)是非正弦的对称方波交流电。

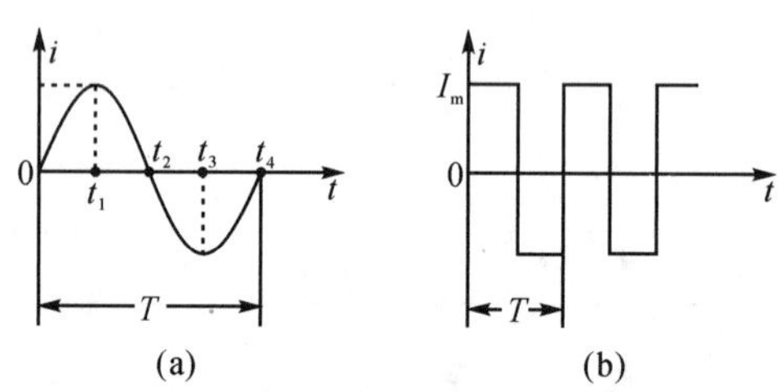

图 3.1.1　交流电波形

家庭用的电灯和电冰箱等电器所用的电源是正弦交流电。而收音机、电视机和计算机中的电信号是各种不同波形的非正弦交流电。正弦交流电是交流电的基础，非正弦交流电可以认为是正弦交流电的合成。

那么，正弦交流电是如何产生的呢？

为了产生正弦交流电压，要像图 3.1.2 所示那样在磁铁中转动线圈。以 A 点为出发点，并设其为0°。线圈转到90°即B位置时，切割最大磁通，因此感应电动势为最大值 E_m。转到180°时因不切割磁通，所以感应电动势为0，转到270°即位置D时，感应电动势为负的最大值 $-E_m$，而E点也就是A点。由于线圈作匀速转动，因此感应电动势（电压）在每时每刻地改变着。其产生的电压大小和方向随时间作周期性往复变化，它的每个时刻的电压的大小连起来构成的波形曲线就是一个正弦波，所以叫做正弦交流电。

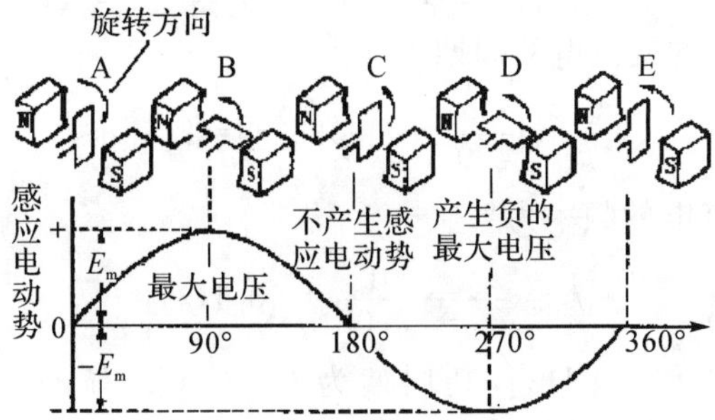

图 3.1.2　旋转线圈产生正弦交流电

1.2　交流电的特征参量

请看一下图3.1.3所示的空中吊篮的座舱 A 和 B 的运动规律。来自左方的光照射座舱时就出现影子，在座舱转动的同时，影子就描绘出 A 和 B 的波形。

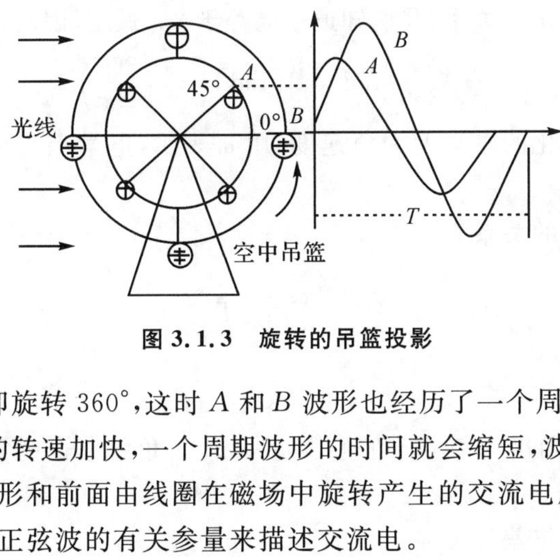

图 3.1.3　旋转的吊篮投影

空中吊篮转1圈，即旋转360°，这时 A 和 B 波形也经历了一个周期。因此，波形的纵轴可用角度来表示，若吊篮的转速加快，一个周期波形的时间就会缩短，波形的横轴当然也可以用时间来表示。这样的波形和前面由线圈在磁场中旋转产生的交流电压的波形一样，为正弦波形。所以下面我们就用正弦波的有关参量来描述交流电。

(1)周期和频率

如图3.1.3的波形，吊篮旋转一周所经历的时间用周期来表示，每秒钟旋转的圈数叫做旋转的频率。对应到交流电：

周期：正弦交流电完成往复变化一周所需的时间叫周期，如图3.1.1(a)所标出的 T，它表示出了波形重复出现所需的最短时间，其单位为秒[s]。周期 T 越大，表示变化一周所需的时间越长，波形变化越慢；反之如果周期 T 小，表示变化一周所需的时间短，波形变化快。

频率：每秒时间内正弦交流电循环交变的次数叫频率。它也是每秒时间内重复变化的周期数，用符号 f 表示。频率 f 愈大，交流电变化越快，反之愈慢。

频率的单位是赫兹，简称赫，用符号[Hz]表示。较高的频率用千赫[kHz]或兆赫[MHz]

表示。

1[MHz]=10^3[kHz]=10^6[Hz]

1[GHz]=10^3[MHz]

频率表示每秒钟正弦量交变的次数，周期则表示正弦量每变化一周所需的时间，所以

$$f = \frac{1}{T} \text{ 或 } T = \frac{1}{f} \tag{3.1.1}$$

例如：频率为400[Hz]的交流电的周期为

$$T = \frac{1}{f} = \frac{1}{400} = 0.0025[\text{s}] = 2.5[\text{ms}]$$

周期为0.02[s]的交流电的频率为

$$f = \frac{1}{T} = \frac{1}{0.02} = 50[\text{Hz}]$$

我国工业用电的频率为50[Hz]，其周期为0.02[s]。航空工业用交流电的频率为400[Hz]，我们听到的声音电信号的频率是20[Hz]～20[kHz]，无线电技术中所用的频率更高，一般达500[kHz]～3×10^5[MHz]。

(2)角频率

图3.1.3中，正弦交流电变化一个周期，相当于空中吊篮旋转一周，旋转了360°，2π弧度。交流电在任意的时刻都对应一定的旋转角度，为避免与机械角度相混淆，把它称作电角度。电角度用符号Φ表示，单位多用弧度[rad]。

弧度与度数的换算是比例关系，我们知道一周等于2π弧度，因此，可用下式代换求得：

$$1°——\frac{2\pi}{360}[\text{rad}] \quad 1[\text{rad}]——\left(\frac{360}{2\pi}\right)°$$

每秒时间内交流电变化的电角度为角速度，用ω表示，电学上也称为角频率。单位是弧度/秒[rad/s]。

角速度与频率和周期的关系为：

$$\omega = 2\pi f = \frac{2\pi}{T} \tag{3.1.2}$$

例如f=50[Hz]，则

$$\omega = 2\pi \times 50 = 314[\text{rad/s}]$$

在t时间里变化的电角度为Φ，则角速度$\omega = \Phi/t$。角频率也经常用来表示正弦交流电变化的快慢。

(3)相位、初相位与相位差

交流电在随时间变化的过程中，不同的时刻对应不同的电角度，从而得到不同的瞬时值。对于一个正弦交流电流来说，可以用数学表达式表示：

$$i = I_m \sin(\omega t + \varphi) \tag{3.1.3}$$

式中：i表示交流电流的瞬时大小，称瞬时值；I_m表示正弦电流振幅的大小，称最大值；$(\omega t + \varphi)$反映了正弦量在交变过程中瞬时值变化的过程，我们把$(\omega t + \varphi)$称为正弦量的相位。

当相位随时间连续变化时，正弦量的瞬时值随之作相应的连续变化。相位又是随时间变化的角度，所以又叫相位角。当$t=0$时刻，正弦量的相位称作初相位，又叫初相角即φ角。初相角φ的大小和正负，与所选择的时间起点有关。通常规定正弦量由负值变化到正值经过零点为正弦量的零点，由正弦量的零点到计时起点（即$t=0$，时间坐标的原点）之间对应的电角度决定

了初相角 φ 的大小和正负，如图 3.1.4 所示。

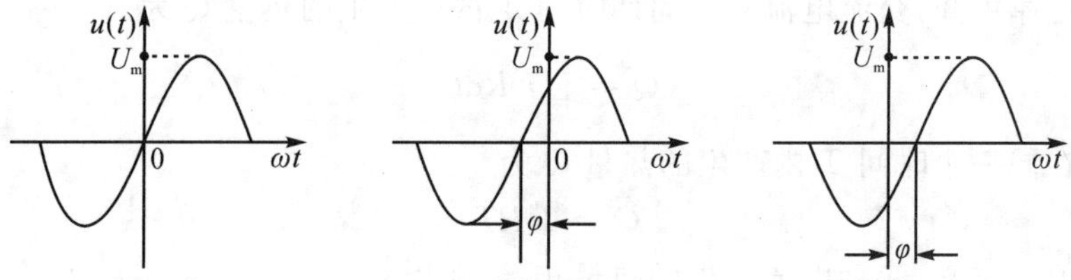

(a) $\varphi=0$　(b) $\varphi>0$　(c) $\varphi<0$

图 3.1.4　初相角的正负

图(a)表示初相为零，即 $\varphi=0$；图(b)表示初相为正，即 $\varphi>0$；图(c)表示初相为负，即 $\varphi<0$。

初相角 φ 的正负可以这样确定：当正弦量的初始瞬时值(即 $t=0$ 时)为正，φ 角为正；初始瞬时值为负时 φ 角为负。

相位差：两个同频率的正弦交流电在任何瞬时的相位角之差称相位差。

因为频率相同，所以相位差就是初相角之差，始终是一个固定值。当频率不相同时，它们的相位差则是时间的函数变量。

例如：

$i_1 = I_{m1}\sin(\omega t + \varphi_1)$

$i_2 = I_{m2}\sin(\omega t + \varphi_2)$

i_1 和 i_2 的角频率都是 ω，它们之间的相位差为：$\varphi = \varphi_1 - \varphi_2$ 是一个固定值。

又如：

$i_1 = I_{m1}\sin(\omega_1 t + \varphi_1)$

$i_2 = I_{m2}\sin(\omega_2 t + \varphi_2)$

它们之间的相位差为：$\varphi(t) = (\omega_1 - \omega_2)t + (\varphi_1 - \varphi_2)$，时间不同时，相位差随时间变化的。

(4)瞬时值、最大值、有效值

交流电的大小可用瞬时值、最大值和有效值表示。

瞬时值：交流电在某一时刻的实际值叫瞬时值。瞬时值只是从随时间变化的关系上说明某一时刻正弦量的大小，一般都用小写英文字母表示，如用字母 e、u、i 分别表示正弦交流电动势，电压和电流的瞬时值。

最大值：交流电在变化过程中所出现的最大瞬时值叫最大值，它就是正弦交流电的振幅。通常用字母 E_m、U_m、I_m 分别表示正弦交流电动势、电压和电流的最大值。

有效值：一个交流电流的做功能力相当于某一数值的直流电流的做功能力，这个直流电流的数值就叫该交流电流的有效值。在图 3.1.5 所示的例子中，分别通一交流电流 $i = I_m\sin(\omega t + \varphi)$ 和直流电流 I，在相同的时间里，它们产生的总热量相同，我们就说这两个电流等效，那么这个直流电流 I 的数值就是交流电流的有效值。

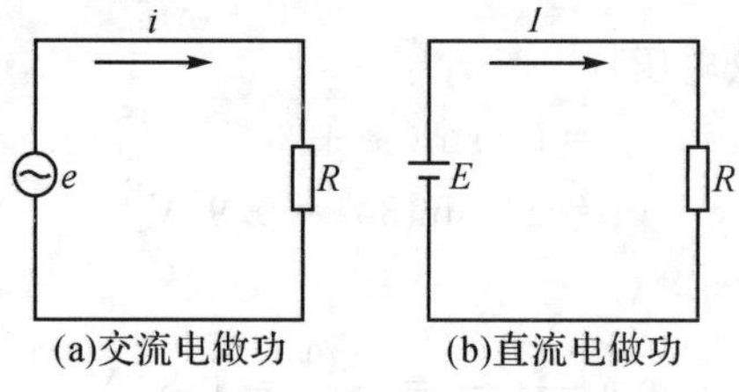

(a)交流电做功　(b)直流电做功

图 3.1.5　交流电的有效值

最大值与有效值的关系是很容易推证得到。

根据焦耳定律可知，交流电流一个周期时间 T 内所产生的热量 Q 为

$$Q = \int_0^T i^2 R \mathrm{d}t \tag{3.1.4}$$

直流电流在同一个时间 T 内产生的热量 Q 为

$$Q = I^2 RT \tag{3.1.5}$$

根据有效值的定义，两种电流产生的热量相等，所以有

$$I^2 RT = \int_0^T i^2 R \mathrm{d}t$$

由此式可得出交流电的有效值

$$I = \sqrt{\frac{1}{T}\int_0^T i^2 \mathrm{d}t} \tag{3.1.6}$$

这就是有效值定义的数学表达式。由该式知，有效值是由交流电量的平方积分后再取平均值的开方计算出来的，因此有效值又称均方根值。上述有效值定义式，适用于任何波形的周期性电学量。若交流电流是按正弦规律变化的，则有

$$I = \sqrt{\frac{1}{T}\int_0^T I_m^2 \sin^2(\omega t + \varphi)\mathrm{d}t} \tag{3.1.7}$$

根据积分公式

$$\int_0^t \sin^2(\omega t + \varphi)\mathrm{d}t = \int_0^t \frac{1}{2}\mathrm{d}t - \int_0^t \cos(2\omega t + 2\varphi)\mathrm{d}t = \frac{T}{2} - 0 = \frac{T}{2}$$

代入(3.1.7)式可以求得

$$I = \frac{I_\mathrm{m}}{\sqrt{2}} \approx 0.707\ I_m \tag{3.1.8}$$

同理：

$$U = \frac{U_\mathrm{m}}{\sqrt{2}} \approx 0.707\ V_m \tag{3.1.9}$$

上式说明，正弦交流电的有效值等于它的最大值除以$\sqrt{2}$，而且与其频率和初相位无关。

举例来说，最大值为 1 A 的正弦交流电流，它的有效值是 0.707 A，这就是说它实际所做的功只相当于电流为 0.707 A 的直流电所做的功。又如额定电压为 220 V 的灯泡，它用于有效值为 220 V 的交流电源和用于 220 V 的直流电源所产生的效果相同，即发出的光亮和产生的热量相等。

所有交流用电设备铭牌上标注的额定电压、额定电流都是有效值；而一般交流电压表、电流表测得的数值是指有效值。顺便指出，只有正弦交流电量，其有效值与最大值之间才存在$\sqrt{2}$倍的关系，而其他非正弦交流量的有效值与最大值之间的关系需由式(3.1.6)式决定。

[**例题 3.1**] 已知一正弦电压，初相位 $\varphi=30°$，当 $t=0$ 时，其瞬时值 $u_0=0.9$ V，试求该电压的最大值和有效值。

解：根据题意可知，该正弦电压

$$u_0 = U_\mathrm{m}\sin(\omega t + 30°)\ [\mathrm{V}]$$

当 $t=0$ 时有

$$u_0 = U_\mathrm{m}\sin 30° = 0.9[\mathrm{V}]$$

所以最大值

$$u_\mathrm{m} = \frac{U_0}{\sin 30°} = \frac{0.9}{0.5} = 1.8\ [\mathrm{V}]$$

而有效值

$$U=\frac{U_m}{\sqrt{2}}=\frac{1.8}{1.414}=1.27\,[\mathrm{A}]$$

1.3　交流电的矢量表示

前面所讲的正弦量的瞬时值函数式以及与之对应的波形图，都包含有正弦量的三要素，因而都能完整地表示一个正弦量。但用这种表示方法来计算正弦交流电路是很不方便的。为了避开繁杂的三角函数运算，我们必须寻找便于计算的表示方法。

在一般的正弦交流电路中，各支路的电流和电压都是与电源同频率的正弦量。由正弦函数的性质可知，同频率的正弦量相加(或相减、微分、积分)仍是一个频率相同的正弦量。这样，对正弦量的计算需要确定的只有正弦量的有效值和初相角两个要素了。下面介绍的矢量表示法就是解决这个问题的有效方法。

我们在高中学过，矢量是用方向和大小表示的量。

为了表示矢量，如图 3.1.6 所示用箭头的长度和角度来表示。若用符号来表示，像 $\dot{U}$ 那样在 U 的上面加一点(读作 U 点)，表明这个量是矢量。

对于其大小每时每刻都在改变的正弦交流电，如何用矢量来表示呢?

如图 3.1.7 所示，以箭头作为旋转量。若有来自侧面的光，就会有箭头的影子。若箭头转动 45°、90°，其影子的轨迹就是正弦波。

可见，正弦波形跟这个箭头的顶端作圆周运动的影子轨迹是相同的。矢量就用方向和大小来表示的箭头，若注意到箭头转动那个时刻，则正弦波形完全可以用矢量来表示。由于不可能也没有必要将正弦量每一瞬间的对应的箭头都画出来，通常只用起始位置($t=0$)的箭头(有向线段)来表示正弦量。

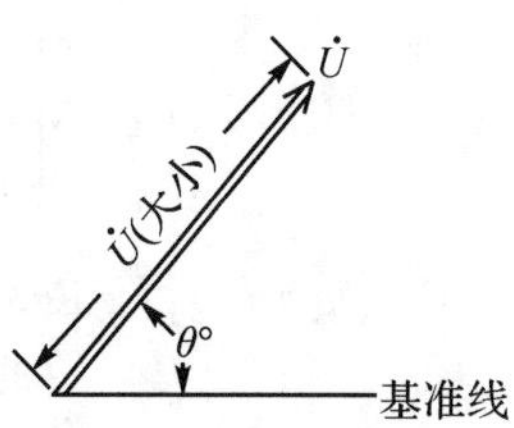

图 3.1.6　矢量的表示法

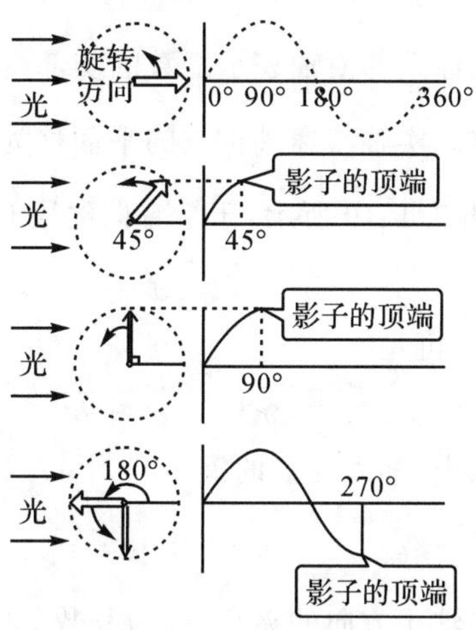

图 3.1.7　旋转中的箭头

设有一个正弦交流电流 $i=I_m\sin(\omega t+\varphi)$，用旋转矢量表示它的方法为：以直角坐标系的 0 点为原点，取矢量的长度为振幅 I_m，矢量的起始位置与横轴之间的夹角为初相角 φ，并以角频率 ω 绕原点按逆时针方向旋转。这样，该矢量在旋转过程中，它每一瞬时在纵轴上的投影即代表正弦电流在该瞬时的数值，如图 3.1.8 所示。用旋转矢量也表征了一个正弦量的三个基本要素，形象地表示了一个正弦量的变化。

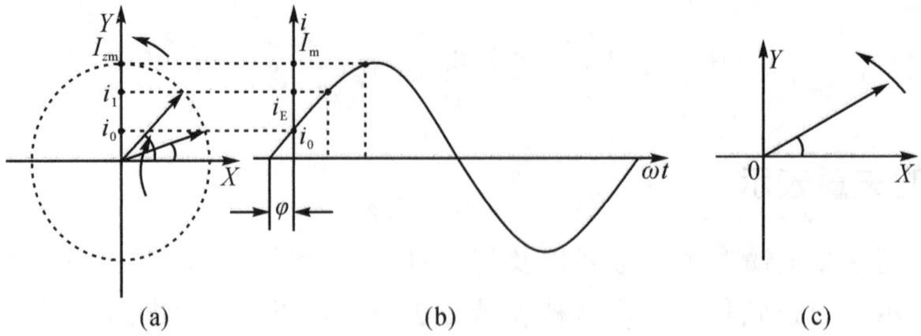

图 3.1.8 用矢量表示正弦函数

用矢量表示交流电压或电流有在交流电路计算中用的较方便。

例如:现在来实际试求一下图 3.1.9 所示的两个电压矢量相加的矢量。

$\dot{U}=\dot{U}_1+\dot{U}_2$

U($\dot{U}$ 的大小) $=\sqrt{V_1^2+V_2^2}=\sqrt{40^2+30^2}=50[\text{V}]$

正弦量可用矢量来表示,而矢量可用复数表示,所以正弦量也可用复数表示。

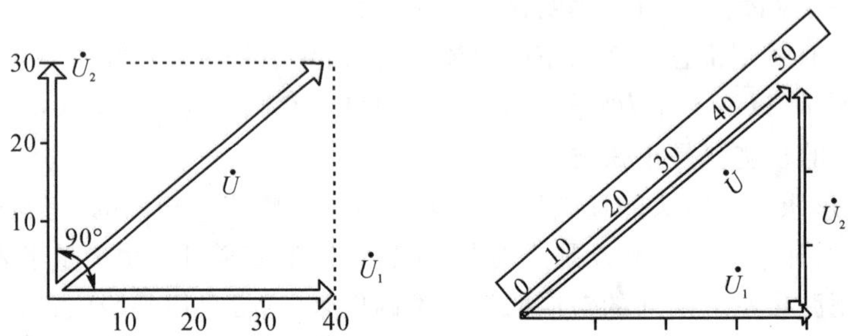

图 3.1.9 两个矢量相加示例

令一直角坐标系的横轴表示复数的实部,称为实轴,以+1 为单位;纵轴表示虚部,称为虚轴,以+j 为单位。实轴与虚轴构成的平面称为复平面。复平面中有一有向线段 $\dot{U}$,其实部为 a,虚部为 b,如图 3.1.10 所示,于是有向线段 $\dot{U}$ 可用下面的复数式表示为

$$\dot{U}=a+\text{j}b \tag{3.1.10}$$

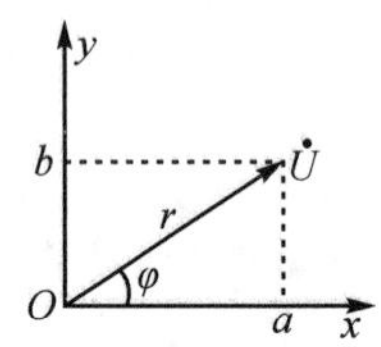

图 3.1.10 矢量的复数表示

由图 3.1.10 可见

$$r=\sqrt{a^2+b^2} \tag{3.1.11}$$

是复数的大小,称为复数的模

$$\varphi=\arctan\frac{b}{a} \tag{3.1.12}$$

是复数与实轴正方向的夹角,称为复数的幅角。因为

$$a=r\cos\varphi \quad b=r\sin\varphi$$

所以

$$\dot{U}=a+\text{j}b=r\cos\varphi+\text{j}r\sin\varphi=r(\cos\varphi+\text{j}\sin\varphi) \tag{3.1.13}$$

根据欧拉公式

$$e^{\text{j}\varphi}=\cos\varphi+\text{j}\sin\varphi$$

式(3.1.13)可改写为

$$\dot{U} = re^{j\varphi} \tag{3.1.14}$$

或简写为

$$\dot{U} = r\angle\varphi \tag{3.1.15}$$

如上所述，一个有向线段可用复数表示，因而正弦量也可用复数表示。由于幅值与有效值之间有固定的$\sqrt{2}$倍关系，通常都用有效值来表示正弦量的大小。当用复数表示正弦量时，则复数的模即为正弦量的有效值，幅角即为正弦量的初相角。

在分析计算正弦交流电路时，采用矢量表示正弦量，就可把繁杂的三角函数运算转化为简单的复数形式的代数运算。由于用复数来表示很容易进行加减乘除运算，所以应用也很多。

把与几个同频率的正弦量对应的矢量画在同一复平面上，称为矢量图。利用矢量图既可以比较正弦量的相位差，又可以利用矢量图的几何关系来计算正弦交流电路。对于复数的运算可以参考有关的教材，本课程不作讲解。

第2节　电阻交流电路

本节开始我们分析讨论交流电路，首先从单一参数的交流电路开始。所谓单一参数电路就是指纯电阻、纯电感、纯电容电路。分析各种正弦交流电路，就是要确定电路中电压和电流的大小及相位关系，并讨论电路中能量的转换和功率消耗问题。

在各种材料制成的各种电阻以及用电阻丝做导电元件的白炽灯、电炉及电烙铁等设备中，由于电阻参数起主要作用，因此可以视为单一的电阻元件。由它们组成的电路，如图3.2.1所示，就是典型的纯电阻电路。

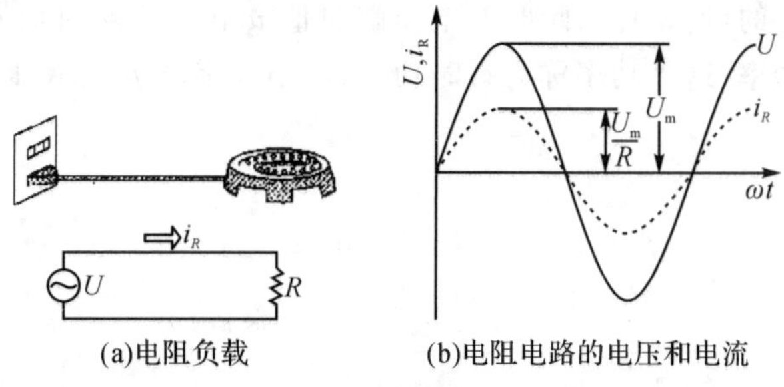

图3.2.1　电阻电路中的电压和电流

2.1　电压与电流的关系

若在图3.2.2(a)中电阻两端所加的正弦电压为

$$u = U_m \sin \omega t \tag{3.2.1}$$

其正方向假定如图3.2.2(a)中箭头所示，即由 a 端指向 b 端。在此电压作用下电路中产生电流，该电流的正方向，习惯上选取与电压正方向一致，即由图中 a 端经电阻 R 流入 b 端。虽然电压和电流都要随时间作周期性的往复变化，但就每一瞬时来说，它们之间的关系仍要服从欧姆定律，即有

$$i=\frac{u}{R}=\frac{U_{\mathrm{m}}\sin\omega t}{R}=I_{\mathrm{m}}\sin\omega t \tag{3.2.2}$$

式中 $I_{\mathrm{m}}=\frac{U_{\mathrm{m}}}{R}$ 为电流最大值。

由式上式可知电流与电压成正比变化，当电压为零时，电流也为零，当电压正向增到最大值然后下降到零时，电流也随之由正向增到最大值，然后下降到零。电压反向变化时，电流也随之反向变化，这就是说电流与电压一样按正弦规律变化，而且与电压同相。用波形图表示如图 3.2.2(b)所示。

电阻电路中的电流和电压是同频、同相的。电流有效值为

$$I=\frac{I_{\mathrm{m}}}{\sqrt{2}}=\frac{U_{\mathrm{m}}}{\sqrt{2}R}=\frac{U}{R} \tag{3.2.3}$$

可见电流有效值与电压有效值之间仍具有欧姆定律形式，而且二者之相位差为零。

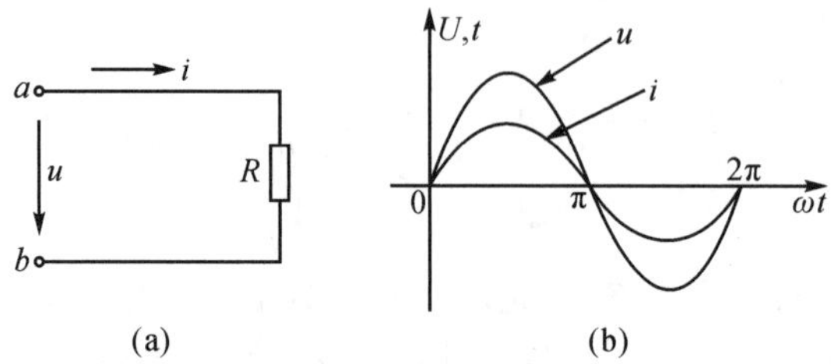

图 3.2.2　电阻电路中电流与电压的关系

2.2　功率关系

我们知道电阻消耗的功率等于电阻两端电压与其电流的乘积。在交流电路里，虽然电压和电流都是随时间交变的，但是任一瞬时的电压瞬时值 u 和电流瞬时值 i 的乘积都应等于在这瞬时电阻消耗的电功率，这个功率称为瞬时功率，用小写字母 p 表示，即有

$$p=u\cdot i \tag{3.2.4}$$

对电阻而言写为

$$\begin{aligned}p=u\cdot i&=U_{\mathrm{m}}I_{\mathrm{m}}\sin^2\omega t\\&=\frac{U_{\mathrm{m}}I_{\mathrm{m}}}{2}(1-\cos 2\omega t)\\&=UI(1-\cos 2\omega t)\end{aligned} \tag{3.2.5}$$

由上式可见 p 是由两部分组成的，第一部分是常数 UI，第二部分是幅值为 UI，并以 2ω 的角频率随时间而变化的交变量 $UI\cos 2\omega t$。显然瞬时功率也是随时间不断变化的，从式(3.2.5)可知：当电压、电流同时增加时，瞬时功率 p 也增加；当电压、电流同时减小时，瞬时功率 p 也减小；当电压、电流同为正或同为负时，该瞬时功率都为正。p 随时间而变化的波形如图 3.2.3 所示。

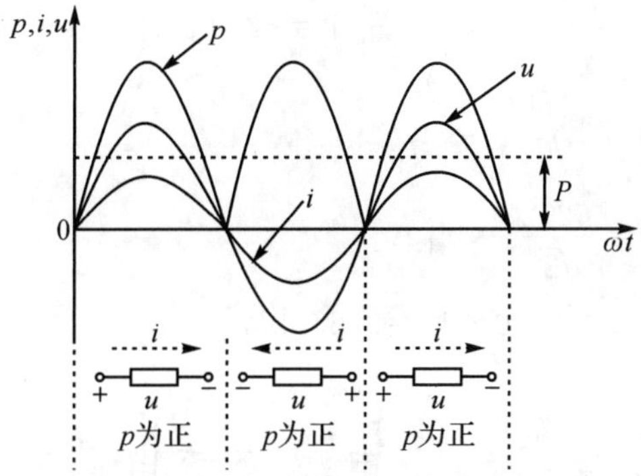

图 3.2.3　纯电阻电路的功率

由于在电阻元件的交流电路中 u 和 i 同相，它们同时为正，同时为负，所以瞬时功率总是正值，即 $p \geqslant 0$。瞬时功率为正，这表示电阻总是从电源吸收功率，把电能转换成热能，或者说电阻是耗能元件。在这里就是电阻元件从电源取用电能而转换为热能，这是一种不可逆的能量转换过程。在一个周期内，转换成的热能为

$$W = \int_0^T p\mathrm{d}t \tag{3.2.6}$$

瞬时功率只能说明功率随时间的变化关系，实用意义不大。在工程实际中，计算电路消耗的功率，总是按一定时间内的平均值来计算的，并不需要计算瞬时的功率关系。

瞬时功率在一个周期里的平均值称为平均功率，它代表能量转换的平均速率，用大写字母 P 表示则有

$$P = \frac{1}{T}\int_0^T p\mathrm{d}t = \frac{1}{T}\int_0^T (UI - UI\cos\omega t)\mathrm{d}t = UI \tag{3.2.7}$$

又因

$$U = I \cdot R \text{ 或 } I = \frac{U}{R}$$

所以

$$P = UI = I^2 R = \frac{U^2}{R} \tag{3.2.8}$$

上式指出平均功率 P 在形式上和直流电阻电路中功率计算式相同，但注意平均功率式中的电压和电流都是指有效值。

平均功率是电路中实际消耗的电功率，如用来加热、发光等，所以又叫有功功率，它的单位是瓦特，以符号[W]表示，它的大单位是千瓦[kW]。

由于平均功率在日常生活中应用很广，习惯上把“平均”二字省掉，简称功率。通常用电设备的铭牌上标注的功率，如电冰箱耗电 85[W]、电烙铁 20[W]、灯泡 40[W]等，都是指平均功率而言。

[例题 3.2] 在 $R=5[\Omega]$的电阻两端，外加正弦交流电压 $u=311\sin\left(314t-\frac{\pi}{3}\right)[\mathrm{V}]$，试写出流过该电阻 R 的电流瞬时值表达式，求出电压、电流的有效值，并求出电阻消耗的有功功率。

解：根据欧姆定律知电流瞬时值式是

$$i = \frac{u}{R} = \frac{311}{5}\sin\left(314t - \frac{\pi}{3}\right) = 62.2\sin\left(314t - \frac{\pi}{3}\right)[A]$$

电压有效值 $U = \frac{U_m}{\sqrt{2}} = \frac{311}{\sqrt{2}} = 220[V]$

电流有效值 $I = \frac{I_m}{\sqrt{2}} = \frac{62.2}{\sqrt{2}} = 44[A]$

电阻消耗功率 $P = UI = 220 \times 44 = 9.68[kW]$

第 3 节 电感交流电路

上一章我们学习了电感及电感元件，这一节我们就来进一步了解电感的特性和分析相对复杂的纯电感组成的交流电路。和上一节我们讨论纯电阻交流电路一样，分析纯电感电路中电压和电流的大小及相位关系，并讨论电路中能量的转换和功率问题。

3.1 电感元件的特性

在前面我们学习过，线圈中流过电流时由于受到线圈本身感应产生的电动势的抵抗，电感中通过的电流也受到阻碍作用而发生变化。下面我们先来看两个实验：

(1)在电感上施加直流电实验

①在直径约 1.5[mm]的圆珠笔上适当地缠上长 3[m]，直径约为 0.8[mm]的漆包线(或细电线)，制成电感线圈。

②将干电池 2 节，开关 1 个，1 A 保险丝和保险管座 1 个，按图 3.3.1 接好线，在铁芯(8～10[cm]长的钉子代替)不插入电感线圈时接通开关。发现保险丝瞬间被烧毁。

③即使在线圈内插入铁芯(线圈的电感量较大)，一接通开关，保险丝仍被烧毁。

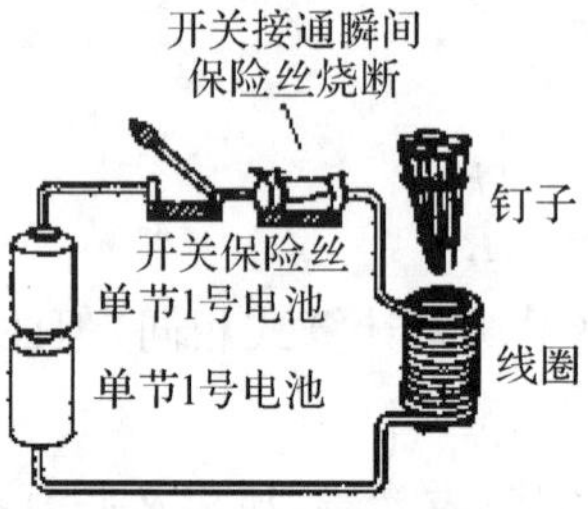

图 3.3.1 电感不能限制直流

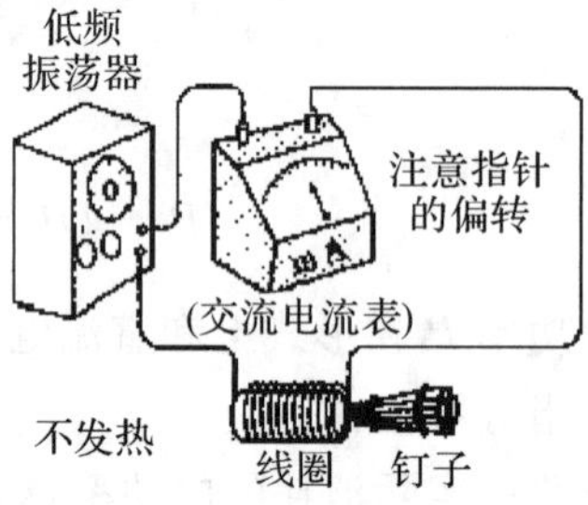

图 3.3.2 电感限制交流电

(2)电感上施加交流电实验

使用上述实验制作的线圈和铁芯，再准备一台能产生不同频率交流电的电源和交流电流表。

①按图 3.3.2 所示接好线，在铁芯未插入线圈内的情况下，调高交流电源电压，使电流表的指示值为最大(交流电源的频率适当即可)。

②再把铁芯慢慢地插进线圈内(电感逐渐增大)，发现电流逐渐减小。

③把铁芯固定在适当位置，很明显，随着交流电源的频率增高，电流就逐渐减小。

④实验中确认线圈里即使有电流流通也不会发热。

通过以上的实验说明了，若在电感 L 上施加直流电压，电流就会无限制地增大（线圈被烧毁）。然而，施加交流电压，流过的电流就有限。这就是由于线圈通过变化的电流时，内部磁通量的变化产生的感应电动势反作用于通过电流造成的。

根据法拉第电磁感应定律，磁通的变化使回路产生感应电动势，也可以由第二章的(2.5.10)式写出，即

$$e = -N\frac{d\varphi}{dt} = -L\frac{di}{dt} \tag{3.3.1}$$

上式表明感应电动势 e 的大小与磁通或电流的变化率成正比（L 为比例系数，就是电感量），其方向与磁通或电流变化率的方向相反。

第二章定义过，通入线圈的电流强度在 1[s]内改变 1[A]时产生的感应电动势为 1[V]，线圈的电感量为 1[H]。感应电动势 e 的正方向与通过电流的方向相反。

3.2 电感上电压与电流的关系

电感器对流过它的交流电流存在阻碍作用，这种阻碍交流电流的作用如同电阻一样，在电感器中称为感抗，感抗用 X_L 表示。下面我们具体分析电感上电压与电流的关系：

在电感 L 上施加交流电压，如图 3.3.3(a)所示。当电感两端电压 u 和 i 为关联参考方向时，设电流 i 为参考正弦量，则有

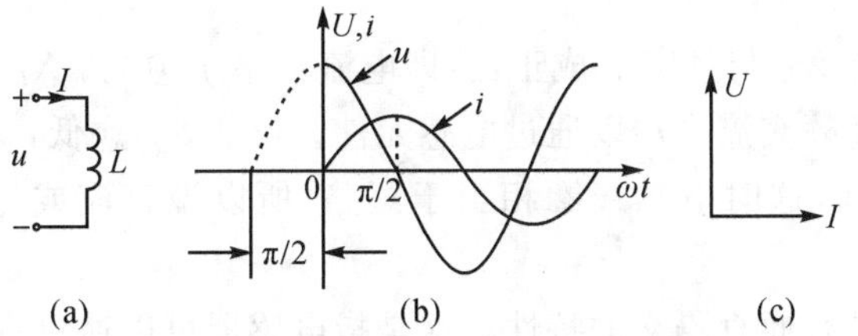

图 3.3.3　电感元件的电压与电流

$$i = I_m \sin \omega t \tag{3.3.2}$$

$$u = -e = L\frac{di}{dt} = L\frac{d}{dt}(I_m \sin \omega t) = I_m \omega L \sin\left(\omega t + \frac{\pi}{2}\right) \tag{3.3.3}$$

令 $u = V_m \sin(\omega t + \varphi)$ 则根据上式

$$U_m = I_m \omega L \tag{3.3.4}$$

其中电压的初相位 $\varphi = \frac{\pi}{2}$。

根据上面式子(3.3.2)和(3.3.3)对比可以看出，v 和 i 都是按同一频率作正弦变化的交流量。相位上电流滞后于电压 90°（或者说电压超前电流 90°），即电感有相移 90°的作用，其相位关系用波形图表示，如图 3.3.3(b)，用最大值相量表示，如图 3.3.3(c)。这里要注意，电流滞后于电压 90°，是指对应于时间的电角度，不可误解为空间差 90°。

那么为什么在纯电感电路里，电流比电压滞后 90°呢？这是因为电感上的电压与电流不成正比而是与电流的变化率成正比。当电流为最大值时，变化率却为零，所以电压为零。电流为零时，变化率最大，所以电压最大，依此推论得知电压电流两者相位相差 90°，而且电流滞后电压 90°。

上面讨论了纯电感电路中电压与电流的相位关系，下面分析它们在数值上的关系。从式

(3.3.4)可得

$$I_m = \frac{U_m}{\omega L} \tag{3.3.5}$$

将上式两边同除以 $\sqrt{2}$ 后，得到电流有效值表达式为：

$$I = \frac{U}{\omega L} = \frac{U}{X_L} \tag{3.3.6}$$

式中 $X_L = \omega L$ 是电感电压 U 和电流 I 的有效值之比，这就是电感的电抗，简称感抗，其单位是欧姆。由上式可知，电压与电流的有效值之间具有欧姆定律的形式。当电压一定时，感抗愈大，电流愈小，可见它在限制电流大小的作用上和电阻相似，所以说，感抗是表征电感对交流电呈现出阻力的一个物理量。

但是要注意，在纯电感电路中，电压、电流瞬时值之间并不存在正比关系，即不符合欧姆定律，而是电压与电流的变化率成正比。只有用有效值(或最大值)表示电压、电流，并以 X_L 表示感抗后，其电压、电流之间才具有欧姆定律的形式。所以感抗与电阻不同，感抗不代表电压与电流瞬时值的比，同时在性质上感抗也和电阻不同。这是因为

$$X_L = \omega L = 2\pi f L \tag{3.3.7}$$

该式说明感抗与电感 L、频率 f 成正比关系。在频率 f 一定时，感抗 X_L 和电感 L 成正比，即 L 愈大，X_L 愈大，因为 L 愈大说明同样电流下建立的磁场愈强，阻碍电流变化的作用也愈大。

在电感一定时，感抗 X_L 与频率 f 成正比，即电流频率 f 愈高，X_L 愈大。当 $f \to \infty$，这时电感相当于开路，所以高频交流电难以通过电感元件。反之，f 愈低，X_L 愈小。当 $f = 0$ 时，即在直流情况下，$X_L \to 0$，这时电感线圈相当于短路，所以说直流或低频电流容易通过电感元件。

综上所述，电感器具有通直隔交的特性。这是指电感器可以通过直流电流，而阻碍交流电流的通过。电感器的这一特性与电容器恰好相反。

通直流是指电感器对直流电而言呈通路状态。电感器在直流电路中，只存在线圈本身的电阻对电流的阻碍作用，不存在感抗。由于电感线圈本身的直流电阻通常是相当小的，对直流电流的这种阻碍作用很小，往往可以忽略不计。所以在分析直流电路中的电感电路时，可以认为电感线圈呈通路。

这里提示一点，电感器的感抗是针对交流电流而言的，对直流电流而言，电感器不存在感抗，因为直流电的频率为零，所以感抗为零。

感抗的频率特性如图 3.3.4 所示，该特性说明电感与电阻的重要区别，一般来说电阻大小与频率无关。

应当注意，感抗只是电压与电流的幅值或有效值之比，而不是电压与电流的瞬时值之比。电阻既是电压与电流的幅值或有效值之比，也是电压与电流瞬时值之比。这是由于电感元件的电压-电流关系是导数关系，而电阻元件电压-电流关系是正比关系。

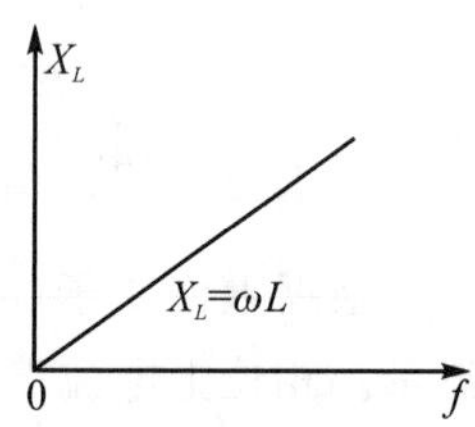

图 3.3.4　感抗与频率的关系

式(3.3.6)表示电压有效值等于电流有效值与感抗的乘积，当交流电流流过电感器时，感抗对交流电起着阻碍作用，这一作用相当于电阻对电流的阻碍作用，所以在进行电感电路分析时，可以进行这种电阻等效，这样能够方便电感电路的分析。

另外，电感器除存在感抗外，由于电感器是由导线绕制的，导线存在电阻，所以电感器还存

在导线的直流电阻，图 3.3.5 所示是一个电感器，它可以等效成一个纯电感 L_0 和一个电阻 R_0，R_0 就是绕制这一电感线圈的导线的直流电阻。

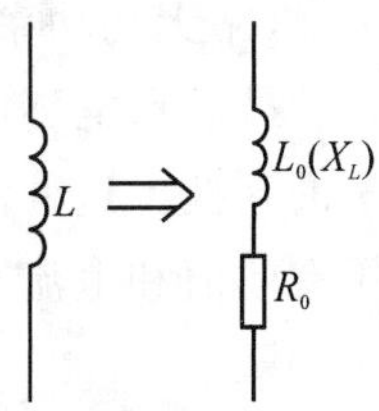

图 3.3.5　电感器等效电路

在电感器的等效电路中，导线本身电阻的阻值是很小的，在交流电路中，由于导线电阻 R_0 与感抗所起的阻碍作用相比很小，所以线圈直流电阻的作用可以忽略不计，认为只存在感抗的作用。进行电路分析时，电感器中起主要作用的是感抗，而不是电感线圈的直流电阻，这样有利于电路中电感器工作原理的分析。

当然，有时在直流电路中分析电感器的工作原理时，电感器的直流电阻大小是不能忽略不计的，这要看具体电路情况而定。

3.3　电感电路中的功率

(1)瞬时功率

瞬时功率为瞬时电压与瞬时电流的乘积

$$p = ui \tag{3.3.12}$$

在电感电路中

$$i = I_m \sin\omega t$$

$$u = I_m \omega L \sin\left(\omega t + \frac{\pi}{2}\right)$$

$$= V_m \sin\left(\omega t + \frac{\pi}{2}\right)$$

所以其瞬时功率为

$$p = ui$$

$$= U_m \sin\left(\omega t + \frac{\pi}{2}\right) \cdot I_m \sin\omega t$$

$$= UI \sin 2\omega t \tag{3.3.13}$$

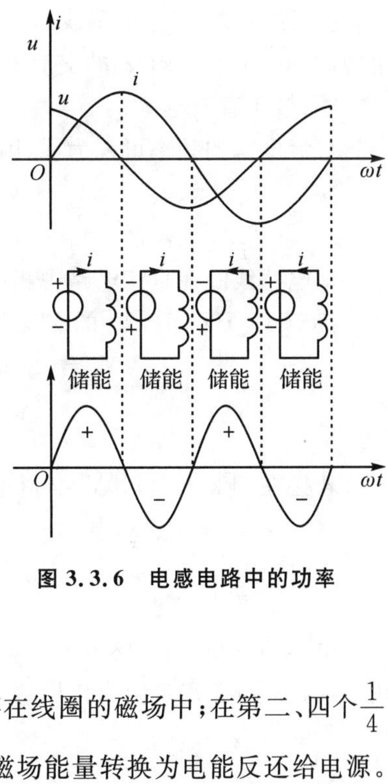

图 3.3.6　电感电路中的功率

可见，电感的瞬时功率以角频率 2ω 的正弦规律变化。p 随时间变化的波形如图 3.3.6 所示。

由图可见，在第一、三个 $\frac{1}{4}$ 周期内，u、i 同方向，p 是正的，说明电感元件吸收能量，即将电能转换为磁场的能量储存在线圈的磁场中；在第二、四个 $\frac{1}{4}$ 周期内，u、i 反方向，p 是负的，表明电感元件释放能量，即将磁场能量转换为电能反还给电源。因此电感元件并不消耗电能，只是与电源进行能量的交换。

所以说电感元件不是耗能元件，而是储能元件。

(2)平均功率

电感电路中，电阻为零，没有能量损耗，只是在一个周期里，时而从电源吸取能量，时而又放出能量，所以总起来看电感不消耗能量，即平均功率为零，这点从图 3.3.6 中的波形图可明显看出。电感中的平均功率也可由计算得出。

$$P = \frac{1}{T}\int_0^T p\mathrm{d}t = \frac{1}{T}\int_0^T UI\sin 2\omega t\,\mathrm{d}t = 0$$

此式表明电感元件不从电源吸取平均功率，所以它不是耗能元件，而是储能元件。

(3)无功功率

虽然在电感电路中没有能量损耗，但是在储能、放能的过程中与电源之间不断地进行着能量的互换。这种能量互换的规模通常用无功功率 Q_L 来衡量，并规定无功功率 Q_L 等于电感电压有效值和电流有效值的乘积

$$Q_L = UI = I^2 X_L = \frac{U^2}{X_L} \tag{3.3.14}$$

必须指出无功功率 Q_L 虽然为 X_L 和 I 的乘积，具有功率的单位，但它不像在电阻电路中 V 与 I 的乘积那样，具有消耗功率的意义，所以称之为无功功率。为了与有功功率相区别，无功功率的单位不用瓦而用乏[Var]表示。但要注意不可把“无功”误解为“无用”，无功功率并非无用功率。有许多应用电磁感应原理工作的设备，例如变压器、电动机等设备，都要依靠磁场来传输或转换能量，没有磁场，这些设备就不能工作，无功功率正是用来说明这些电感性负载与电源之间的能量互换的大小。

[**例题 3.3**] 有一电感线圈，已知其电感 $L=6$[mH]，把它分别接到电压都是 10V 的直流电源和 50[Hz]、5[kHz]的交流电源，问其感抗和电流有效值分别是多大？

解：接于直流电源：

直流电源的频率可视为零，因此

$$X_1 = \omega L = 0$$

$$I = \infty$$

即电感线圈在直流电路中相当于短路。

接于 50[Hz]、10[V]的交流电源上

$$X_2 = 2\pi f L = 2\pi \times 50 \times 6 \times 10^{-3} = 1.89\,[\Omega]$$

$$I_2 = \frac{10}{1.89} = 5.29\,[\mathrm{A}]$$

若接在 5[kHz]、10[V]交流电流上

$$X_3 = 2\pi f L = 2\pi \times 5 \times 10^3 \times 6 \times 10^{-3} = 189\,[\Omega]$$

$$I_3 = \frac{10}{189} = 0.0529\,[\mathrm{A}]$$

由本例可知，当电感 L 一定时，感抗 X_L 与频率成正比，它对直流及低频电流呈现阻力作用小，频率愈高，呈现阻力作用愈大。

第 4 节　电容交流电路

在前一章中我们学过电容，通常它是由两个金属极板并在其间夹有绝缘介质构成，若其漏电阻和引线电感可忽略不计时，该电容可视为单一参数的电容元件，这种元件和电源组成的电路叫纯电容电路。这一节我们讨论来讨论纯电容电路中电压和电流的大小及相位关系，并讨论电路中能量的转换和功率问题。

4.1　纯电容电路的导电特性

我们先来做一个电容器通以直流电的实验：

如图 3.4.1 所示，准备一只 1000[μF]左右的电解电容器，一只 12[V]灯泡，开关 SW 和一台 12[V]直流稳压电源。

按图 3.4.1(a)所示接好线，若接通开关，则瞬间灯泡微亮，但马上灯泡就变暗，恢复原样。

经过足够长的时间，如图 3.4.1(b)所示，把已充电的电容两条引线碰一下，确认发出响声，并产生火花。

通过这个实验发现：仅在开关接通瞬间，有直流电流流通(灯泡变亮)，但马上电流变为零，由此可知电容中不能流过直流电流(原因是电容器为用绝缘材料叠绕成的像三明治那样的层状结构)。但是在开关接通的一开始要有一个充电的过程，所以有瞬间的电流流通。

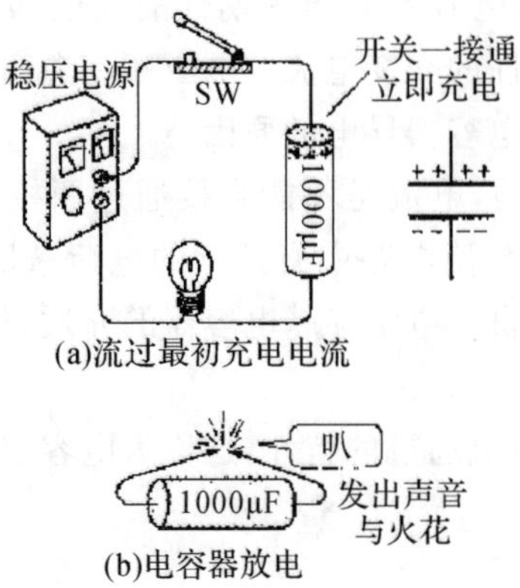

图 3.4.1　电容不能通过直流电

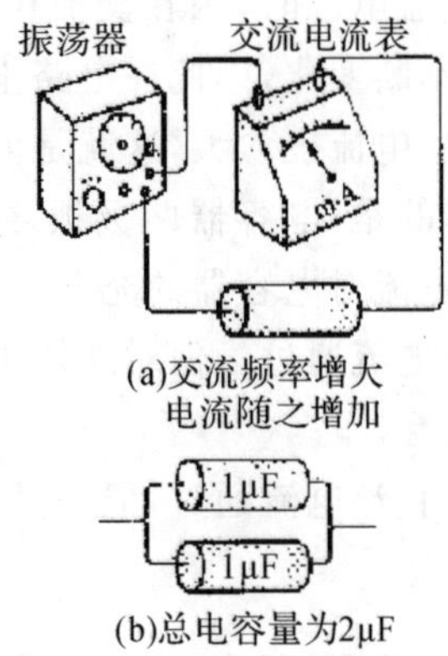

图 3.4.2　电容器通过交流电

下面再做一个电容器流过交流电流的实验：

准备两个无极性 1[μF]左右的电容器，一台交流电源与交流电流表并进行实验。

按图 3.4.2(a)所示接好线，施加交流电压，这时电路中有电流流通。交流电表有电流指示。

增加交流电源的频率，此时交流电流表的指示电流也随之增大。

再用 2 个电容并联，如图 3.4.2(b)所示，与 1 个电容相比，这时电流将增加为原来的 2 倍。

通过这个实验表明：若在电容器上施加交流电压，就会有电流流通。通过交流电流的大小与交流电的频率成正比，与电容量的大小也成正比。

下面我们从理论上加以分析讨论。

电容电路如图 3.4.3 所示，图中电流 i 的正方向规定与电压 u_c 的正方向关联一致。

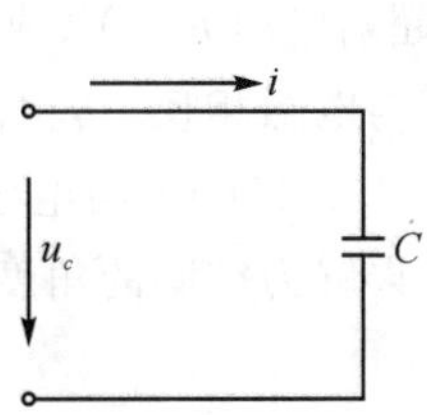

图 3.4.3　纯电容电路

由前面的第二章中得知，当电容器两端加上电压时，极板上要积累电荷 q，积累电荷量的多少与电压成正比。即

$$q = Cu_c \tag{3.4.1}$$

式中 C 是电容器极板上所带电荷量 q 与相应的电压 u_c 的比值，称作电容，电容 C 是表征电容器聚集电荷能力的参数，电容的单位为法拉[F]，常用微法[μF]和皮法[pF]等较小单位表示。

$$1[\mu F]=10^{-6}[F], 1[pF]=10^{-12}[F]$$

根据电流强度的定义和上述电容器的电容性质，可以得出电容器通过电流的大小由其极

板上电荷量的变化率来决定，即

$$i=\frac{\mathrm{d}q}{\mathrm{d}t}=C\frac{\mathrm{d}u_c}{\mathrm{d}t} \tag{3.4.2}$$

上式说明电容器电流与电压不成正比例，即它们的瞬时值之间不服从欧姆定律关系。电流只与电压的变化率成正比。

电容器接于直流电源时，如不考虑通电瞬间电容的充放电过程，由于电压不变化，就没有电荷的移动，电流则等于零，电路处于开路状态，所以电容器在直流稳定状态下是不导电的（在实际的电容器中，两极板间会因为介质的不同或绝缘性能的原因，存在有很大的漏电电阻）。

电容器接于交流电源时，因在交流电压作用下，电容器处于周期性的充电和放电过程之中，极板上电荷量不断变化，因此在电路里形成周期性的交变电流。电压频率愈高，充电、放电的过程进行得愈快，电流也愈大，这就是前面实验中电容器导电的原因。

这里必须指出的是，电容器两极板之间是绝缘的，电流是不能直接通过两极板构成回路的，只是由于交流电流对电容器的充电方向不断改变，使电路中有持续的电荷来回流过，等效成电容能够让交流电流通过。但对此切不可误认为自由电子穿越电容器的介质，如是这样，就意味着电容器被击穿。

电容器不能让直流电流通过，但是具有让交流电流通过的特性，这称为电容器的隔直通交特性。

4.2 电容电路中电压和电流的关系

在交流电路中，电容器虽然能够让交流电通过，但也存在着阻碍交流电流通过的作用，这一阻碍作用就像电阻器对电流存在电阻一样，只是电容器对交流电流的阻碍称之为容抗，用 Xc 表示。下面具体分析说明：

(1)相位关系

为了方便起见，设电压为参考正弦量

$$u_c=U_{cm}\sin\omega t \tag{3.4.3}$$

把它代人式(3.4.2)后，电流

$$i=C\frac{\mathrm{d}v_c}{\mathrm{d}t}=C\omega U_{cm}\sin\left(\omega t+\frac{\pi}{2}\right)=I_{\mathrm{m}}\sin\left(\omega t+\frac{\pi}{2}\right) \tag{3.4.4}$$

比较(3.3.4)、(3.4.3)两式可知，v_c 和 i 是两个同频率变化的正弦交流量值。相位上电流 i 超前电压 u_c 90°（或电压滞后电流 90°），因此说电容也有相移 90°的作用，但这个相位关系正好与电感相反，其相位关系用波形图表示，如图 3.4.4(a)所示。若用最大值相量图表示则如图 3.4.4(b)。与电感电路一样，这里也要注意，移相 90°是指对应于时间的电角度而言的，不可误解为空间的角度。

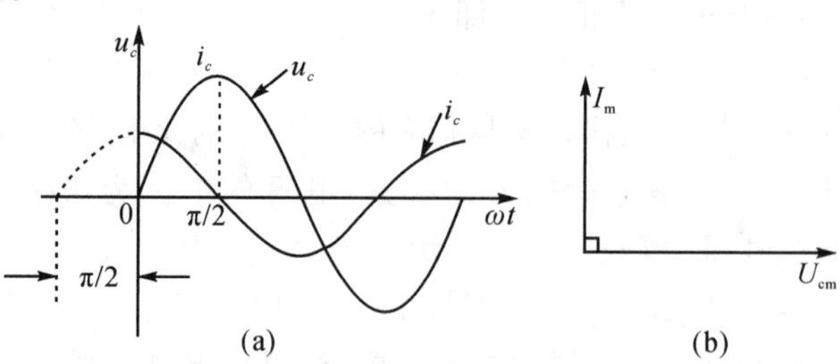

图 3.4.4　纯电容电路电流与电压

为什么电容电路中电流比电压超前 90°呢？这是电容电流不与电压成正比，而是与电压的变化成正比的缘故。当电压 u_c 为零时，其变化率最大，故电流在此瞬间具有最大值。电压 u_c 最大时，其变化率为零。依此类推可知电压和电流在相位上差 90°，而且是电流超前电压 90°。

(2)数值关系

由式(3.4.4)可知，最大值

$$I_{\mathrm{m}} = \omega C U_{\mathrm{cm}} = \frac{U_{\mathrm{cm}}}{\dfrac{1}{\omega C}}$$

将上式两边同除以 $\sqrt{2}$，得有效值表示式为

$$I = \omega C U_{\mathrm{c}} = \frac{U_{\mathrm{c}}}{\dfrac{1}{\omega C}} = \frac{U_{\mathrm{c}}}{X_{\mathrm{c}}} \tag{3.4.5}$$

式中 $Xc = \frac{1}{\omega C}$，它是电容电压 Uc 与电流 I 的有效值之比，我们把它叫做电容电抗，简称容抗，其单位仍是欧姆。

由上式可知，当电压一定时，容抗愈大，电流愈小，可见它在限制电流大小的作用上和电阻相似，且式(3.4.5)在形式上与欧姆定律相同。所以说容抗是表征电容对交流电呈现阻力的一个物理量。但要注意，容抗不代表电压与电流瞬时值的比。而且容抗与纯电阻不同。因为

$$Xc = \frac{1}{\omega C} = \frac{1}{2\pi fC} \tag{3.4.6}$$

该式表明容抗与电容 C、频率 f 的关系。在频率 f 一定时，容抗 Xc，与电容 C 成反比，即 C 愈大，Xc 愈小。因为 C 愈大，在同样电压下，电容器储存电荷的能力愈大，在充、放电过程中电荷量变化也愈大，因此电流愈大，也就意味着容抗 Xc 愈小。

可见，电容器不仅有容抗，还有容抗大小的变化。电容器的容抗与两个因素有关：一是通过电容器交流信号的频率，二是电容器本身的容量。

在电容值一定时，容抗 Xc 与频率 f 成反比，即 f 愈高，Xc 愈小。当 $f \to \infty$ 时，$Xc \to 0$，这时电容相当于短路，所以说高频电流容易通过电容器。反之，f 愈低，Xc 愈大，低频电流愈不易通过电容。当 $f = 0$，即相当于在直流电源下，$Xc \to \infty$，这时电容相当于开路，直流电不能通过电容，这是电容器有“隔直(流)通交(流)”作用的原因。

容抗的频率特性如图 3.4.5 所示。该图同时表出了电感的感抗与频率的关系，曲线说明了电容与电阻及电感的重要区别。

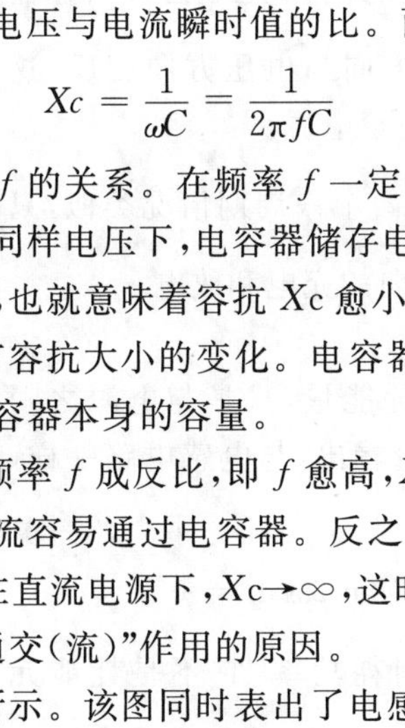

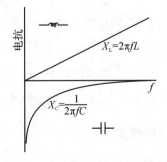

图 3.4.5　容抗、感抗与频率的关系

4.3 电容电路中的功率关系

(1)瞬时功率

电容的瞬时功率为

$$p_c = u_c i$$

把(3.4.3)和(3.4.4)两式代入后有

$$p_c = u_c i = U_{cm}\sin\omega t \cdot I_m \sin\left(\omega t + \frac{\pi}{2}\right)$$
$$= \frac{1}{2}U_{cm} \cdot I_m \sin 2\omega t = U_c I \sin 2\omega t \tag{3.4.9}$$

其波形表示在图3.4.6中。图3.4.6是$U_c I$为振幅、以2ω为角频率变化的曲线,由这条曲线可看出:

在电压波形的第一个$\frac{1}{4}$周期内,即0到$\frac{\pi}{2}$之间,电压为正,并由零逐渐增大,这时电容器上电荷增加,电容极板充电,所以电流i的方向与电压一致亦为正,即电源把电荷送入电容器而做功。与此同时,因电容器电荷增加,电场能增大。由此可见,在这段时间里,电容器把电能转换为电场能。

在第二个$\frac{1}{4}$周期内,即$\frac{\pi}{2}$到π之间,电压减少,电容器电荷减小,进行放电,所以电流的方向与电压方向相反,这时电容器把电场能转换成电能又还给电源。

第三及第四个$\frac{1}{4}$周期内,与前两个$\frac{1}{4}$周期情况类似,只是电压方向相反,电容器处于反方向的充电和放电。

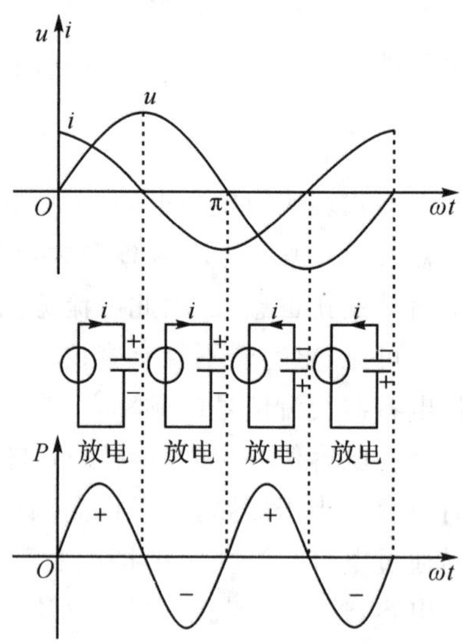

图3.4.6 电容电路中的功率

(2)平均功率

由上面分析可知电容器不消耗能量,只是与电源之间作周期性能量互换。由图3.4.6可看出,与电感电路一样,其平均功率为零,由下式可计算得

$$P = \frac{1}{T}\int_0^T p_c \mathrm{d}t = \frac{1}{T}\int_0^T U_c I \sin 2\omega t \,\mathrm{d}t = 0$$

该式进一步说明,电容器不消耗功率,它不是耗能元件,而是储能元件。

(3)无功功率

为了表示电容电路交换能量的规模,同电感电路一样,我们把瞬时功率的最大值作为衡量的尺度称为无功功率,用符号Q_c表示,即

$$Q_c = U_c I = I^2 X_c = \frac{U_c^2}{Xc} \tag{3.4.10}$$

它的单位和电感电路中的无功功率Q_L一样,均用乏(Var)表示。

4.4 电阻器、电容器和电感器特性对比

表3.4.1所示是电阻器、电容器和电感器特性小结。

表 3.4.1　电阻器、电容器和电感器特性小结

元件名称	电阻器	电容器	电感器
直流电阻特性	等于电阻器的标称阻值	容抗为无穷大，只存在很大的漏电电阻，漏电阻愈大愈好。	直流电阻很小，等于电感线圈的导线电阻。
交流阻抗特性	等于电阻器的标称阻值	存在容抗，频率高容抗小，频率低容抗大，容量大容抗小，容量小容抗大	存在感抗，与电容器特性相反，频率高感抗大，频率低感抗小，电感量大感抗大，电感量小感抗小
直流电压特性	欧姆定律	电路稳定后两端电压等于直流电源的充电电压	电路稳定后两端电压几乎为 0V
直流电流特性	电压高电流大，电压低电流小；电阻小电流大，电阻大电流小	电路稳定后没有电流流过电容器，只存在很小的漏电流，漏电流愈小愈好	电路稳定后直流电流大小不变
交流电压特性	欧姆定律	频率高两端电压小，频率低两端电压大；容量小两端电压大，容量大两端电压小	与电容器特性相反，频率高两端电压大，频率低两端电压小；电感量小两端电压小，电感量大两端电压大
交流电流特性	与直流电流特性相同	有交流电流流过，频率高电流大，频率低电流小；容量大电流大，容量小电流小	有交流电流流过，频率高电流小，频率低电流大；电感量大电流小，电感量小电流大
其他特性	消耗电能，直流电和交流电都呈现相同的阻值，交流电时电阻大小不随频率变化而变化。	①具有储能特性；②流过电容器的电流超前电容两端的电压 90°；③电容器两端的电压不能突变	①具有储能特性；②流过电感器的电流滞后电感器两端的电压 90°；③流过电感器的电流不能突变；④通电后会产生磁场；⑤在交变磁场中会产生感应电动势等

[例题 3.4] 有一电容 $C=2[\mu F]$ 的电容器，现把它分别接到：(1)直流电源；(2)50[Hz]正弦交流电源；(3)500[Hz]正弦交流电源三种不同电源上，若电压都是 220[V]，试问其容抗和电流的有效值分别是多少？

解：(1)直流电源的频率可视为零，即 $f=0$，所以

$$X_c=\frac{1}{\omega C}=\frac{1}{2\pi fC}=\infty$$

电流为 $I=0[A]$

(2)如将电容器接于 50 Hz、220 V 的交流电源上，则有

$$X_c=\frac{1}{2\pi fC}=\frac{1}{2\pi\times 50\times 2\times 10^{-6}}=1592\,[\Omega]$$

$$I=\frac{V_c}{X_c}=\frac{220}{1592}=0.138\,[A]$$

(3)将电容器接于 500Hz、220V 的交流电源上，则有

$$X_c=\frac{1}{2\pi fC}=\frac{1}{2\pi\times 500\times 2\times 10^{-6}}=159.2\,[\Omega]$$

$$I=\frac{V_c}{X_c}=\frac{220}{159.2}=1.38\,[A]$$

上例计算结果可知，在电压值一定时，频率愈高，容抗愈小，电流愈大。可见容抗与频率的关系与感抗相反。

以上几节我们讨论了正弦交流电作用于三种基本单一参数下，电流、电压及功率之间的关系。

第5节　混合元件交流电路

前面已分析了单一参数的交流电路，重点讨论电流电压的相位、大小和功率关系。无论电阻、电感和电容，它们在交流电路中工作时，其电压和电流都是同频正弦量。接下来讨论由电阻、电感、电容共同组成的混合交流电路的电压和电流关系。

5.1　RLC 串联的阻抗

图 3.5.1 为 RLC 串联电路，电流 i 与总电压 u 及 u_R、u_L、u_C 均取关联参考方向。

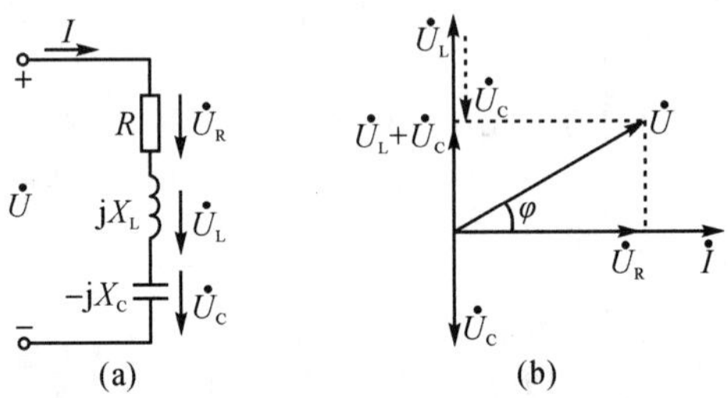

图 3.5.1　RLC 串联电路与相量图

假定已知电流 i 及元件参数 R、X_L、X_C，根据基尔霍夫电压定律用相量形式列出电压方程，有

$$\dot{U}=\dot{U}_R+\dot{U}_L+\dot{U}_C$$

由于

$$\dot{U}_R=R\dot{I}\qquad \dot{U}_L=\mathrm{j}\omega L\dot{I}\qquad \dot{U}_C=-\mathrm{j}\frac{1}{\omega C}\dot{I}$$

故有

$$\dot{U}=R\dot{I}+\mathrm{j}\omega L\dot{I}-\mathrm{j}\frac{1}{\omega C}\dot{I}=\left(R+\mathrm{j}\left(\omega L-\frac{1}{\omega C}\right)\right)\dot{I}$$

由于

$$X_L=\omega L\quad X_C=\frac{1}{\omega C}$$

则有

$$\dot{U}=[R+\mathrm{j}(X_L-X_C)]\dot{I}=(R+\mathrm{j}X)\dot{I}$$

式中

$$X=X_L-X_C$$

称为串联交流电路的电抗，单位为欧姆[Ω]。

令

$$Z=R+jX \tag{3.5.1}$$

Z 称为交流电路的复阻抗，简称为阻抗，单位为欧姆。阻抗的实部为电阻，虚部为电抗。复阻抗的模为

$$|Z|=\sqrt{R^2+X^2}=\sqrt{R^2+(X_L-X_C)^2} \tag{3.5.2}$$

幅角又称为阻抗角，为

$$\varphi=\arctan\frac{X}{R}=\arctan\frac{X_L-X_C}{R} \tag{3.5.3}$$

则阻抗可表示为

$$Z=|Z|\angle\varphi \tag{3.5.4}$$

值得注意的是，阻抗只是一般的复数，不代表正弦量，因此字母 Z 的顶部不加小圆点。

引入阻抗后，交流电路电压与电流的矢量关系可表示为

$$\dot{U}=Z\dot{I} \tag{3.5.5}$$

此式称为交流电路欧姆定律的矢量形式。可见，阻抗 Z 不仅表示了电压与电流之间的大小关系，还表示了它们之间的相位关系，随着电路参数的不同，电压与电流的相位差角（即阻抗角）也不同。若 $X>0$，即 $X_L>X_C$，则 $\varphi>0$，表示电压 u 超前电流 i 一个 φ 角，此时电感的作用大于电容的作用，称电路为感性电路。若 $X<0$，即 $X_L<X_C$，则 $\varphi<0$，表示电压 u 滞后电流 i 一个 φ 角，此时电容的作用大于电感的作用，称电路为容性电路。若 $X=0$，即 $X_L=X_C$，则 $\varphi=0$ 表示电压 u 与电流 i 同相位，称电路为阻性电路。

5.2　RLC 串联电路的功率

(1)瞬时功率

由前面的分析，若选择电流为参考相量，则电压与电流之间的关系为

$$i=I_m\sin\omega t$$
$$u=U_m\sin(\omega t+\varphi)$$

则电路的瞬时功率为

$$\begin{aligned} p=ui&=U_mI_m\sin\omega t\cdot\sin(\omega t+\varphi)\\ &=UI\left[\frac{1}{2}\cos\varphi-\frac{1}{2}\cos(2\omega t+\varphi)\right]\\ &=UI\cos\varphi-UI\cos(2\omega t+\varphi) \end{aligned} \tag{3.5.6}$$

RLC 串联电路瞬时功率的波形如图 3.5.2 所示，可见，p 是一恒定分量 $UI\cos\varphi$ 与一正弦量的叠加，其值有正有负，$p>0$ 时，串联电路从外部电路吸收功率；$p<0$ 时，串联电路向外部电路送出功率。

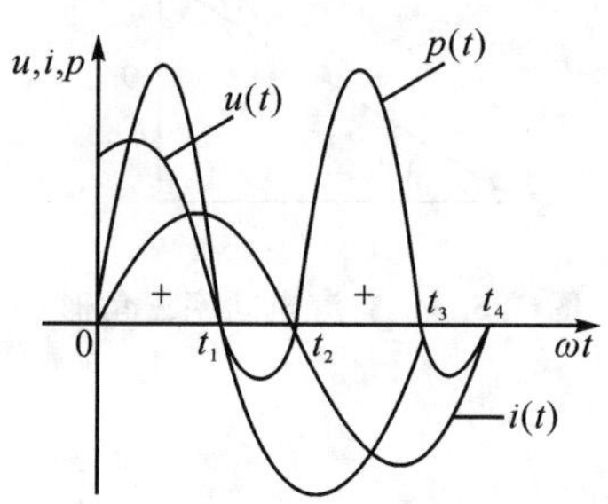

图 3.5.2　RLC 串联电路的功率

(2)平均功率 P

$$P=\frac{1}{T}\int_{0}^{T}p\mathrm{d}t=UI\cos\varphi \tag{3.5.7}$$

可见,电路的有功功率不仅与电压、电流的有效值有关,而且与电压、电流之间相位差的余弦 $\cos\varphi$ 有关。$\cos\varphi$ 称为交流电路的功率因数。

由电压三角形可知

$$U\cos\varphi=UR$$

所以

$$P=UI\cos\varphi=URI=I^2R \tag{3.5.8}$$

即电路的有功功率就是电阻上消耗的功率。

(3)无功功率

由于电感和电容是储能元件,必然要与电源交换能量。考虑到 $\dot{U}_L$ 与 $\dot{U}_C$ 反相,而串联电路中通过的是同一电流 $\dot{I}$,则当电感吸收功率时,电容必定释放功率;反之亦然。可见,电感和电容的无功功率有互相补偿的作用,而电源只供给电路交换补偿后的差额部分。因此,RLC串联电路的无功功率为

$$Q=Q_L-Q_C=U_LI-U_CI=(U_L-U_C)I=U_XI$$

由电压三角形可知 $$U\sin\varphi=U_X$$

所以 $$Q=UI\sin\varphi=U_XI=I^2X=\frac{U_X^2}{X} \tag{3.5.9}$$

(4)视在功率

在交流电路中,总电压与总电流有效值的乘积,称为视在功率,用符号 S 表示,即

$$S=UI=|Z|I^2 \tag{3.5.10}$$

交流电设备是按照规定的额定电压 U_N 和额定电流 I_N 来设计和使用的,变压器的容量是以额定电压和额定电流的乘积,即所谓额定视在功率来表示的。视在功率的单位是伏安[V·A]或千伏安[kV·A]。

因为

$$P=UI\cos\varphi=S\cos\varphi$$

$$Q=UI\sin\varphi=S\sin\varphi$$

即 $$S=\sqrt{P^2+Q^2} \tag{3.5.11}$$

显然,S、P、Q之间也可以用一个直角三角形即功率三角形来表示。注意,S、P、Q 不是正弦量,不能用相量表示,线段上也不能画箭头,如图 3.5.3 所示。

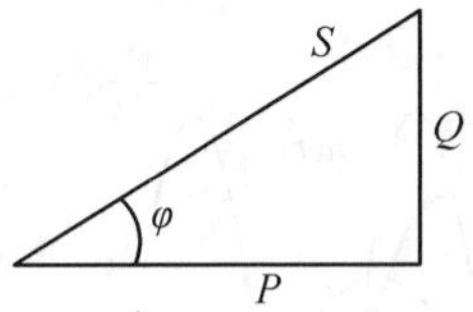

图 3.5.3 交流电功率三角形

5.4　RLC 并联电路

负载并联是实际工作中最常见的一种电路结构形式。在实际线路中，许多额定电压相同的负载都是并联使用的。下面以图 3.5.4 所示电路为例，说明分析并联交流电路。

在并联电路中，每条支路都直接与电源电压相接，因此各支路电流按 RLC 串联电路的解法，都可以分别求得，然后按照基尔霍夫电流定律即可求得总电路电流。

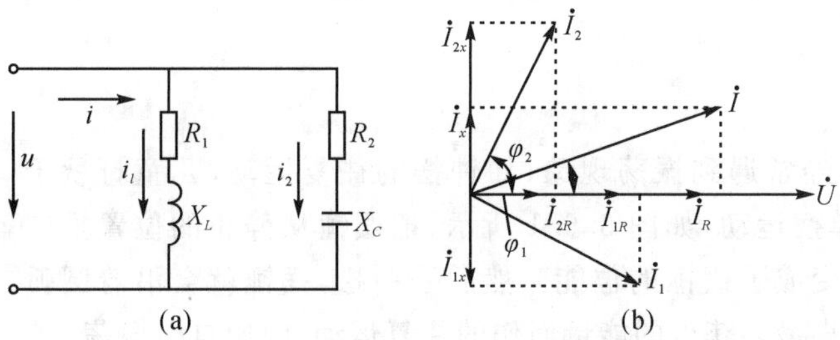

图 3.5.4　RLC 并联交流电路与相量图

对于图 3.5.4(a)所示的电路有

$$I_1 = \frac{U}{\sqrt{R_1^2 + X_L^2}} \qquad \varphi = \arctan\frac{X_L}{R_1}\text{（电流滞后）}$$

$$I_2 = \frac{U}{\sqrt{R_2^2 + (-Xc)^2}} \qquad \varphi = \arctan\frac{-X_c}{R_2}\text{（电流超前）}$$

按照基尔霍夫电流定律，回路电流

$$\dot{I} = \dot{I}_1 + \dot{I}_2$$

为此，以回路端口电压 $\dot{U}$ 为参考相量作相量图如图 3.5.4(b)所示。由相量图可见，各支路电流可以分解为两个分量：

有功分量：与电压同相的电流分量，分别以 I_{1R} 和 I_{2R} 表示，则

$$I_{1R} = I_1\cos\varphi_1 \qquad I_{2R} = I_2\cos\varphi_2$$

无功分量：与电压的相位差为 90°的电流分量，分别以 I_{1X} 、I_{2X} 表示，则

$$I_{1X} = I_1\sin\varphi_1 \qquad I_{2X} = I_2\sin\varphi_2$$

于是可得端口电流的有功分量和无功分量分别为：

$$I_R = I_{1R} + I_{2R}$$

$$I_X = I_{1X} + I_{2X}$$

上式应注意：各支路电流的有功分量均为正值；而无功分量中，感性负载取正值（例如 I_{1X} ），容性负载取负值（例如 I_{2X} ）。这是因为对于感性负载 $\varphi > 0$；而容性负载 $\varphi < 0$。

可求得端口电流为

$$I = \sqrt{I_R^2 + I_X^2}$$

端口电压 $\dot{U}$ 与端口电流 $\dot{I}$ 之间的相位差为

$$\varphi = \arctan\frac{I_X}{I_R}$$

关于 RLC 并联交流电路的功率关系参考上面串联电路的分析。

第 6 节　交流电路中的谐振

通过本节的学习，我们要了解什么是谐振；由电感电容组成的交流电路在什么条件下将会产生谐振；谐振电路有什么特点，在实际的应用中应注意哪些问题；等等。

6.1　谐振

(1)谐振现象

在日常生活中，经常遇到振荡现象，如钟摆的往复运动，儿童打秋千等。我们先来观察单摆运动，如图 3.6.1 所示，把摆锤从静止的位置推向一边，外力所作的功变成了摆锤的位能。然后手一松，摆锤就会沿着圆弧往复运动，这种只依靠最初获得的能量而作的往复运动，叫做自由振荡。

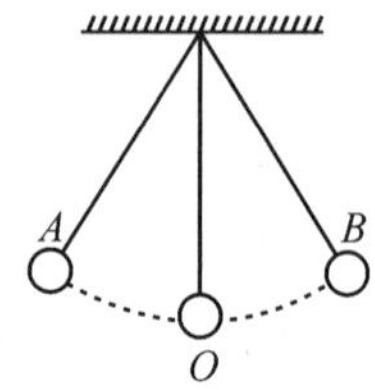

图 3.6.1　单摆运动

振荡时，摆锤从静止位置。向左或向右摆动的最大幅度叫振幅。如果摆的长度不变，那么完成一次自由振荡所经历的时间，即振荡周期，始终是一个不变的常数。换句话说，单摆的固有振荡频率，仅由摆长决定，与最初获得的能量大小及振幅无关。但是，由于振荡过程中能量不断损耗，摆的自由振荡的幅度是逐渐减小的，最后振荡停止。

如果用外力周期性地推动摆锤，使它随外力而摆动，摆锤将做强迫振荡。强迫振荡的频率，决定于外力的频率。但是，在外力不变的情况下，如果外力作用的频率和单摆的固有振荡频率相同，摆的振幅就会达到最大，这种现象就叫做谐振。

(2)LC 回路中的自由振荡

和上面的单摆振荡一样，在一个由电感 L 和电容 C 所组成的回路中，也可以发生电子的周期性振荡现象。

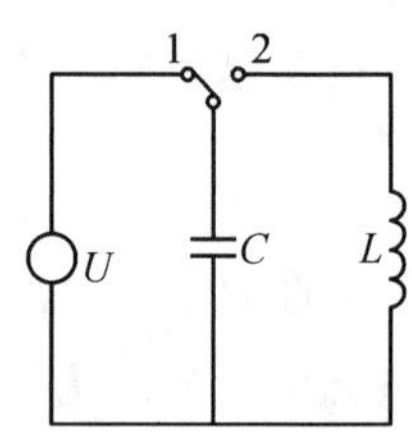

图 3.6.2　LC 振荡的产生

在图 3.6.2 所示的电路中，先将开关扳向位置 1，电源 E 向电容器 C 充电，直到电容器两端的电压等于电源电压 E 为止。此时，电容器中储存了电场能量，这正相当于把单摆从静止位置推向一定的高度，使摆锤获得一定的位能一样。然后，把开关扳向位置 2，电路中就开始了电场能量和磁场能量的交替转换现象。电容器首先通过电感 L 放电，把它储存的电场能量转换为线圈的磁场能量。当电容器上的电荷释放完毕时，电容器两端的电压变为零，这时虽然电容器不再放电，可是由于电感 L 储存了磁场能量，它将向电路释放，维持电路中的电流。当电流继续在电路中流通时，电容器就被反方向充电，于是在电容器两端重新出现电荷，但电容器上的电压极性和原来相反。在 L 向 C 反充电的过程中，L 中的电流逐渐减小，C 上的电压逐渐增大，线圈的磁场能量又逐渐转换成电容器的电场能量。当 L 中的电流减小到零时，线圈周围的磁场消失，磁场能量全部转化为电场能量，之后 C 又向 L 放电。与前一过程比较，只是此时电容器放电电流的方向相反了。如此反复循环，在回路中产生了一定频率的电磁振荡。图 3.6.3 表示了这种变换过程。

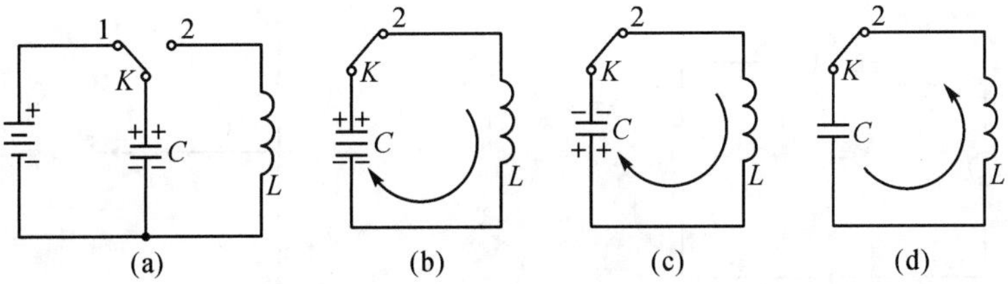

图 3.6.3　LC 回路中的自由振荡

实验表明 LC 回路的自由振荡也是逐渐衰减的，如图 3.6.4 所示。为了获得不衰减的等幅振荡，必须在外电源的作用下进行强迫振荡。

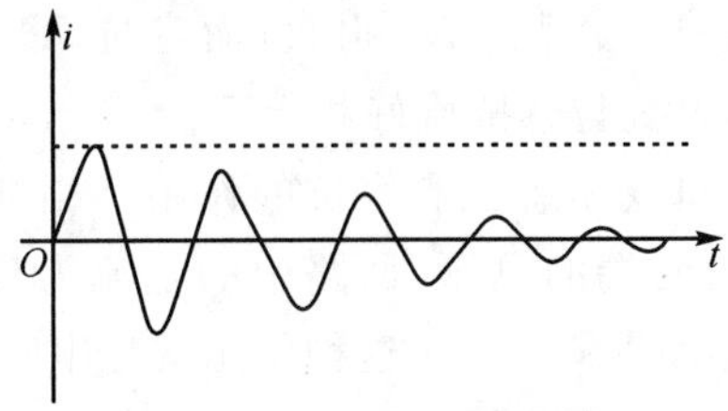

图 3.6.4　衰减自由振荡

谐振电路在我们的音视频处理电路中应用极为广泛。例如，比如在收音机、电视机的高频选台电路中，需要产生几百千赫到几百兆赫的高频正弦电信号，要获得这种高频电流，任何形式的发电机都无能为力。可是，利用 LC 振荡电路与晶体管构成的正弦波振荡器，却能完成这一任务。又例如，收音机和电视机选择电台的本领也是通过谐振电路来完成的。

6.2　LC 串联谐振

为了对谐振现象建立直观的印象，我们可以按图 3.6.5 电路做一个简单实验。将三个元件 R、L 和 C 与一小灯泡串联，接在频率可调的正弦交流电源上，并保持电源电压 U 不变。实验时，我们将电源频率由小调大，发现小灯泡也慢慢由暗变亮。当达到某一频率时，小灯泡最亮；当频率继续增加时，又会发现小灯泡慢慢由亮变暗了。小灯泡亮度随频率改变而变化，意味着电路中的电流随频率而变化。怎样解释这个现象呢？

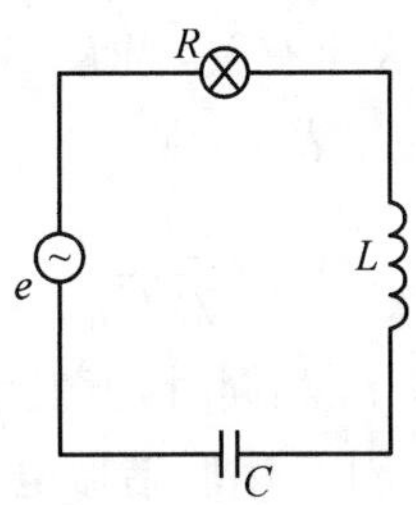

图 3.6.5　谐振实验

我们以图 3.6.6 所示的 R、L、C 串联的交流电路进行分析。因为是串联电路，所以流过各个元件的电流都相同。电流 I(有效值)流过每个元件时都会产生电压降。在电阻 R 上的电压降为 $UR=IR$，与电流同相，在电感 L 上的电压降为 $U_L=IX_L$，相位超前电流 90°，在电容 C 上的电压降为 $U_c=IX_c$，相位滞后电流 90°。它们的相量图如图 3.6.7 所示。

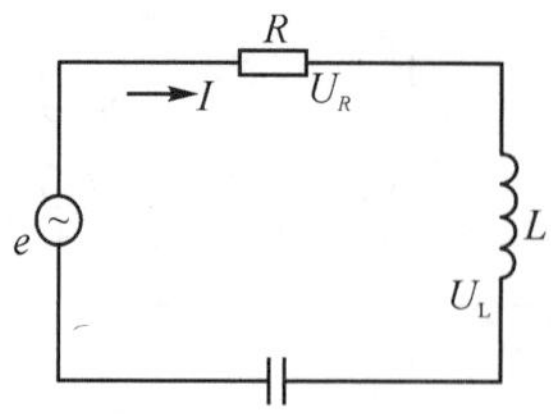

图 3.6.6　RLC 串联电路

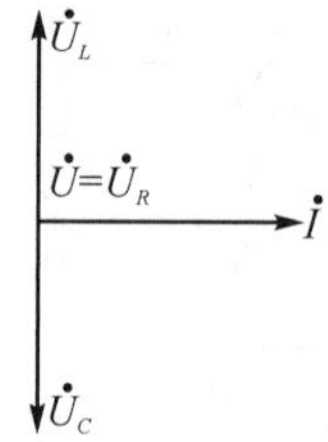

图 3.6.7　串联谐振相量图

显然，电感电压降 U_L 与电容电压降 U_c 的方向相反。当频率很低时，容抗 $X_c=\dfrac{1}{\omega C}$很大，而感抗 $X_L=\omega L$ 很小，当频率很高时，感抗 X_L 很大，而容抗 X_c 很小。在这两个极端情况之间，总会有某一角频率 ω_0，使得容抗与感抗恰好相等 $X_L=X_c$，从而 $U_c=U_L$。这时，U_L 和 U_c 两个电压降在电路中互相抵消，也就是感抗和容抗的作用互相抵消，电源电压 U 全部加在电阻 R 上，电阻上的电压等于回路两端的电压，回路中的电流为最大值，此时的电路呈现电阻性，就如同回路中只剩下一个纯电阻 R 一样。这种状态就是串联谐振。

可见，在含有电感和电容元件的交流电路中，电感元件两端的电压超前电流 90°相位，电容两端的电压落后电流 90°相位，但是当适当的调整电路的电感和电容元件的参数，或改变电路通过电流的频率，就有可能使电路两端的电流和电压正好同相位。也就是电容的电压相位滞后和电感的电压相位超前正好相互抵消，也就是容抗和感抗的大小正好相等。这时电路感抗和容抗的作用正好相互抵消，这种现象我们称为电路谐振。

由此可知，串联谐振的条件为

$$\omega_0 L=\frac{1}{\omega_0 C}\text{或}\omega_0 L-\frac{1}{\omega_0 C}=0 \tag{3.6.1}$$

由谐振条件 $X_L=Xc$ 得

$$2\pi f_0 L=\frac{1}{2\pi f_0 C} \tag{3.6.2}$$

还可以计算出谐振频率为

$$f_0=\frac{1}{2\pi\sqrt{LC}} \tag{3.6.3}$$

f_0 只与回路中电感 L 和电容 C 的大小有关，当 L、C 给定后，f_0 就随之确定了，因此 f_0 常称为谐振电路的固有频率。若用角频率 ω_0 表示，则

$$\omega_0=\frac{1}{\sqrt{LC}} \tag{3.6.4}$$

当电源频率与 LC 回路的固有频率 f_0 相同时，就发生谐振。

发生串联谐振时电流与电压同相。RLC 串联谐振电路具有如下特征：

(1)由于 $X_L=X_C$

故

$$|Z|=\sqrt{R^2+(X_L-X_C)^2}=R \tag{3.6.5}$$

电路中的电流为

$$I_0=\frac{U}{|Z|}=\frac{U}{R} \tag{3.6.6}$$

可见，串联谐振时，电路中的阻抗最小，在一定的电压下，电路中的电流最大。阻抗与电流

等随频率变化的曲线如图 3.6.8 所示。

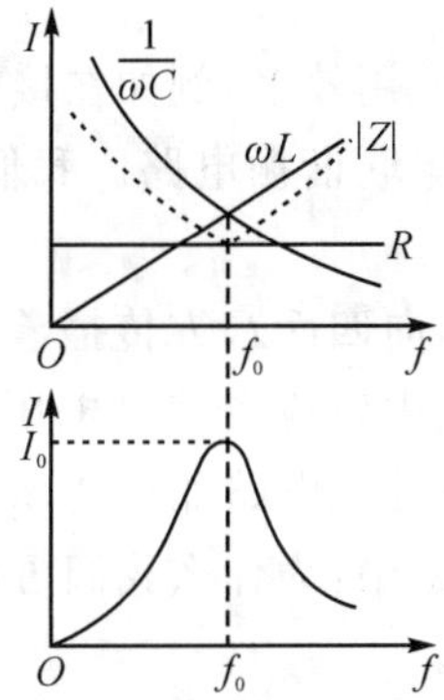

图 3.6.8　阻抗与电流随频率变化关系

(2)虽然 U_L 和 U_c 在相位上相反,互相抵消,对整个电路不起作用,但 U_L 和 U_c 的单独作用不容忽视,因为

$$\left.\begin{aligned} U_L &= X_L I = X_L \frac{U}{R} \\ U_C &= X_C I = X_C \frac{U}{R} \end{aligned}\right\} \tag{3.6.7}$$

当 $X_L = X_c > R$ 时,U_L 和 U_c 都高于电源电压 U 许多倍,可能导致线圈和电容器的绝缘击穿,因此在电力工程中应避免串联谐振的发生。

由于串联谐振时 U_L 和 U_c 可能超过电源电压许多倍,因此串联谐振又叫电压谐振。

6.3　谐振电路的品质因数

LC 回路发生串联谐振时,由于感抗和容抗相等,电感和电容两端电压的有效值必定相等,而相位相反,即

$$U_L = U_C = \omega_0 L I_0 = \frac{1}{\omega_0 C} I_0 \tag{3.6.8}$$

式中,I_0 为谐振时流过回路的电流,即

$$I_0 = \frac{U}{R}$$

将 I_0 值代入上式,得到

$$U_L = U_C = \omega_0 L I_0 = \omega_0 L \frac{U}{R} = QU \tag{3.6.9}$$

式中

$$Q = \frac{\omega_0 L}{R}$$

称为谐振电路的品质因数,俗称 Q 值,品质因数 Q 是衡量谐振电路特性的一个重要参数。

因为 $U_L = U_C = QU$,所以 Q 表示的是谐振时电感或电容两端电压降比外加电压 U 大的倍数。当回路电阻 R 相对于 $\omega_0 L$ 越小时,则在 L 或 C 两端的电压降比外加电压大得越多。通常,Q 值大约在几十到几百范围内。这就意味着在谐振电路中只需外加很小的信号电压,就可以在 L 或 C 两端获得很大的信号电压。因此,串联谐振又叫电压谐振。

6.4 谐振电路的选择性

串联谐振在无线电通讯领域中的应用较多,例如在接收机里被用来选择不同的电台信号。

收音机的输入选台回路就是一个串联谐振电路。我们以图 3.6.9 为例,说明谐振电路的选择性问题。

由广播电台天线发送的无线电波,向四面八方传播着。各地不同频率的广播电台发送的无线电波,都在收音机的磁性天线线圈中感应出信号电压,如 e_1、e_2、e_3 等,这就如同在回路中有多个不同频率的电源同时作用着,其等效电路如图 3.6.9(b)所示。既然有很多不同频率的电台信号同时作用在收音机的输入回路中,为什么我们可以只听到一个电台的播音呢?这里,正是利用了串联谐振回路的选频作用。

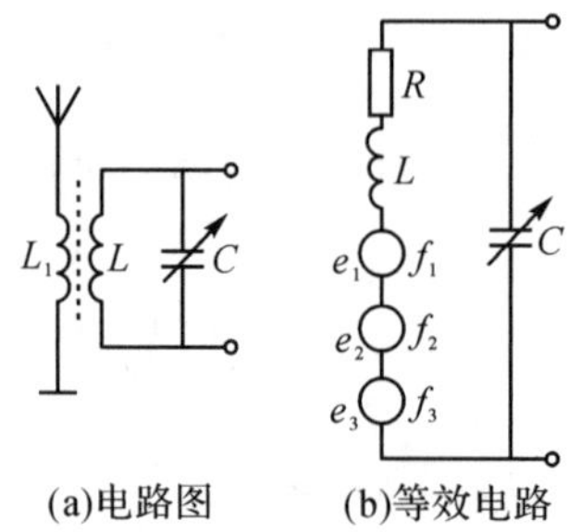

图 3.6.9 收音机的输入电路

如果一个谐振电路,能够比较有效地从邻近的不同频率中选择出所需要的频率,而且相邻的不需要的频率对它产生的干扰影响很小,我们就说这个电路的选择性好。

在图 3.6.9(a)中,如果我们调节电容器 C,使电路对电动势 e_1 的频率 f_1 产生谐振,那么对 e_1 来说,电路呈现的阻抗最小,在回路中产生的电流最大,在电容器或电感两端,就得到一个最大的电压输出。而对于 e_2、e_3 来说,由于电路对这些电动势的频率不发生谐振,电路对它们呈观的阻抗较大,在电路中产生的电流就很小,这样,我们就把频率为 f_1 的信号选择出来了。图 3.6.10 是电流随角频率变化的曲线,称为谐振曲线。

现在我们还以收音机调谐输入电路作为例子来看谐振电路的选择范围。

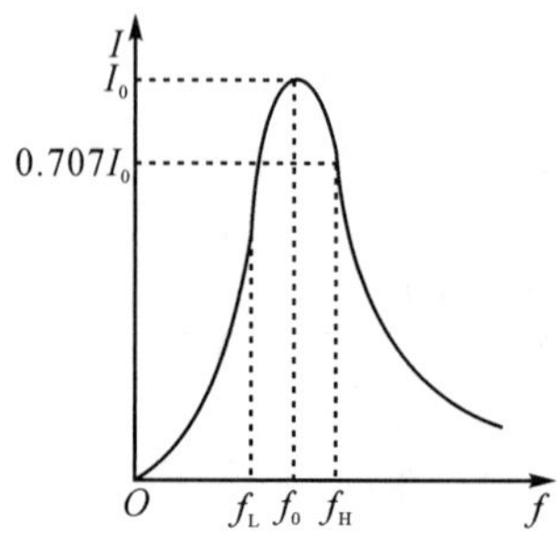

图 3.6.11 通频带宽度

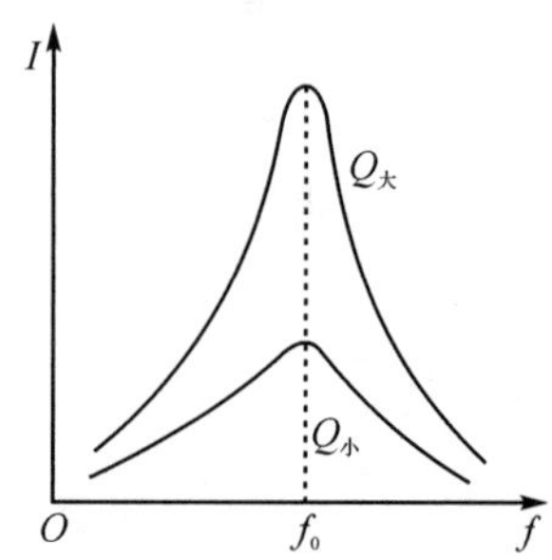

图 3.6.12 Q 值与谐振曲线的关系

如图 3.6.11 所示,当谐振曲线比较尖锐时,稍有偏离谐振频率 f_0 的信号,就大大减弱,这表明谐振曲线越尖锐,选择性就越强。另外,由 f_0 频率逐渐减少,当 $f=f_L$ 时,电流 I 值等于最大值 I_0 的 $\frac{1}{\sqrt{2}}$,f_L 称为下限截止频率;由 f_0 频率逐渐增大,当 $f=f_H$ 时电流 I 值等于最大值 I_0

的$\frac{1}{\sqrt{2}}$，f_H 称上限截止频率。f_L 与 f_H 之间的宽度称为通频带宽度，即

$$\Delta f = f_H - f_L \tag{3.6.10}$$

通频带宽度越小，表明谐振曲线越尖锐，电路的频率选择性就越强。而谐振曲线的尖锐或平坦程度同 Q 值有关，如图 3.6.12 所示。

设电路的 L 和 C 值不变，只改变 R 值，R 值越小，Q 值越大，则谐振曲线越尖锐，选择性越强。

6.5　LC 并联谐振

实际的并联谐振回路常常由电感线圈与电容器并联而成。由于电感线圈的电阻和电容器损耗很小故可忽略。如图 3.6.13 所示，把电感线圈与电容器并联后，接在交流电源(或信号源)上，就构成并联谐振电路。

在并联谐振电路上，加在电感线圈上和电容器 C 两端的电压相等，但流过电感支路的电流 I_L 在相位上滞后电压 90°(当不考虑损耗时)，流过电容支路的电流在相位上超前电压 90°。所以，外电路的电流 I 差不多等于两个支路电流的差值。由于感抗 X_L 和容抗 X_C 都是频率的函数，必有某一频率 f_0 使感抗和容抗恰好相等，两支路电流几乎抵消，外电路的电流 I 很小。此时 LC 并联电路相当于一个很大的电阻。这种状态称为并联谐振。

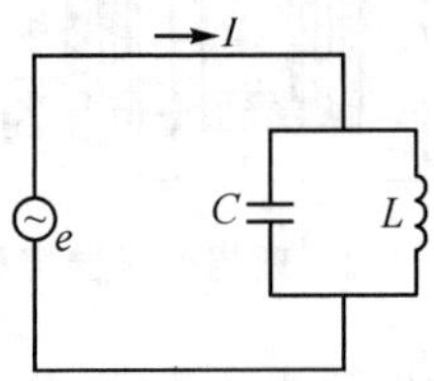

图 3.6.13　并联谐振

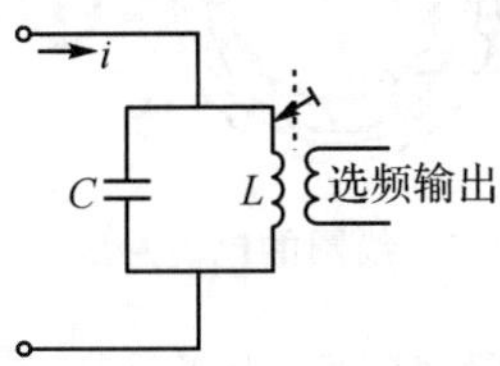

图 3.6.14　中周变压器选项

并联时电路发生谐振，同样要求电路的总电压和总电流同相位，谐振频率为：

$$f_0 \approx \frac{1}{2\pi\sqrt{LC}} \tag{3.6.11}$$

与串联谐振频率近似于相等。

应当注意到串联谐振电路与该并联谐振电路不同，该谐振电路的特征主要体现在：

①谐振电路的特性阻抗为最大(串联时为最小)。

②元件上电流有 $I_L = I_C = QI_0$(串联时，$U_L = U_C = QU$)。

在无线电电路中，也常常利用并联谐振进行选频。例如，超外差式收音机中的中周变压器接入电路后，就成为一个并联谐振电路，如图 3.6.14 所示。谐振电路对频率等于电路谐振频率的信号呈现高电阻，电流在它上面产生的电压降最大，这样就选出了该频率的电信号。

第 7 节　变压器

变压器是传递交流电所使用的一种电气设备，它在电力系统和电子线路中得到广泛的应用。本节我们主要进一步了解变压器的基本原理，以及它的电压变换、电流变换、阻抗变换作用。还要了解一下变压器的损耗问题。

7.1 变压器的原理

(1)互感现象

我们知道,当将两个线圈放置在一起,并将其中的一个通以变化的电流时,则该线圈所产生的变化磁通穿过另一个线圈,另一个线圈在这一变化磁通的作用下将产生感应电动势,这就是互感现象。一个线圈中产生磁通量对另一个线圈也有影响,这样的状态叫电磁耦合状态。

互感现象可以用如图3.7.1所示来说明。图中有线圈 L_1 和线圈 L_2,其中在线圈 L_1 回路中电池 E 和开关 S,在线圈 L_2 回路中接入检流计。当开关 S 接通后,检流计指针偏转一下后又回到0点。检流针的指针偏转说明有电流在线圈回路中流动。

开关 S 接通后,线圈 L_1 中的电流从无到有,有电流流过线圈 L_1 后,在线圈 L_1 中便产生了变化的磁通,见图中所示,这一大小变化的磁通穿过了线圈 L_2(L_1 和 L_2 线圈由磁路耦合)。由于线圈 L_2 中存在变化的磁通,所以在线圈 L_2 两端要产生感应电动势,因此便有感应电流流过检流计。

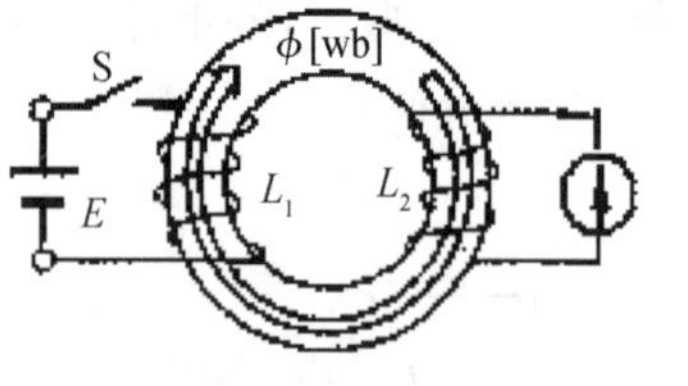

图3.7.1 线圈的电磁感应

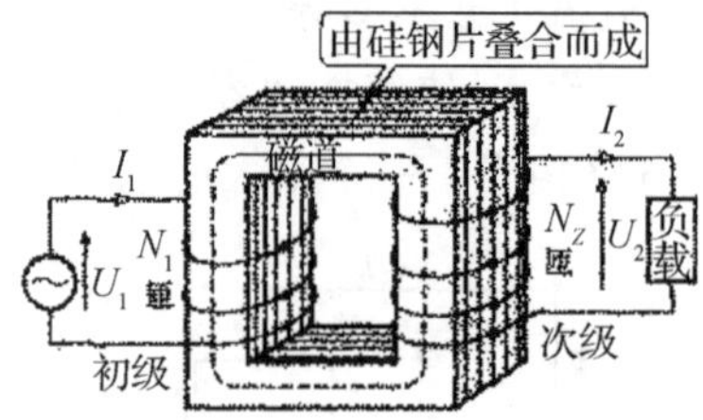

图3.7.2 理想变压器模型

当开关接通一段时间后,由于是直流电源,线圈 L_1 中的电流大小不变,其磁通也不再变化,线圈 L_2 中没有变化的磁通,就不能产生感应电动势,所以检流计的指针不再偏转,回到零位。

我们将一个线圈中的电流变化,引起另一个线圈中产生感应电动势的现象称为互感现象,简称互感。利用互感原理可以制成常见的变压器,变压器的初级线圈就相当于线圈 L_1,次级线圈就相当于 L_2。若初级线圈中流经交流电流,就产生交变磁通,次级线圈中就产生感应电动势,变压器就是利用此原理工作的。

对于图3.7.2所示的理想变压器,它是由闭合铁心和高压、低压绕组等几个部分组成的。认为采用的铁芯是强磁性体,并且无损耗(铁损与铜损),所谓强磁性体就是流经初级线圈的电流所产生的磁通全部跟次级线圈链合。

图3.7.3所示是单相双绕组变压器的原理图,铁心是变压器的磁路部分,套在铁心上的两个绕组是电路部分。与电源相联接的称为一次绕组,与负载相联的称为二次绕组。一、二次绕组的匝数为 N_1、N_2。

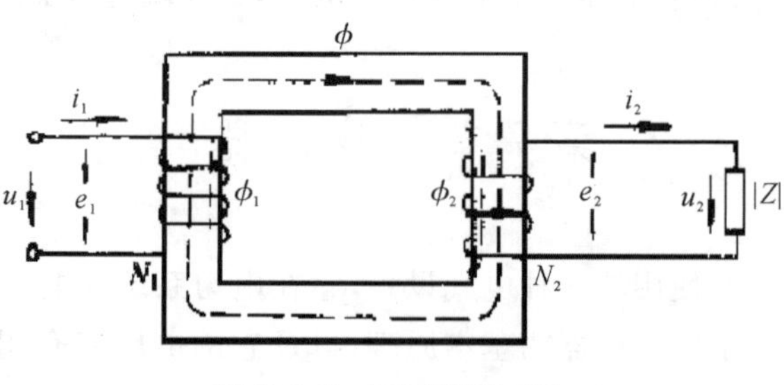

图3.7.3 变压器原理图

当一次绕组接上交流电压 u_1 时，一次绕组中便有电流 i_1 通过，一次绕组的磁动势 i_1N_1 产生的磁通绝大部分通过铁心而闭合，从而在二次绕组中产生感应电动势。如果二次绕组接有负载，那么二次绕组中就有电流 i_2 流过。二次绕组的磁动势 i_2N_2 也产生磁通，其绝大部分也通过铁心而闭合。因此，铁心中的磁通是一个由一、二次绕组的磁动势共同产生的合成磁通，称为主磁通，用 φ 表示，主磁通在一、二次绕组产生的感应电动势分别为 e_1 和 e_2 。

下面我们针对单相双绕组变压器分析其电压变换、电流变换及阻抗变换。

(2)电压变换

根据基尔霍夫电压定律，在不计变压器损耗的情况下，可以推导出如下的结论：

$$\frac{U_1}{U_2} \approx \frac{E_1}{E_2} = \frac{N_1}{N_2} = k \tag{3.7.1}$$

可见，由于一、二次侧的匝数 N_1 和 N_2 不等，故 E_1 和 E_2 的大小不等，从而使输入电压 U_1 和输出电压 U_2 的大小也不等。当电源电压 U_1 一定时，通过改变 N_1 和 N_2 的比值，就可得到不同的输出电压，我们将 $N_1/N_2=k$ 称为变压器的电压比。

电压比表示一、二次绕组的额定电压之比。一次绕组的额定电压是指电源所加的额定电压，二次绕组的额定电压是指一次绕组加额定电压 U_1 后，二次侧开路即空载时的额定电压，用 U_2 表示。如“220/110V”(即 $k=2$)，表示 $U_1=220\text{V}$，$U_2=110\text{V}$，值得注意得是由于变压器存在内阻抗压降，所以二次绕组的空载电压一般应高出满载时的 5%～10%。

(3)电流变换

变压器接上负载后，二次电流为 i_2 ，一次电流为 i_1 。如果不考虑变压器的损耗，根据电磁学理论可以得出：

$$\frac{I_1}{I_2} \approx \frac{N_2}{N_1} = \frac{1}{k} \tag{3.7.2}$$

上式表示变压器一次、二次绕组的电流之比近似等于匝数比的倒数。显而易见，降压变压器二次电压是一次电压的$\frac{1}{k}$，电流却增大 $k-1$ 倍；升压变压器的二次电压增大 $k-1$ 倍，电流则减少到一次电流的$\frac{1}{k}$。

从变压器结构上看，一次、二次绕组没有直接的电路联系，但是由于一次侧、二次侧同时环链着一个主磁通，即有磁路的耦合。使得二次侧的电压、电流都与一次侧有联系，而且二次输出电流增大，一次输入电流也同时增大，从而实现了交流电的功率传递。

(4)阻抗变换

从分析变压器负载运行时电压与电流的关系，可以看出从二次侧看负载时，其阻抗大小为负载阻抗的实际值，即

$$Z_L = \frac{U_2}{I_2}$$

但从一次侧看，负载阻抗的大小为

$$\frac{U_1}{I_1} = \frac{kU_2}{\frac{I_2}{k}} = k^2 Z_L \tag{3.7.3}$$

上式表明，一定大小的负载，经过电压比为 k 的变压器后再接电源，所表现出来的阻抗是其实际值的 k^2 倍，如图 3.7.4 所示，这就是变压器变阻抗的作用。

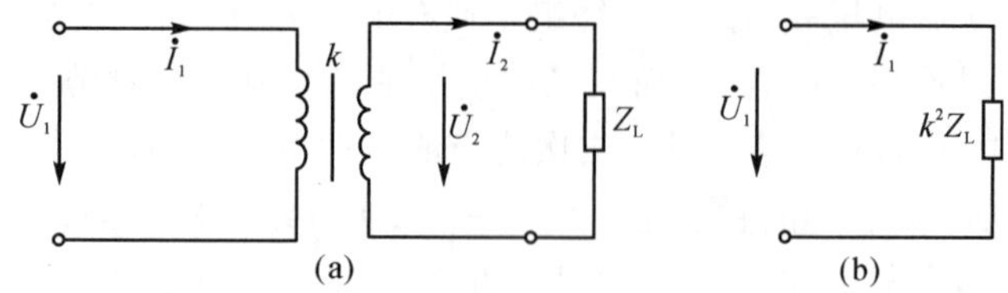

图 3.7.4 变压器的阻抗变换

在电子学中，为了向负载输送最大功率，往往需要改变负载的阻抗值来达到匹配条件，这时可在负载前接入变压器，只要选择合适的电压比 k 即可。

［**例题 3.5**］对于初级绕组 $N_1=1500$，次级绕组 $N_2=50$ 的变压器，若在初级施加电压 $U_1=6000$ V，问次级电压是多少伏？若初级电流 $I_1=5$ A，问次级电流是多少安？

解：由 $\frac{U_1}{U_2}=\frac{N_1}{N_2}$，则有 $U_2=\frac{N_2}{N_1}U_1=\frac{50}{1500}\times 6000=200$［V］

由 $\frac{I_1}{I_2}\approx\frac{N_2}{N_1}$，则有 $I_2=\frac{N_1}{N_2}I_1=\frac{1500}{50}\times 5=150$［A］

7.2 变压器的损耗

实际的变压器从初级到次级进行变压，在传递功率过程中有百分之几的损耗。通常的损耗主要有：涡流损耗、磁滞损耗、铜损等。

(1)涡流损耗

在变压器和许多电磁设备中常常有大块的金属存在(如变压器和发电机中的铁芯)，当这些金属块处在变化的磁场中或相对于磁场运动时，在它们的内部也会产生感应电流。例如，如图 3.7.5 所示，在圆柱形的铁芯上绕有线圈，当线圈中通上交变电流时，铁芯就处在交变磁场中。铁芯可看作是由一系列半径逐渐变化的圆柱状薄壳组成，每层薄壳自成一个闭合回路。在交变磁场中，通过这些薄壳的磁通量都在不断地变化，所以沿着一层层的壳壁产生感应电流。从铁芯的上端俯视，电流的流线呈闭合的涡旋状，因而这种感应电流叫做涡电流，简称为涡流。由于大块金属的电阻很小，因此涡流可以达到非常大的强度。

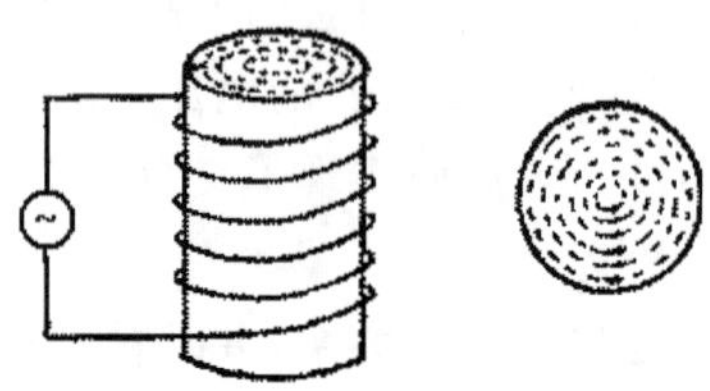

图 3.7.5 涡流的形成

强大的涡流在金属内流动时，会释放出大量的焦耳热。工业上利用这种热效应，制成高频感应电炉来冶炼金属，生活中制成高频感应电磁炉来烧饭。通常在电磁炉的底部绕有线圈，当线圈与大功率高频交变电源接通时，高频交变电流在线圈内激发很强的高频交变磁场，这时放在上面的铁锅底部的金属因电磁感应而产生涡流，释放出大量的焦耳热，结果使温度升高而将饭煮熟。这种加热方法的独特优点是无接触加热。此外，由于它是在金属内部各处同时加热，而不是使热量从外面传递进去，因此加热的效率高，速度快。

涡流所产生的热在变压器中非常有害。在变压器中，为了增大磁感应强度，都采用了铁芯，当变压器的线圈中通过交变电流时，铁芯中将产生很大的涡流，白白损耗了大量的能量，这部分损耗的能量叫做铁芯的涡流损耗。

太大的涡流至使发热量可能大到烧毁变压器设备。为了减小涡流及其损失，通常采用迭合起来的硅钢片代替整块铁芯，并使硅钢片平面与磁感应线平行。图 3.7.6 所示为变压器铁芯，矩形铁芯的周围绕有多匝的线圈，电流通过线圈所产生的磁感应线集中在铁芯中。磁通量的变化除了在原、副线圈内产生感应电动势之外，也将在铁芯的每个横截面内产生循环的涡电流。若铁芯是整块的，对于涡流来说电阻很小，因涡流而损耗的焦耳热就很大；若铁芯用硅钢片制作，并且硅钢片平面与磁感应线平行，一方面由于硅钢片本身的电阻率较大，另一方面各片之间涂有绝缘漆或附有天然的绝缘氧化层，把涡流限制在各薄片内，使涡流大为减小，从而减少了电能的损耗。

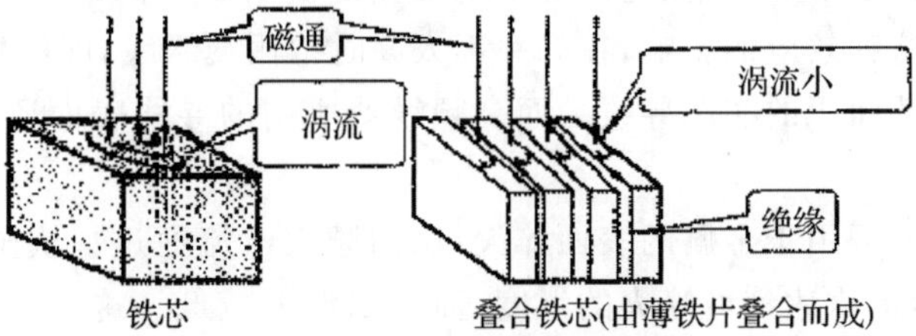

图 3.7.6　铁芯的涡流损耗

所以为了降低损耗（变压器发热量），铁芯采用硅钢片叠合而成。

(2)磁滞损耗

由于铁磁物质中存在着磁滞现象，外加磁场强度使着铁磁物质的内部感应磁场强度跟随着做周期性变化时，总要消耗一部分能量。图 3.7.7 中磁滞回线所包围的“面积”代表在一个反复磁化循环过程中单位体积的铁芯内能量损耗的大小。

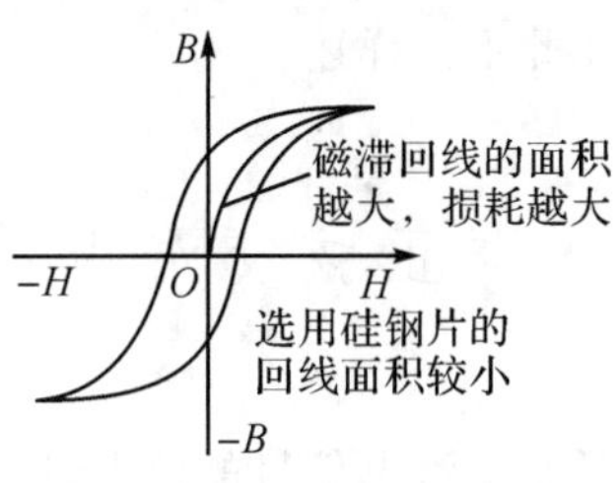

图 3.7.7　磁滞损耗

在变压器中，磁场的方向反复变化着，由于铁心的磁滞效应，每当铁芯的磁化状态沿着磁滞回线经历一个循环过程，电源就得克服磁滞效应做一定的功，所消耗的能量最终将以热量的形式耗散掉。这部分由于磁滞现象而消耗的能量就叫做磁滞损耗。

在变压器中磁滞损耗是十分有害的，必须选用矫顽力小的软磁性材料做铁芯来尽量的减小磁滞损耗。

(3)铜损

绕组电阻引起的损耗受负载电流变大的影响，这种损耗也称为铜损，但可采用尽量粗的铜线来减少这种损耗。如图 3.7.8 所示，从变压器的初级绕组输入的功率由次级绕组输出，有百分之几的损耗。可见变压器容量越大其变换效率越高。

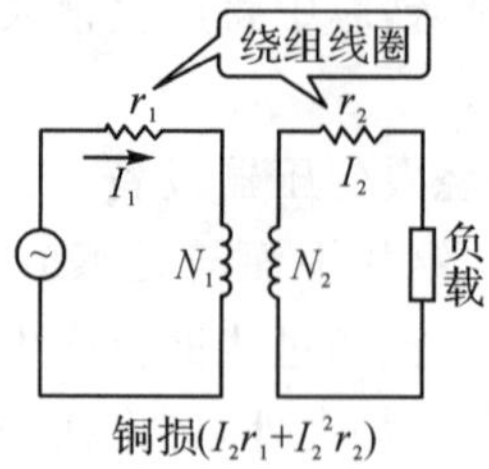

图 3.7.8　绕组线圈的损耗

在直流电路里,均匀导线横截面上的电流密度是均匀的。但在交流电路里,随着频率的增加,在导线横截面上的电流分布越来越向导线的表面集中,这种现象叫做趋肤效应。趋肤效应使导线的有效截面积减小了,从而使它的等效电阻增加。所以在高频下导线电阻会显著地随频率增加。为了减小这种效应的影响,在频率不太高时常用交织线,即用相互绝缘地细导线编制成一束来代替同样截面积的实芯导线。而高频线圈所用的导线表面还需要镀银,以减少表面层的电阻。

趋肤效应在工业上可用于金属的表面淬火,用高频大电流通过一块金属,由于趋肤效应,它的表面首先被加热,迅速达到可淬火的温度,而内部温度较低。这时立即淬火使之冷却,表面就会变得很硬,内部仍保持原有的韧性。

产生趋肤效应的原因在于涡流。如图 3.7.9 所示,当一根导线中有电流通过时,在它周围产生环形磁场,当流过电流高频率变化时,产生的环形磁场也跟着变化。变化的磁场在导体内产生感应电动势。如果分析一下涡流 i_1 和原来外加的高频电流 i_0 在各瞬时的方向,将会看出,在一个周期的大部分时间里,轴线附近的 i_1 和 i_0 方向相反,表面附近的 i_1 和 i_0 方向相同。于是在导线横截面上电流密度的分布将是边缘大于中心,从而产生趋肤效应。关于这个现象的仔细分析可以参考其他的教材,本书在此不做详述。

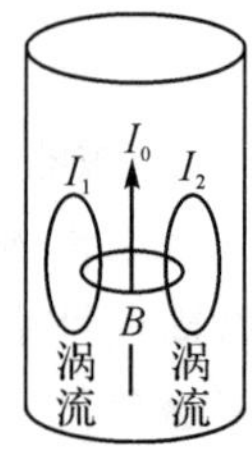

图 3.7.9　趋肤效应

第 8 节　非正弦交流电的分解

通过本节的学习,主要了解非正弦交流电信号的概念,以及一般非正弦信号的分解规律和频谱图。这是我们以后分析音视频信号时经常要用到的基础知识,必须要弄明白。

8.1　非正弦交流电

除了前面学的正弦交流电外,在实际的电子技术应用中还存在不少非正弦交流电。例如,当电路中有不同频率的电源(即使它们是正弦的)同时作用时,电路中的电流和电压也是非正弦的;若电路中含有非线性元件,则电路中的电流和电压也会是非正弦的;又如,在信息技术、自功控制和计算机技术中,广泛应用的脉冲电路,其中的电流和电压也都是非正弦的,我们广播电视中的声音信号和电视信号也是非正弦交流电信号。因此,研究非正弦电流电路就很有必要。

非正弦波又分为周期性和非周期性两种。图 3.8.1 所示的几种波形,虽然它们的形状各不相同,但有一个共同的特点,即它们的变化规律都是周期性的,所以称作周期性非正弦波,而把对应电路称为非正弦周期电流电路。

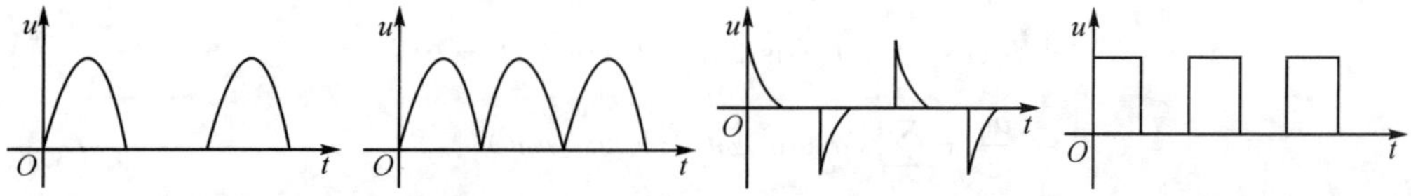

(a)交流半波整流波形　(b)交流全波整流波形　(c)锯齿波脉冲波形　(d)方波脉冲波形

图 3.8.1　周期性非正弦波

图 3.8.2 所示为声音信号的波形和彩色电视彩条信号的波形图，当然它们是随着声音和画面的内容的不同而不同的。他们也是周期性的，声音是以基音的频率周期性变化，电视视频是随着行频和场频在不断地变化。

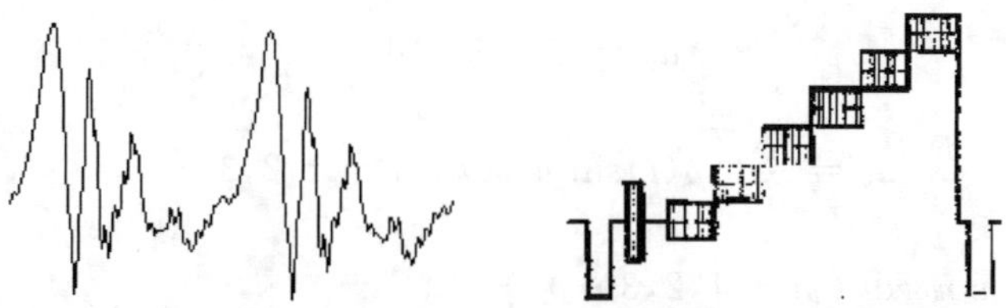

(a)声音信号波形　(b)彩条电视信号波形

图 3.8.2　音视频信号波形

分析非正弦周期电流电路，仍然要应用前面学过的电路基本定律，但是和正弦交流电路的分析方法，还有不同之处。

下面我们主要讨论非正弦周期电信号的基本分析方法。

8.2　非正弦波交流的谐波分析

先来观察下面正弦波的合成例子。

将如图 3.8.3 所示的频率和振幅不同的两个周期性正弦电信号 μ_1 、μ_2 合成后，就得到非正弦波交流电 μ_3 。反过来考虑，也可以把非正弦波交流电分解为很多不同频率和振幅的正弦波交流电波形。

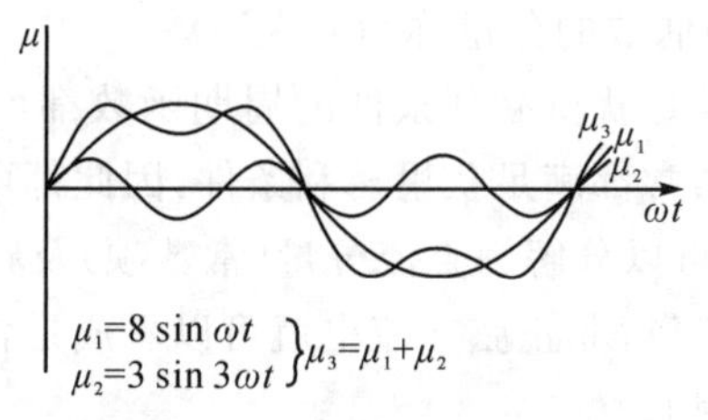

图 3.8.3　正弦波的交流合成

于是利用高等数学中的三角函数表示的傅里叶级数展开公式，设 $\mu(t)$ 为一周期函数，其周期为 T ，角频率 $\omega = 2\pi/T$ ，可以把非正弦波交流电 $\mu(t)$ 展开如下：

$$\mu(t) = \frac{a_0}{2} + a_1 \sin \omega t + a_2 \sin 2\omega t + a_3 \sin 3\omega t + \cdots$$
$$+ b_1 \cos \omega t + b_2 \cos 2\omega t + b_3 \cos 3\omega t + \cdots$$
$$= \frac{a_0}{2} + \sum_{n=1}^{\infty} (a_n \sin n\omega t + b_n \cos n\omega t) \tag{3.8.1}$$

式中，$\frac{a_0}{2}$ 为常数项；$a_n \sin n\omega t$ 为正弦项；$b_n \cos n\omega t$ 为余弦项。a_0 、a_n 、b_n 为傅立叶级数的系数。

可见，要分析周期性非正弦交流电的分解，首相必须求出傅立叶级数的系数。经过数学的微积分和代数运算(具体的运算过程可以参考有关教材，本节不作详述)，可以得到下列傅立叶级数的系数计算公式为

$$a_0 = \frac{2}{T}\int_0^T \mu(t)\,\mathrm{d}t$$

$$a_n = \frac{2}{T}\int_0^T \mu(t)\sin n\omega t\,\mathrm{d}t \ (\ n = 1,2,3\cdots\ )$$

$$b_n = \frac{2}{T}\int_0^T \mu(t)\cos n\omega t\,\mathrm{d}t \ (\ n = 1,2,3\cdots\ )$$

将上式的 a_0 、a_n 、b_n 代人(3.8.1)式，把同频率的正弦项和余弦项合并，结果得出非正弦波交流的一般式如下：

$$\mu(t) = U_0 + U_1 \sin(\omega t + \varphi_1) + U_2 \sin(2\omega t + \varphi_2) + U_3 \sin(3\omega t + \varphi_3) + \cdots \tag{3.8.2}$$

式中

$$U_0 = \frac{a_0}{2} \qquad U_n = \sqrt{a_n^2 + b_n^2} \qquad \varphi_n = \arctan \frac{a_n}{b_n}$$

而
$$a_n = U_n \sin \varphi_n\ ,\ b_n = U_n \cos \varphi_n$$

(3.8.2)式中，a_0 是 $\mu(t)$ 在一个周期中的平均值，故称为 $\mu(t)$ 的直流分量；$U_1 \sin(\omega t + \varphi_1)$ 项的角频率与 $\mu(t)$ 的角频率相同，称为 $\mu(t)$ 的基波或一次谐波，U_1 为基波的振幅，φ_1 为基波的初相角；$U_2 \sin(2\omega t + \varphi_2)$ 项的频率是基波频率的两倍，称为二次谐波，U_2 为二次谐波的振幅，φ_2 为二次谐波的初相角。依次类推，二次及二次以上的谐波统称为高次谐波。经常还把 n 为奇数的分量称为奇次谐波，n 为偶数的分量称为偶次谐波。

根据高等数学的理论，凡满足狄里赫利条件的周期函数都可分解为傅里叶级数。电子技术中所遇到的非正弦周期量，通常都满足狄里赫利条件，因此都可以分解为傅里叶级数。这样一来，非正弦周期电信号 $\mu(t)$ 可以分解为直流分量(常数项)及频率为基波频率整数倍的正弦谐波分量，又称为谐波分析。所以，非正弦交流电就可以看成是含有从低频基波成分到高频谐波成分的很多正弦交流电的叠加。

我们自然界的声音信号就是非正弦信号，就可以看成是基音和一系列谐音信号的叠加。

下面举一个方波的分解例子来说明非正弦波的分解：

如图 3.8.4 所示，如果将各次谐波分量的波形加起来，应能得到原来的周期性矩形波。

图 3.8.4(a)中虚线所示的波形是由一次和三次谐波合成的，与矩形波相差较大。而图 3.8.4(b)中虚线所示的波形则由一次、三次与五次谐波所合成，就比较接近矩形波了。

从上面例子中可以看出，各次谐波的幅值是不相等的，频率越高，则幅值越小。这说明傅里叶级数具有收敛性。直流分量(如果有的话)、基波及接近基波的高次谐波是非正弦周期量

的主要组成部分，从图 3.8.4 就可看出。

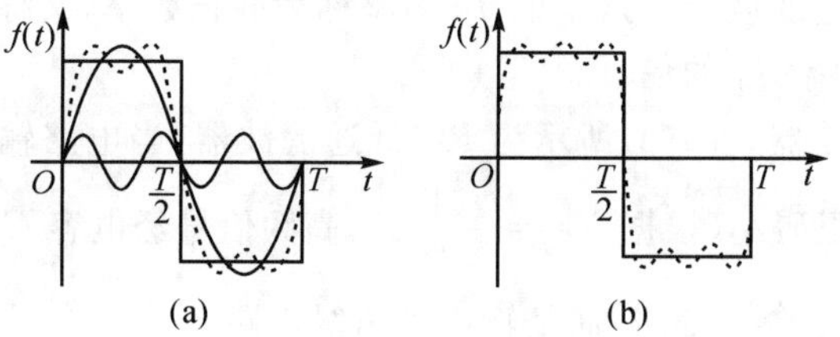

图 3.8.4 方波的合成

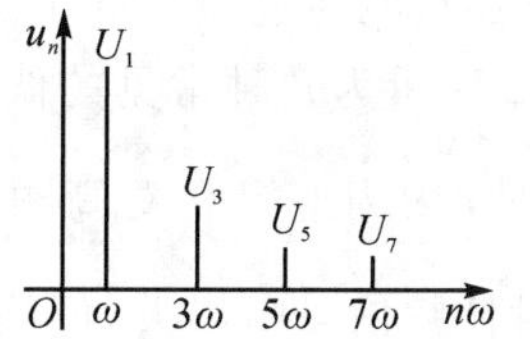

图 3.8.5 方波的频谱图

一个非正弦周期量可以分解成傅里叶级数，也可绘出直流分量和各次谐波的波形图。此外，还可以用频谱图来表示。频谱图有两种，一种是幅度频谱，它是以谐波幅值为纵坐标，用不同长(高)度的直线段作谱线来表示各次谐波幅值的大小，各谱线在横坐标轴上的位置是相应谐波的角频率。图 3.8.5 为矩形波电压的幅度频谱图。

另一种是相位频谱图，它是在以 ω 为横坐标，以谐波初相角为纵坐标的直角坐标系中，用一些不同长度的直线段表示各次谐波的初相角大小的图形称为相位频谱图。

非正弦周期量的频谱图是由一系列不连续的线段组成的，故称离散频谱图。对非正弦交流电的电压有效值和电路电流的计算问题，由于实际中很少用到，我们在此不作介绍。

第 9 节　滤波器电路

滤波电路的功能是从众多的输入信号中选出所需频率的信号。滤波器电路是音视频信号处理电路中常用的电路单元，通过本节的学习，我们要了解滤波器的概念，以及不同种类的滤波器和它们的滤波特性。

9.1 滤波器组成

利用电容元件及电感元件的电抗与频率有关的特点，组成各种不同电路，把它接在输入与输出之间，使某些需要的谐波顺利通过而抑制某些不需要的谐波，这种电路称为滤波器。

根据电路是否需要供电，滤波电路分为无源滤波电路和有源滤波电路；根据电路选取信号的特点，滤波电路可分为四种：低通滤波器、高通滤波器、带通滤波器和带阻滤波器。

RLC 滤波电路是应用最广泛的无源滤波电路，它主要是由串、并联谐振电路和电感、电容组成。

(1)低通滤波器

低通滤波器的功能是选取低频信号，低通滤波器意为“低频信号可以通过的电路”。下面以图 3.9.1 示意图来说明低通滤波器的性质。

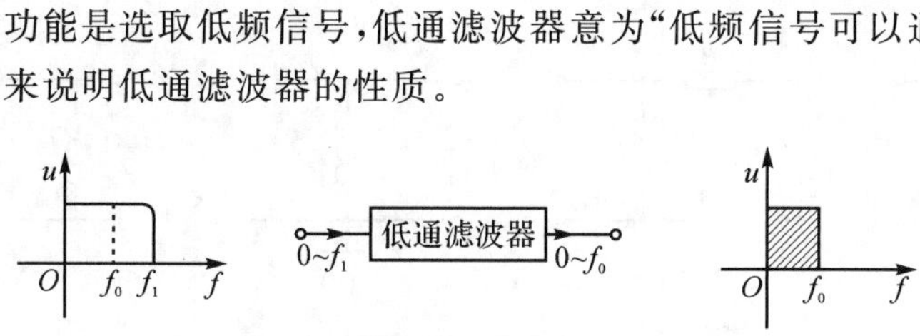

图 3.9.1 低通滤波器

当低通滤波器输入 $0\sim f_1$ 频率范围的信号时，经滤波器后输出 $0\sim f_0$ 频率范围的信号，也就是说，只有 f_0 频率以下的信号才能通过滤波器。这里的 f_0 频率称为截止频率，又称转折频率，低通滤波器只能通过频率低于截止频率 f_0 的信号。

图 3.9.2 所示为几种常见的低通滤波器。图(a)所示为 RC 低通滤波器，当电路输入各种频率的信号时，因为电容 C 对高频信号阻碍小(根据 $X_C=\frac{1}{2\pi fC}$)，高频信号经电容 C 旁路到地，电容 C 对低频信号阻碍大，低频信号不会被旁路，而是输出到后级电路。

如果单级 RC 滤波电路滤波效果达不到要求，可采用图 3.9.2(b)所示的多级 RC 滤波电路，这种滤波电路能更彻底地滤掉高频信号，使选出的低频信号更纯净。

图 3.9.2(c)所示为 RL 低通滤波器，当电路输入各种频率的信号时，因为电感对高频信号阻碍大(根据 $X_L=2\pi fL$)，高频信号很难通过电感 L，而电感对低频信号阻碍小，低频信号很容易通过电感去到后级电路。

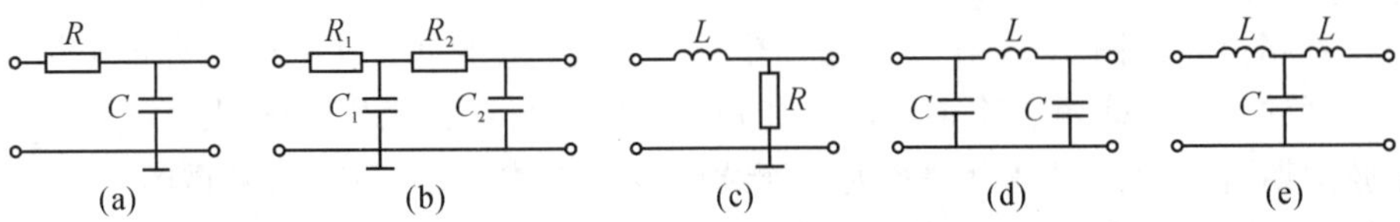

图 3.9.2　几种低通滤波器电路

图 3.9.2(d)所示电路，因为串联电感元件对高频分量呈现高阻抗阻止高频分量通过，而并联电容元件对高频分量呈现低阻抗旁路高频分量，从而使输出端高频分量大为减少，有抑制高频分量而让低频分量通过的作用。图 3.9.2(d)接成Π型，图 3.9.2(e)接成 T 型，原理相同。

(2)高通滤波器

高通滤波器的功能是选取高频信号。下面以图 3.9.3 为例来说明高通滤波器的性质。

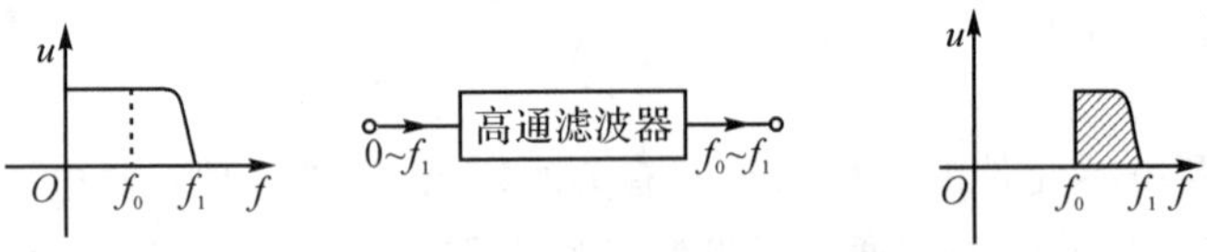

图 3.9.3　高通滤波器示意图

当高通滤波器输入 $0\sim f_1$ 频率范围的信号时，经滤波器后输出 $f_0\sim f_1$ 频率范围的信号，也就是说，只有 f_0 频率以上的信号才能通过滤波器。高通滤波器能通过频率高于截止频率 f_0 的信号，其作用与低通滤波器相反。

图 3.9.4 所示是几种常见的高通滤波器。

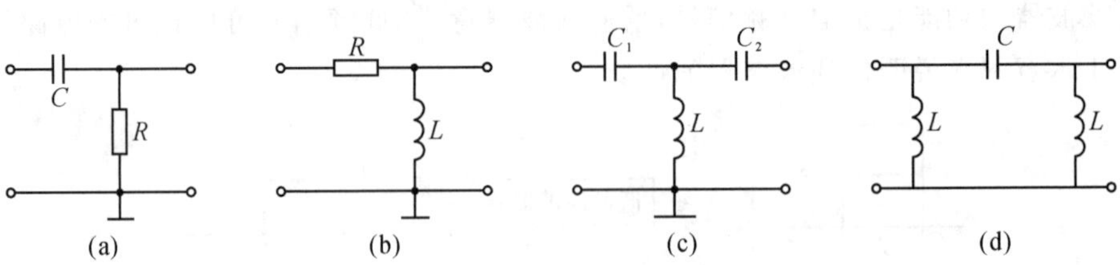

图 3.9.4　几种常见高通滤波器

图 3.9.4(a)所示为 RC 高通滤波器，当电路输入各种频率的信号时，因为电容 C 对高频信号阻碍小，对低频信号阻碍大，故低频信号难于通过电容 C，高频信号很容易通过电容去到后级电路。

图 3.9.4(b)所示为 RL 高通滤波器，当电路输入各种频率的信号时，因为电感对高频信号阻碍大，而对低频信号阻碍小，故低频信号很容易通过电感 L 旁路到地，高频信号不容易通过电感旁路而只能去后级电路。

图 3.9.4(c)所示是一种滤波效果更好的高通滤波器，电容 C_1、C_2 对高频信号阻碍小、对低频信号阻碍大，低频信号难于通过，高频信号很容易通过；另外，电感 L 对高频信号阻碍大、对低频信号阻碍小，低频信号很容易被旁路掉，高频信号则不容易被旁路掉。这种滤波器的电容 C_1、C_2 对低频信号有较大的阻碍，再加上电感对低频信号的旁路，低频信号很难通过该滤波器，信号分离很彻底。

图 3.9.4(d)所示电路，串联电容元件对低频分量呈现高阻抗阻止低频分量通过，而并联电感元件对低频分量呈现低阻抗旁路低频分量。这种高通滤波器，也分Π型与 T 型两种，如图 3.9.4(c)(d)所示。

(3)带通滤波器

带通滤波器的功能是选取某一段频率范围内的信号。下面以图 3.9.5 为例来说明带通滤波器的性质。

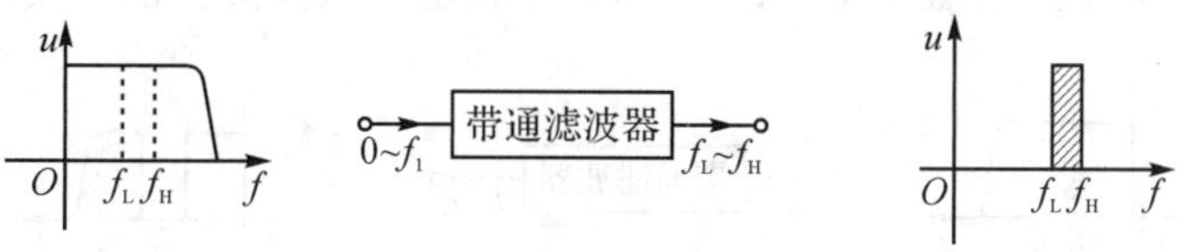

图 3.9.5　带通滤波器

当带通滤波器输入 $0\sim f_1$ 频率范同的信号时，经滤波器后输出 $f_L\sim f_H$ 频率范围的信号，这里的 f_L 称为下限截止频率，f_H 称为上限截止频率。带通滤波器能通过频率在下限截止频率 f_L 和上限截止频率 f_H 之间的信号。

图 3.9.6 所示是几种常见的带通滤波器。

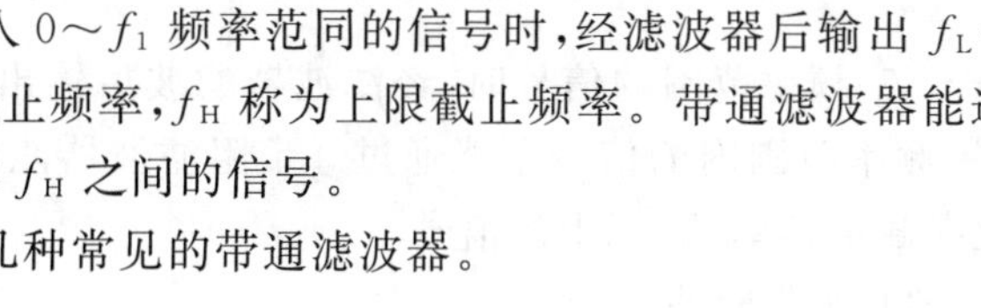

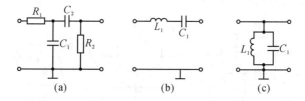

图 3.9.6　几种常见的带通滤波器

图 3.9.6(a)所示是一种由 RC 元件构成的带通滤波器，其中 R_1、C_1 构成低通滤波器，它的截止频率为 f_H，可以通过 f_H 频率以下的信号，C_2、R_2 构成高通滤波器，它的截止频率为 f_L，可以通过 f_L 频率以上的信号，结果只有 $f_L\sim f_H$ 频率范围的信号通过整个滤波器。

图 3.9.6(b)所示是一种由 LC 串联谐振电路构成的带通滤波器，L_1、C_1 谐振频率为 f_0，它对频率为 f_0 的信号阻碍小，对其他频率信号阻碍很大，故只有频率为 f_0 的信号可以通过，该电路可以选取单一频率的信号，如果想让而附近频率的信号也能通过，就要降低谐振电路的 Q 值，Q 值越低，LC 电路的通频带越宽，能通过而附近更多频率的信号。

图 3.9.6(c)所示是一种由 LC 并联谐振电路构成的带通滤波器，L_1、C_1 谐振频率为 f_0，它对频率为 f_0 的信号阻碍很大，对其他频率信号阻碍小，故其他频率信号被旁路，只有频率为 f_0 的信号不会被旁路，而去后级电路。

图 3.9.7(a)是 T 型多级谐振电路构成的带通滤波器，而图 3.9.7(b)是Π型电路。

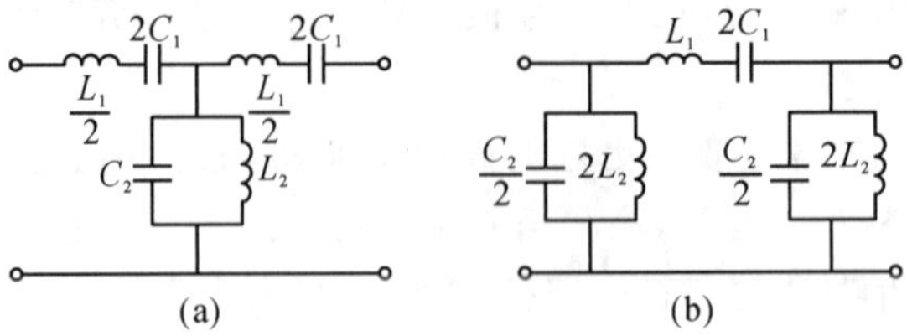

图 3.9.7　多级带通滤波器

图 3.9.7(a)所示电路，当 $\omega=\omega_0=\dfrac{1}{\sqrt{L_1C_1}}=\dfrac{1}{\sqrt{L_2C_2}}$ 时，串臂 L_1C_1 谐振，阻抗 $Z_S=0$，而并臂 L_2C_2 谐振，阻抗 $Z_P\to\infty$，这样可使角频率 ω_0 附近的频率范围(频带)内的分量顺利通过，而阻止其他分量通过。

(4)阻滤波器

带阻滤波器的功能是选取某一段频率范围以外的信号。带阻滤波器又称陷波器，它的功能与带通滤波器恰好相反。下面以图 3.9.8 为例来说明带阻滤波器的性质。

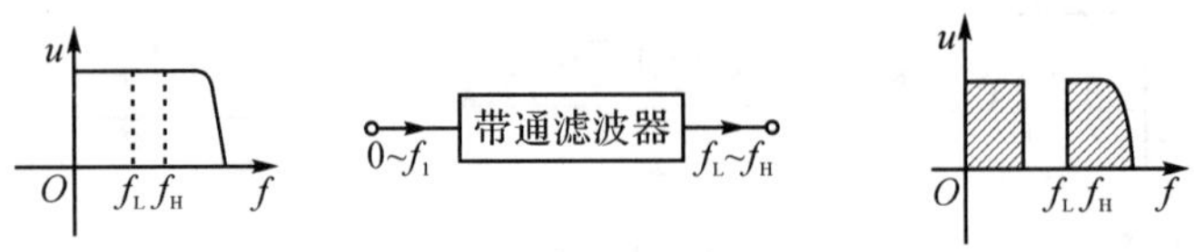

图 3.9.8　带阻滤波器示意图

当带阻滤波器输入 $0\sim f_1$ 频率范围的信号时，经滤波器滤波后输出 $0\sim f_L$ 和 $f_H\sim f_1$ 频率范围的信号，而 $f_L\sim f_H$ 频率范围内的信号不能通过。带阻滤波器能通过频率在下限截止频率 f_L 以下的信号和上限截止频率 f_H 以上的信号。

图 3.9.9 所示是常见的几种带阻滤波器。

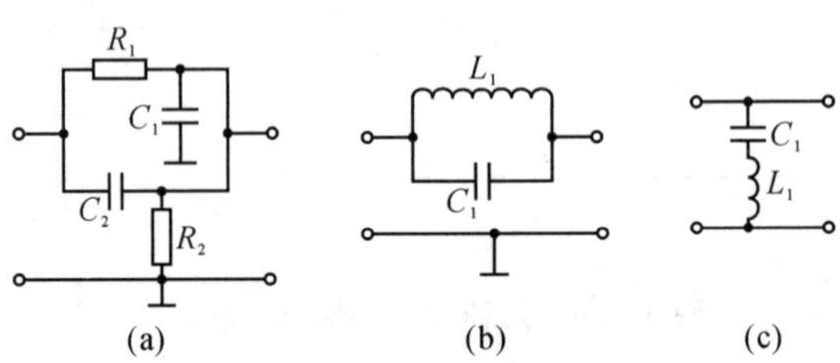

图 3.9.9　常见的几种带阻滤波器

图 3.9.9(a)所示是一种由 RC 元件构成的带阻滤波器，其中 R_1、C_1 构成低通滤波器，它的截止频率为 f_L，可以通过 f_L 频率以下的信号，C_2、R_2 构成高通滤波器，它的截止频率为 f_H，可以通过 f_H 频率以上的信号，结果只有频率在 f_L 以下和 f_H 以上范围的信号通过滤波器。

图 3.9.9(b)所示是一种由 LC 并联谐振电路构成的带阻滤波器，L_1、C_1 谐振频率为 f_0，它对频率为 f_0 的信号阻碍很大，而对其他频率信号阻碍小，故只有频率为 f_0 的信号不能通

过，其他频率的信号都能通过。该电路可以阻止单一频率的信号，如果想让其附近频率的信号也不能通过，可以降低谐振电路的 Q 值，Q 值越低，LC 电路的通频带越宽，能阻止 f_0 附近更多频率的信号通过。

图 3.9.9(c)所示是一种由 LC 串联谐振电路构成的带阻滤波器，L_1、C_1 谐振频率为 f_0，它仅对频率为 f_0 的信号阻碍很小，故只有频率为 f_0 的信号被旁路，其他频率信号不会被旁路，而是去后级电路。

图 3.9.10(a)为 T 型多级带阻滤波器，图 3.9.10(b)为Ⅱ型多级带阻滤波器。

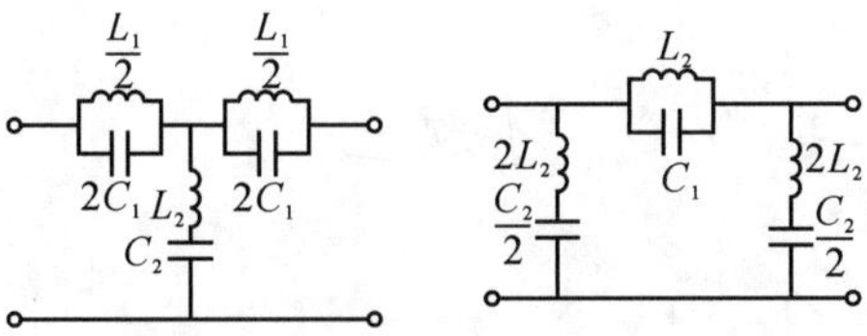

图 3.9.10 LC 带阻滤波器

图 3.9.10(a)所示电路，当 $L_1C_1 = L_2C_2$ 时，串臂阻抗为

$$Z_S = \frac{\frac{1}{2}\mathrm{j}\omega L_2 \cdot \frac{1}{2\mathrm{j}\omega C_1}}{\frac{1}{2}\mathrm{j}\omega L_2 + \frac{1}{2\mathrm{j}\omega C_1}} = \frac{\frac{1}{2}\mathrm{j}\omega L_1}{1-\omega^2 L_1 C_1}$$

并臂阻抗为

$$Z_P = \mathrm{j}\omega L_2 + \frac{1}{\mathrm{j}\omega C_2} = \frac{1}{\mathrm{j}\omega C_2}(1-\omega^2 L_2 C_2)$$

当 $\omega = \omega_0 = \frac{1}{\sqrt{L_1C_1}} = \frac{1}{\sqrt{L_2C_2}}$ 时，串臂阻抗 $Z_S \to \infty$，而并臂阻抗 $Z_P = 0$，正好与带通滤波器相反，它可以阻止 ω_0 附近的频带的谐波分量通过，而让其他分量通过。

9.2 三分频扬声器电路

图 3.9.11 所示是 12 dB 型三分频扬声器电路。电路中，BL_1 是高音扬声器，L_1 和 C_1 分别是高音扬声器回路的滤波电感和滤波电容；BL_2 是中音扬声器，L_2、L_3 和 C_2、C_3 分别是中音扬声器回路的滤波电感和滤波电容；BL_3 是低音扬声器，L_4 和 C_4 分别是低音扬声器回路的滤波电感和滤波电容。

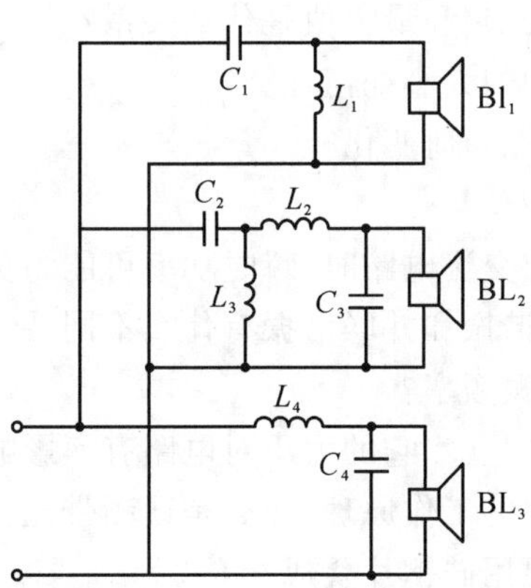

图 3.9.11 三分频扬声器电路

这一分频电路是利用 LC 元件组成的滤波器构成的。

电感 L_1、C_1 构成高通滤波器，让频率高的高音信号通过，使高音扬声器 BL_1 更好地工作在高音频段内。

L_2、L_3 和 C_2、C_3 用来构成一带通滤波器，L_3 进一步旁路低音频段信号，电容 C_3 进一步旁路高音频段信号，只让中音频率信号通过，让中音扬声器更好地工作在中音频段内。

L_4 和 C_4 构成低通滤波器，分频电容 C_4 进一步旁路中音和高音频段信号，只让低音频率通过，让低音扬声器更好地工作在低音频段内。

习题三

一、填空题

1. 交流电是________和________都随时间作周期性变化的电流或电压。
2. 正弦交流电的三要素是________、________、________。
3. 一个电感交流电路中，若电路的电源电压一定，则频率高，感抗________，电流________。
4. 交流电路中，若电路的电源电压一定，则频率高，容抗________，电流________。
5. 电感交流电路中电压和电流都是按同一频率作正弦变化的交流量，相位上电流________于电压 90°，或者说电压________于电流 90°。
6. 在正弦交流电路中，容抗随频率的增高而________，感抗随频率的增高而________。
7. 直流电不能通过电容，这是电容器有“________”作用的原因。
8. 电容不消耗功率，它不是________元件，而是________元件。
9. RLC 串联后接到正弦交流电源上，当 $X_L = X_C$ 时，电路发生________现象，电路的阻抗________，总电压与总电流的相位________。
10. 在 RLC 串联谐振电路中，品质因素 Q 值越高，选择性越________，通频带越________。
11. 非正弦周期信号可以用无穷多个________的叠加来表达。

二、问答题

1. 什么是交流电的相位？它有几种表示方法？
2. 什么是交流电的有效值？它和最大值是什么关系？
3. 什么是感抗、容抗？它们的大小如何计算？
4. 当频率提高时，R、X_L、X_C 如何变化？
5. 什么是交流电路的阻抗？
6. 为什么在分析电感、电容交流电路时，瞬时功率可能为负数？它的物理意义是什么？
7. 什么是谐振现象？串联谐振和并联谐振有什么不同特性？
8. 如何计算谐振电路的谐振频率？
9. 什么是谐振电路的品质因素？它的大小对电路有何影响？
10. 请说说收音机选台电路的工作原理，什么是通频带宽？
11. 变压器的铁芯为什么要用硅钢片叠成？
12. 写出变压器的电压变换比、电流变换比、阻抗变换比公式。

13.变压器的损耗都有哪些？什么是趋肤效应？

14.一般的非正弦信号可以看成是哪些信号的合成？

15.什么是基波、高次谐波？

16.为什么我们可以把乐器的声音分为基音和泛音？

17.什么是交流电的频谱？它和乐谱、光谱有什么类同？

18.什么是低通滤波器、高通滤波器、带通滤波器？

19.为什么会用多分频扬声器来放音？

三、电路分析题

1.如图 3.1 所示，分析电路的滤波特性，它属于什么种类的滤波器？为什么？

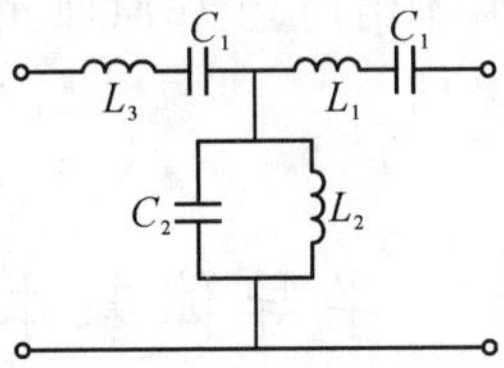

图 3.1

2.二分频扬声器电路是由什么基本滤波器电路组成的？请画出它的原理电路图。

第四章　半导体元器件

今天，半导体科学技术已经渗透到人类生产和生活的各个领域。从小巧玲珑的收音机、智能手机，到每秒钟能进行百万次运算的大型电子计算机，几乎所有电子设备都离不开半导体器件。本章我们将学习具有代表性的半导体元器件的构造、性能及用途等，掌握半导体二极管、三极管、场效应晶体管以及电子管的基本结构、工作原理、电特性，并了解半导体器件在电子电路中所起的作用，为以后的学习打下基础。

第1节　半导体基本知识

本节首先介绍半导体的基础知识，然后讨论半导体的内部导电机理和 PN 结的基本导电特点，并且结合一些日常应用来加深对半导体的认识。

1.1　半导体的导电特性

什么是半导体？从导电性能来说，可以把物质分成三大类：容易传导电流的物质，如金、银、铜、铝、铁等，称为导体；能够可靠地隔绝电流的物质，如橡胶、塑料、陶瓷、云母等，称为绝缘体；导电能力介于导体和绝缘体之间的物质，我们将其称为半导体。常用的半导体有硅、锗、硒、砷化镓，以及金属的氧化物和硫化物等。目前制作半导体器件的主要材料是硅(Si)和锗(Ge)。

铜、铝等金属内部具有可自由运动的电子。每立方厘米中的电子数约为 10^{23} 个，因而当在金属两端加上电压时，大量的电子很容易运动。

与金属等导体相反，绝缘体(非导电体)中的电子几乎全部被束缚在各自的原子核周围而不能移动。云母等优良绝缘体的电阻率高达 $10^{16}\ \Omega/m$，而一般金属的电阻率只有 $10^{-8}\ \Omega/m$。

半导体在室温下既不是良导体，也不是优良的绝缘体，它的电阻率约在 $10^{-5} \sim 10^{3}\ \Omega/m$ 之间。半导体的电阻率除受温度等外部因素影响之外，还因纯度、制造工艺及加工方法的不同而异。硅、锗等是制造半导体元器件的重要材料。

因为半导体既不能很好地传导电流，又不能可靠地隔绝电流，所以长期以来，在电子技术中一直遭到冷遇。直到上个世纪，人们才逐渐发现它具有许多奇妙而可贵的特性。1948 年制出了第一只晶体管，使半导体初露锋芒；半导体技术一问世，就显示了其强大的生命力，展现出广阔的发展前景。

半导体的导电能力在不同条件下有着显著的差异。例如有些半导体受热或受光照时，它的导电能力会明显地增强。利用半导体的热敏性、光敏性，可制成各种热敏元件和光敏元件。又如在纯净的半导体中掺入微量的杂质元素后，其导电能力可提高几十万乃至几百万倍。利用半导体的掺杂性制造了各种不同用途的半导体器件，如半导体二极管、三极管、场效应管及晶闸管等。

(1)对温度变化反应灵敏——热敏性

金属的电阻率对温度变化的反应比较迟钝:例如金属铜,温度每升高1[℃],它的电阻率只增加0.4%。半导体就大不相同了,温度升高,它的电阻率会迅速减小。例如纯锗,温度每升高1[℃],其电阻率就要减小一半。半导体电阻率随温度明显变化的特性,称为半导体的热敏性。正是利用这种热敏性,各种半导体热敏元件在无线电技术和工业自动控制中获得广泛的应用。

半导体热敏电阻就是利用半导体材料的热敏特性工作的半导体器件。它是用对温度变化极为敏感的半导体材料制成的,其阻值随温度变化而发生极其明显的变化。

它一般具有温度上升电阻就变小的负温度特性(正温度系数热敏电阻的阻值随温度上升而增大)。这种特性常用于制造温度计及高频功率测量等传感器。热敏电阻的结构和电阻特性如图4.1.1所示。

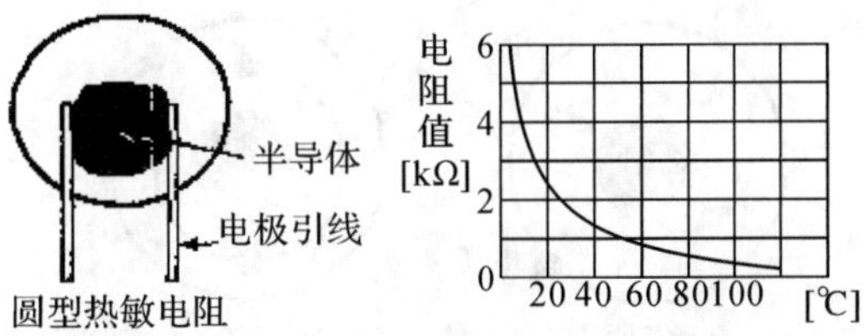

图4.1.1　热敏电阻的构造和电阻特性

热敏电阻主要用在温度测量、温度控制、温度补偿、自动增益调整、微波功率测量、火灾报警、红外探测等方面,是自动控制设备中的重要元件。

此外,热敏电阻由于具有热敏特性,其电压和电流之间不再保持线性关系,是一种非线性元件。

(2)对光的照射十分敏感——光敏性

半导体对光也十分敏感。无光照时,半导体不易导电;受到光照射时,就变得易于导电了。例如,硫化镉(CdS)光敏电阻就具有电阻值随光照强度而变化的性质,在没有光照时电阻高达几十兆欧,受到光照时电阻会一下子降到几十千欧,电阻变化了上千倍。它常作为光电转换元件用于曝光表等测光系统和自动控制中。硫化镉(CdS)光敏电阻是镉和硫的化合物,其结构和电阻特性如图4.1.2所示。

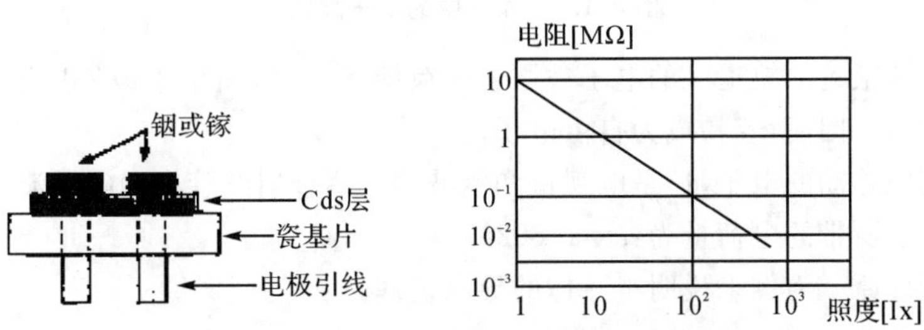

图4.1.2　CdS光敏电阻的构造和电阻特性

半导体受光照后电阻明显变小的现象称为“光电导”特性或光敏性。被人们誉做“神奇的眼睛”的各种半导体光电器件,就是利用光电导特性制成的。

(3)微量杂质能使半导体的电阻率明显变化——掺杂性

除了上述热敏、光敏特性外,半导体另一个显著的性质是:在纯净的半导体元素中掺入极微量的“杂质”,可以使它的导电能力发生十分显著的变化。正是这一点点“杂质”,使半导体获得了强大的生命力。例如在一块纯硅中掺入百万分之一的硼元素，会使它的电阻率由214000[Ω·cm]减小到0.4[Ω·cm]。利用这一特性，人们在半导体中掺入某些特定的杂质元素，就能够人为地精确控制半导体的导电能力。可以说，几乎所有的半导体器件，都是用掺有特定杂质的半导体材料制成的。

1.2　半导体的内部结构和导电机理

半导体的上述几个方面的宝贵特性是由其本身的结构决定的。下面简单介绍一下半导体的内部结构和导电机理。

通常，物质由许多原子组成。原子是由带正电荷的原子核和为使原子保持电中性而在核周围旋转的电子所组成的，如图4.1.3所示氢和锂原子结构。

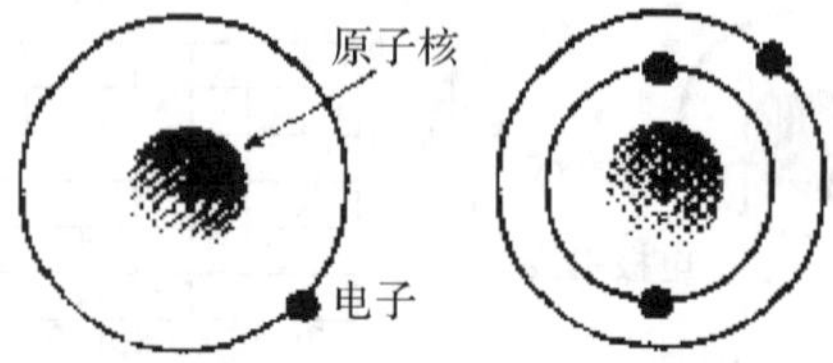

(a)氢原子　　(b)锂原子

图4.1.3　原子的结构

如图4.1.4所示，电子在原子核周围形成若干层轨道，进入各个轨道的电子数由所在轨道所决定。其中位于最外层轨道的电子称为价电子，价电子数称为原子价。例如，氢和锂原子为1价，半导体硅和锗的原子价为4价。

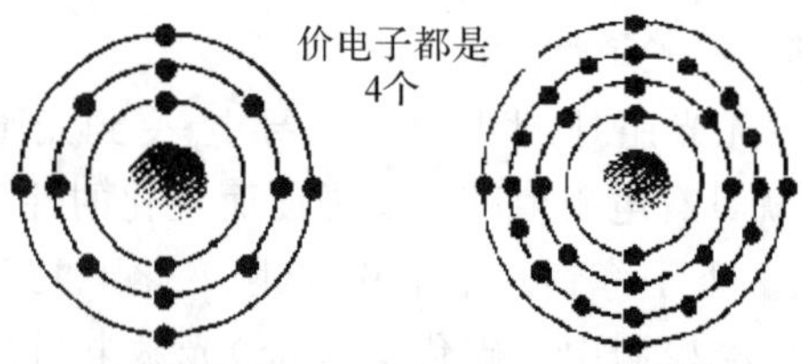

(a)硅原子　　(b)锗原子

图4.1.4　原子中的电子配置

处于距原子核很近的轨道上的电子被原子核束缚得很紧，而位于最外层的价电子则易于脱离原子核的束缚。因而，容易成为自由电子。

无论是电线中移动的电子，还是电视机和示波器的阴极射线管中的电子流，它们都是一样的电子。一个电子所带的电荷量为：$e=1.60207\times10^{-19}$[C]。

下面我们以硅原子为例来说明半导体的导电机理。

硅是四价元素，在原子结构中最外层轨道上有四个价电子，原子结构的简化模型如图4.1.5所示。

在硅晶体结构中，原子的排列非常有规律，每个原子最外层的四个价电子分别和相邻的四个原子的价电子形成共价键，如图4.1.6所示。各原子规则地排列成点阵，每个原子的4个价电子分别为相邻原子所共有。

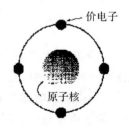

图4.1.5　硅原子模型

共价键结构中，价电子不像绝缘体中的电子那样被紧紧束缚着，当对硅晶体加热、光照或加上电场时，由于这些能量的作用，晶体中的价电子就会脱离原子核的束缚成为自由电子，在晶体中自由运动。如图 4.1.7 所示。

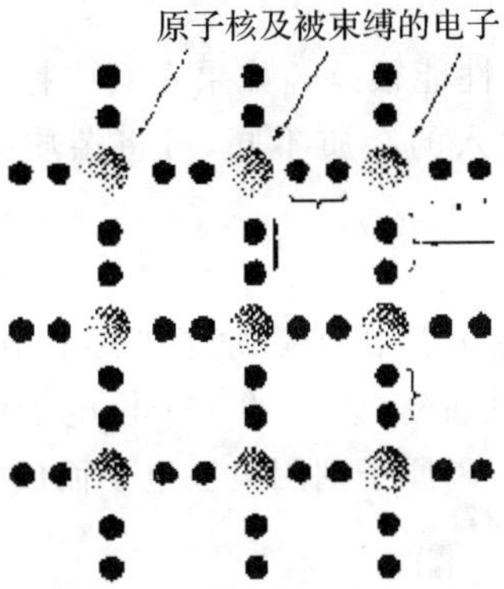

图 4.1.6　硅原子键示意图

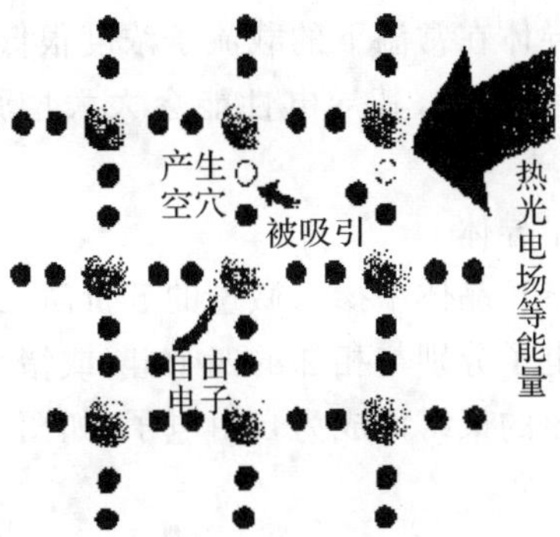

图 4.1.7　空穴的形成与移动

同时，当一个价电子获得能量成为自由电子离开某个原子后，该原子就失去该电子所具有的负电荷，这里就形成一个具有正电荷的空位，即产生了空穴(hole)。由于自由电子带负电荷，所以失去电子的原子成为正离子，就好像空穴带正电荷一样。空穴一出现，这个空穴又吸引邻近共价键中的价电子，在被吸引走的价电子处又产生新的空穴，形成一种连锁反应。其结果就像是空穴也在"移动"一样。

所以我们可以比方说空穴的移动有"传染性"。这样，空穴的移动也起到了传导电流的作用。

自由电子和空穴都是输运电荷的载体，是它们使半导体具有了导电性。因此，称它们为载流子(Cader)。通常所说的电流在半导体中流动，实际上就是载流子在半导体中移动。

由于热、光、电场等能量的作用，使半导体内产生了载流子(即电子和空穴)，它们也会在一定时间内相互结合而消失。这种现象称为载流子的复合。

当来自外部的一定能量加在半导体上时，载流子的产生与复合是同时进行的，由于产生与复合的比例相同，所以载流子总数不变。

1.3　本征半导体与杂质半导体

(1)本征半导体

完全纯净的、具有晶体结构的半导体称为本征半导体。纯度达 99.999999999%(11 个 9)的高纯度半导体就可以称得上本征半导体了，它是制造半导体器件的基本材料。

本征半导体中不仅有带负电荷的自由电子，而且有带正电荷的空穴，它们在外电场作用下都能定向运动参与导电，所以我们将这两种带电粒子称为载流子。在本征半导体中，被称为载流子的自由电子和空穴是在半导体中输运电荷的载体，是电荷的搬运工。

在本征半导体中，自由电子和空穴是成对产生的，称为电子-空穴对。同时它们又可能随时相遇复合而成对消失。当温度一定时，这种产生与复合的过程呈现动态平衡，电子-空穴对浓度维持一定。如果把热等能量加给本征半导体，半导体中的自由电子和空穴就会增加，所加的能量越大，增加的载流子的数量就越多。因此本征半导体的导电性能随温度上升而明显增强。

由于半导体是一种对杂质很敏感的材料，只要有少量杂质混入，它的性能就会发生很大变化。所以,需要先制造出纯度极高的半导体晶体,然后掺入极少量的杂质,来获得适量的载流子。

(2)杂质半导体

本征半导体在常温下的载流子浓度很低,故其导电性能很差。如果在其中掺入微量的杂质,成为杂质半导体,其导电性能会大大增强。根据掺入的杂质不同,可将杂质半导体分为两类。

①N 型半导体

在硅(或锗)晶体中掺入微量的五价磷元素(或砷、锑)等,由于磷原子外层有五个价电子,其中四个价电了分别与相邻的四个硅(或锗)原子组成共价键,多余的一个价电子便很容易地挣脱磷原子核的束缚而成为自由电子,如图 4.1.8 所示,磷原子则因失去电子而成为正离子。

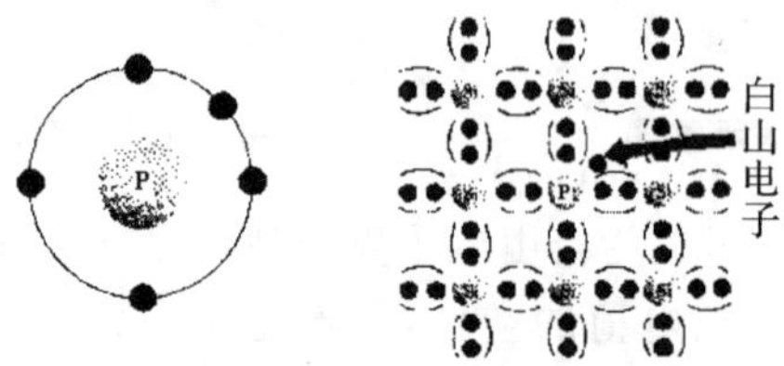

(a)磷原子模型　(b)硅晶体中掺入磷原子

图 4.1.8　N 型半导体的形成

可见,掺入这种杂质后,自由电子数量大幅增加,远大于晶体本身由于热激发而产生的空穴数。自由电子称为多数载流子,简称多子;空穴称为少数载流子,简称少子。这种杂质半导体称为电子型半导体或 N 型半导体。

②P 型半导体

在硅(或锗)晶体中掺入微量三价元素硼(或铟)等,由于硼原子外层只有三个价电子,它与相邻的四个硅(或锗)原子组成共价键时,因缺少一个价电子而形成一个空位。

在常温下,附近共价键中的价电子会很容易地填补这个空位,而在原来价电子处形成一个空穴,如图 4.1.9 所示,硼原子则因得到一个电子而成为负离子。

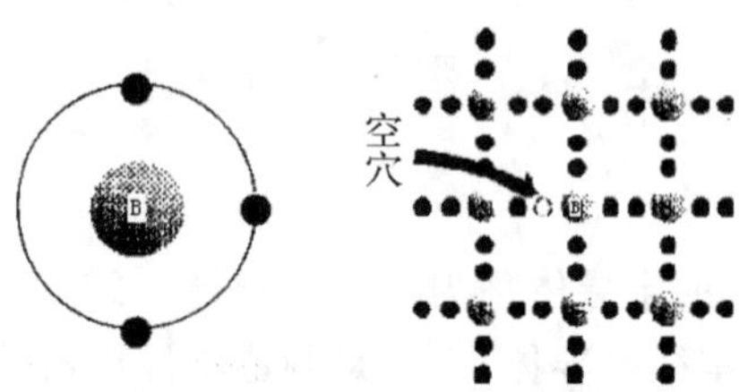

(a)硼原子　(b)硅晶体中掺入硼原子

图 4.1.9　P 型半导体的形成

可见,掺入这种杂质后,空穴数量大幅增加,远大于由于热激发而产生的自由电子数。所以,空穴为多数载流子,自由电子为少数载流子。这种杂质半导体称空穴型半导体或 P 型半导体。

N 型半导体中的自由电子和 P 型半导体中的空穴,在它们各自的载流子中占多数,故称为多数载流子;而 N 型半导体中的空穴和 P 型半导体中的自由电子,在它们各自的载流子中占少数,故称为少数载流子。这样,我们就可以有意识地按多数载流子和少数载流子的不同来制造半导体,使之适合于电路应用的需要。

1.4　PN 结及其单向导电性

(1)PN 结的形成

在一块晶片上，采用不同掺杂工艺，于两边分别形成 P 型和 N 型半导体，二者交界处就形成 PN 结。PN 结是构成半导体二极管、三极管的核心部分。因此，研究 PN 结的特性是了解半导体器件工作原理的基础。

在半导体中，载流子还会由于漂移和扩散而迁移。所谓漂移，就是当半导体上加有定向电场时，作为载流子的空穴和电子就会受到电场力的作用而移动的现象。所谓扩散，就是当半导体中载流子达到一定浓度时，载流子就会像滴入水中的墨水向周围蔓延扩展那样，从浓度大的部分向浓度小的部分移动的现象。

在一块本征半导体中使 P 型杂质半导体和 N 型杂质半导体结合在一起时，交界面两侧的电子和空穴浓度相差甚远，因此，载流子将从浓度高的地方向浓度低的地方扩散。即 P 区的多子空穴向 N 区扩散，N 区的多子电子向 P 区扩散，如图 4.1.10(a)所示，这种向对方区域移动的载流子称为注入载流子。

扩散的结果，在交界面 P 区一侧留下负离子，在 N 区一侧留下正离子，于是在交界面两侧形成一层很薄的空间电荷区，如图 4.1.10(b)所示。在此区内，多子已扩散到对方区域并被复合掉了，或者说消耗尽了，故又称它为耗尽层。这个区域就是 PN 结。

P 型和 N 型两个区域的结合面称为结面，如图 4.1.10(b)所示。在结面附近，N 型区的电子由于移动到结面的 P 型区而产生了正电荷。P 型区一侧，由于空穴移动到结面的 N 型区而产生了负电荷。

由于在结面附近产生的负电荷和正电荷形成电场，这一电场阻止电子和空穴的继续移动，从而达到平衡状态。

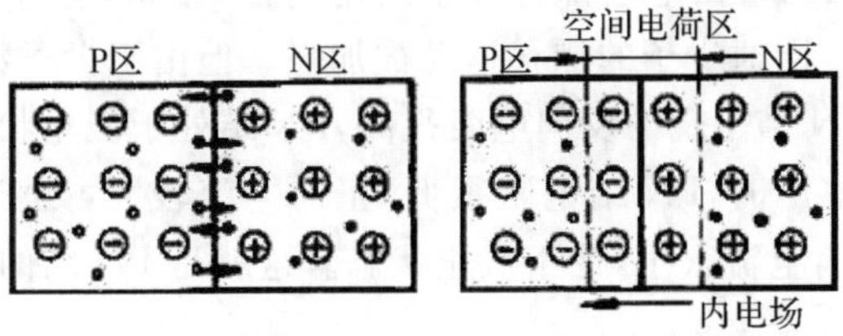

图 4.1.10　PN 结的形成

空间电荷区的存在，使交界面两侧产生一电场，称为内电场，其方向由 N 区指向 P 区，如图 4.1.10(b)所示。内电场阻止多子的扩散，所以空间电荷区又可称为阻挡层。同时，内电场又促使 P 区的少子电子和 N 区的少子空穴做定向运动。这种少数载流子在内电场作用下的定向运动称为漂移运动。显然，多子的扩散和少子的漂移是两类方向相反的运动。

PN 结形成过程中，同时存在着扩散和漂移运动。当两种运动达到动态平衡时，就形成具有一定宽度的 PN 结。

(2)PN 结的单向导电性

如果 PN 结的两端外加电压，PN 结的动态平衡就要被打破，外加电压极性不同，PN 结的导电性能完全不同。

①外加正向电压

在 P 区接外电源的正极、N 区接外电源的负极，这就叫在 PN 结上加正向电压，常称为正向偏置。PN 结外加正向电压的电路如图 4.1.11(a)所示，此时电源 E 在 PN 结中产生的外电场与其内电场方向相反，扩散和漂移运动的平衡被打破。外电场驱使 P 区的空穴进入空间电荷区与一部分负离子中和，同时 N 区的自由电子进入空间电荷区与一部分正离子中和，结果使空间电荷区变窄，内电场被削弱，多子的扩散运动增强，形成较大的正向电流。

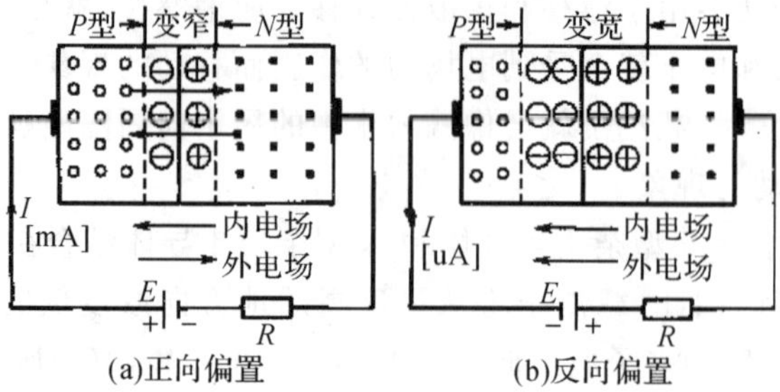

图 4.1.11　PN 结的单向导电性

由于多子的数量多，形成较大的从 P 区通过 PN 结流向 N 区的正向电流，PN 结对正向偏置呈现较小的正向电阻，PN 结处于正向导通状态。外加电压愈大，外电场愈强，正向电流愈大。正向电流随外电场增强而增大，为了防止出现过大的正向电流烧毁 PN 结，电路中必须串接限流电阻。

②外加反向电压

PN 结加上反向电压时的电路如图 4.1.11(b)所示，N 区接电源正极，P 区接电源负极。这种联接又称为反向偏置。此时外电场与内电场方向相同，扩散和漂移的平衡被破坏。外电场驱使 P 区的空穴和 N 区的自由电子都背离空间电荷区，结果使空间电荷区变宽，内电场增强，使多子扩散难以进行。同时少子的漂移运动被加强。但由于少子数量很少，所以只能形成很小的反向电流。这时 PN 结呈现的反向电阻很高，PN 结处于截止状态。

综上所述，外加正向电压时，PN 结电阻很低，正向电流较大，处于导通状态；外加反向电压时，PN 结电阻很高，反向电流很小，处于截止状态。这就是 PN 结的单向导电性。

第 2 节　半导体二极管

在电子技术中，二极管是最基本、结构最简单的半导体电子元件。本节我们首先来学习二极管的基本结构、工作特性、主要应用参数等知识。

2.1　二极管的基本结构

半导体二极管又称晶体二极管，是由一个 PN 结加上相应的电极引线及管壳封装而成。由 P 区引出的电极称为阳极(或正极)，由 N 区引出的电极称为阴极(或负极)，图形符号如图 4.2.1 所示。电流只能从二极管的阳极流向阴极，而不能从阴极流向阳极，即电压的极性和二极管的极性相反时基本上无电流产生，这就是二极管的单向导电性，二

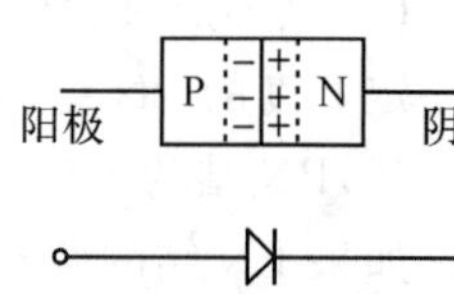

图 4.2.1　二极管的结构和符号

极管符号箭头方向表示二极管正向导通时电流的方向。

根据内部结构不同,二极管可分为点接触型和面接触型,如图 4.2.2 所示。点接触型二极管的 PN 结的结面积很小,结间电容也小,因此允许通过的正向电流小,但高频性能好,一般适于高频和小功率的工作场合,也用作脉冲数字电路的开关元件。面接触型二极管的 PN 结的结面积较大,结间电容也大,可通过较大电流。但只能工作在低频范围,一般用在大功率整流电路上。

根据制作材料的不同,二极管可分为硅管和锗管。

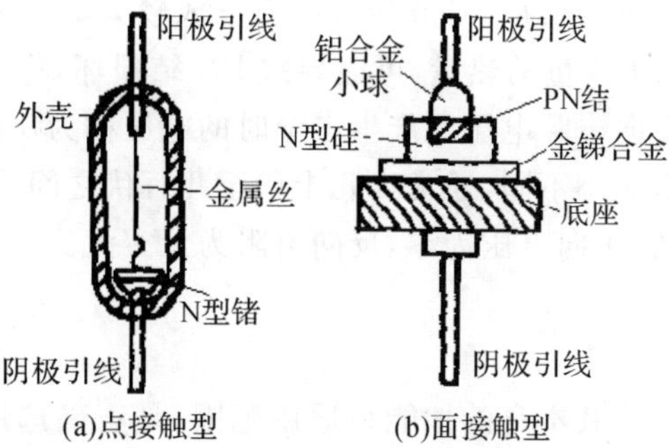

图 4.2.2　点接触型和面接触型二极管

2.2　二极管的伏安特性

二极管的伏安特性是表示流过二极管的电流与其两端的端电压之间的函数关系,伏安特性可以用曲线来表示。不同二极管的伏安特性是有差异的,但是曲线的基本形状是相似的。图 4.2.3 所示为二极管的伏安特性曲线,它们都是非线性的。

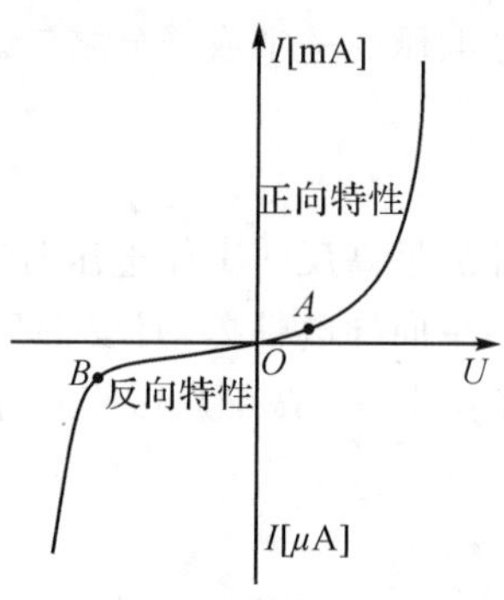

图4.2.3　二极管的伏安特性

由图可见,当二极管正向偏置时,就产生正向电流。但正向电压低于某一数值时,正向电流非常小,几乎为零。这是由于外电场还不能克服 PN 结内电场对多子扩散运动的阻力,二极管呈现高电阻值所致。这一段称为死区,这个电压称为死区电压,锗管约为 0.1[V],硅管约为 0.5[V](图 4.2.3 中的 A 点)。当正向电压超过某一值(称死区电压)后,内电场被大大削弱,电流增长很快,此时二极管呈现低电阻值,处于正向导通状态。

从特性曲线可以看出,二极管导通后,正向电流在相当的范围内变化时,二极管的端电压变化不大,锗管约为 0.2[V]～0.3[V],硅管约为 0.6[V]～0.7[V]。

当二极管反向偏置时,由少子漂移运动形成很小的反向电流。小功率硅管的反向电流约在1 μA左右，锗管也只有几十微安。此时，二极管在电路中相当于一个开关断开的状态。

当二极管加上反向电压时，反向电流有两个特点：第一是它随温度升高增长很快；第二是当反向电压在一定范围内增大时，反向电流的大小基本不变，所以通常称它为反向饱和电流。

当反向电压继续增加而达到一定数值时，反向电流会突然加大，并急剧增长，二极管失去单向导电性。这种现象称为击穿(图4.2.3中的B点)。此时的电压称为反向击穿电压UBR。

击穿的原因，一是在强电场的作用下价电子可以挣脱共价键的束缚，产生大量的电子-空穴对(称为齐纳击穿)；二是由于载流子在强电场中获得足够大的动能，将原子中的价电子碰撞出来，形成大量的电子-空穴对(称为雪崩击穿)，从而形成较大的反向电流。反向击穿造成的大反向电流流过PN结会产生大量的热量，可能导致PN结损坏，将二极管烧坏。因此二极管所加反向电压值应小于其反向击穿电压。产生击穿时的电压称为反向击穿电压，用UR表示。各类二极管的反向击穿电压大小不同，通常为几十伏至几百伏之间。有时为了简化电路分析，将二极管理想化，理想二极管正向电压为零，反向电阻为无穷大。

2.3　二极管主要参数

半导体器件的参数反映了其本身的性能和适用范围，是正确选用半导体器件的依据。二极管的主要参数有以下几种。

(1)最大整流电流 I_{DM}

它是指二极管长时间使用时所允许通过的最大正向平均电流值。

它取决于PN结的面积、材料和散热情况。如果使用时超过此值，将使PN结过热而损坏二极管。

(2)最高反向工作电压 U_{RM}

它是指二极管上允许外加的最大反向电压瞬时值，它是为保证二极管不被反向击穿而规定的反向峰值电压，一般为反向击穿电压的一半或三分之二。为了防止管子被击穿，要求反向电压小于 U_{RM} 。

(3)反向最大电流 I_{RM}

它是指在一定的环境温度下，外加最高反向工作电压时所流过二极管的电流，常称为反向饱和电流。反向电流大，说明管子的单向导电性差，且受温度的影响大。此值愈小，二极管的单向导电性愈好。硅管的反向电流较小，一般在几微安以下；锗管的反向电流较大，一般在μA级，为硅管的几十到几百倍。

(4)最高工作频率

当二极管的工作频率超过这个数值，二极管将失去单向导电性。它主要由PN结的电容效应的大小来决定。由于PN结耗尽层的两侧存在着正负电荷，并呈现被束缚状态，这就好像是一个电容器，具有电容效应。

二极管还有正向电压、反向漏电流、极间(结)电容等其他一些参数。常用二极管的型号和参数，可参阅有关产品手册。

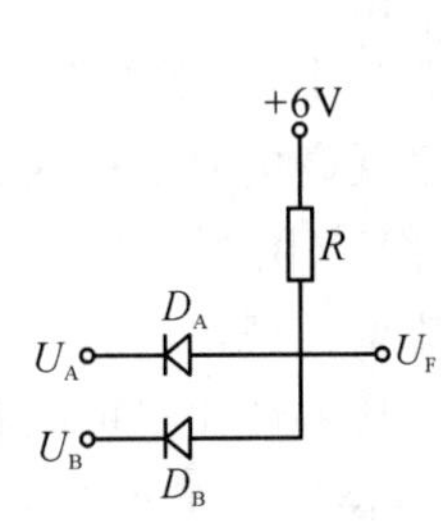

图4.2.4　例题4.1图

[**例题4.1**] 已知电路如图4.2.4所示，D_A 和 D_B 为硅二极管，求下列两种情况下输出的电压 U_F：(1)$U_A=U_B=3$ V；(2)$U_A=3$ V，$U_B=0$ V。

解：(1)二极管 D_A 和 D_B 的正极通过 R 接在+6 V的电源上，而它们的阴极分别接输入端，其电位 U_A 和 U_B 都是+3[V]，所以 D_A 和 D_B 上的电压是大小相等的正向电压，因而将同时导通，设硅二极管的正向电压降 U_D=0.6[V]，则

$$U_F=(3+0.6)[V]=3.6[V]。$$

(2)由于 $U_A>U_B$，即加在二极管 D_B 上的正向电压比加在二极管 D_A 上的正向电压大，所以 D_B 抢先导通，因而 $U_F=U_B+U_D=(0+0.6)[V]=0.6[V]$，$D_B$ 导通后，使得 D_A 承受反向电压而截止，从而隔断了 U_A 对 U_F 的影响，使 U_F 被钳制在 0.6[V]，这时，起着钳位作用，而 D_A 起隔离作用。

[例题 4.2] 图 4.2.5(a)所示为单相半波整流电路。设二极管为理想二极管元件，当 $u_i=U_m\sin\omega t$ 时，试画出 u_o 的波形。

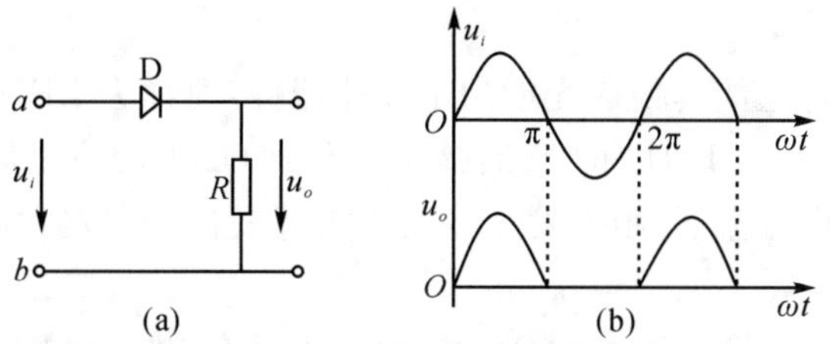

图 4.2.5　半波整流电路

解：当 $u_i>0$(正半周)时，VD 导通，$u_o=u_i$

当 $u_i<0$(负半周)时，VD 截止，$u_o=0$

波形如图 4.2.5(b)所示。

[例题 4.3] 图 4.2.6(a)所示为二极管限幅电路。已知配 $u_i=10\sin\omega t$ V，$E_1=E_2=5$V，二极管正向压降忽略不计，试画出输出电压 u_o 的波形。

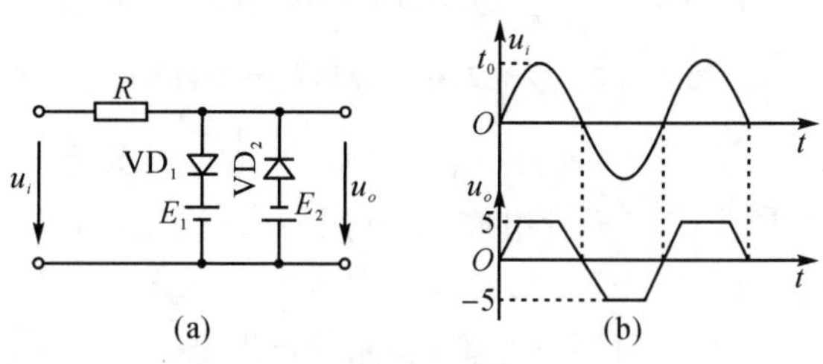

图 4.2.6　二极管限幅电路

解：当 $u_i>E_1$ 时，VD_1 导通(VD_2 截止)，$u_o=E_1$。

当 $u_i<-E_2$ 时，VD_2 导通(VD_1 截止)，$u_o=-E_2$。

当 $-E_2<u_i<E_1$ 时，VD_1、VD_2 均截止，$u_o=u_i$。波形如图 4.2.6(b)所示。

第 3 节　各种常用二极管

二极管的种类很多，应用也很广，主要是利用其单向导电性。它可用于整流、检波、电路保护以及在脉冲数字电路中作开关元件。另外还有好多特殊用途的二极管，如发光二极管、光电二极管、稳压二极管、变容二极管等等。有关它们的外形及电路符号请参见图 4.3.1 所示。

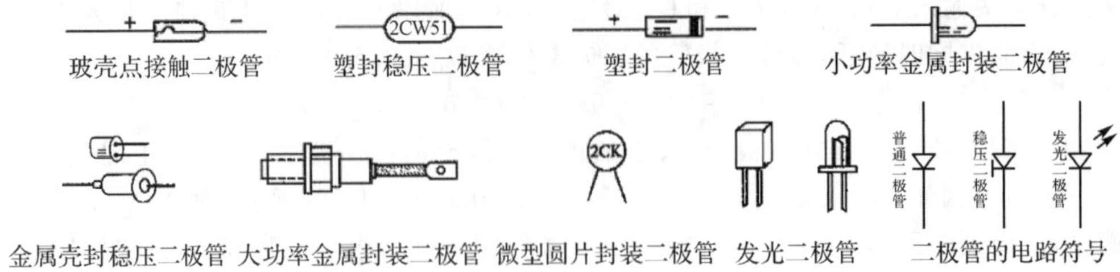

图 4.3.1　各种二极管外形及电路符号

下面简要介绍初学者经常会接触的几种二极管的特性及其应用。

3.1　发光二极管

发光二极管是一种将电能转换成光能的半导体器件，简称为 LED(Light Emitting Diode 的缩写)。普通发光二极管(LED)的 PN 结是用磷化镓(GaP)、砷化镓(GaAs)等材料做成。PN 结上加正向电压时，电流流通，结面发光。光的能量来自于空穴和电子在 PN 结附近复合时所释放出的能量。

发光二极管与普通二极管一样也由 PN 结构成，也具有单向导电性，发光二极管的工作电流一般为几毫安至几十毫安。它的正向导通电压较高，约为 1[V]～2[V]。使用时，应串接限流电阻，以防止正向电流过大而损坏管子。

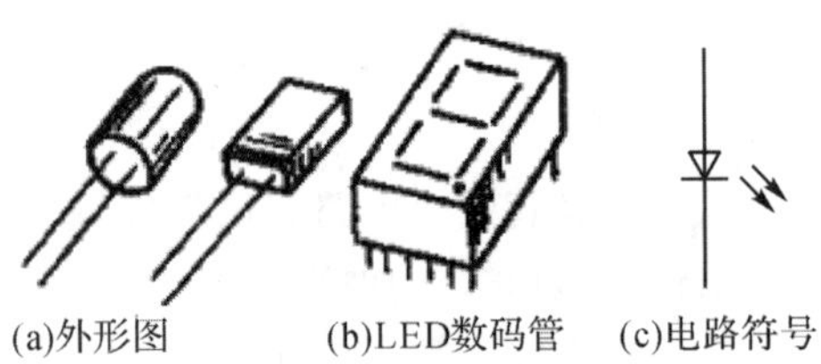

图 4.3.2　发光二极管外形及电路符号

图 4.3.2(a)所示为一些典型产品的外型。图 4.3.2(b)所示为半导体发光数码管(简称 LED 数码管)，由七个条状的发光二极管组成，是常用的数码显示器。

发光二极管可按制造材料、发光色别、封装形式和外形等分成许多种类。现在比较常用的是圆形、方形及矩形有色透明和散射型发光管；发光颜色以红、绿、黄、橙等单色型为主，也有一些能发出三种色光的发光管，这其实是将两种不同颜色的发光管封装于同一壳体内而制成的。

发光二极管应用极为广泛，常用作音响设备、仪器仪表的显示器、信号指示灯、特殊照明等发光元件。现在已开发出代替白炽灯的 LED，即将 20 个 15[mm]的 LED 组合在一起，采用白炽灯的灯口，使用直流或交流的 12[V]～28[V]的电源，其功率仅为 1[W]～2.7[W]，相对于白炽灯来说是微功耗、节能，而且可发出不同颜色的光，像白光、绿光、黄光、蓝光、红光等。

发光二极管可用于光通信中。所谓光通信就是激光二极管将电信号转变成光信号后，通过光缆来传递信息。光通信广泛应用于大容量公众通信、信息处理等领域，作为其光源，最有前途的是激光二极管。当这种发光二极管中有正向电流流过时，激发层发射出激光。

3.2 光电二极管

(1)光电二极管

光电二极管是利用半导体材料的光敏特性而制成的,光电二极管又称为光敏二极管。

其PN结工作在反向偏置状态,图4.3.3为光电二极管的电路。当装有透镜的窗口未接受光照射时,电路中流过微小的反向电流,称为暗电流。当窗口接受光射时,PN结受到光线照射,可以激发产生大量电子、空穴对,在PN结附近就会产生光生载流子,从而提高了少数载流子的浓度,它的浓度正比于光照强度,随着少数载流子浓度的增加,少子漂移电流显著增大。当外界光的强度变化时,在反向电场的作用下,二极管反向电流大小也随之改变。于是PN结由反向截止变为反向导通,PN结的反向电阻由几十兆下降为几十千欧,反向电流急剧增长,这一电流称为亮电流。可见,光电二极管正常工作时应为反向接法。通过外接电阻R上的电压变化,实现光与电信号的转换。

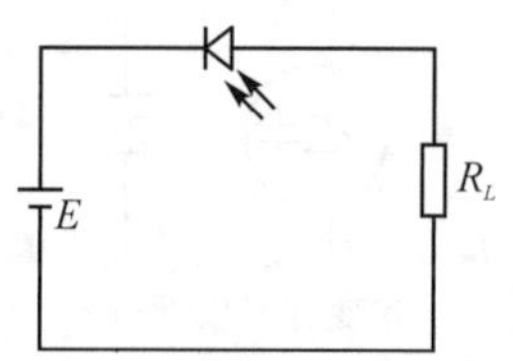

图4.3.3　光电二极管电路

图4.3.4　光电二极管

光电二极管可以作为光电控制器件或用来进行光的测量。

(2)光电耦合器件

将发光二极管与光电管组合在一起,就构成了光电耦合器件,其外形和符号如图4.3.5所示。

左侧是一个发光二极管,右侧是一个光电管。用光电耦合器件可以执行电—光—电信号的变换。因为光电耦合器件在信息传输过程中,是以光做媒介把输入端的电信号耦合到输出端的,因此称为光电耦合器件。它的主要特点是输入和输出之间的电绝缘,抗干扰能力强,因而在电子技术和计算机接口方面得到广泛的应用。

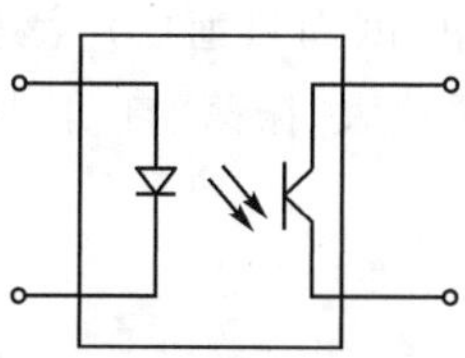

图4.3.5　光电耦合器

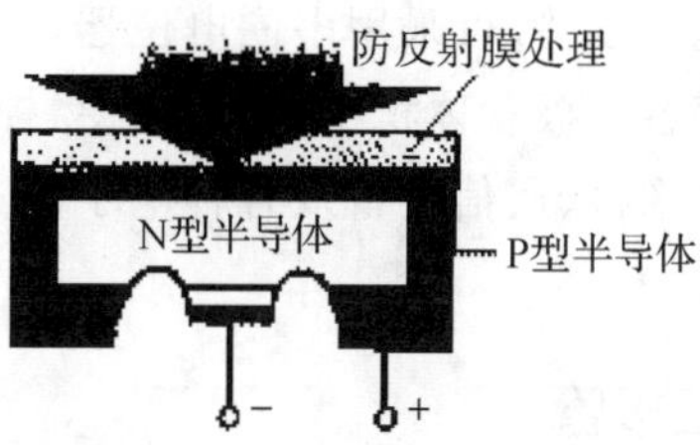

图4.3.6　硅太阳能电池构造

(3)太阳能电池

太阳能电池也是利用PN结的光电效应制成的。

所谓太阳能电池(solar battery)是这样的一种器件:当某波长的光照射到具有图4.3.6所示结构的PN结上时,光的能量使之产生电子和空穴。在结内部电场的作用下,电子向N区移动,空穴向P区移动。结果P区带正电荷,N区带负电荷。其电能可通过电极提供给外部用电器。

普通的硅太阳电池都是以 N 型硅单晶片为基片的。这种单晶是用棒形单晶精制切成的圆片,所以硅光电元件的原型都呈圆片状。

在前期或后序工艺过程中,将硅晶片切割成需要的形状,再将之经化学处理后置于高温中,用氧化硼(B203)在单晶表面进行热扩散,以形成 P 型薄层。

3.3 变容二极管

电容器具有存储和放出电荷的物理特性。二极管的 PN 结有没有这种特性呢?

PN 结耗尽层的两侧存在着正负电荷,并呈现被束缚状态,这可以看作是一种电容器(图 4.3.7)。在分析 PN 结单向导电特性时,曾分析过 PN 结空间电荷区的厚薄是随外加电压而变的。变容二极管就是利用这种耗尽层宽度可变的性质制造成的电容可变元件。

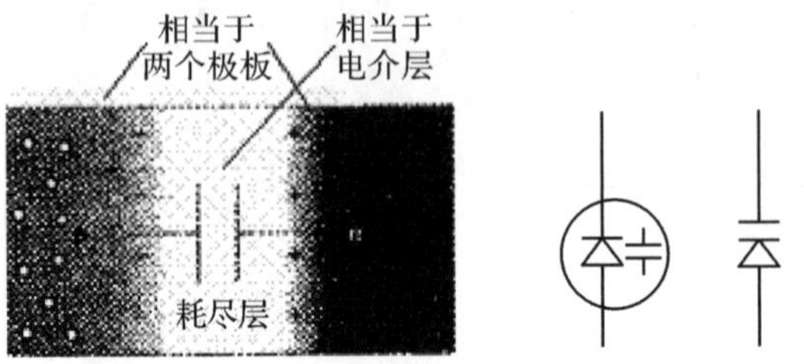

(a)起电容器作用的耗尽层　　(b)变容二极管符号

图 4.3.7　变容二极管的结构及电路符号

可见 PN 结亦具有一般电容器的物理特性,因此我们可以用一个电容来代表二极管 PN 结的这个电容效应,这个电容称为结电容。结电容在外加电压作用下,随空间电荷区厚薄的变化而变化。

变容二极管不但需要有较大的结电容,且要求有一定的可变范围,使其能代替各种容量变化的可变电容器,因而变容二极管都做成面接触型。材料可以是锗的,如国产 2AC 型锗变容二极管;也可以是硅的,如 2CC 型、2CB 型硅变容二极管;还有 2EC 型的砷化镓变容二极管等等。变容二极管的符号示于图 4.3.7(b)所示。

变容二极管的容量受控于所加反压,因而常用电位器调节电压来控制变容管的容量变化。为使容量变化缓慢些,可采用多圈电位器,当要求遥控时,只要将控制电压加到二极管的两端就可以了。变容二极管体积小,应用方便,控制电路也比较简单,因而目前已广泛应用在收音机、电视机、录像机、通信设备及各种电子测量仪器中,用于谐振放大、振荡、自动频率微调及倍频等电路。

3.4 整流二极管

在一般的电子设备中,应用最广最多的恐怕就是整流二极管了。整流二极管有硅管和锗管、低频和高频、大功率和小(中)功率之分。硅管具有良好的温度特性及耐压性能,故在现在的电子装置中应用远比锗管多。在选用整流二极管时,若无特殊需要,一般以选硅二极管为宜。

高频整流管亦称快恢复整流管,主要用在频率较高的电路(如开关电源电路和电视机行输出电路)中。低频整流二极管亦称普通整流管,主要用在市电 50 Hz 电源、100 Hz 电源(全波)整流电路及频率低于几百 Hz 的低频电路中。

在图 4.3.8 所示电路中接入一个正弦交流电源，只有在交流正半周时，二极管才导通，因而我们称这种电路为半波整流电路。半波整流输出的波形呈脉动状，输出的脉动电流中含有不少交流成分，除了用来给蓄电池充电或用于电镀供电外，一般不能用于像收音机、录音机、电视机、录像机这样的电气设备，否则将引入很大的电源干扰。现代电子设备中用的大多是由两个或四个二极管构成的全波整流和桥式整流电路，将在下一章的电路部分讲到。

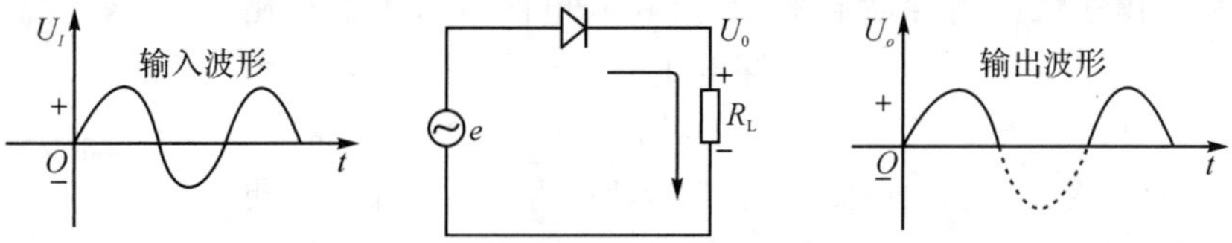

图 4.3.8　二极管半波整流电路

整流二极管中还有两种较特别而又较常用的产品：一种是硅整流堆，另一种是高压整流硅堆（见图 4.3.9）。

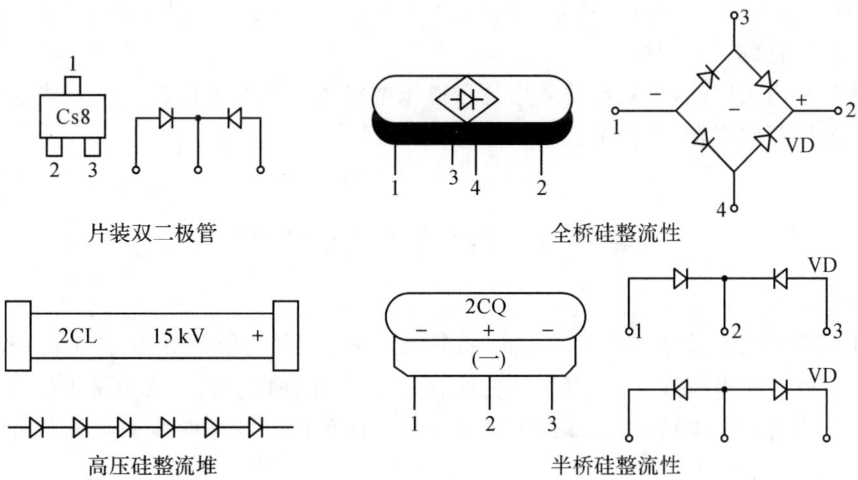

图 4.3.9　几个特种整流二极管及电路符号

硅整流堆这种产品其实是 2 个或 2 个以上整流管组合而成的，主要是为了缩小体积和便于安装。硅整流堆中有半桥堆和全桥堆。半桥堆内含两个二极管，可用一个半桥堆组成全波整流电路或用 2 个半桥堆组成全波桥式整流电路。全桥堆内含 4 个二极管，已按桥式整流方式连接好，只需用 1 个全桥堆便可组成全波桥式整流电路。

高压整流硅堆主要用于近万伏及万伏以上的高压整流，最常见的便是电视机中的高压整流硅堆。

3.5　稳压二极管

稳压管是一种特殊的面接触型半导体二极管。前已述及，整流二极管一般不能工作在反向击穿区，但稳压管却工作在反向击穿区，它是利用二极管的反向击穿特性实现稳压功能的半导体器件。由于它在电路中与适当数值的电阻相配后能起稳定电压的作用，故称为稳压管。

稳压管的伏安特性曲线与普通二极管相类似，如图 4.3.10 所示。从伏安特性曲线可以看出，如果不断增大二极管的反向电压，直到某电压值之前几乎都没有电流，但超过某个电压值之后，电流急剧增加。由于稳压管在制造时采取了适当的限流措施，可使管子工作在反向击穿状态而不损坏。此后，电流在很大范围内变化时，管子两端电压基本不变。这时，自由电子可以越过耗尽层而与电压无关。利用这一特性，稳压管在电路中能起稳压作用。

稳压二极管是利用这种反向击穿特性来进行稳压的，也就是说稳压二极管总是工作在反向击穿状态的，只要在外电路设有限流措施(一般加限流电阻)，使其击穿电流与击穿电压的乘积不超过管子最大允许功耗，就不会损坏管子。当外加电压撤掉后，管子仍恢复正常，因而稳压二极管的击穿是可逆的，而普通二极管一经击穿，就无法再恢复。

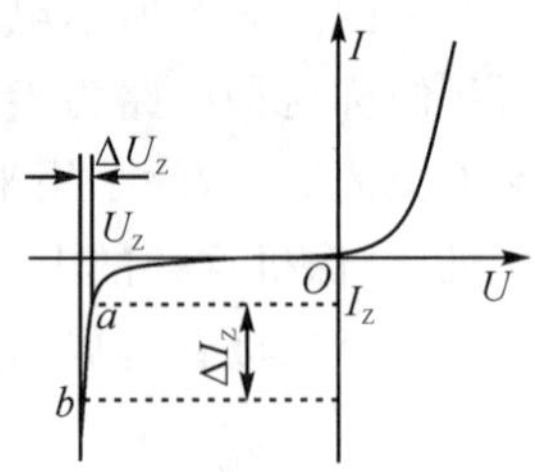

图 4.3.10　稳压二极管的伏安特性

尽管稳压管工作在反向击穿状态，但只要流过管子的电流小于管子允许的最大电流值，或者管子所耗功率不超出其最大耗散功率值就不会被烧坏。通常在二极管稳压电路中用电阻来限制稳压管的电流，以保证管子安全正常地工作。

由于稳压管工作在反向击穿状态，所以使用时一定要反向接入电路，即稳压管正极接直流电源负极，管子的负极接电源正极。

稳压管的应用很广泛，最基本的应用是在稳压电路中提供基准电压。在一些电子电路中还将它用在各级间的耦合，提供偏置电压等。

第 4 节　半导体三极管

半导体三极管又称晶体三极管，简称三极管或晶体管，它是最重要、最基本的一种半导体器件。三极管既可作电流放大，又可作开关控制，它的诞生使电子技术发生了本质的飞跃。本节主要介绍三极管的基本结构、内部载流子的运动规律和伏安特性曲线来解释三极管的电流放大特性。

4.1　三极管的基本结构

半导体三极管是具有三个电极的半导体器件，它的外形如图 4.4.1 所示。管子的三个电极别是发射极、基极和集电极，分别用字母 E、B、C 来表示。虽然半导体三极管的制造工艺各有不同，但结构形式不外乎 PNP 和 NPN 两种。图 4.4.2 是它们的结构示意图和符号。

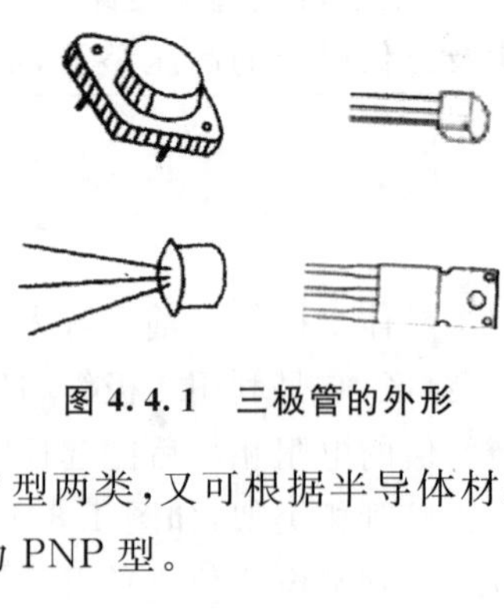

图 4.4.1　三极管的外形

三极管分为 NPN 型和 PNP 型两类，又可根据半导体材料分为硅管和锗管。我国目前生产的硅管多为 NPN 型，锗管多为 PNP 型。

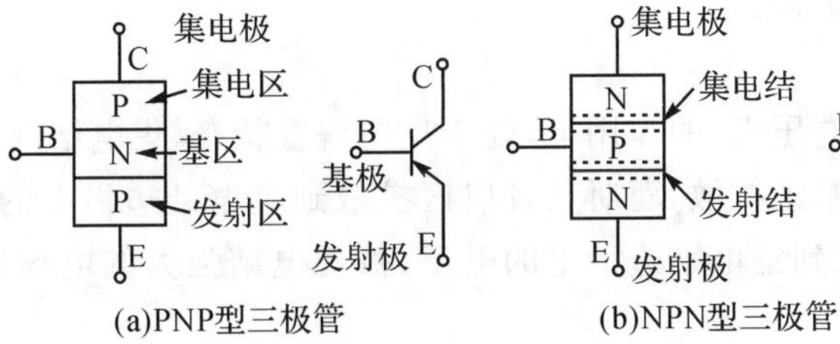

图 4.4.2　三极管的结构和电路符号

从内部结构示意图 4.4.2 看，三极管有三个区，分别为发射区、基区和集电区；由三个区各引出一个电极，分别为发射极 E、基极 B 和集电极 C。

P 型半导体中间夹着一层很薄的 N 型半导体的，称为 P-N-P 型晶体管。N 型半导体中间夹着一层很薄的 P 型半导体的，称为 N-P-N 型晶体管。

P 和 N 只表明其中的载流子分别为空穴和电子，从晶体管的作用原理来说，P-N-P 型和 N-P-N 型是完全相同的。

图(a)为 P-N-P 型晶体管的模型，两边的 P 型层上装有电极，一端称为发射极，另一端称为集电极。而中间很薄的 N 型称为基极。图(b)表示 N-P-N 型的构造。图(a)和图(b)的右侧分别是 P-N-P 型晶体管和 N-P-N 型晶体管的符号，不过一般情况下，符号中的 E、C、B 是不写的。依据带有箭头的那个电极是 E 极，中间的电极为 B 极，另一个电极必然为 C 极。

4.2　三极管的工作原理

下面通过三极管内部载流子的运动规律来解释其电流放大工作原理。如图 4.4.3 所示为 NPN 型三极管内部载流子运动示意图。

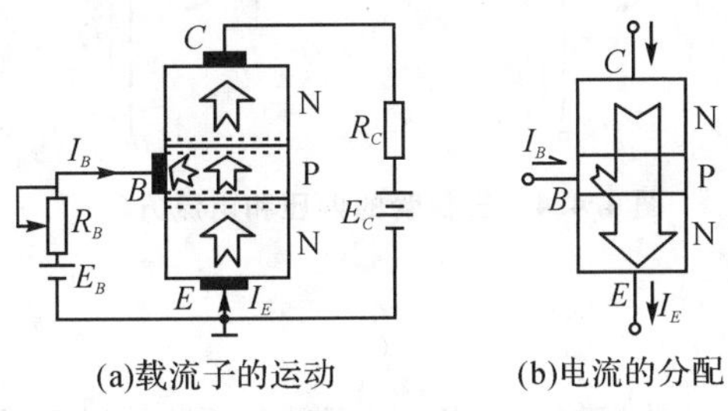

图 4.4.3　三极管内部载流子的运动

(1)发射区向基区发射电子

由于管子发射结处于正向偏置，使发射区的多子(自由电子)不断通过发射结扩散进入基区，形成由发射区注入基区的电子流。同时，基区的多子(空穴)也扩散到发射区。但由于基区杂质浓度很低，形成的空穴电流十分微弱，与电子电流相比可以忽略不计。因此，可以近似认为发射极电流 I_e 就是发射区向基区扩散的电子扩散电流，其方向与电子扩散的方向相反。

(2)电子在基区的扩散和复合

电子越过发射结注入基区后，由于在靠近发射结一侧电子浓度最高，而靠近集电结一侧电子浓度最低，因此电子要继续向集电结方向扩散。在扩散过程中，一部分自由电子与基区中为数不多的空穴相遇而复合。同时，电源 E_b 的正极不断从基区拉走电子，补充复合掉的空穴，这样就形成了较小的基极电流。由于基区很薄，空穴浓度很低，所以电子复合的机会很少，绝大部分都能扩散到集电结附近。

(3)电子被集电极收集

由于集电结处在外加电压 E_c 的作用下，处于反向偏置状态，集电结内电场增强，因而阻止了集电区的电子(多子)向基区扩散，而对从发射区扩散到集电结边沿上的电子来说则是一个加速电场。这样，大量扩散到集电结边沿上的电子，被集电结强大的电场拉入集电区，形成集电极电流 I_c。

综上所述，从发射区注入基区的电子，大部分越过基区流向集电极，形成集电极电流 I_c，仅有很少一部分电子在基区复合，形成基极电流 I_b。各极电流方向如图 4.4.3(b)所示。

由于基区做得很薄且多数载流子浓度很低，所以，基极电流只要有微小的变化，就能使集电极电流发生较大的变化。这就是三极管的电流放大原理。晶体管的电流放大能力取决于复合和扩散的比例。扩散运动愈是超过复合运动，就有愈多的电子扩散到集电区，晶体管的电流放大作用也就愈强。

由此可见，要使三极管能起正常的放大作用，其内在的依据是基区做得很薄且多数载流子浓度很低，外在的条件是发射结必须正偏，而集电结必须反偏。如图 4.4.3(a)所示，当只在基极与集电极之间加上反向电压时，三极管中不会有电流。但是，如果进一步在发射极与基极之间加上正向电压，就会有电流从集电极流出。

图 4.4.4 是 NPN 和 PNP 两种三级管在正常工作时的电流方向和各极的偏置电压极性。

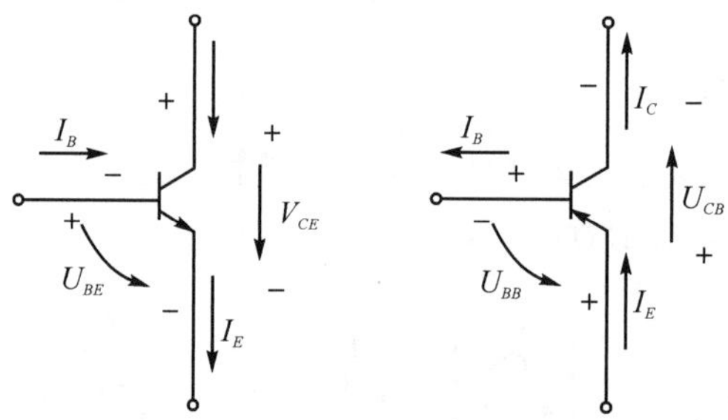

图 4.4.4　三极管的偏压和电流方向

4.3　三极管的电流分配

通过三极管内部载流子运动规律的分析，根据基尔霍夫定律可得，发射极电流等于基极电流加上集电极电流。

$$I_E = I_B + I_C \tag{4.4.1}$$

这一规律可以用图 4.4.5 所示的电路来验证。

把一个 NPN 型晶体管的三个电极通过一些电阻和电流表与两个电源按图连接起来。从电路中可以看出，电压源 E_B 使得发射结处于正向导通状态，又因 E_C 加在 C、E 之间，故集电结处于反向截止状态。这种连接方式的特点是，左右两个回路以晶体管的发射极为公共端的，因此这种连接方式称为共发射极接法。

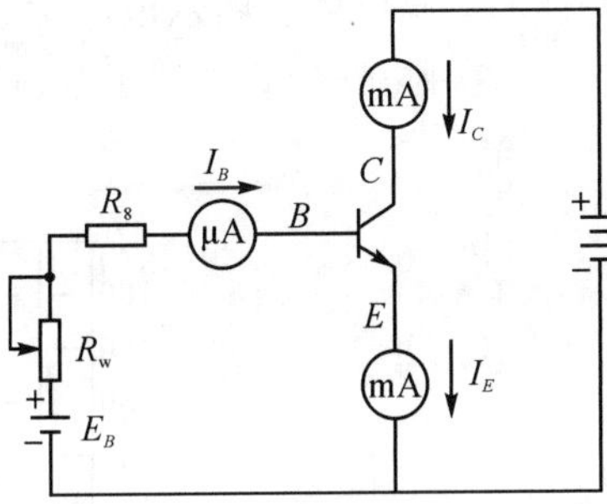

图 4.4.5　三极管电流分配实验电路

如果在一定的范围内改变电路中的可变电阻 R_W 就可以从三条支路中的电流表上看出，基极电流 I_B、集电极电流 I_C 以及发射极电流 I_E 都会发生变化。以一组 R_W 值确定出一组对应的电流值，然后列表以便对照分析电流变化的规律。表 4.4.1 是实测的一组电流数据。

表 4.4.1　晶体管电流测量数据

I_B[mA]	0	0.01	0.02	0.03	0.04	0.05
I_C[mA]	≈0.001	0.50	1.00	1.70	2.50	3.30
I_E[mA]	≈0.001	0.51	1.02	1.73	2.54	3.35

从实验测量的数据里可以得出如下结论：

发射极电流等于基极电流和集电极电流之和，即(4.4.1)式得到了验证。

从第三、第四列的数据可知，I_C 和 I_B 的比值分别为

$$\frac{I_C}{I_B}=\frac{1.00}{0.02}=50 \qquad \frac{I_C}{I_B}=\frac{1.70}{0.03}=57$$

即 I_C 要比 I_B 大数十倍。如果我们把基极电流和集电极电流的相对变化再比较一下，即

$$\frac{\Delta I_C}{\Delta I_B}=\frac{1.7-1}{0.03-0.02}=70$$

从而得出一个极为重要的结论：基极电流较小的变化可以引起集电极电流较大的变化，也就是说，基极电流对集电极电流具有以小量控制大量的控制作用。这就是晶体管的放大作用。电流变化量 ΔI_C 和 ΔI_B 之间满足确定的比例关系：

$$\beta=\frac{\Delta I_C}{\Delta I_B} \tag{4.4.2}$$

这一比例系数 β 的大小反映了晶体管控制作用的强弱，即电流放大作用的强弱，所以称 β 为共发射极电流放大倍数。

另外从表 4.4.1 中看到，当 $I_B=0$ 时，集电极、发射极间流过一个数值很小的电流，这个电流称为穿透电流。关于穿透电流的产生将在后面叙述。

4.4　三极管的伏安特性曲线

使用三极管时，必须了解各电极间所加电压及所流过电流的关系。表示晶体管外部各电极的电压和电流相互关系的曲线称为三极管的特性曲线。从应用的角度来说，特性曲线所反映的晶体管性能是分析放大电路的重要依据，因此了解晶体管的伏安特性曲线十分重要。

下面结合实验测量晶体三极管特性曲线的方法来讨论特性曲线的意义。图 4.4.6 是测量

共发射极电路的输入特性和输出特性的实验电路。图示电路称为发射极接地电路，以发射极作为基准，电源接在基极与集电极上。这种电路形式常用于普通放大器中。

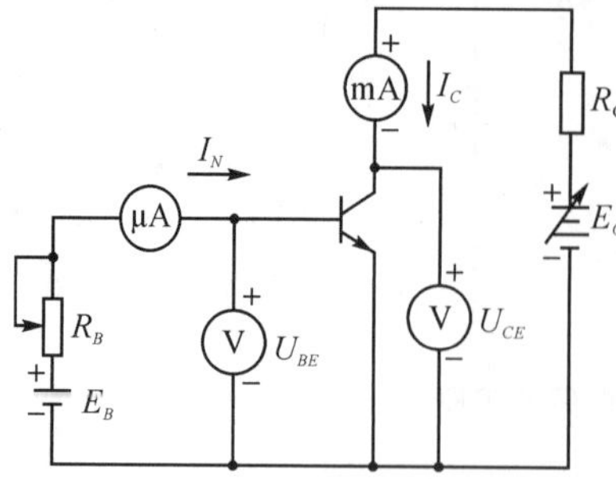

图 4.4.6 三极管特性曲线测试

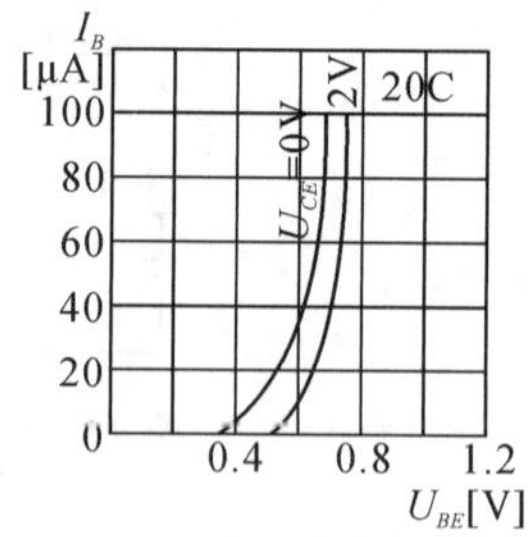

图 4.4.7 三极管输入特性曲线

可由实验测得三极管的特性曲线，最常用的就是上面的共射极接法时的输入特性曲线和输出特性曲线。这些特性曲线也可从晶体管特性图示仪上直观地显示出来。

(1)输入特性曲线

输入特性曲线是指在一定的U_{CE}之下，加在晶体管的基极和发射极之间的电压U_{BE}与它所产生的基极电流 I_b 之间的关系曲线。

测试时，首先要固定U_{CE}为某值，然后改变 R_B 测量相应的 I_B 和 U_{BE}值，可得到一组数据，根据这组数据可逐点描绘出输入特性曲线。图 4.4.7 为 NPN 型硅晶体管的输入特性曲线。

现在分析一下输入特性曲线。当 $U_{CE}=0$ 时，即集电极与发射极短接，这样晶体管的发射结与集电结正如图 4.4.8 所示的那样，是两个正向偏置的二极管，所以曲线的变化规律和二极管的正向伏安特性一样。

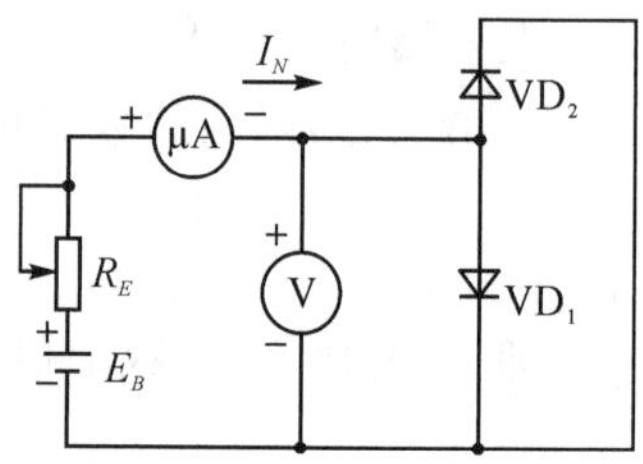

图 4.4.8 $V_{CE}=0$ 三极管的等效

由于三极管的输入回路只经过一个 PN 结(发射结)，所以它的输入特性曲线与二极管的正向特性相似，只是当集—射极电压U_{CE}取值不同时，曲线的左右位置不同。

比较 $U_{CE}=2$[V]和 $U_{CE}=0$[V]的两条输入特性曲线可见，$U_{CE}=2$[V]的一条向右移动了一段距离，这是由于当 $U_{CE}=2$[V]时，集电结吸引电子的能力加强，使得从发射区进入基区的电子更多地流向集电区。因此对应于相同的 U_{BE}，流向基极的电流 I_B 比原来 $U_{CE}=0$[V]时减小。若要使 I_B 保持不变，U_{CE}增大，U_{BE}也必须增大，这样特性曲线也就相应地向右移了。

严格地说，U_{CE}不同，输入特性曲线应有所不同. 但实际上当 U_{CE}超过 2 V 后，若保持 U_{BE}固定，即在发射区注入基区的电子数保持一定的情况下，集电结所加的反向电压已能够把注入基区的电子的绝大部分拉到集电区，因此 U_{CE}再增大，I_C 不再明显地增大，I_C 也就近似恒定了。

通常只画出 $U_{CE}=2$ V 的一条输入特性曲线，就可以代表其他更大的 U_{CE}时的情况。作为放大用的三极管，一般 U_{CE}都大于 2 V，所以这条输入特性曲线才是具有实际意义的。

(2)输出特性曲线

输出特性曲线是指在一定的基极电流 I_B 之下，三极管集电极电流 I_c 与集—射极电压 U_{CE}之间的关系曲线。

当 I_B 为不同值时，可得出不同的曲线，所以三极管输出特性是一族曲线。

测试时，首先固定 I_B 为某一值，然后改变 E_C 测量相对应的 I_c 和 U_{CE}，可得到一组数据。根据这组数据可给出一条输出特性曲线。再改变 I_B 为另一数值，同样改变 E_c，又得到另一组相对应的 I_c 和 U_{CE} 值，并给出另一条输出特性曲线。图 4.4.9 为某型三极管的输出特性曲线族。

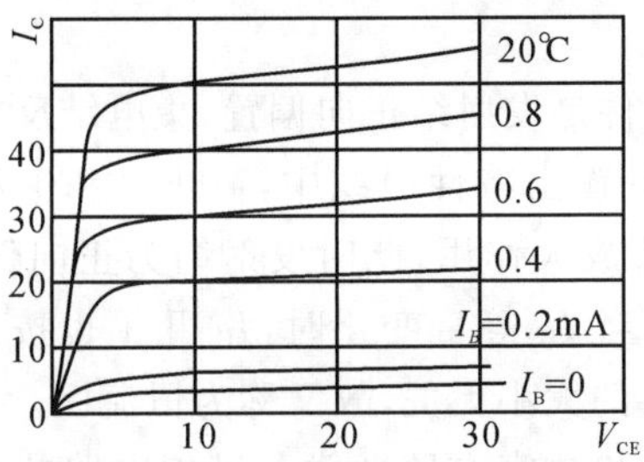

图 4.4.9　三极管的输出特性曲线

从特性曲线可以看出以下几点：

1)改变集电极与发射极之间的电压 U_{CE} 对集电极电流 I_c 的影响不大，而改变基极电流 I_B 时，I_c 的变化很大。

2)U_{BE} 变小时，I_c 急剧减小。并且当 U_{BE} 在 0.6 V 附近变化时 I_B 随 U_{BE} 变化很大。

3)I_B 和 I_c 的关系几乎成正比，从图输出的曲线可知，相对于基极电流 I_B，集电极电流 I_c 在 100 倍以上。这个 I_B 和 I_C 的比($\frac{I_c}{I_B}=\beta$)就是直流电流放大倍数。

4.5　三极管的工作状态

我们知道，二极管工作在正向导通或反向截止状态，是由 PN 结的偏置方式来决定的。同理，三极管工作于什么状态，也由集电结和发射结两个 PN 结的偏置方式来决定的。因为三极管有两个 PN 结、三个电极，所以需外加两个电压，故有一个电极必然作为公共端。现在以最常用的 NPN 型共发射极接法为例，现结合前面讨论的输出特性曲线分别讨论来说明三极管的工作状态。若是 PNP 管，只需要将两个电源的正、负极颠倒过来即可。

三极管的工作状态有三种，即放大、饱和及截止状态。根据晶体管工作状态的不同，输出特性可分为三个区域，即截止区、饱和区和放大区。现分别讨论如下：

1.截止状态

三极管在集电结加反向偏置的情况下，如果发射结也加反向偏置或所加的正向偏置电压太小，不能够使发射结正偏导通时，发射区将不会有多数载流子扩散进入基区，基极电流 I_B 和集电极电流 I_C 以及 I_E 都为零，整个管子相当于断开，这种状态就是截止状态。

在晶体管输出特性曲线中，$I_B=0$ 的曲线以下的区域为截止区，见图 4.4.10 所示。此时 I_C 几乎为 0。这样，当三极管工作在截止区时，集电极和发射极之间相当于一个开关的断开状态。

截止区的特点是：发射结和集电结均处于反向偏置，发射区基本没有自由电子注入基区，因此它们二者之间相当于断开，晶体管失去放大作用。通常发射结电压小于死区电压时，$I_C\approx0$，可以认为晶体管已进入截止区。

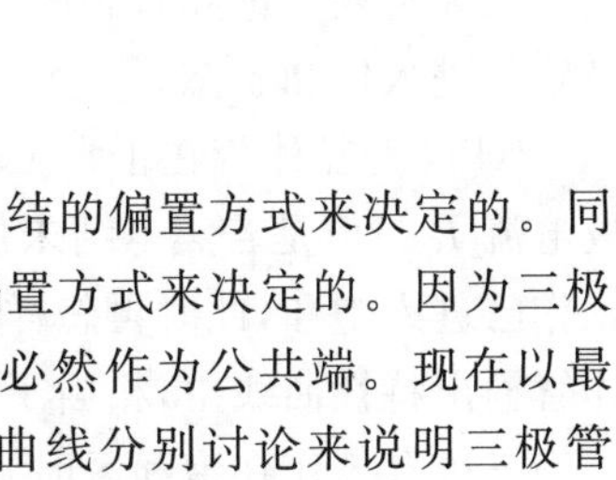

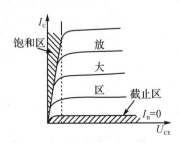

图 4.4.10　三极管特性的三个区

处于截止状态的条件是发射结反向偏置,或偏置电压小于发射结的导通电压(一般硅管 0.7[V]、锗管 0.3[V]),集电结也反向偏置。如图 4.4.6 所示电路,若将 E_B 的极性变为上负下正,则两个 PN 结都是反向偏置,三极管这时的工作状态即为截止状态。从输出回路看,相当于一个开关处于断开状态,三极管相当于开路。

2. 放大状态

三极管处于放大状态的条件是发射结正向偏置,集电结反向偏置。

如图 4.4.10 所示的晶体管输出特性曲线中,截止区和饱和区之间的区域,称为放大区。工在放大区的三极管具有电流放大作用,此时发射结为正向偏,集电结为反向偏置。由图可见,放大区的特性曲线较平坦,当 I_B 等量变化时,I_C 几乎也按一定比例等距平行变化。在此区 I_C 只受 I_B 控制,几乎与 U_{CE}的大小无关,故又称为恒流区。

电子电路可分为模拟电路和数字电路两类。模拟电路使用的三极管主要工作在放大状态,起放大作用;在数字电路中,三极管交替工作于截止和饱和两种状态,起开关作用。

3. 饱和状态

电路仍如图 4.4.6 所示,设三极管工作在放大状态,若减小 R_B,使 U_{BE}增加导致 I_B 增加,I_c 也随之增加,由 $U_{CE}=E_C-R_CI_C$ 式可知 U_{CE}减小。当 $U_{CE}=0$ 时,$I_C=E_C/R_C$ 已达到了电路可能的最大数值,I_B、I_C 已不可能再增加,即已经饱和,故三极管此时的状态称为饱和状态。由于饱和可认为 $U_{CE}\approx 0$,$I_C=\dfrac{E_C}{R_C}$。三极管相当于短路。

三极管处于饱和状态的条件是发射结正向偏置,集电结也正向偏置,当 U_{CE}小于 U_{BE}时,三极管将进入饱和状态。

NPN 型晶体管在正常工作时,从发射区注入基区的电子受集电结内电场的作用形成集电极电流 I_C。但是若集电结未加反向电压,它就会失去收集基区中电子的能力,这说明晶体管工作已进入饱和,此时再怎样增大基极电流,集电极电流也不会增大。如图 4.4.10 所示,在晶体管输出特性曲线中,相当于曲线族左侧,近似直线上升部分的区域为饱和区。

三极管工作在饱和区时,发射结和集电结均为正向偏置,呈低电阻状态。此时的集—射极电压 U_{CE}称为饱和压降,其值很小,硅管约为 0.3[V],锗管约为 0.1[V]。由于 $U_{CE}\approx 0$,管子集电极与发射极之间犹如开关闭合。

[**例题 4.4**] 在图 4.4.11 所示电路中,已知三极管及电路参数图中已标出,求开关 S 合向 A、B、C 点时的,I_B、I_C、U_{CE},并指出三极管所处的工作状态。

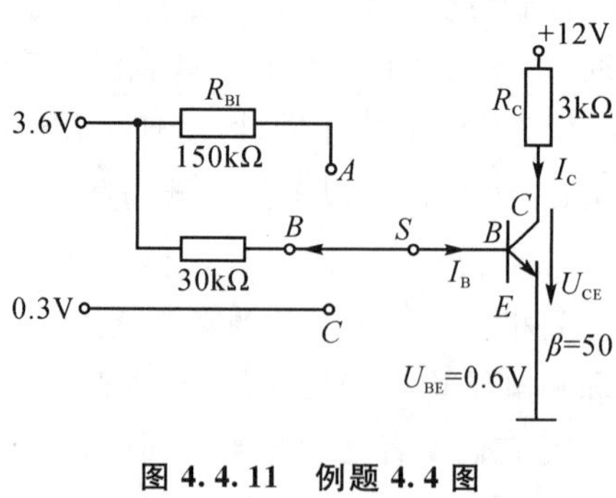

图 4.4.11 例题 4.4 图

解:(1)当开关合向 A 时,

$$I_B = \frac{3.6 - U_{BE}}{R_{B1}} = \frac{3.6 - 0.6}{150 \times 10^3} = 0.02\,[\text{mA}]$$

$$I_C = \beta I_B = 20 \times 10^{-6} \times 50 = 1\,[\text{mA}]$$

$$U_{CE} = 12 - 10^{-3} \times 3 \times 10^3 = 9\,[\text{V}]$$

显然三极管处于放大工作状态。

(2)当开关合向 B 时，

$$I_B = \frac{E_B - U_{BE}}{R_{B2}} = \frac{3.6 - 0.6}{30 \times 10^3} = 0.1\,[\text{mA}]$$

$$I_C = \beta I_B = 0.1 \times 10^{-3} \times 50 = 5\,[\text{mA}]$$

$$U_{CE} = 12 - 5 \times 10^{-3} \times 3 \times 10^3 = -3\,[\text{V}]$$

这时可以看出 U_{CE} 为负值显然是不可能的，当晶体管饱和时 U_{CE} 最小也是 0.3 V。所以管子只能处于饱和状态。这时的

$$I_C = \frac{E_C - 0.3}{R_C} = \frac{12 - 0.3}{3 \times 10^3} = 3.9\,[\text{mA}]$$

$$U_{CE} = 0.3\,[\text{V}]$$

(3)当开关合向 C 时，因为基极电压 0.3V 小于发射结导通所需的最小 0.6 V，因此三极管处于截止状态。

$$I_B = I_C = 0\,[\text{V}]$$

$$U_{CE} = U_{CC} = 12\,[\text{V}]$$

[例题 4.5] 如例题 4.4.12 图所示，测得处于放大状态的三极管的各电极电位分别为 2.5[V]、3.2[V]、9[V]，试判断三极管的类型(NPN、PNP)，并区分 1、2、3 三个电极分别是什么电极。

解：根据三极管放大状态满足 $U_c > U_B > U_E$(NPN 型)电位关系，由已知条件 9[V]>3.2[V]>2.5[V]，且满足硅管处于放大状态，U_{BE}=0.7[V]=3.2[V]−2.5[V]，故 U_B=3.2[V]，U_E=2.5[V]，则 U_c=9[V]，此管为 NPN 型三极管。

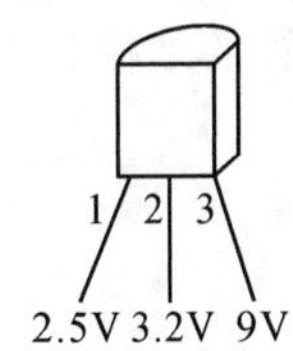

图 4.4.12
例题 4.5 图

第 5 节　场效应晶体管

场效应管(Field Effect Transistor，简称 FET)是电子电路中常用的另一种半导体信号放大器件，其工作原理与普通晶体管不同。普通晶体管是一种电流控制器件，工作时必须从信号源取用一定的电流，输入电阻较低，约 $10^2 \sim 10^4$[Ω]的数量级。场效应管利用半导体的电场效应对其内部多数载流子的运动进行控制，是一种电压控制器件。基本上不需要信号源提供电流，输入电阻很高(可高达 10^{14}[Ω])，这是它的突出特点。

场效应管从结构上分，主要有结型场效应管(Junction Type FET，简称 JFET)和绝缘栅场效应管(Insulated Gate FET，简称 IGFET)两种。

5.1　结型场效应管的结构及工作原理

在介绍晶体二极管和晶体三极管时，讲到了 PN 结的特性。PN 结外加正向电压时，空间电荷已变薄，进入导通状态。PN 结加反向电压时，空间电荷区变厚，处于截止状态；反向电压

增大，空间电荷区也随之增厚。

结型场效应管的基本结构是在一块N型硅半导体材料上制造两个P型区域，形成两个PN结，并且使两个PN结均处于反向偏置。改变两个PN结的反向电压，可以控制两个空间电荷区（又叫耗尽区）的厚薄。两个空间电荷区就像是通过“大门”的开合大小（如图4.5.1所示）来控制流过管子的工作电流的。电子流通（N型半导体多数载流子从源极向漏极的漂移）的“路径”，我们叫它导电沟道。沟道可以是N型沟道，也可以是P型沟道。

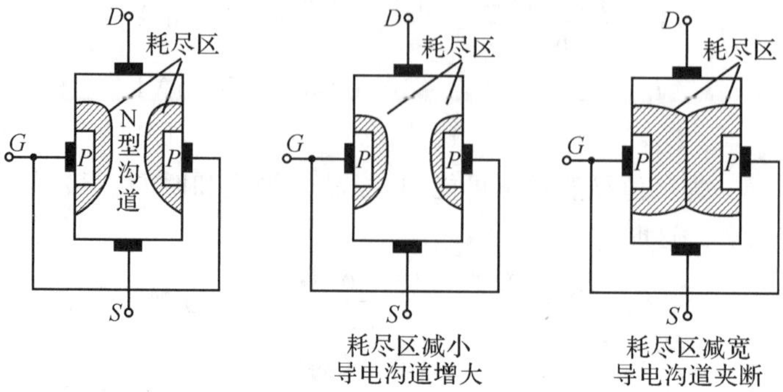

图4.5.1 结型场效应导电沟道示意图

结型场效应管的电极也有三个。N型硅半导体两端各引出一个电极，分别叫漏极D和源极S。N型硅两侧的P型区引线连接在一起成为栅极G。如果和普通晶体管相比，漏极相当于集电极，源极相当干发射极，栅极相当干基极。如图4.5.2所示出了N型沟道结型均效应管的结构和电路符号。

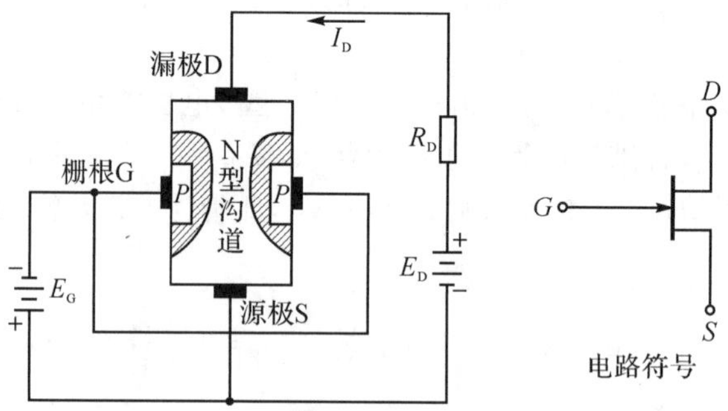

图4.5.2 结型场效应管的结构及电路符号

从图中可以看到，栅极G上的电位是负的，栅极和漏极、源极之间的PN结都是反向偏置。两个PN结的空间电荷区的厚薄，随栅极负压的大小而变化。显然当栅极电压E_D和电阻R_D一定时，负栅压越大，两个耗尽层越厚，导电沟道越窄，漏电流I_D也就越小。I_D随栅压的变化而变化，这就好像电流控制的普通晶体三极管中集电极电流随基极电流的变化而变化一样。

当我们在漏极上接上足够大的电阻R_D时，栅极电压控制的漏极电流将在R_D两端产生一个很大的压降。这说明了场效应管具有放大作用。

下面是另一种单PN结的结型N沟道增强型场效应管的结构及工作原理：

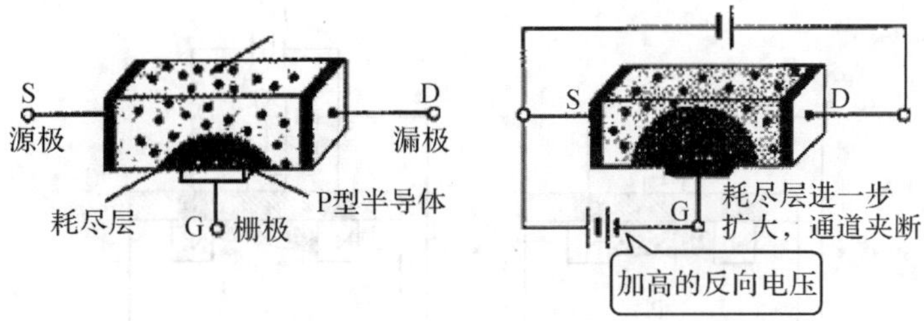

图 4.5.3　单 PN 结场效应管的结构和原理

图 4.5.3 是 N 沟道 D 单 PN 结场效应晶体管的结构。它有 D(漏极)、S(源极)、G(栅极)三个电极。在漏极和源极间加上电压,就有电流流过。这时若在栅极和源极间加上反向电压,耗尽层的厚度与栅极电压的变化成比例,电流的通道(称为沟道)就变化,这就使漏极电流产生变化,电流受到控制。

5.2　绝缘栅型场效应管工作原理

绝缘栅场效应管在结构上包括有金属电极,二氧化硅绝缘层和半导体材料,所以又称为金属-氧化物-半导体场效应管(Metal-Oxide-Semiconductor FET,简称 MOSFET)。根据其内部结构的不同,MOS 管又有 N 型沟道和 P 型沟道之分,前者称为 NMOS,后者称为 PMOS。而每一种 MOS 管又有增强型和耗尽型之分,所以 MOS 管共有 4 种类型,即增强型 NMOS、耗尽型 NMOS、增强型 PMOS、耗尽型 PMOS。

NMOS 和 PMOS 在结构和工作原理上基本相同,只是工作时外加电源极性和电流方向不同而已,所以下面主要以 NMOS 管为例讨论 MOS 管的工作原理和特性。

(1)N 沟道增强型场效应管

图 4.5.4(a)所示为 N 沟道增强型绝缘栅场效应管的结构示意图,图(b)是它的电路图形符号。它是用一块 P 型硅片作衬底,在其上通过扩散工艺形成两个高掺杂的 N 型区(图中以 N^+ 表示),分别引出电极作为源极 S 和漏极 D。在两个 N 型区之间用热氧化的方法生成一层二氧化硅(SiO_2)绝缘层。并在其上覆盖一层金属膜,由此引一电极作为栅极 G。由于栅极和其他电极及衬底是绝缘的,故称为绝缘栅型场效应管。

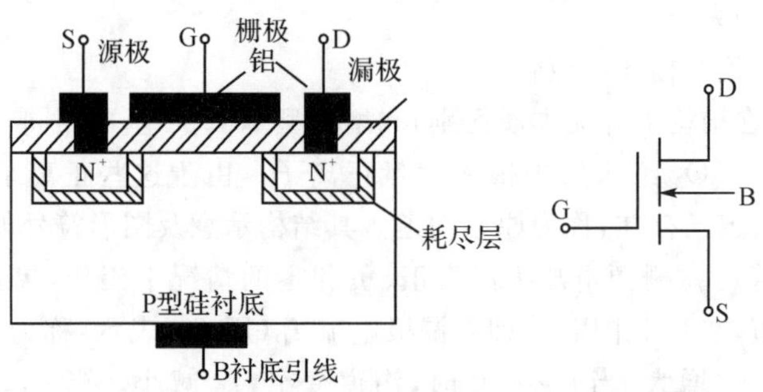

(a)结构示意图　　(b)电路符号

图 4.5.4　NMOS 管的结构及电路符号

增强型 NMOS 管的工作原理如图 4.5.5 所示。增强型 MOS 管的漏区和源区被 P 型衬底隔开,形成两个背靠背的 PN 结,所以若栅极悬空,在漏极和源极之间加上电压 U_{DS} 后不会产生漏极电流。

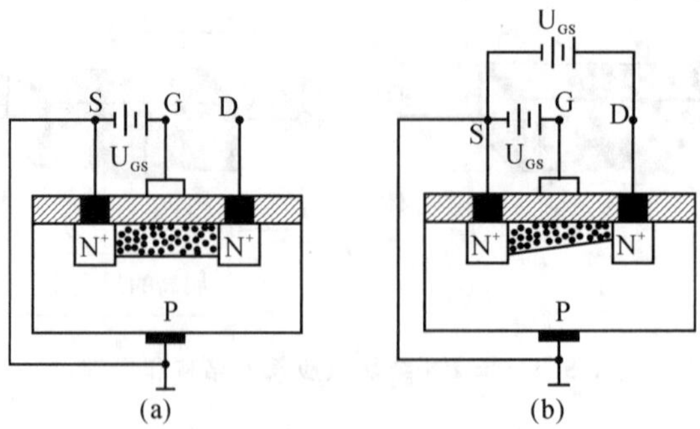

图 4.5.5　N 沟道增强型绝缘栅场效应管原理

在正常工作时，MOS 管的衬底和源极通常是连在一起的。在栅源极间不加电压时，P 型衬底上不能形成可以导电的沟道。不论漏源电压 U_{DS} 如何，总有一个 PN 结反偏。如果在栅极 G、源极 S 之间加上正电压 U_{GS}，并将源极与衬底相连，如图(a)所示，就形成一个与基片表面垂直、由栅极指向衬底的强电场。在这个电场作用下，金属栅极将感应得正电荷，P 型衬底靠近绝缘层(SiO_2)的一侧将感应出电子。但此少量电子将被 P 型衬底中大量的空穴所中和，仍无导电沟道，漏极电流 I_D 仍然为 0。只有当栅源电压 U_{GS} 超过某一临界值以后，才能在 P 型衬底的表面感应出一个由电子组成的 N 型层，称之为反型层。此 N 型层与二个 N 型区没有 PN 结，具有良好的接触，形成 N 型导电沟道。通常将开始形成反型层所需的栅源电压 U_{GS} 值称为开启电压，用 U_{GS}(th)表示。显然，栅极电压 U_{GS} 愈大，作用于半导体表面的电场越强，N 型沟道愈厚，沟道电阻愈小。

如果在漏源之间接上电源，使 U_{DS} 大于 0，如图(b)所示，则 N 型沟道内的载流子将在电场作用下移动，形成漏极电流 I_D，管子导通。

从图(b)看到：从源极沿沟道到漏极的各点电位是逐步升高的，故栅极与沟道各点之间的电位差及其产生的垂直电场从源极到漏极逐渐减小，因而导电沟道靠近源极处较宽，靠近漏极处较窄。

显然，栅源电压 U_{GS} 值越大，作用于半导体表面的电场越强，被吸引到反型层的电子数越多，导电沟道越厚，相应的沟道电阻就越小。这样在漏极和源极加上电压后，栅极电压的大小就可以改变漏极电流的大小。

(2)N 沟道耗尽型绝缘栅场效应管

增强型和耗尽型在结构上并无本质区别，和增强型 NMOS 基本相同，仅是制造方法不同。只是在制造时，预先在 SiO_2 绝缘层中掺入大量正离子。由于这些正离子的作用，在 $U_{GS}=0$ 时，漏源之间的导电沟道已存在，称为原始沟道。其结构示意及图形符号如下图 4.5.6 所示。

耗尽型 NMOS 管可在栅源电压 U_{GS} 为正、负和零的情况下工作，灵活性大。当 $U_{GS}=0$ 时，由于存在原始沟道，在 U_{DS} 作用下，即有漏极电流 I_D(用 I_{DSS} 表示，称为饱和漏极电流)。当 $U_{GS}>0$ 时，沟道加宽，I_D 增大；当 $U_{GS}<0$ 时，沟道变窄，I_D 减小。当 U_{GS} 由负向增大到某值 $U_{GS(off)}$ 时，导电沟道消失，$I_D=0$，此时的栅源电压 $U_{GS(off)}$ 称为夹断电压。

同样地，其漏极特性曲线也可分为恒流区、夹断区和可变电阻区三个区域。和晶体三极管的饱和区、截止区和放大区相对应。

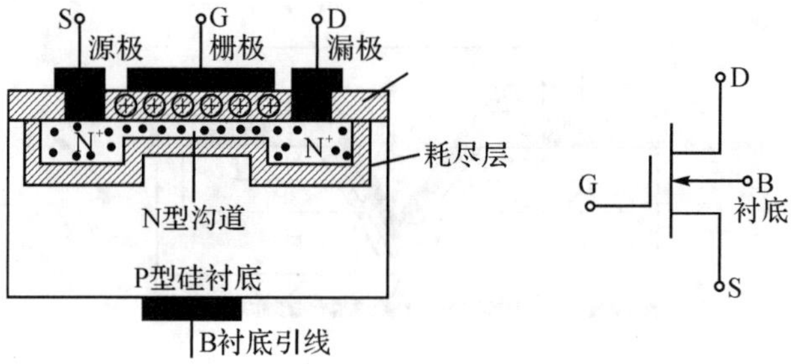

(a)结构示意图　　(b)电路符号

图 4.5.6　耗尽型 NMOS 管结构及电路符号

(3)P 沟道 MOS 管

P 沟道 MOS 管简称 PMOS 管，其结构与 NMOS 管相似，不同之处是 PMOS 管以 N 型硅片作衬底，在其上形成两个高掺杂的 P^+ 区，所形成的导电沟道中的载流子是空穴。PMOS 管也分为增强型和耗尽型两种，图形符号如图 4.5.7 所示。

使用时 UGS、UDS 的极性与 N 沟道相反。增强型的开启电压 U_{TP} 是负值，耗尽型的夹断电压 U_{PP} 是正值。

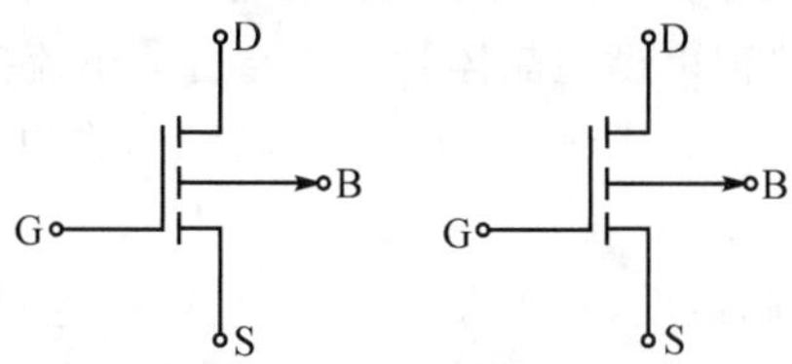

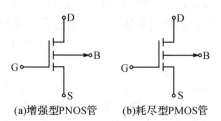

(a)增强型PNOS管　　(b)耗尽型PMOS管

图 4.5.7　P 沟道 MOS 管的电路符号

5.3　VMOS 功率管

垂直导电型 MOS 场效应管(Vertical MOSFET)简称 VMOS。它自 1975 年问世以来，已经成为一种很有发展前途的功率器件。目前它的电流可高达 200[A]，耐压可达上千伏。

普通 MOS 管采用的是平面布局结构，它的源极、栅极和漏极三个电极都布置在半导体基片的同一侧表面上，导电沟道沿基片横向分布。为了提高器件的耐压值，就要增加导电沟道长度，但这必然会减小器件的电流限额，所以普通 MOS 管很难做成高压大电流的功率器件。垂直导电 V 形槽 MOS 管(简称 VVMOS)的结构如图 4.5.8 所示，它采用了 V 形槽技术，把漏极布置到与源极、栅极相对的另一面。由于 P 区内的导电沟道沿基片纵向分布，其长度可以做得比普通 MOS 管小得多，且每个 V 形槽有两条导电沟道，因此管芯占用的硅片面积大大地减小，提高了硅片表面利用率。这样，可以在同一基片上制作几百个 V 形槽及导电沟道，使之互相并联，以获得大电流和低内阻，再加上漏区面积很大，便于散热，所以 VMOS 管的电流可以做得很大。

从图 4.5.8 可见，VMOS 管具有增强型 MOS 管的特点，若把图 4.5.8 中的 P 型半导体换为 N 型半导体，N 型半导体换为 P 型半导体，就构成了 P 沟道 VMOS 功率管。

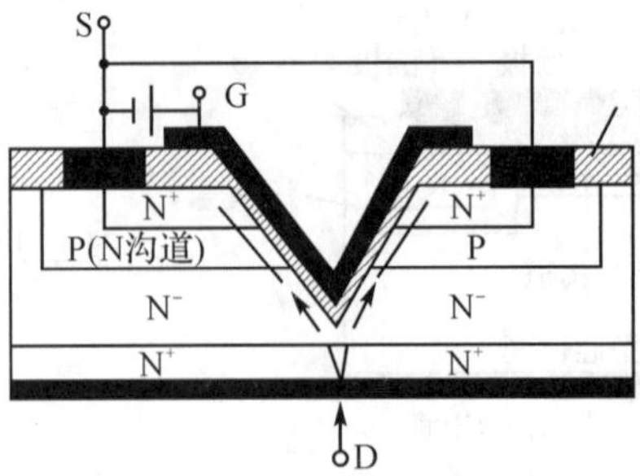

图 4.5.8 VVMOS 功率管的结构示意图

在功率 MOS 器件中，除上述垂直导电 V 形槽 MOS 管（VVMOS）外，还有垂直导电双扩散 MOS 管（Vertical Double Diffused MOS，简称 VDMOS）和绝缘栅双极晶体管（Insulated Gate Bipolar Transistor，简称 IGBT）。这两种结构的功率 MOS 管，其电压和电流可以做得比 VVMOS 更大，目前已有 1600[V]，200[A]的 IGBT 产品问世。

5.4 场效应管使用特点

场效应晶体管的外形与普通晶体管很相似，场效应管是一种电压控制的半导体器件。因为只有一种载流子参与导电，故称单极型晶体管。它与普通电流控制的晶体管比较，具有输入电阻高、噪声低、热稳定性好，便于集成化，应用广泛等特点，在电子电路中被广泛采用。其性能特点对比如下：

①场效应晶体管是电压控制器件，几乎没有输入电流；普通晶体管是电流控制器件，必须要有足够的输入电流才能工作。它们各自都可获得较大的放大倍数。

②场效应晶体管温度稳定性好，而普通晶体管受温度影响大。

③场效应晶体管制造工艺简单，便于集成，适合制造大规模集成电路。

④场效应晶体管焊接时，烙铁要有良好接地（用三芯插头），最好断开烙铁的电源后，利用余热焊接栅极，以避免交流感应将栅极击穿，在取用时手腕上最好套有一个接大地的金属箍。

⑤场效应晶体管存放时，要特别注意防止感应击穿，注意对栅极的保护。

由于绝缘栅场效应管的栅极与导电沟道之间是绝缘的，因此其栅-源电阻非常高，并不受温度影响。这显著改善了管子的工作性能，但这也使得栅极的感应电荷不易泄放。由于二氧化硅薄膜很薄，栅极和衬底间的电容量很小，而小容量电容只要感应少量电荷即可产生高压，将二氧化硅绝缘层击穿。因此，绝缘栅场效应管保存和使用不当时，极易造成管子击穿。为了避免这种情况，决不能让栅极空悬，使用时要在栅源之间绝对保持直流通路，保存时也要用金属导线将 3 个电极短接起来。

使用场效应管时，要注意各电极电压的极性不能搞错，要注意各电压、电流、耗散功率等数值不能超过最大允许值。

第 6 节　可控硅

可控硅是可控制硅整流元件的简称，是一种具有三个 PN 结的四层结构的大功率半导体器件，亦称为晶闸管。它和其他半导体器件一样，具有体积小、效率高、稳定性好、工作可靠等优点。它的出现，使半导体技术从弱电领域进入了强电领域，多用来做可控整流、变频、逆变、调压、无触点开关等。家用调光灯、舞台光控电路、调速风扇、变频空调等都大量使用了可控硅器件。

6.1　可控硅的结构和特性

可控硅 SCR 是硅可控整流器(Silicon Controlled Rectifier)的简称，现在则经常使用可控硅(或晶闸管)这个称呼。它与晶体管一样，有三个引脚，其中有二个引脚与二极管的阳极和阴极作用相当，另一个引脚是控制极，如图 4.6.1 所示为可控硅的外形，可控硅从外形上分主要有螺旋式、平板式和三极管式三种，很像三极管。

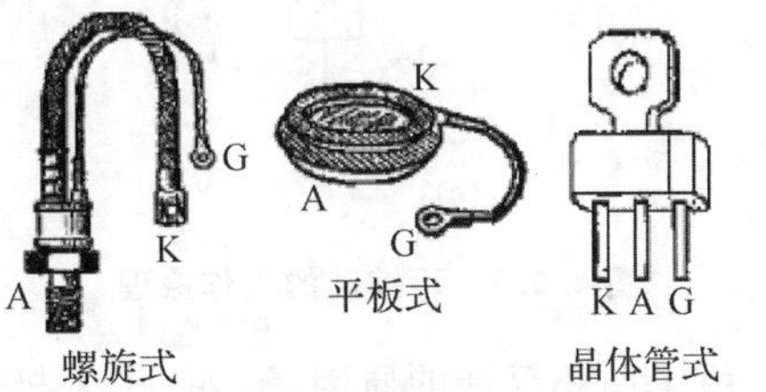

图 4.6.1　可控硅的外形

可控硅有三个电极——阳极(A)、阴极(K)和控制极(G)。它的管芯是 P 型半导体和 N 型半导体交迭组成的四层结构，共有三个 PN 结。其结构示意图和符号见图 4.6.2。

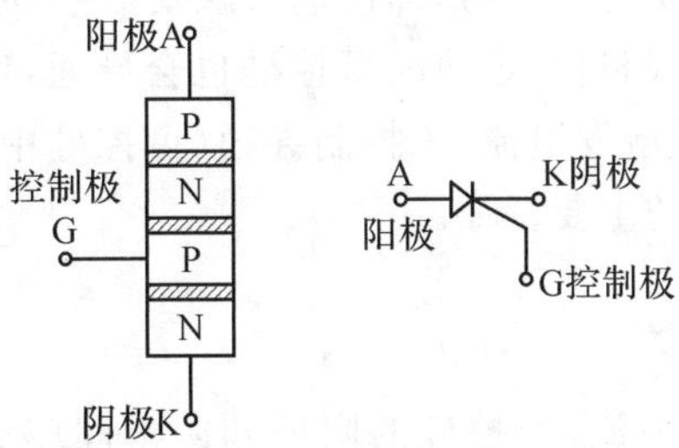

图 4.6.2　可控硅的结构及符号

从图 4.6.2 中可以看到，可控硅和只有一个 PN 结的硅整流二极管在结构上迥然不同。可控硅的四层结构和控制极的引用，为其发挥“以小控大”的优异控制特性奠定了基础。在应用可控硅时，只要在控制极加上很小的电流或电压，就能控制很大的阳极电流或电压。目前已能制造出电流容量达几百安培以至上千安培的可控硅元件。一般把 5[A]以下的可控硅叫小功率可控硅，而 50[A]以上的可控硅叫大功率可控硅。

6.2　可控硅的结构和工作原理

可控硅为什么具有“以小控大”的可控性呢？下面我们用图 4.6.3 来简单分析可控硅的工作原理。

首先，我们可以把从阴极向上数的第一、二、三层看成是一只 NPN 型晶体管，而二、三、四层组成另一只 PNP 型晶体管。其中第二、第三层为两管交迭共用。这样就可画出图 4.6.3(c)的等效电路图来分析。当在阳极和阴极之间加上一个正向电压时，又在控制极 G 和阴极 K 之间(相当于 T_1 的基—射间)输入一个正的触发信号，T_1 将产生基极电流，经放大，T_1 将有一个放大了若干倍的集电极电流。因为 T_1 集电极与 T_2 基极相连，又是 T_2 的基极电流，T_2 又把比 I_{c1} 放大了若干倍的集电极电流 I_{c2} 送回 T_1 的基极放大。如此循环放大，直到 T_1、T_2 完全导通。实际这一过程是“一触即发”的过程，对可控硅来说，触发信号加入控制极，可控硅立即导通，导通的时间主要决定于可控硅的性能。

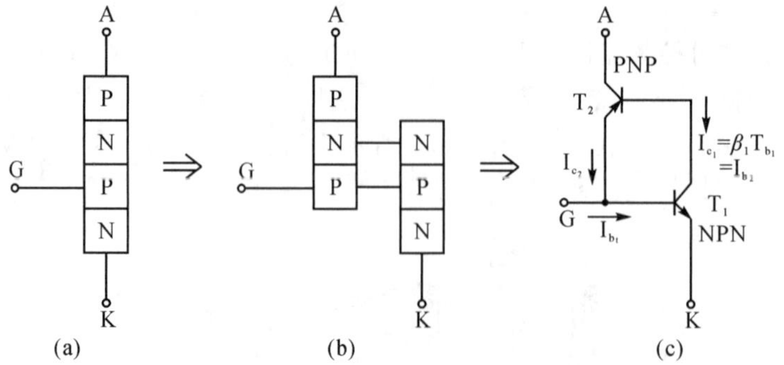

图 4.6.3　可控硅的工作原理

可控硅一经触发导通后，由于循环反馈的原因，流入 T_1 基极的电流已不只是初始的触发电流，而是经过 T_1、T_2 放大后的电流。这一电流远大于 I_{c1} 足以保持 T_1 的持续导通。此时，即使触发信号消失可控硅仍然保持导通状态。只有断开阳极电源或降低阳极电压。使阳极电流不能够维持导通时，可控硅方可关断。当然，如果可控硅阳极的电压极性反接，T_1、T_2 由于受到反向电压作用将处于截止状态。这时，即使输入触发信号，可控硅也不能工作。如果不加触发信号，而正向阳极电压大到超过一定值时可控硅也会导通，但已属于非正常工作情况了。可控硅这种通过触发信号（小的触发电流）来控制导通（可控硅中通过大电流）的可控特性，正是它区别于普通硅整流二极管的重要特征。

6.3　可控硅的应用

只要让控制极流过很小的电流，可控硅的阳极和阴极间就成为导通状态。我们可以作一个如图 4.6.4 实验来说明可控硅的工作过程。如果只闭合 K_1，灯泡是不会亮的。这是可控硅与二极管的不同之处。在 K_1 闭合的状态下，K_2 刚一闭合，阳极和阴极间立刻导通，灯泡就亮了。

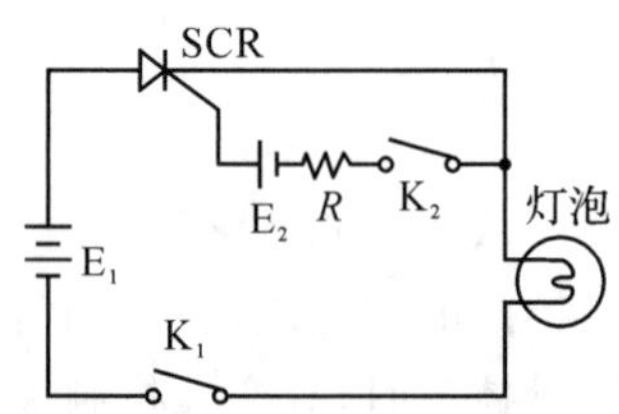

图 4.6.4　可控硅实验电路

在灯泡亮着时，即使将 K_2 打开，灯泡也不熄灭。想使流过灯泡的电流停止，就必须打开 K_1 使加在灯泡上的电压变为零。当然，这是对阳极和阴极之间外加电源为直流电压而言。如果外加电压为交流，则由于每半个周期电压变为零，进而反向，可控硅的导通状态就会停止。

下面看一个用可控硅实现调光控制的电路。

有一种可随意调节灯光亮度的台灯，如图 4.6.5(*a*)所示电路，它就是可控硅调光装置。其原理是，如果不给控制极提供脉冲电流，可控硅就不会导通。因而可以通过错开提供脉冲电流的时间来控制导通时间。白炽灯上所加的正弦交流电是变化的，调节亮度的实质就是控制加在可控硅控制极上的脉冲电流的时间，使交流电在每周期的恰当时刻开始导通，如图 4.6.5(*b*)所示。

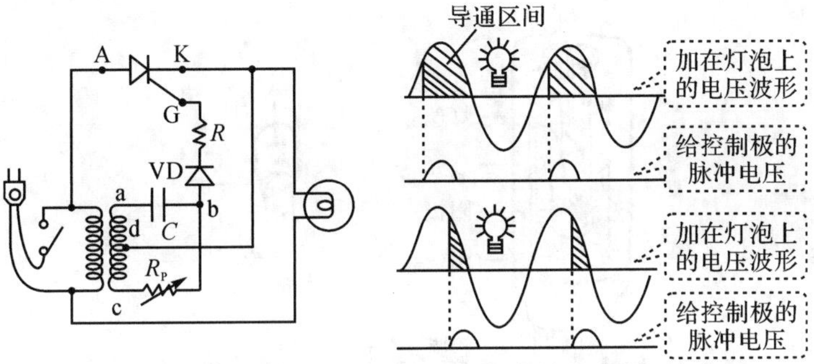

(a)可控硅调光电路　　(b)调光电路电压波形

图 4.6.5　可控硅调光电路及电压波形

当调节图中电位器 R 时，加在控制极和栅极之间的电压相位就发生变化，从而调整了可控硅的导通时间。在交流电的负半周到来时，可控硅截止。

另外，还有在两个方向上都具备可控硅性质的元件，称为双向可控。近年来，许多新型的可控硅元件相继问世，如适于高频应用的快速可控硅，可以用正或负触发信号控制两个方向导通的双向可控硅；可以用正触发信号使其导通，用负触发信号使其关断的可控硅等。关于这些新型的可控硅的特性可参考有关教材。

第 7 节　真空电子管

早在 1948 年半导体器件问世以前，在电子世界大显身手的电子器件是电子管。各式各样的电子管，曾为无线电电子技术的蓬勃发展建立过丰功伟绩。虽然在半导体器件普及之后，电子管由于体积大、耗电多、寿命短等弱点而黯然失色，但是想迫使它彻底退出“电子舞台”，却不是轻而易举的事。时至今日，高频大功率的发射管，仍然是电子管独占鳌头，在音视频领域中，由于电子管放大器的音色特点，电子管话筒、电子管功放仍然俯拾皆是。因此，了解一些有关电子管的知识，仍具有现实意义。

本节将着重介绍我们可能遇到的几种电子管和电子管电路的特点。虽然电子管和晶体管的结构与工作原理截然不同，但它们的外特性有很多相似之处，可以找到对应关系。由电子管和晶体管分别构成的具有相同作用的电路及其分析方法也大同小异。

7.1　真空二极管

真空二极管是最简单的电子管，有着与半导体二极管及为相似的单向导电性。它不但被广泛地应用于电路中，构成整流，检波、混频和开关等多种电路，而且也是研究其他电子管的基础。

(1)真空二极管的结构

真空二极管是将阳极(anode)和阴极(cathode)封入真空容器中的真空管，图 4.7.1 所示为真空二极管的符号与结构。真空二极管由灯丝、阴极、阳极、管壳、吸气剂、支撑物和管脚等几大部分组成。

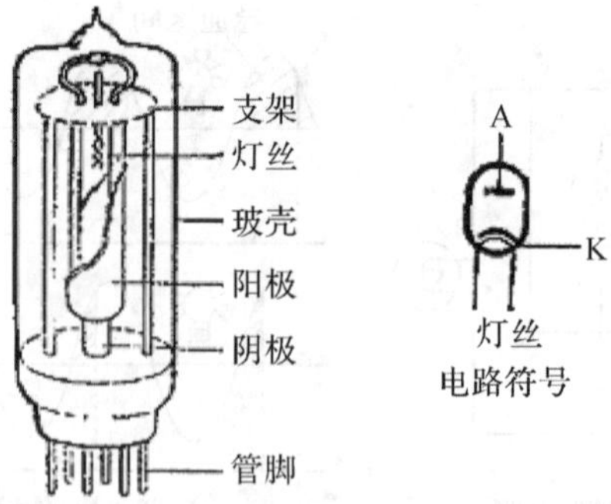

图 4.7.1 真空二极管示意图及电路符号

①灯丝和阴极

穿过真空二极管透明的外衣,看到被金属筒围在中间的电极,就是阴极。在电路图上,阴极常用字母 K 表示。常见的中小功率电子管,阴极多是由镍合金制作的基筒外面涂覆发射电子的氧化物而构成的,因此叫做氧化物阴极。当把阴极加热到一定温度时,它便源源不断地发射电子,成为电子管中电子流的源泉。

灯丝是由钨或钨钼合金制成的,处在阴极筒内,并与阴极绝缘。当给灯丝加上电源后,它便把电能转化为热能,作为加热阴极的热源。

②阳极

围绕在阴极周围的筒状电极就是阳极,有些书上称它为板极或屏极,常用字母 A 代表。阳极常用镍、铜、钽或石墨等材料构成。当阳极对阴极加有正电压时,阳极能把阴极发射的电子吸引过来,传导出去。

③管壳和吸气剂

真空管通常需要真空度很好,否则,残存气体不但会妨碍管内电子流动,而且会因高速电子的冲击而电离。电离产生的正离子将奔向阴极,既破坏了电子管的单向导电性,又容易使阴极材料“中毒”,以至剥落。

密封的管壳可以保持管内的真空度,也可保证管芯的安全。常用的管壳材料有玻璃、金属和陶瓷。

吸气剂可随时“搜捕”漏进管内或由内都结构产生的气体,它是由铝、镁、钡或钡合金等化学性能活泼的金属构成的,常放在管内的“小托盘”中,或涂在管顶内壁,形成黑色金属面吸收体。

④支撑物及管脚

电子管用一些支架、云母、陶瓷片等支撑物来分隔和固定电极,并用管脚把内部电极引出管外,以便与外部电路相连

7.2 真空二极管的工作原理

电子管的阴极为什么能源源不断地发射电子呢?大家知道,不论是在导体还是在半导体内部,都有大量的自由电子做着杂乱无章的运动。在常温下,它们很难挣脱母体的束缚而冲到空间去。但是,给灯丝通电加热,灯丝又烤热阴极,阴极就会发射热电子。当阴极加热到足够高的温度,便有大量自由电子吸收了热能,转换为动能,达到足够克服母体束缚的速度而逸出金属界面,射向空间,成为空间电荷。阴极温度越高,发射电子越多;这一现象叫做热电子发

射，与水的蒸发颇有相似之处。电子管的阴极就是利用热电子发射的原理而工作的。

从阴极发射出来的绝大部分电子，由于初速度较低，只能聚集在阴极与阳极之间的空间内，成为所谓空间电荷，或叫电子云。越靠近阴极，空间电荷的密度越大。当密度大到一定程度时，这些负电荷建立的电场就要抑制阴极继续发射电子，这时空间电荷数量不再增加，达到了动态平衡，出现空间电荷饱和状态。此时，若在阳极与阴极间加上适当的正电压[如图4.7.2(a)所示]，空间电荷受到电场力的作用，以一定速度涌向阳极。阳极距阴极越近，所加的电压越高，抵达阳极的电子速度越高，数量也越多。抵达阳极的电子沿导线继续流动，进入电源的正极。阴极附近的空间电荷被阳极“吸走”后，空间电荷密度降低，阴极又可发射电子，及时补充失去的空间电荷。而电源的负极又立即提供阴极失去的电子。这样就形成了一股川流不息的电子流。外电路中的阳极电流 I_a 与这般电子流大小相等、方向相反，并随阳极电压的升高而加大。

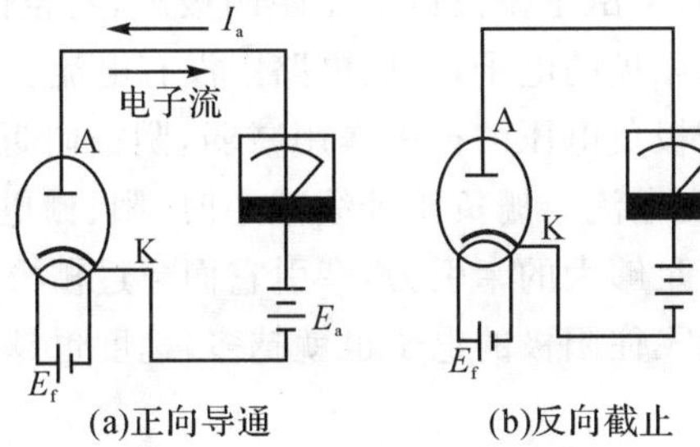

图 4.7.2　电子二极管的导通与截止

若阳极加负电压时，空间电荷受到拒斥力，被推回阴极。这时，由于没有空间电荷，无法形成电流，这就是真空二极管的反向特性。如图 4.7.2(b)所示。

真空二极管就是根据上述原理，实现导通与截止的，这就是它的单向导电特性。

7.3　真空三极管的工作原理

真空三极管也叫电子三极管。它是在真空二极管的基础上，在阴极与阳极之间，加设一个控制栅极而成。控制栅极通常是用铝丝或其他合金丝编织成栅形、网状或螺旋形，如图 4.7.3 所示。正是这道“栅栏”的作用，从根本上改变了电子管的全部工作特性。通过它，用微小的电压信号可以去控制巨大的能量，把电源的能量转送到负载中，成为受信号控制的能量，实现电信号的放大。电子三极管具有失真小、内阻低、噪声小和馈电简单等特点，因此被广泛地应用于电子管电路中。

真空三极管中，在阴极与阳极之间设置的“栅栏”叫做栅极(或称信号栅、控制栅)。它的出现，开创了电子器件具有控制作用的先例，有人称它为一道划时代的“栅栏”。

栅极常用字母 G 表示。它就像司机脚下的油门可以控制喷油量，从而调节了牵引力那样，控制着自阴极飞往阳极的电子数量，从而控制了电源转化到负载中的能量。假如在三极管阳极加有正电压的同时，在栅极也加上适当的电压，这时，阴极附近的空间电荷，就不再单纯受阳极电压的作用，而将受到阳、栅两极电压的共同作用。因为栅极比阳极距阴极近得多，所以栅极电压比阳极电压对空间电荷的作用明显得多。

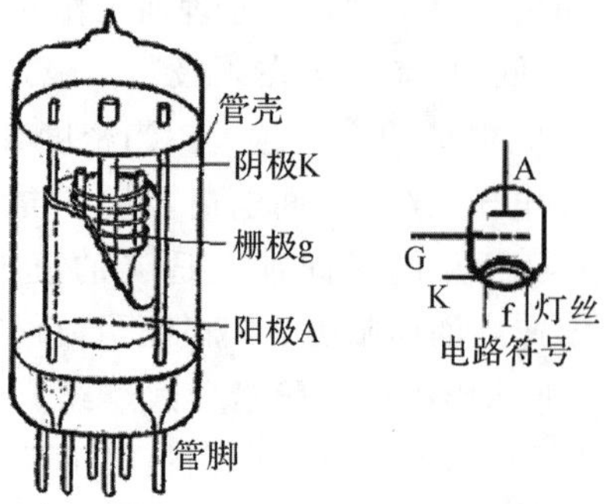

图 4.7.3　电子三极管的结构和电路符号

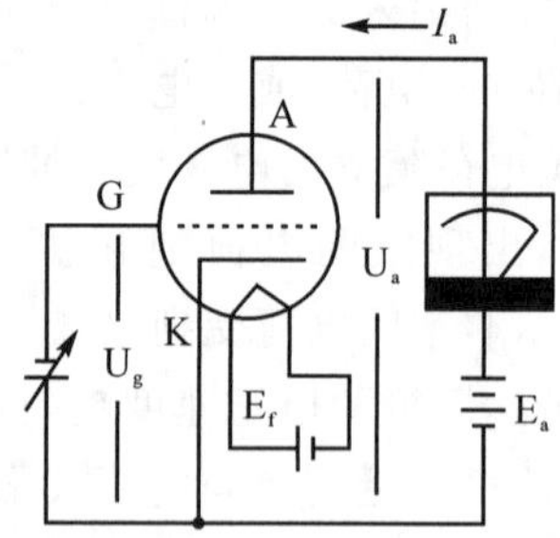

图 4.7.4　电子三极管的工作原理

若在阳极加有较高正电压的同时，栅极加一负的电压(如图 4.7.4 所示)，此时，虽然阳极电压对空间电荷仍有吸引作用，但由于栅极负电压距阴极近，对空间电荷的排斥作用强得多，结果阻止了由空间电荷区飞向阳极的电子，因而电路中没有电流。当栅极负电压减小(通常指绝对值减小)到一定程度时，栅极负电压的排斥作用减弱，阴极附近空间电荷中速度较大的电子将飞往阳极，电路中开始出现电流。栅负压继续减小时，阳、栅电压共同作用产生的合成电场对阴极附近的空间电荷具有足够大的牵引力，牵引它们穿过栅极的缝隙，越来越快地飞往阳极。栅负压越小，牵引力越大，飞往阳极的电子也就越多，速度也越快，相应地电路中的电流也越大。

显而易见，三极管在阳极电压不变的情况下，阳极回路电流的大小随栅极电压的变化而相应改变。如果在阳极回路中，串入数值合适的负载电阻 R_a(见图 4.7.5(a)所示)，那么变化的阳极电流流过 R_a 时，必然在阳极产生随栅极电压做相应变化，幅度放大的电压(见图 4.7.5(b)中波形)，负载 R_a 由此获得了相应的能量。显然，电子三极管的放大作用，与晶体管的放大过程极为相似。

图 4.7.5(a)所示电路就是最基本的三极管放大电路。因为阳极电流归根到底来自电源，所以说栅极电压控制着电源转送给负载的能量。

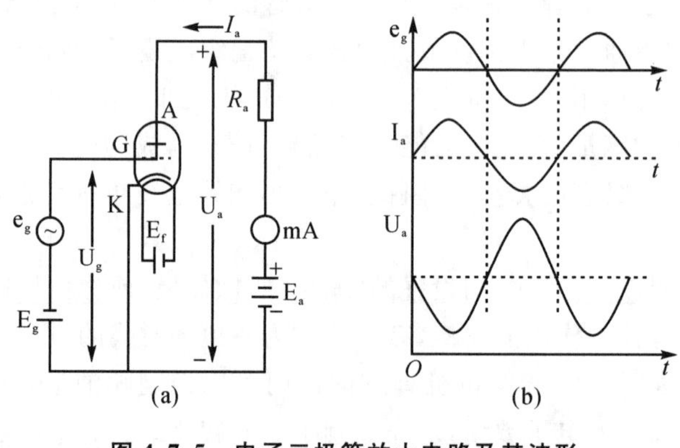

图 4.7.5　电子三极管放大电路及其波形

虽然真空三极管的栅极电压控制作用类似于晶体管基极电流的控制作用，但晶体管是利用基极电流控制集电极电流的，所以叫做电流控制器件，而电子管则是利用栅极电压控制阳极电流，所以叫做电压控制(或称静电控制)器件。值得注意的是，电子管在实现控制时几乎不需要输入电流，输入电阻很大，很多性质都像场效应管。

从控制的角度看，真空三极管的阴极、阳极和栅极分别与晶体管的发射极、集电极和基极有着一一对应的关系。它们的电路结构、工作原理和性能大体相似，在掌握了晶体管电路的情况下，利用这种对应关系把电子管对应成相应的晶体管，按照已经熟悉的晶体管电路原理去定性分析、理解电子管电路就简便多了。

随着电真空技术的发展，为了改善电子管的性能和使用不同的应用要求，在三极管的基础上制造出了四极管、五极管和束射四极管，以及其他多栅极管复合电子管。

第 8 节　半导体集成电路

随着现代科学技术日新月异的发展，特别是电子计算机和工业自动化等技术的巨大进步，越来越要求电子设备尽可能地缩小体积，减少重量，提高可靠性，简化调试程序。为了适应这些要求，集成电路应运而生了。集成电路的诞生对电子科学技术的发展具有划时代的意义。可以说，当今世界上许多重大科技成果，都是和集成电路的应用分不开的。

8.1　什么是集成电路

所谓集成电路就是把很多电路部件（二极管、三极管、电阻、电容器等）制作到一块半导体的表面或内部，成为一种超小型的电子电路。IC 是集成电路（Integrated circuit）的英文缩写。

前面我们介绍了半导体二极管、晶体管三极管、电阻器、电容器等元件。根据电路的要求，将上述元（器）件通过导线或印刷电路相连，可以构成千变万化的电子电路。由于组成电路的晶体管、电阻器、由容器等都是各自分离独立的，我们把这种电路叫做“分立元件”电路。

半导体集成电路打破了传统的分立式电路中一个个元件“分立”存在的局面。它是通过平面晶体管制作新工艺，采用光刻、蒸发、扩散等先进技术，把晶体管、电阻器、电容器及连接导线集成在一块很小的半导体硅片上制成的，成为具有一定电路功能的固体组件。原有的那种元件外壳和引线都不存在了。电路结构只有在显微镜下方能分辨。例如，过去占有一个房间大小的电子计算机的核心部分，现在可以制作在米粒大小的硅片上。

集成电路的集成度（指一块集成电路芯片中包括的电子元器件数量）逐年大幅度提高。人们预计，现在，可以在一平方厘米大小的硅片上，制出包含上亿个元件的电路。集成电路不仅体积小，密度高，而且还具有功耗低、寿命长、可靠性高的优点。

8.2　集成电路的结构特点

制作半导体集成电路的主要材料是半导体硅。其芯片结构的核心是各种各样的 PN 结。PN 结能组成二极管、三极管、场效应管，可以形成电容，还可以靠 PN 结的反向电阻进行电路隔离。

制造集成电路时，采用在硅体内扩散（掺杂）的方法，按电路要求，制出众多的 PN 结。但一块集成电路，特别是大规模集成电路，有成千上万个元件，电路十分复杂。PN 结的制作要按一定图形有选择地进行。许多单元和元件之间需要隔离。担当隔离任务的是绝缘性能良好的二氧化硅。用高温氧化的方法，可以很容易在硅表面形成二氧化硅层。高温形成的二氧化硅层，使硅片表面全部绝缘，扩散“入地无门”了。为了有选择地扩散，必须在二氧化硅上面按图“开口”，担负这件工作的是光刻工序。

光刻的道理和洗印照片类似，具体过程大致如下：在二氧化硅上涂一层光致抗蚀触剂，这时二氧化硅层好像一张涂有感光剂的相纸。再在“相纸”上覆盖设计好的如同照相底片一般的图形掩模板。然后，用可见光或紫外线照射，使二氧化硅表面的光致抗蚀剂曝光，曝光的地方可以抗腐蚀，没有曝光的二氧化硅部分则可以轻易地用氢氟酸腐蚀掉。

腐蚀后，二氧化硅表面上许多地方的硅露了出来，就可以通过这些“天窗”进行扩散，制出我们需要的二极管、三极管、电容器和电阻器。按设计图纸制好各种元件后，在整个硅片表面再盖上一层二氧化硅，然后按电路要求打出引线孔，并用真空蒸发的办法覆盖上铝膜。之后在铝膜上重复光刻的办法，制出连接导线，把内部元件一一连接，形成完整的芯片，最后加上外部封装和引线，一块集成电路就制成了。图 4.8.1 中示出了集成一只晶体管的芯片结构。

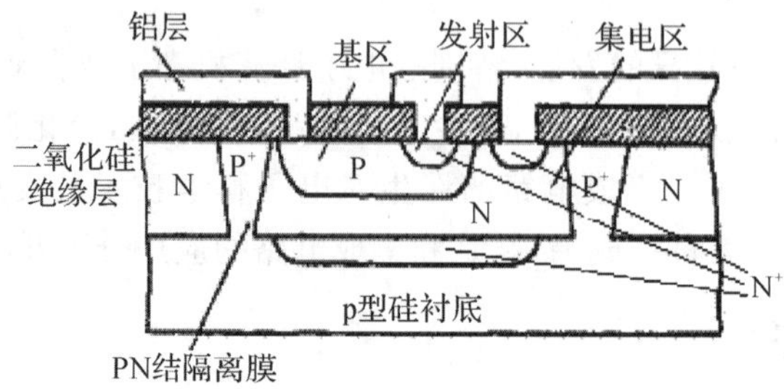

图 4.8.1　集成电路中 NPN 晶体管结构

半导体集成电路有圆型金属外壳封装的，有扁平型陶瓷或塑料外壳封装的，也有双列直插型陶瓷或塑料封装的。图 4.8.2 示出了集成电路的外形。

还要特别说明的是，按工艺结构分类，除了上面讲的半导体集成电路外，集成电路还包括厚膜集成电路及混合集成电路。

混合 IC 是用分立元器件(二极管、三极管、电阻、电容器等)和膜电路组合成的集成电路。这里所谓膜电路就是在陶瓷或玻璃基片上用厚膜和薄膜技术，形成微型化的电阻、电容的电路。

图 4.8.2　集成电路芯片外形

单片 IC 的特点是利于批量生产、制造费用低、电路的集成度高。混合 IC 与单片 IC 相比，其特点是可以组合成各种电气性能最佳的器件，并可以得到大输出功率电路。

8.3　数字集成电路与模拟集成电路

集成电路按其用途可分为数字集成电路和模拟集成电路。

数字集成电路用于处理数字信号，它的输出、输入不是线性放大关系，而是满足一定的逻辑关系。数字集成电路又可分为基本门电路、触发器、功能部件等，主要在电子计算机、自动控制系统、电子仪器等设备中应用。

模拟集成电路是处理连续变化的模拟信号的，包括线性放大电路和其他一些非线性电路(如稳压电源等)。使用各种模拟集成电路为收音机、录音机，电视机、扩音机等电子设备的全集成化创造了条件。

集成电路的优点是制造成本低、可靠性高、小型化、耗电少、耐震性能强、故障少。缺点是输出(电压、电流)受到限制,不能制造电感等元件。

习题四

一、填空题

1. 半导体的导电能力与________、________和________有关。

2. 因掺入的杂质不同,杂质半导体可分为________型和________型两种类型。

3. 二极管是由________个 PN 结构成的,其中 PN 结的 P 区引出的电极称为________极,N 区引出的电极称为________极。

4. 二极管具有________导电特性,是一种________线性器件。其中硅二极管正向导通电压约为________伏,锗二极管正向导通电压约为________伏。

5. 发光二极管与普通二极管一样也由________构成,也具有单向导电性。

6. 太阳能电池也是利用 PN 结的________效应制成的。

7. 变容二极管就是利用 PN 结耗尽层________可变的性质制造成的电容可变元件。

8. 用万用表 R×100 挡判断某二极管的正负极性,如果表针指在刻度盘中央偏右位置,说明黑表笔所接为二极管的________极,红表笔所接为二极管的________极。

9. 三极管具有________放大作用,它是利用小电流来实现对大电流的控制。

10. 要使三极管工作在放大状态,就必须满足二个基本条件,即给发射结加________电压,给集电结加________电压。

11. 三极管具有________、________、________三种工作状态。

12. 场效应管是一种________控制半导体器件,而三极管则是一种________控制器件。

13. 场效应管因为只有一种载流子参与导电,故称________型晶体管。

14. 可控硅是一种具有________个 PN 结的大功率半导体器件,亦称为________。

15. 电子管是利用________电压控制阳极电流,所以叫做________控制器件。

16. 集成电路不仅体积小,密度高,而且还具有________、________、________的优点。

二、问答题

1. 半导体能够在电子技术中得到广泛的应用,是因为它具有哪些独特的导电性能?

2. 举出几个半导体传感器的应用例子,并说明他们用的什么器件?

3. 半导体导电机理与金属导电相比较,有什么特点?

4. PN 结是如何形成的?它的最基本特性是什么?

5. 二极管按 PN 结的结构分类可以分为哪些类?

6. 发光二极管与普通二极管的有何区别?

7. 稳压二极管工作在什么状态?在电子电路中的主要作用是什么?

8. 变容二极管的结电容与所加反向电压有何关系?它可以代替哪个元件?

9. 晶体三极管的发射极与集电极可以互换吗?为什么?

10. 三极管工作在放大状态、饱和状态和截止状态的条件是什么?

11. 如何用万用表判断出一个三极管是 NPN 型还是 PNP 型?

12. 场效应管与三极管进行比较，它们之间有哪些差异？

13. 可控硅主要应用在哪些领域，能否举出一个身边应用的例子？

14. 对比分析真空三极管和晶体三极管，说说他们各自的优缺点。

15. 集成电路和分立元件电路相比有什么不同特点？

三、电路分析题

1. 设二极管的正向压降为 0.7[V]，试求出图 4.1(a)、(b)所示电路的输出电压 U_0 分别是多少。

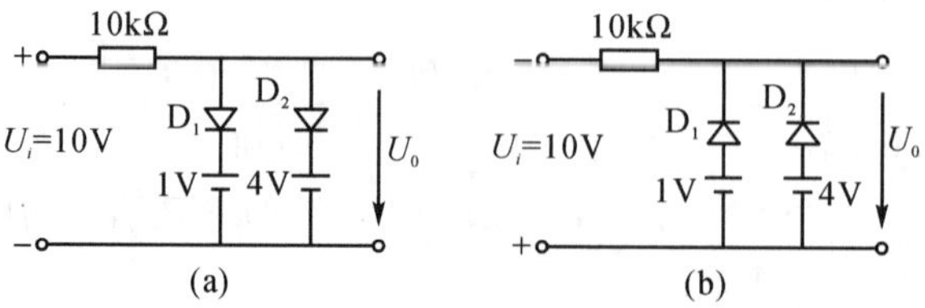

图 4.1

2. 图 4.2 所示电路中，稳压管 D_Z 的 $U_Z=6[V]$，当输入电压 $u_i = 12\sin \omega t$ [V]时，试画出输出电压 u_o 的波形。设二极管 D 为理想元件。

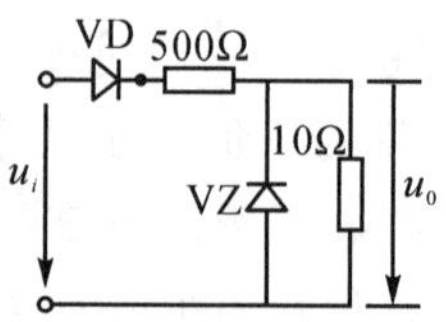

图 4.2

3. 用电压表测得放大电路中的三极管 T_1 和 T_2 的各极电位如图 4.3 所示，试判断管子的三个电极，并指出 T_1(图 a)和 T_2(图 b)各是 NPN 管还是 PNP 管？是硅管还是锗管？

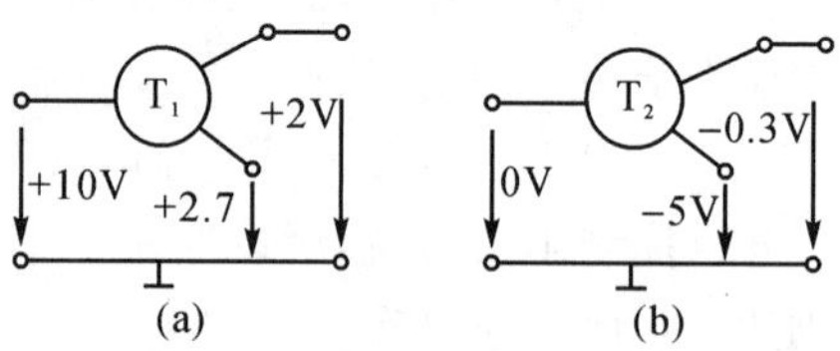

图 4.3

4. 如图 4.4 所示电路中，各三极管的 $\beta=50$，$U_{BE}=0.7[V]$。(1)试判断它们分别工作在什么区(放大区、截止区或饱和区)；(2)各电路的基极电压 U_B 和集电极电压大致为多少伏？

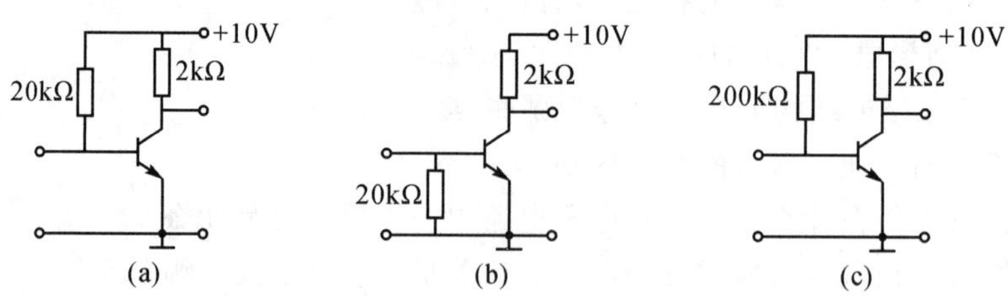

图 4.4

第五章　低频放大电路

放大电路是所有电子电路中最基本的电路，也是各种电子仪器和装置赖以工作的重要电路。本章我们重点分析以晶体管为核心的共发射极基本放大电路的工作原理，并逐步介绍多级放大电路、差动放大电路和功率放大电路的基本原理。

第1节　放大电路基础

把微弱的输入电信号加以放大，变成与它成正比且幅度较大的输出信号，是放大电路的基本任务。例如，我们日常生活中接触比较多的收音机、电视机等家用电器，以及各种电子仪器和复杂的自动控制系统等，都广泛地应用着放大电路。本节所介绍的基本放大电路是构成各种复杂放大电路和集成电路的基本单元电路。

1.1　放大的概念和本质

说起放大信号，往往有人误认为是直接将原信号加以扩大。而实际上，放大的原理是直流电源向放大器供给能量，从输入端输入一个小的变化电量去控制放大器的输出端产生大的能量的变化，从而使输出端得到与输入信号相似的大信号，从而使变化电量得以放大。同时要求输入电量和输出电量两者的变化情况完全一致，不能"失真"，即要求输出信号与输入信号成比例，能够实现线性放大。

从能量的观点看，输入信号能量过于微弱，不足以直接推动负载(如大功率的扬声器)。因此，需要给放大电路另外提供一个直流电源，由能量较小的输入信号通过晶体管、场效应管、电子管等控制器件去控制直流电能，使之按照输入信号的变化波形输出较大的能量去推动负载。所以放大的本质就是用小能量去控制大能量，输出的大能量是由直流电源转换而来，并非由输入的交流信号源提供。

放大电路中的核心器件是工作在放大状态的晶体三极管，它和电路中其他的元器件构成各种放大电路。具有能量控制作用的器件称为有源器件，例如晶体三极管、场效应管、电子管以及集成运算放大器等。

扩音机就是一个比较典型的放大电路，图5.1.1是它的组成示意图。扩音机的输入交变信号是从话筒、录音机等信号源送来的音频信号。扩音机的放大电路至少需要满足2个条件：一是输出端扬声器中发出的音频功率一定要比输入端的音频功率大得多，扬声器所需能量由外接直流电源提供，话筒送来的音频信号只是起着控制直流电源能量的输出而已；二是扬声器中音频信号的变化规律(电压、电流与时间的关系)必须与话筒中音频信号的变化规律一致，也就是不能失真，或者使失真的程度限制在允许的范围之内。如果扩音机失真严重，说话分辨不清，乐曲变成噪音，那就失去扩音的意义了。

放大电路是模拟电子电路的核心，分立元件组成的放大电路是模拟电子电路的基础。放

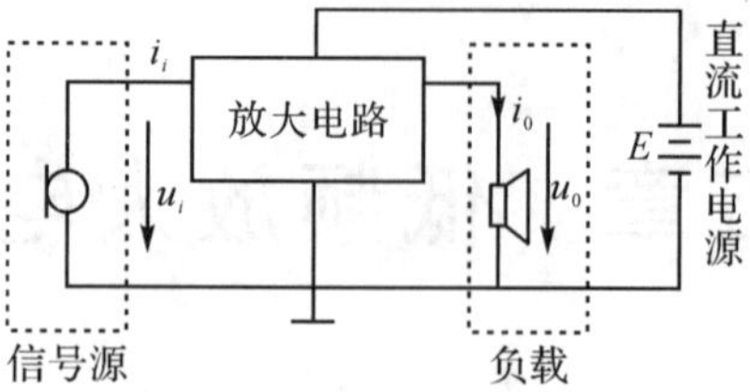

图 5.1.1　扩音机电路框图

大电路的种类很多,按信号强弱可分为小信号电压放大电路与大信号功率放大电路;按所用半导体器件可分为晶体管放大电路和场效应管放大电路;按耦合方式可分为阻容耦合、直接耦合和变压器耦合;按放大电路的组态可分为共射极(共源极)、共集电极(共漏极)和共基极(共栅极)放大电路。

1.2　基本放大电路的构成

在前一章我们学习过的半导体三极管工作原理,使我们知道利用基极电流对集电极电流的控制作用,可以实现放大。还知道,单独的晶体管是无法放大信号的,只有给晶体管提供直流电源,让它导通后才具有放大能力。晶体管工作在放大区需要的外部条件就是使发射结正偏,集电结反偏,这一点是通过外加直流电源配合适当的电阻来实现,外加直流电源还应该确保晶体管在放大过程中始终工作于特性曲线的线性放大区。

现在我们来分析基本放大电路的组成和工作原理。

(1)基极加偏置电压

如图 5.1.2 所示晶体管电路,根据前面学过的晶体管放大原理,为使集电极产生电流 I_c,就必须有基极电流 I_b。但如图中所示,只有当基极加正电压时才有电流 I_b 流通,而基极加负电压时无电流流通。假如将要放大的正弦波电压信号加在晶体管上,这个电压加在基极、发射极之间,其结果是只有在基极为正电压时发射结导通,有基极电流 I_b 产生,而在负电压时发射结不通。

由此可知,一方面 I_b 的正半部分波形被放大了 β 倍,成为 $i_c=\beta i_b$,而集电极电流 i_c 的波形则变成了半波。

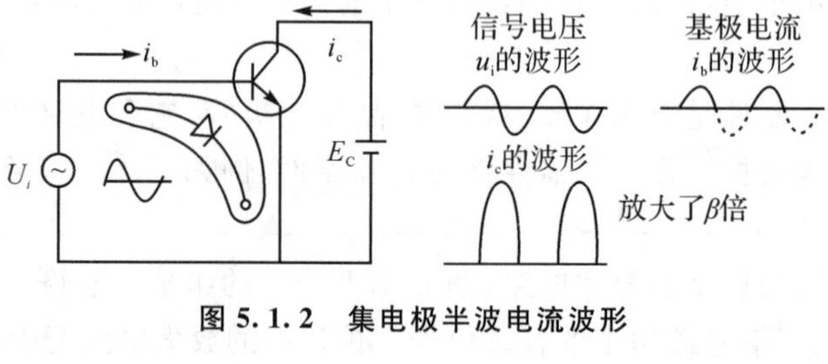

图 5.1.2　集电极半波电流波形

为使输出(集电极侧)为正弦波,在信号电压(正弦波电压)变化的全部期间,基极电压必须为正电压。

为满足这一条件,可以考虑如图 5.1.3 所示,与信号电压串联接入直流电源,使基极的合成电压总为正电压,从而使正弦波信号电压变化期间,i_c 能始终流通。那么在集电极端的输出波形就为正弦波了。

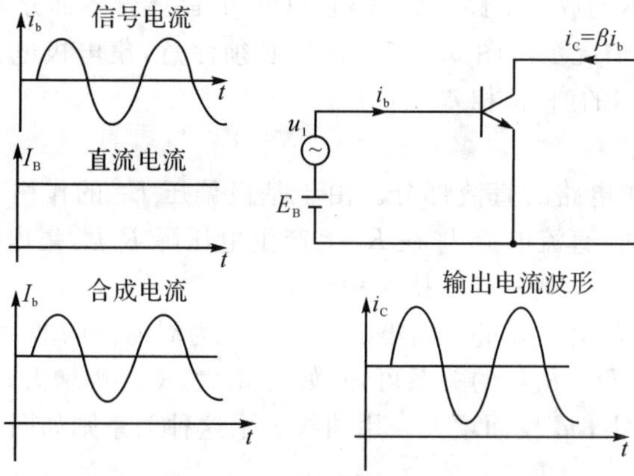

图 5.1.3　集电极电流与输入信号波形

从以上说明可知，晶体管是在直流分量和交流分量共同作用下工作的。信号电压上叠加的直流电压使晶体管基极流过固定电流，这个电流决定晶体管的基准工作状态，故称为晶体管的偏置。

偏置对晶体管的工作是非常重要的，如果没有适当的偏置，就会因为正弦信号电压的一部分加到晶体管上时晶体管不导通，往往会使输出波形畸变。我们把用来决定工作点的外加电流称为偏置电流（偏流），用来决定工作点的电压称为偏置电压（偏压）。

如图 5.1.3 所示电路中，用直流电源与信号电压串联来加偏置的方法，容易造成偏置电压加过头。或者受信号源阻抗的影响，从而在电路的结构上是不适合的。

因此，实际中大都采用图 5.1.4 所示的方法，在直流电源 E_B 上串联一个电阻 R_B，用 R_B 调整 I_B 为适当的值。电容器 C 是为防止直流电流流入信号源而设置的。

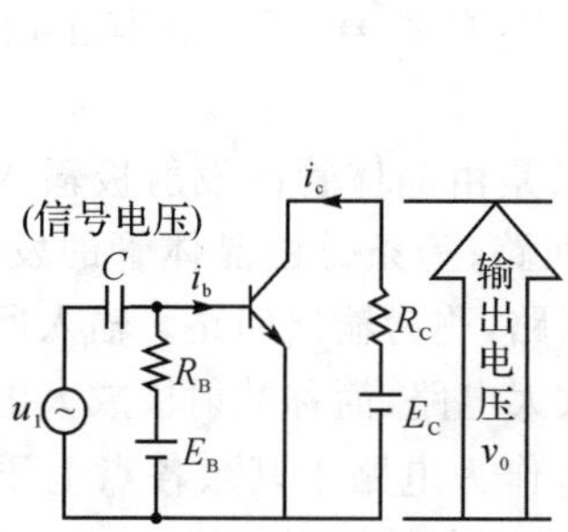

图 5.1.4　通过 RC 得到输出电压

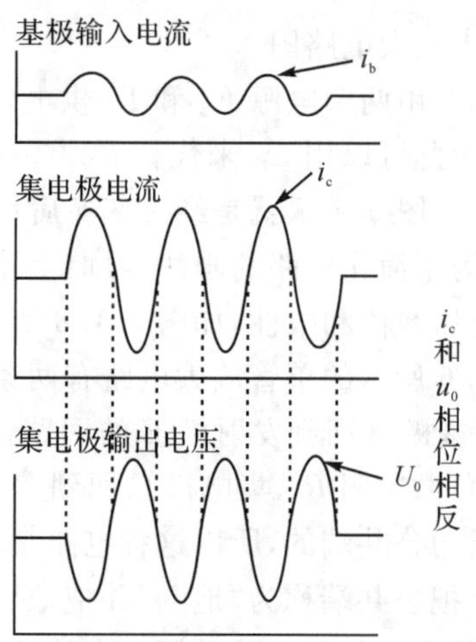

图 5.1.5　各极电压电流波形

(2)集电极信号输出

如将信号电压 u_i 加在晶体管的基极，则有基极电流 i_b 流过，从而获得放大的大信号 $i_c(=\beta \cdot i_b)$。

现在为了在外部得到这个放大的信号，将负载电阻 R_c 串联于集电极，就可以在此处得到电压 u_0，也就是说将电流转换成电压。

如图 5.1.4 所示最基本的放大电路，从工作原理可知，晶体管各部分的波形是直流分量和交流分量之和，各处波形的情况示于图 5.1.5。这里必须注意，集电极电流 i_c 和集电极电压（输出电压）u_0 的波形是反相的（相位相差 180°）。

i_c 和 u_0 为何是反相呢？

首先我们仅看图 5.1.4 电路的直流部分。由于基极偏压 E_B 的作用，在集电极端总是流过固定大小的电流 I_c。这时，直流电流 I_c 在 R_c 上产生电压降 R_cI_c，集电极电压电压 $U_c=E_c-R_cI_c$。如果不加信号电压 u_i，则一直维持这种状态。

此时如果加上信号电压（交流分量），则集电极电流 i_c 为周期性的增大减小，输出电压 u 也产生相应地变化。从 $u_0-U_c-R_ci_c$ 的关系可知，如 i_c 增大，R_ci_c 则增大，所以，u_0 就减小。相反，如 i_c 减小，则因 R_ci_c 减小，u_0 反而增大。用曲线表示这种关系则如图 5.1.5 所示，i_c 和 u_0 反相。

负载电阻 R_c 两端的电压是直流压降 R_cI_c 和交流压降 R_ci_c 之和。但是图 5.1.5 所示包含直流分量的输出波形流向外部，难以利用。因而常用图 5.1.6 所示的隔直流电容器 C_2，使得输出的只是交流信号。这样当仅考虑交流输出电压时，其值为 $u_o=-R_ci_c$。由于 u_o 的大小比信号电压 u_i 更大，所以可能得到电压放大。

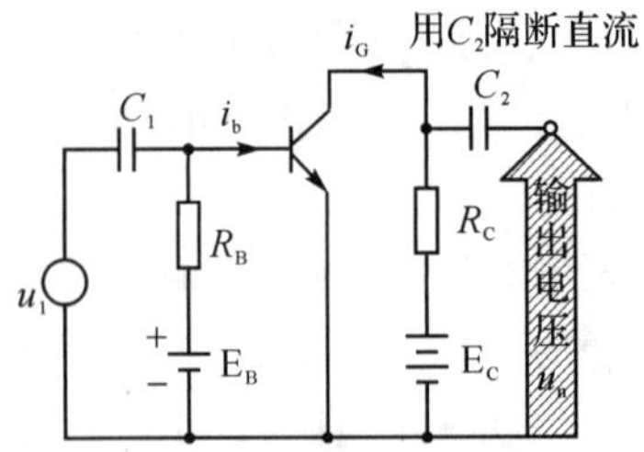

图 5.1.6　电容输出放大电路

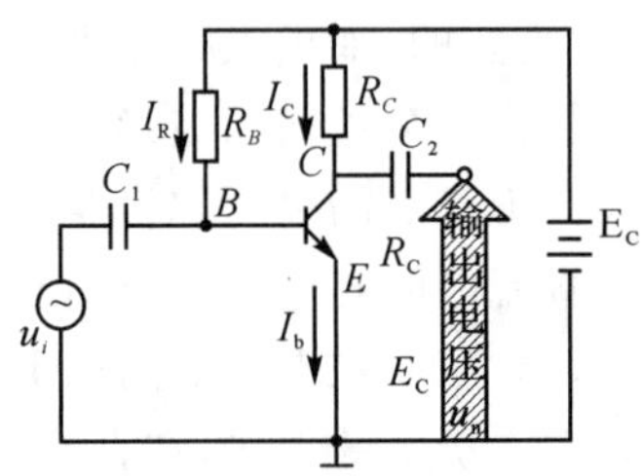

图 5.1.7　单电源放大电路

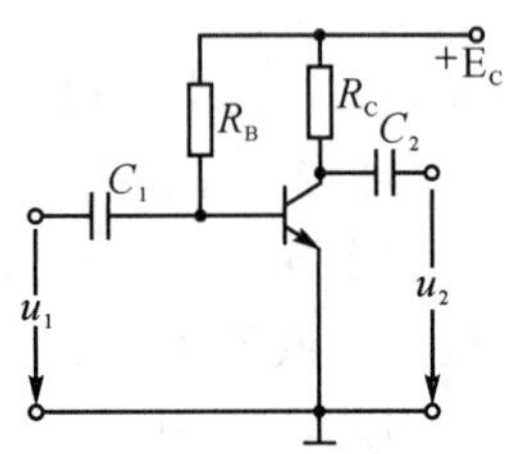

图 5.1.8　放大电路的画法

(3)基本放大电路图

图 5.1.6 用两个电源 E_B 和 E_c 供电，这在实用上很不方便。考虑到 E_B 和 E_c 的负极是接在一起的，因此可以用 E_C 来代替 E_B。一般 E_C 大于 E_B，这样只要适当增大 R_B，使 I_B 维持原来不变即可。图 5.1.7 就是经过变换后用单电源供电的放大电路。

此外，为了简化电路的画法，习惯上不画出电源 E_C 的符号，而只在其正极的一端标出它对“地”的电压数值和极性，如图 5.1.8 所示。

图 5.1.6 所示的单管放大电路有两条回路：一条是由晶体管的发射极输入信号电压 u_i，经电容 C_1，基极 B 回到发射极 E 的回路，称为输入回路；一条是由晶体管的发射极 E 经电源 E_c、集电极负载电阻 R_c、集电极 C 回到发射极 E 的回路，称为输出回路。输入回路和输出回路是以发射极为公共端的，所以这种电路是共发射极放大电路，简称共射极放大电路。

习惯上把公共端称为“地”。并把地当作零电位，作为电路中其余各点电压的参考点。也就是说，电路中其他各点的电压如未特殊注明，就是指该点对地而言的。

综上所述，组成一个最简单的放大电路，至少需要一个晶体管（或场效应管等放大元件）；有使放大元件处于线性放大区的外电路——直流偏置电路；有使交流信号输入，输出的通路。三者缺一不可。

1.3　放大倍数与增益

如图 2.1.8 所示，当晶体管的基极加输入信号电压 U_i 时，通过集电极端的负载电阻 R_c 得

到输出电压 U_0 。这里我们将输出电压 U_0（有效值）和输入电压 U_i 的比值称为电压放大倍数，用 β_u 表示。

$$\beta_u = \frac{U_0}{U_i}$$

对电流也可同样表示，即用电流放大倍数 A_i 表示输出电流 I_o 和输入电流 I_i 之比。

$$\beta_i = \frac{I_o}{I_i}$$

同样也可用功率放大倍数 A_P 表示输出功率 P_o 与输入功率 P_i 之比。

$$\beta_p = \frac{P_o}{P_i}$$

在实际应用中，为了便于计算和表示，常用放大倍数的对数来表示放大电路的放大能力，这样得到的值称作增益，增益的单位为分贝(dB)，增益越大说明电路的放大能力越强。

其关系如下式所示：

电压增益　$G_u = 20\log_{10}\beta_u$[dB]

电流增益　$G_i = 20\log_{10}\beta_i$[dB]

功率增益　$G_p = 10\log_{10}\beta_p$[dB]

例如放大电路的电压放大倍数分别为 100 倍和 10000 倍时，它的电压增益分别就是 40[dB]和 80[dB]。

1.4　三种基本放大电路

前面介绍的放大电路为一种形式的基本放大电路，另外还有两种形式的基本放大电路。三种形式的基本放大电路如图 5.1.9 所示。

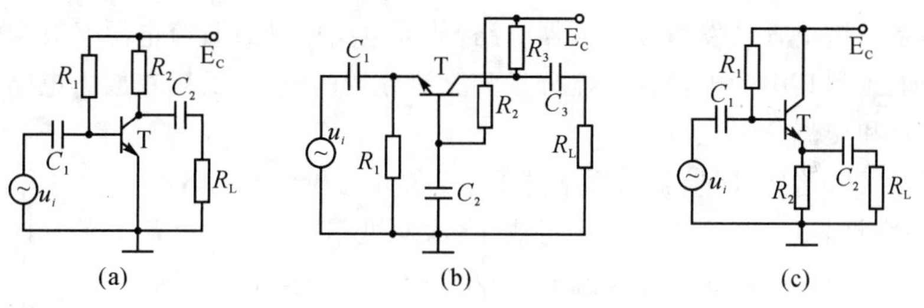

图 5.1.9　三种基本放大电路

为了了解三种放大电路交流信号处理情况，可画出它们的交流等效图。画交流等效图时要掌握两点：

(1)直流电源的内阻很小，对于交流信号可视为短路，即对交流信号而言，电源的正负极相当于短路，所以画交流等效图时应将电源正负极用导线连起来；

(2)电路中的耦合电容和旁路电容容量比较大，对交流信号阻碍很小，也可视为短路，在画交流等效图时大容量的电容应用导线取代。

根据上述原则，分别画出图 5.1.9 中三个基本放大电路的交流等效图，各放大电路的交流等效图如图 5.1.10 所示。

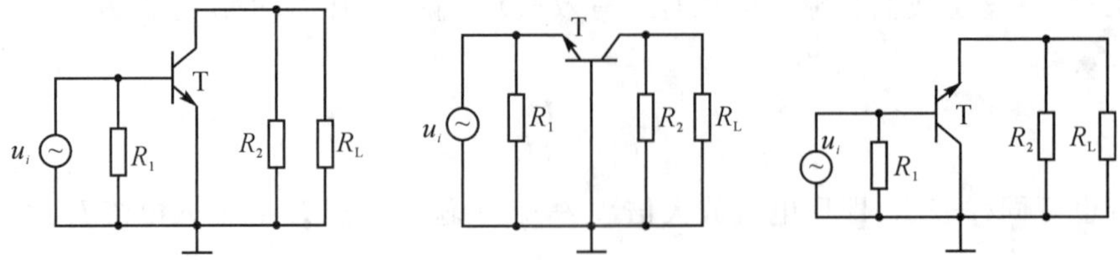

(a)共发射极放大电路　(b)共基极放大电路　(c)共极放电器大电路

图 5.1.10　三种基本放大电路交流等效

在图 5.1.10(a)所示的放大电路中，基极是输入端，集电极是输出端，发射极是输入和输出回路共用的极，所以将这种放大电路称为共发射极放大电路。

在图 5.1.10(b)所示的放大电路中，发射极是输入端，集电极是输出端，基极是输入和输出回路共用的极，所以将这种放大电路称为共基极放大电路。

在图 5.1.10(c)所示的放大电路中，基极是输入端，发射极是输出端，集电极是输入和输出回路共用的极，所以将这种放大电路称为共集电极放大电路。

第 2 节　基本放大电路分析

放大电路的形式是多种多样的，我们这里仅就共射极基本放大电路进行讨论，这些方法对分析其他接法的放大电路和将来分析更复杂的电路，都具有普遍意义。

2.2　放大电路的静态分析

图 5.2.1 是一个单管共发射极放大器电路，放大电路中既有直流电源又有交流信号，电路中各元件上的电压和其中的电流是交流分量和直流分量的叠加，所以在放大电路中，电压和电流就有直流分量和交流分量之分。

为了用符号区分这些分量，常采用下述规定：在直流和交流的区别上，直流用大写字母表示，交流用小写字母表示：大写变量、大写下标表示直流分量，如 I_B 表示基极电流的直流分量；小写变量、小写下标表示交流分量的瞬时值，如 i_b 表示基极电流的交流瞬时值；大写变量、小写下标表示交流分量的有效值，如 I_b 表示基极电流 i_b 的有效值；小写变量、大写下标表示交流分量与直流分量叠加后的总量的瞬时值，如 i_B 表示基极总电流。另外，输入信号通常用下标 i 表示，如 u_i 表示输入电压，输出信号通常用下标 o 表示，如 u_o 表示输出电压。

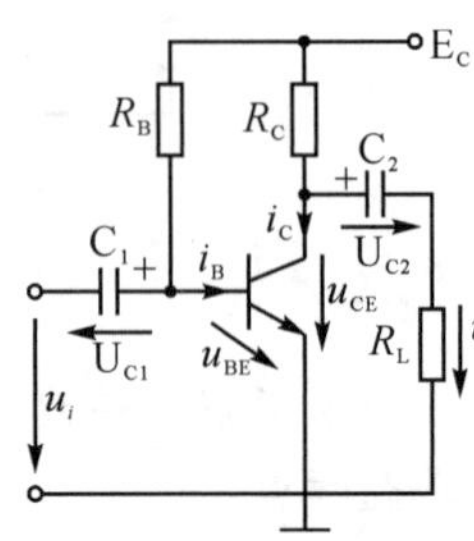

图 5.2.1　共发射极放大电路

在电子电路中，电压和电流的符号及下标非常多，并且在特定情况下有特定的含义。因此，要注意通过理解电路的工作原理来弄清它们，并正确使用。

(1)放大电路的交直流通路

放大电路的工作总是既有直流又有交流的。为了能够更明确地了解基本放大电路的工作原理，我们分两种情况来讨论：一是输入信号电压 u_i 未加入，放大电路处于只有直流偏置工作状态时的情况；二是加入输入信号电压 u_i ，放大电路进入交流放大状态时的情况。

放大电路中存在着电抗性元件，所以直流分量和交流分量的传输路径是不一样的。直流分量通过的路径称为直流通路，交流分量通过的路径称为交流通路。

画放大电路直流通路的方法是：在放大电路中保留直流电源，令交流电源不作用，即交流电流源开路，交流电压源短路。对直流分量而言，电容可视为开路，电感可视为短路。对图5.2.1共射放大电路，断开 C_1，C_2 所在的支路就可得到其直流通路如图5.2.2(a)所示。

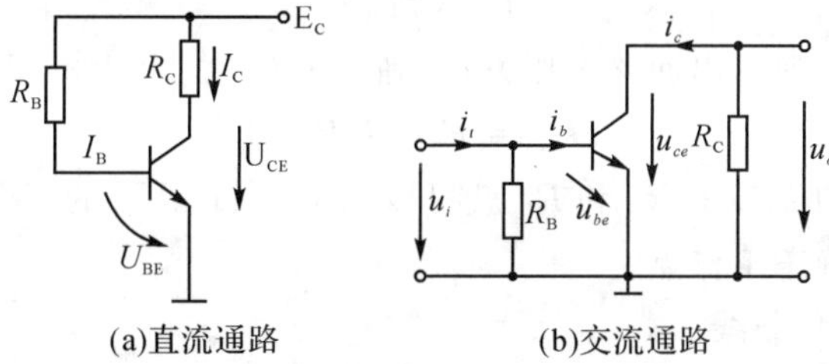

图5.2.2　共射放大电路的交直流通路

画放大电路交流通路的方法是：在放大电路中保留交流电源，令直流电源不作用，即把直流电压源短路，直流电流源开路。对交流分量而言，只要电容容量足够大，就可近似看作短路。对图5.2.1共射放大电路，只要把耦合电容 C_1，C_2 和直流电源 E_C 短路就可得到其交流通路如图5.2.2(b)所示。

(2)放大电路的静态工作点

分析放大电路一般可分为静态和动态两种情况下分析。所谓静态，是指放大电路没有加交流信号时，电路中各处电压、电流都是不随时间变化的直流量，称为放大电路的直流工作状态或静止状态。而所谓动态，则是指放大电路在输入交流信号作用下的工作状态。静态分析要确定放大电路的静态值，即直流电量，由电路中的一组数据，I_B、I_C、U_{BE} 和 U_{CE} 来表示。这组数据分别代表着三极管输入、输出特性曲线上的一个点，通常称它为静态工作点，用 Q 表示。

如图5.2.2(a)所示电路中，首先应当明确，E_C 是通过 R_B 和 R_C 分别到晶体管的基极和集电极上的，这样便产生基极电流 I_B 和集电极电流 I_C。I_B、I_C 的产生无疑将对应有确定的 U_{BE}、U_{CE}。因此，我们可以在晶体管的输入特性曲线和输出特性曲线上确定出一点 Q，如图5.2.3所示。I_B、I_C、U_{BE} 和 U_{CE} 是对应于 Q 点的静态值，所以称 Q 点为单管放大电路的静态工作点。

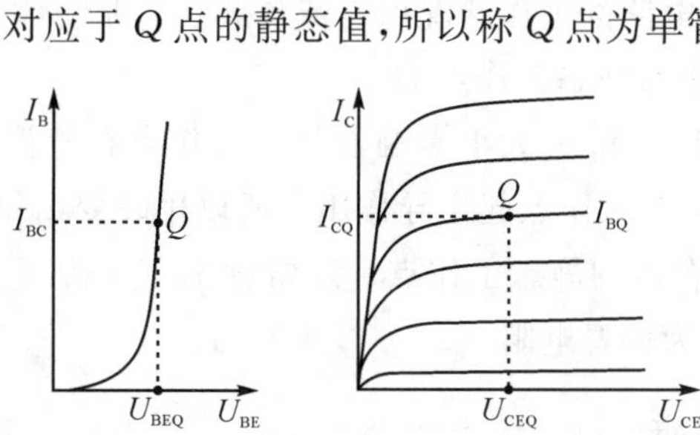

图5.2.3　放大电路的静态工作点

静态工作点 Q 与 E_C、R_B、R_C 以晶体管的参数 β 有何关系呢？换句话说，表征静态工作点的几个直流分量怎样通过计算来确定的呢？从图5.2.2(a)可以看出有下式成立

$$U_{BE}=E_C-I_BR_B, I_B=\frac{E_C-U_{BE}}{R_B}$$

由于发射结是正向偏置，U_{BE} 很小，硅管的 U_{BE} 约为0.7[V]，锗管的 U_{BE} 约为0.3[V]，而一

般 E_C 约在几伏至几十伏，远大于 U_{BE}，所以，I_B 可以按下式近似估算：

$$I_B \approx E_C/R_B \tag{5.2.1}$$

显然当 E_C 和 R_B 确定之后，静态基极电流 I_B 就近似成为一固定值，因此常称这种电路为固定偏置放大电路。

根据晶体管的电流放大原理，进而可确定集电极静态电流 I_C 为

$$I_C = \beta I_B \tag{5.2.2}$$

最后在集电极回路中列写出回路电压方程，确定出 U_{CE} 的表达式，即

$$U_{CE} = E_C - I_C R_C \tag{5.2.3}$$

只要知道放大电路的 E_C、β、R_B 和 R_C 就可以利用 I_B、I_C、U_{CE} 的三个表达式近似确定出固定偏置单管放大电路的静态工作点。

(2)放大电路的直流负载线

三极管的输出回路伏安特性就是它的输出特性，即其集电极电流 I_C 与集射极电压 U_{CE} 之间的关系。在图 5.2.2(a)的直流通路中，当信号电压为零时，电源 E_C 和集电极负载电阻 R_C 构成电路线性部分，可列出 I_C 和 U_{CE} 之间的关系式为

$$U_{CE} = E_C - I_C R_C$$

或

$$I_C = -\frac{1}{R_C}U_{CE} + \frac{E_C}{R_C} \tag{5.2.4}$$

这是一个直线方程，描述了放大电路集电极回路中 U_{CE} 和 I_c 的关系，其斜率为 $-\dfrac{1}{R_C}$。

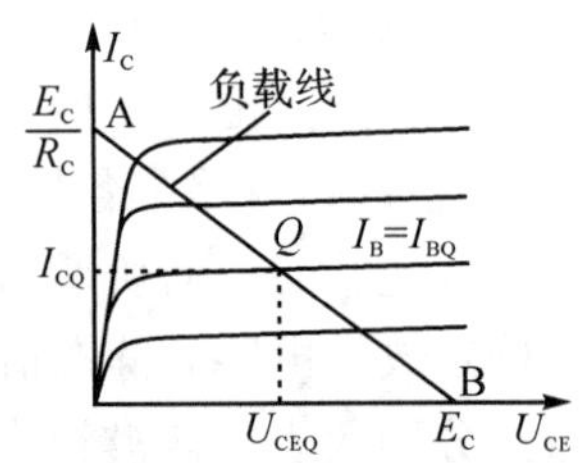

图 5.2.4 放大电路的直流负载线

如图 5.2.4 所示晶体管的特性曲线，在特性曲线图上画出式(5.2.4)的 U_{CE} 和 I_C 的关系，就是图中连接 A 和 B 点的直线。A 点是 $U_{CE}=0$ 的点，这时由于 $E_C=R_C I_C$，所以 $I_C=E_C/R_C$。B 点是 $I_C=0$ 的点，这时 $U_{CE}=E_C$。直线 AB 是由负载电阻 R_C 所决定的故称之为直流负载线。

直流负载线与三极管的 I_B 的那条输出特性曲线的交点，就是放大电路的静态工作点 Q。即电路的工作状况由直流负载线与非线性元件的伏安特性曲线的交点确定，这一点就是放大电路的静态工作点 Q。

由图 5.2.4 可见，基极电流 I_B 的大小影响着静态工作点在直流负载线上的位置，即基极电流 I_B 对确定放大电路的静态工作点起主导作用。所以用改变 I_B 的大小来获得一个合适的 I_B 值，可使放大电路有一个合适的静态工作点。通常称 I_B 为偏置电流，简称偏流。产生偏流的电路称为偏置电路，R_B 称为偏置电阻。

2.3 放大电路的动态分析

当放大电路的输入端加上交流信号时，放大电路中各支路电压、电流将是交流和直流的叠加，并且随着输入信号变化，这种状态称为放大电路的动态。

实际中加到放大电路输入端的信号往往是很复杂的，并不一定是正弦交流信号，但任何复杂的交变信号都可以看成是不同频率的正弦信号叠加的结果。因此，本节将用作图的方法作出放大电路在正弦信号作用下各主要电压、电流的波形图以便说明放大电路的动态工作过程。

(1)输入信号波形与输出波形

在上面已经分析得到的静态的基础上，在放大电路的输入端加上交流电压，设电容 C_1 的容量足够大，可以认为 C_1 为交流直通，所以

$$u_{BE} = U_{BE} + u_i$$

即 u_{BE} 为在原来的静态值 U_{BE} 的基础上再叠加一个交流信号 u_i 。同理，i_B 也将在原来静态值 I_B 的基础上发生变化

$$i_B = I_B + i_b$$

其图解分析如图 5.2.5 所示。

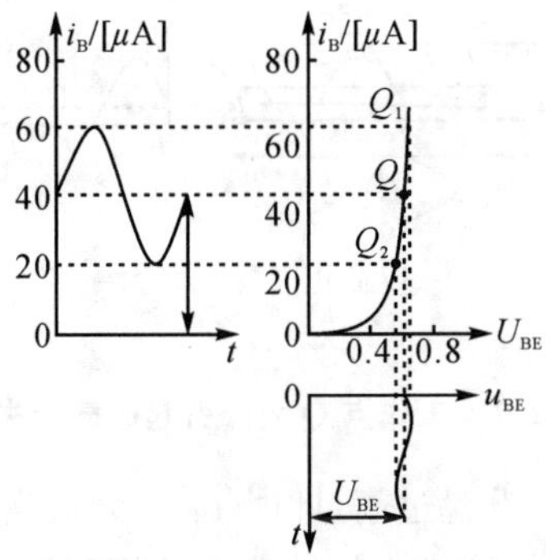

图 5.2.5　图解法分析输入回路

当基极电流 i_B 变化时，由于三极管的电流放大作用，将导致集电极电流 i_c 在 I_c 的基础上产生相应变化

$$i_C = I_C + i_c$$

同理

$$u_{CE} = U_{CE} + u_{ce}$$

在有信号输入的整个过程中，放大电路的工作状态是沿着负载线上的 $Q—Q_1—Q—Q_2$ 而变化的，其图解分析如图 5.2.6 所示。

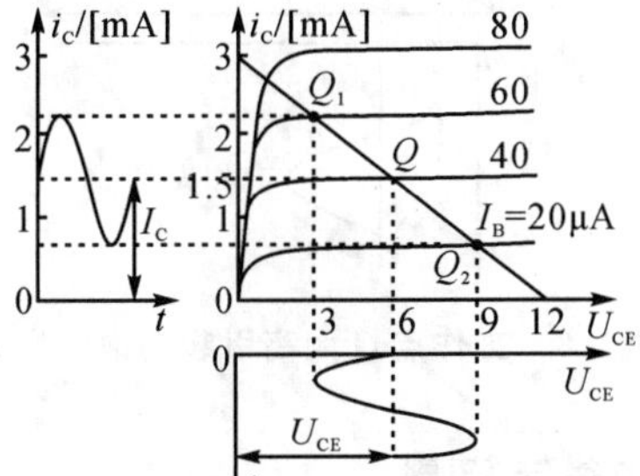

图 5.2.6　图解法分析输出回路

由于 C_2 的隔直作用，U_{CE} 的直流分量不能到达输出端，只有交流分量 u_{ce} 能经过 C_2 构成输出电压 u_o ，但与 u_i 的波形相比，u_o 的波形相差 180°。

(2)静态工作点对输出波形的影响

如果放大电路静态工作点的位置设置不当或输入信号幅值过大，使放大电路的工作范围超出了三极管特性曲线的线性范围，则使输出波形产生明显的非线性失真。利用图解法可以在特性曲线上形象地观察到波形失真情况。

在图 5.2.7 中，静态工作点 Q 设置过低，在输入信号的负半周，三极管进入输入特性曲线的死区，i_B 的波形产生明显的失真。从输出特性曲线上看，由于静态工作点靠近截止区，i_c 和 u_{ce} 的波形也产生了明显的失真。这种由于三极管进入特性曲线的截止区而产生的输出电压波形正半周的非线性失真，称为截止失真。

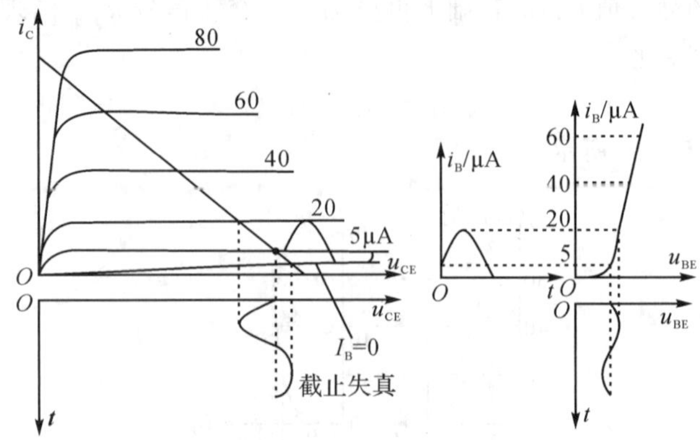

图 5.2.7 工作点 Q 太低引起的截止失真

在图 5.2.8 中，静态工作点 Q 设置过高，此时 i_B 不会发生失真。但在输出特性曲线上点 Q 靠近饱和区，在 u_i 的正半周，三极管进入特性曲线的饱和区，i_C 不随 i_B 的增大而增大，三极管失去放大能力，i_c 和 u_{ce} 的波形出现失真。这种由于三极管进入特性曲线的饱和区而产生的非线性失真，称为饱和失真。

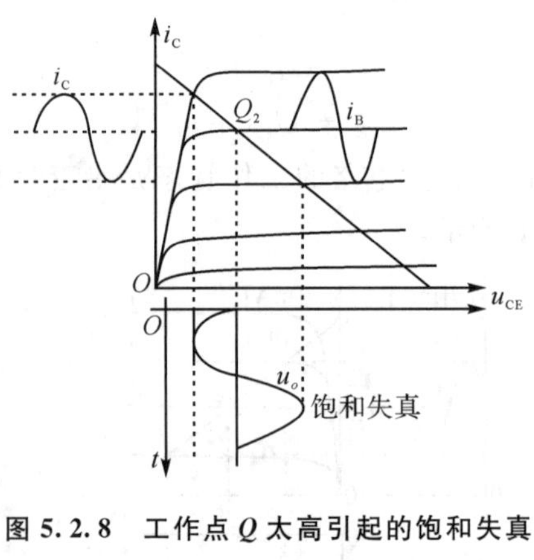

图 5.2.8 工作点 Q 太高引起的饱和失真

2.4 放大电路静态工作点的稳定问题

由上面的放大电路的分析过程可以看出，静态工作点的合理设置与否对放大电路能否正常工作有着至关重要的影响。如果静态工作点的位置选择不当，或者不稳定，很可能导致输出信号产生失真。放大电路的静态工作点必须选择适当，以保证不产生非线性失真。

如果放大电路的静态工作点因为环境温度的变化、电源电压的波动以及更换管子或管子及元件老化引起的参数改变等等因素而发生变化，那么本来设置合理的静态工作点就有可能变得不合适了，从而引起放大电路不能正常工作，因此对放大电路不仅要设置合适的静态工作点而且要保持其稳定。

稳定静态工作点不外乎从这两方面采取措施。

从外因来解决，就是保持放大电路工作时环境温度恒定，可以把放大电路置于恒温室中，这样做价格昂贵，只有在特殊要求下才采用。例如，在航空航天设备中，温度变化很大，必须配备恒温设备。另外选用高精度稳压电源供电，对电阻、电容、晶体管等元件进行防老化处理，都有利于稳定静态工作点。

由于放大电路的静态工作点是由 $i_B = I_B$ 的那条输出特性曲线与直流负载线的交点决定的，因此当电源电压 E_C 和集电极负载电阻 R_c 一经选定，偏置电流 I_B 也就决定了静态工作点 Q 的位置。在图 5.2.1 所示的共射极放大电路中，其偏置电流 I_B 由下式确定

$$I_B = \frac{E_C - U_{BE}}{R_B} \approx \frac{E_C}{R_B}$$

可见，当 R_B 一经选定后，I_B 就固定不变，故称为固定偏置共射放大电路。固定偏置电路简单，易于调整。但在外界条件变化时，会造成工作点的不稳定，而使放大电路不能正常工作。

静态工作点不稳定的原因很多，如温度的变化、电源电压的波动、元件因老化而使参数变化等，其中影响最大的是温度。因为三极管的特性和参数对温度的变化特别敏感。

前面已经讨论了晶体管的热敏性，晶体管的 I_{CEO}、U_{BE}、β 等参数随温度的变化而变化。温度上升时，三极管的 I_{CEO} 和 β 增大，同时 U_{BE} 减小，当电源电压和偏置电阻一定时，将使基极电流 I_B 增加，从而使集电极电流 I_C 随之增加，使静态工作点发生漂移。因此，设法稳定静态工作点是工程上迫切需要解决的重要问题。

利用分压式偏置放大电路来稳定静态工作点，电路如图 5.2.9(a)所示，既能提供合适的偏流 I_B，又能自动稳定静态工作点，在工程上应用很广泛。

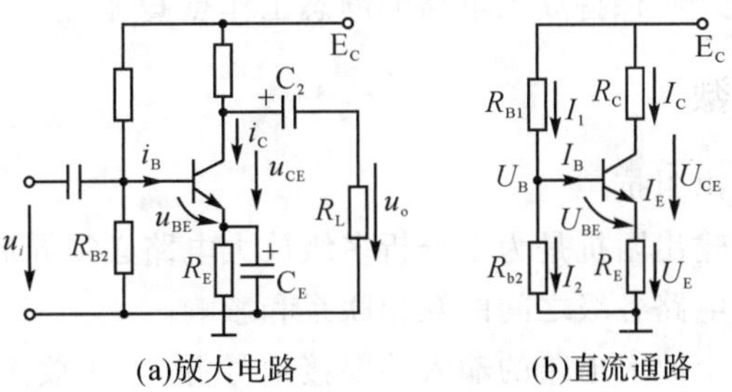

图 5.2.9　分压式射极偏置电路

由上偏置电阻 R_{B1} 和下偏置电阻 R_{B2} 组成偏置电路，R_E 为发射极电阻，其上压降 U_E 也是偏置电压的一部分。R_E 两端的并联电容 C_E 称为旁路电容，因 C_E 容量较大，对交流相当于短路，所以 R_E 只对直流起作用。

分压式偏置放大电路的直流通路如图 5.2.9(b)所示。假设基极电位 U_B 不随温度变化，当温度升高时，I_c、I_E 增加，发射极对"地"电压 $U_E = R_E I_E$ 也增加。由于 $U_{BE} = U_B - U_E$，所以实际加到晶体管基极和射极间的电压 U_{BE} 减小，根据晶体管的输入特性曲线可知，U_{BE} 减小，相应的 I_B 也减小，从而引起 I_c 减小。结果是：温度升高企图使 I_c 增加，电路本身却由于 I_c 的增加使 I_B 减小，从而减小 I_c 增加的程度，使 I_c 变化不大，静态工作点基本上维持不动。这就是分压式射极偏置电路稳定静态工作点的原理。

上述稳定静态工作点的过程常称为反馈，即把输出信号 I_c 通过 R_E 转换成电压 U_E 后再引入输入回路与给定电压 U_B 相比较，然后用所得的差值信号 U_{BE} 再去控制输出信号 I_c 的变化。该电路通过反馈使集电极电流 I_c 随温度的变化减弱，而且只对直流分量有反馈作用，这样的反馈称为直流负反馈。

如何才能实现上面要求的 U_B 恒定呢？我们可以利用 R_{B1} 和 R_{B2} 组成的分压器来达到固定基极电位的目的，但需要满足以下两个条件：

(1) $I_2 \gg I_B$

这时，流过 R_{B1} 和 R_{B2} 的电流为：

$$I_1 \approx I_2 = \frac{E_C}{R_{B1} + R_{B2}}$$

则三极管的基极 B(对“地”)电位为：

$$U_B = \frac{R_{B2}}{R_{B1} + R_{B3}} \cdot E_C$$

只要满足式 $I_2 \gg I_B$，就可以认为 U_B 与晶体管参数无关，亦即与温度无关。当然 I_2 不能取得太大，否则会增加 R_{B1} 和 R_{B2} 的功率损耗以及信号源的负担。一般取 $I_2 = (10 \sim 20) I_B$。

(2) $U_B \gg U_{BE}$

满足这个条件后，虽然 U_{BE} 随温度变化，但由于 $U_B \gg U_{BE}$，于是

$$I_C \approx I_E = \frac{U_B - U_{BE}}{R_E} \approx \frac{V_B}{R_E}$$

可以认为 I_C 不受温度影响，达到了稳定静态工作点的目的。

U_B 相对于 U_{BE} 越大，I_C 受温度变化的影响越小；但 U_B 太大将使晶体管压降 U_{CE} 太小，因而会减小放大电路的动态工作范围，一般取 $U_B = (5 \sim 10) U_{BE}$。

前面已经说明如果 U_B 是固定不变的，如 R_E 一定，则 I_C 和 I_E 就能稳定下来，与晶体管参数无关，不受温度变化的影响，保持放大电路的静态工作点 Q 不变。

2.5 放大电路主要参数

(1)放大器的输入、输出阻抗

放大器的输入阻抗和输出阻抗是为了分析多级放大电路必须弄清的两个概念。它们在一定程度上反映了多级数大电路各级之间的互相联系和影响。

先讨论输入阻抗。一个放大电路的输入端要接信号源(多级放大器中前级放大电路的输出相当于后级放大电路的信号源)。对信号源来说，放大电路是它的等效负载，要从它取得信号电流。这个等效负载——从放大器输入端看进去的等效阻抗，就称为放大电路的输入阻抗，用 Z_i 表示，如图 5.2.10 所示。

再看输出电阻，从图 5.2.10 中可以看出，对于接在放大器输出端的负载来说，放大器又成了信号源了；多级放大器中的前级放大器的负载是后级放大器，前级放大器则是后级放大器的信号源。放大器作为信号源，除了有一定的输出电压外，还有一定的等效内阻抗，这个等效内阻称为放大器的输出阻抗。

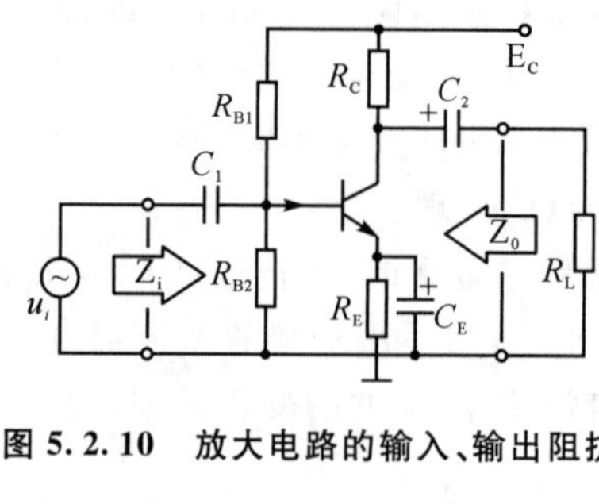

图 5.2.10　放大电路的输入、输出阻抗

如图所示，从输入端的基极—发射极间，以及从输出端的集电极—发射极间分别向放大电路内部看去时的输入阻抗 Z_i 和输出阻抗 Z_o。

从减轻输入信号源负担和提高放大电路的输出电压来看，输入阻抗 Z_i 大一些好，因为在输入信号源内阻不变时，输入阻抗大时，一方面会使放大电路从信号源吸取的电流小，同时可以在放大电路输入端得到比较高的电压，这样放大电路放大后输出的电压很高。如果需要提高放大电路的输出电流，输入阻抗 Z_i 小一些更好，因为输入阻抗小时放大电路输入电流大，放大后输出的电流就比较大。

对于放大电路的输出阻抗 Z_o，要求是越小越好，因为输出阻抗小时，在输出阻抗上消耗的电压和电流很小，负载 R_L 就可以获得比较大的功率，也就是说放大电路输出阻抗小则该放大电路带负载能力强。

(2)放大电路的频率特性

由于放大电路中的三极管本身存在结电容，另外有些放大电路中还接入了电抗元件，例如耦合电容、旁路电容等。因此，在输入不同频率的输入信号时，放大电路的阻抗会不同，放大电路的输出电压会发生变化，电压放大倍数也有所不同，并且在输出电压和输入电压之间引入了附加相位差。因此，电压放大倍数的大小会随着输入电压信号的频率不同而发生变化。这种放大倍数和输出电压随输入信号频率不同而变化的特性成为放大电路的频率特性。

图 5.2.11 所示是放大电路的频率特性。它说明，在一定频率范围内，只要容抗相对于电阻可以忽略，则电压放大倍数不随频率而变化，基本上是一个常数，记为 β_m。

如果输入信号频率愈来愈低，则放大电路中耦合电容、旁路电容的容抗数愈变愈大，以至于不能再忽略。这时，由于容抗引起压降，使得输入电压中加到三极管发射结上的分量降低，电压放大倍数降低，频率特性也要降低，如图 5.2.11 中低频段所示。

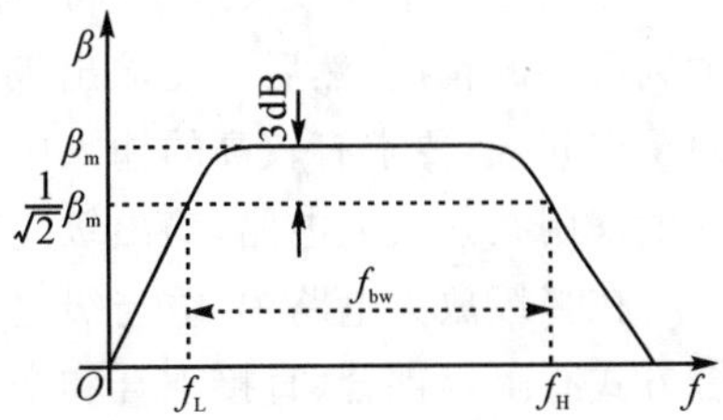

图 5.2.11　放大电路的频率特性

当频率升高时，耦合电容的容抗愈来愈小，因此其影响始终可忽略。但放大倍数却不会始终保持中频时的大小。当频率过高后，由于分布电容的影响使电压放大倍数降低，如图 5.2.11 高频段所示。这一方面是由于频率较高时三极管的电流放大倍数会减小；另一方面是由于实际电路输出端往往伴有输出分布电容，使总阻抗减小，因而输出电压减小，电压放大倍数降低。

在放大电路中，频率响应是放大器的性能指标之一。由于有电抗元件(如电路中接入的电容、晶体管的极间电容以及引线电感等)存在，使放大器在较高和较低的频率时放大倍数会下降。如图 5.2.11 所示的放大倍数随频率的变化曲线，又叫放大器的幅频特性曲线。

通常把电压放大倍数下降到中频区的 $\frac{1}{\sqrt{2}}\beta_m$ 时，相应的低频频率和高频频率分别称为下限频率 f_L 和上限频率 f_H。f_L 和 f_H 所包括的频率范围称为放大电路的通频带，又叫做放大电路的带宽。即

$$f_{bw} = f_H - f_L$$

通频带是放大电路的重要技术指标之一，它描述了放大电路对不同频率输入信号的适应能力。通频带愈宽，则放大电路对不同频率输入信号的适应能力愈强。在分析放大电路频率特性时，再把频率范围分为低、中、高频段。在电子技术中，常用的是音频(低频)放大电路，其频率范围约为 20 Hz 到 20 kHz。

第3节　多级放大电路

前面讨论的放大电路是由一只晶体管组成的单级放大电路，用它对微弱的电压信号进行放大时往往显得电压放大倍数不够大。特别是一般要求放大电路输入电阻高，电压放大倍数大，输出电阻低，显然单独的一个放大电路都难以满足以上要求，这时就要把它们进行适当的组合构成多级放大电路以满足要求。

3.1　多级放大电路组成

组成多级放大电路的每一个基本单管放大电路称为多级放大电路的一级，在多级放大电路中，根据所处位置与用途不同，可将多级放大电路分为：输入级、中间级、末前级和输出级等几部分，一个典型的多级放大电路的组成框图如图 5.3.1 所示。

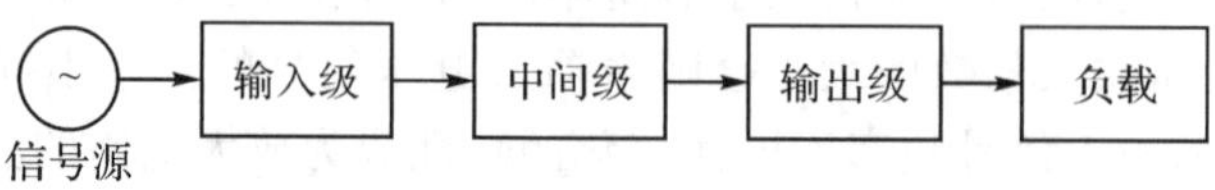

图 5.3.1　多级放大电路框图

输入级和中间级又组成所谓前置级，主要用作电压（或电流）放大，以将微弱的输入信号放大到足够的幅度，然后推动输出级工作，以获得负载所需要的输出功率。输入级用来连接信号源至中间级，要求有较高的输入电阻，因此常用射极输出器，中间级应有较大的电压放大倍数，一般采用共射放大电路，输出级应有一定的输出功率以便推动负载，可采用功率放大电路。

在多级放大电路中，级与级之间的连接方式称为耦合方式。多级放大电路常用的级间耦合方式有阻容耦合、直接耦合和变压器耦合。由于变压器体积大、成本高而且高频和低频特性差，所以除特殊场合外，一般很少采用变压器耦合方式。

（1）阻容耦合

图 5.3.2 所示为两级阻容耦合放大电路，两级之间的联接通过耦合电容 C_2 把前级的输出加到后级的输入电阻上，故称为阻容耦合。这种耦合方式由于前后级之间的直流通路被耦合电容 C_2 隔开，因而前后级的静态工作点都是独立的，互不牵扯。对交流信号来说，只要耦合电容足够大，使交流信号在电容上的压降可以忽略，则交流信号可以顺利通过，几乎不发生衰减。所以多级阻容耦合放大电路的静态和动态分析与单级放大电路时一样。

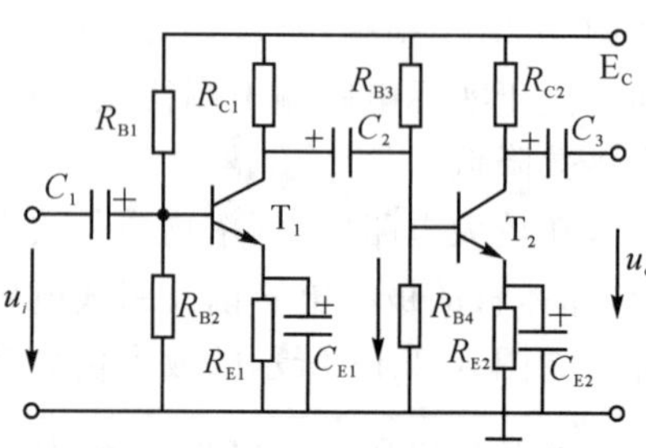

图 5.3.2　阻容耦合放大电路

电路中各元件的作用是：

R_{B1}、R_{B2}、R_{B3}、R_{B4} 是晶体管 T_1 和 T_2 的基极偏置电阻，R_{C1}、R_{C2} 是 T_1、T_2 集电极负载电阻，产生输出电压。R_{E1}、R_{E2} 是稳定晶体管偏压的发射极电阻，C_1、C_2、C_3 是耦合电容器，隔断直流，让交流信号通过。C_{E1}、C_{E2} 是旁路电容，使交流信号分量不通过 R_{E1}、R_{E2} 直接到地。

阻容耦合主要用于分立元件的低频放大电路。所谓低频是相对高频而言，尚无更明确的定义，一般多指数十赫兹～几千赫兹的音频。无线电广播中的音频输出功率很弱，是小信号，放大这些信号的电路称为小信号放大电路。

(2)变压器耦合

图 5.3.3 所示为变压器耦合放大电路，图中 T_1 和 T_2 是耦合变压器。接在输入端的耦合变压器 T_1 称为输入变压器，接在输出端的变压器 T_2 称为输出变压器。我们前面学过，变压器耦合不仅能传送交流信号，而且同时具有阻抗变换作用。

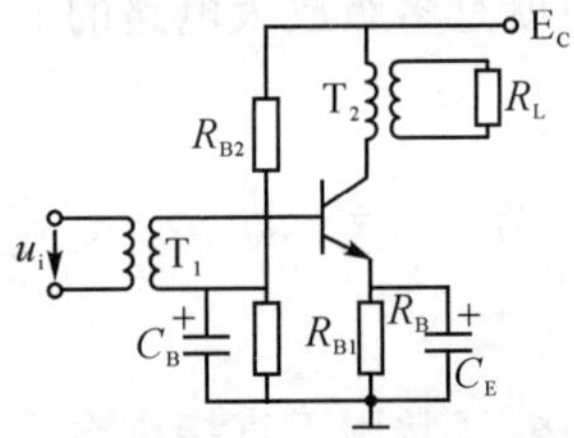

图 5.3.3　变压器耦合放大电路

由于变压器比较笨重，且容易引起电磁干扰，不能放大缓慢变化的交流信号和直流信号，不适于集成化，所以目前在低频放大电路中已很少采用。

(3)直接耦合

图 5.3.4 所示为直接耦合放大电路，前一级放大电路的输出端与后一级放大电路的输入端直接或通过一个电阻联接起来。

直接耦合放大电路中，由于前后级之间存在直流通路，因此各级的静态工作点互有联系、互相影响，给多级直接耦合放大电路的分析、设计、调试带来了很大麻烦。此外，一个理想的直接耦合放大电路，假设使放大电路的输入电压恒为零，其输出电压应一直保持不变。但实际情况并非如此，放大电路输出端电压会慢慢地发生不规则的变化，如图 5.3.5 所示。这种现象称为零点漂移。如果漂移的电压很大，可能将有用的信号“淹没”掉，使我们无法分辨输出端的电压究竟是有用信号，还是漂移电压，这样放大电路就不能正常工作，这是我们所不希望的。

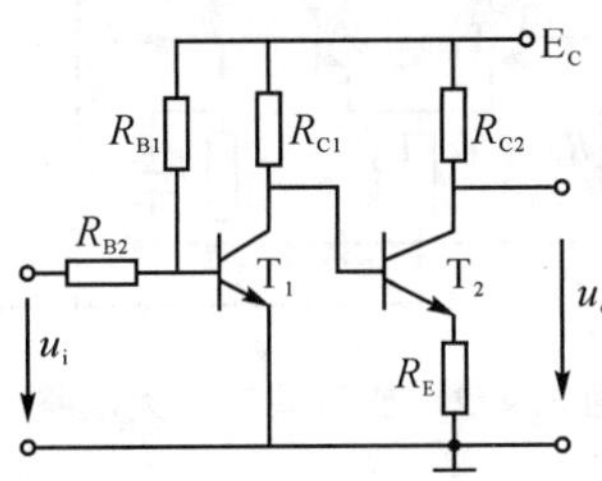

图 5.3.4　直接耦合放大电路

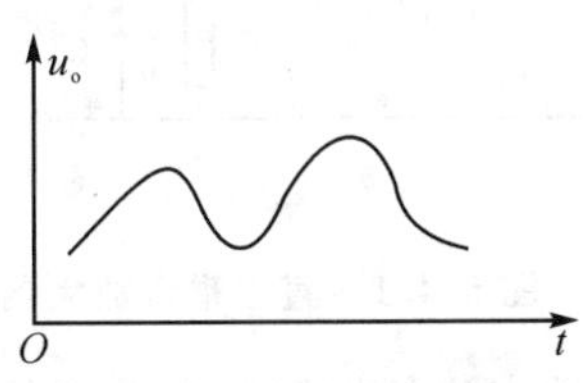

图 5.3.5　零点漂移现象

引起漂移的原因很多，但温度变化的影响最大，故又称零点漂移为温漂。为了减小直接耦合放大电路的零点漂移，通常选用稳定性高的电源和温度稳定性高的电路元件。对于由温度变化所引起的漂移，可采用温度补偿电路。本章前一节介绍的差动放大电路对抑制零点漂移有很好的效果。

3.2　多级放大电路的电压放大倍数

一个多级放大电路，前级的输出电压即为后级的输入电压，所以，多级放大电路的电压放大倍数为

$$\beta_u = \frac{U_o}{U_i} = \beta_{u1} \times \beta_{u2} \times \cdots \times \beta_{un} \tag{5.3.1}$$

将上式取对数,则

$$20\lg A_u = 20\lg A_{u1} + 20\lg A_{u2} + \cdots + 20\lg A_{un} \tag{5.3.2}$$

即多级放大电路的对数增益,等于其各级放大倍数的对数增益之和,单位为分贝(dB)。

但要注意,在分析计算每一级电压放大倍数时,必须考虑前后级之间的影响。例如,后级的输入电阻就是前级放大电路的负载电阻。一般来说,多级放大电路的输入电阻等于其第一级的输入电阻,最后一级的输出电阻就是多级放大电路的输出电阻。

第 4 节　差动放大电路

差动放大电路又叫差分放大电路,经常用于直接耦合多级放大电路中放大频率很低的信号。它是集成运算放大器的重要单元电路,可以有效地抑制静态工作点的漂移,也常被用作多级音频放大器的前置级。

4.1　直接耦合的零点漂移

图 5.4.1 所示直接耦合放大器的主要缺点是存在工作点漂移问题。由于直接耦合放大器实现了从输入端到输出端直流信号的传递,前级工作点的微小变化会直达后级继续放大,以致放大到十分可观的程度,甚至破坏放大器的正常工作。所谓零点漂移,指的就是当无信号输入时,由于工作点不稳定被逐级放大,在输出端出现静态电位缓慢偏移漂动的现象。克服零点漂移,可以采用稳压等补偿措施,而最有效的方法是采用差动式放大电路。

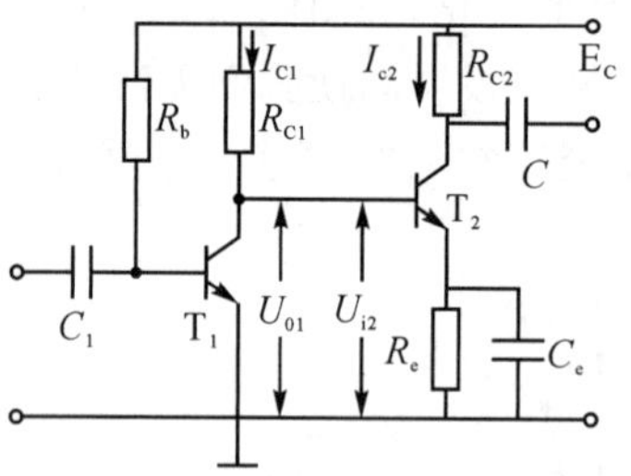

图 5.4.1　直接耦合放大器

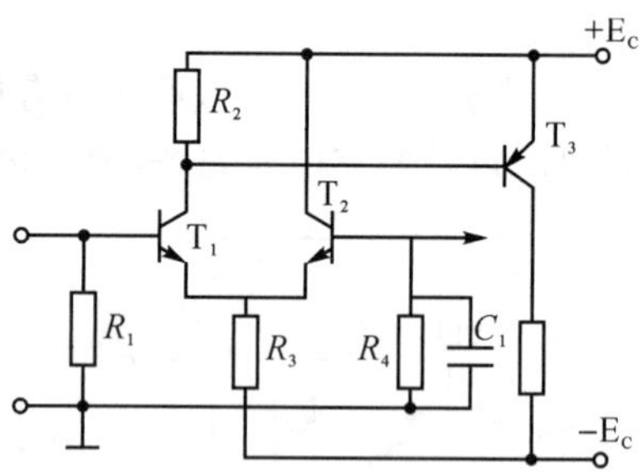

图 5.4.2　典型差动放大电路

差动式放大器突出的抑制零点漂移的本领,使它在直接耦合放大器和集成电路中被广泛的应用。在无变压器音频功率放大器里几乎毫无例外地把差动放大器做为前置级。

图 5.4.2 是一种高保真扩音机差动式前置放大器的典型电路。电路由 VT_1、VT_2 及基极电阻 R_1、R_4,VT_1 的集电极电阻 R_2,两管共用的发射极电阻 R_3 组成。输入信号从 VT_1 的基极输入,输出信号从 VT_1 集电极取出,所以叫作"单端输入-单端输出"方式。因为放大器由两只管子组成,可以有两个输入端、两个输出端,所以差动放大器还有"双端输入-双端输出","双端输入-单端输出,和"单端输入-双端输出"等形式。由于声频放大器的输入端和输出端需要有共用接"地"端,在音频放大器中用得最多的是"单端输入-单端输出"的形式。

4.2　差动放大器的基本工作原理

图 5.4.3 是双端输入-双端输出差动放大器的基本组成形式。

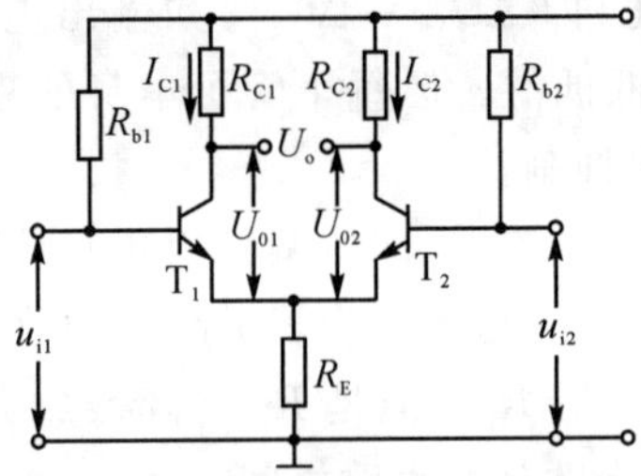

图 5.4.3　差动放大器原理

从图中可以看到，差动电路由两个对称的单管放大器组成。差动管是一对特性完全相同的晶体管，集电极电阻和基极电阻也一一对称相等。电路具有两个输入端，两个输出端。信号分别从两管基极—射极间输入。输出信号要从两管的集电极之间取出，即 $U_o=U_{c1}-U_{c2}$。不难证明，差动放大器的输出电压与两输入信号的电压之差成正比。也就是说：输出信号是随着两输入端的输入信号之差变动的，所以叫差动放大器。

那么差动放大器是怎样抑制零点漂移的呢？

下面仍以图 5.4.3 的电路来说明。当温度变化或电源电压波动等因素引起差动管的工作点发生变化时，由于电路对称，两管的静态集电极电流和静态集电极电压变化量也相等，即 $\Delta I_{C1}=\Delta I_{C2}$，$\Delta U_{C1}=\Delta U_{C2}$，而差动放大器输出电压 $U_O=U_{C1}-U_{C2}$，所以在静态时输出电压等于零。这就是说，不管工作点怎样变化，只要保持电路两边对称。在没有信号输入时输出始终保持为零，克服了零点漂移现象。

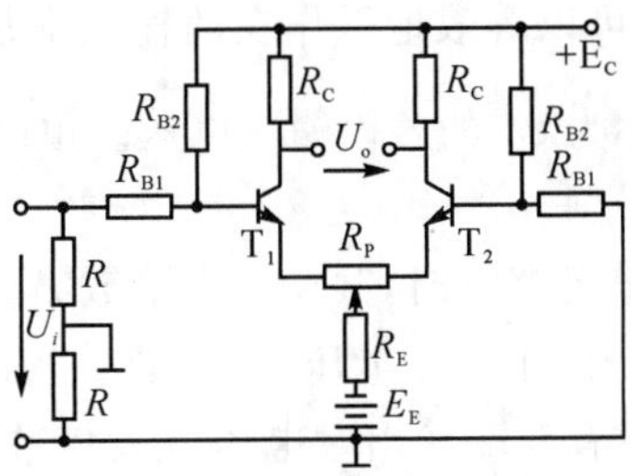

图 5.4.4　长尾式差动放大电路

图 5.4.4 所示电路是一个得到广泛应用的差动放大电路。它是由两个完全对称的单管放大电路所组成。T_1 和 T_2 是两只特性完全相同的晶体管。R_{B1} 是输入回路电阻，主要解决信号源与放大电路的静态工作点相互影响问题。R_{B2} 是基极偏流电阻，负责给 T_1、T_2 提供适当的偏流。R_c 是集电极负载电阻，将电流放大转换为电压放大输出。R_E 是两管发射极的公共电阻，有电流负反馈作用。R_p 是调零电位器，它可在一定范围内调节 T_1、T_2 的集电极电流，使输入信号为 0 时，输出电压也为 0。负电源 E_E 用来补偿 R_E 上的直流电压降，使 I_{c1}、I_{c2} 基本上和未接 R_E 时一样，保持放大电路有合适的静态工作点；R 为输入端分压电阻，其阻值比 R_{B1} 小一个数量级，使 T_1、T_2 两管分别得到大小相等、方向相反的差模信号（我们把差动放大电路的两个输入端输入的两个大小相等、极性相反的输入电信号叫做差模信号，把输入的两个大小相等、极性相同的电信号叫做共模信号），中点接地是为了减小干扰信号。

可见,差动放大电路能抑制零点漂移的原因有两个:

一是利用电路的对称性抑制零点漂移。

由于电路两边参数对称,所以无论是温度的变化,还是电源电压的波动,两管集电极电流和集电极电位都产生相同的变化,即 $\Delta U_{C1}=\Delta U_{C2}$,如输出电压取自两管集电极,则 $\Delta U_o=\Delta U_{C1}-\Delta U_{C2}$,零点漂移因而将被抵抵消。但每个管子本身的零点漂移并未减小,如输出电压取自某管集电极对地,则零漂无法抑制。

实际上要使电路完全对称是很困难的,即使型号相同的晶体管,其特性和参数也很难做到完全一致,阻值绝对相等的电阻也不易得到。为了提高差动放大电路的对称性,常在发射极电路中接入 个用于补偿的调零电位器 R_p。但是 R_p 将降低放大电路的差模电压放大倍数,因而 R_P 的阻值不能太大,一般在几十欧到几百欧之间。

二是利用发射极电阻 R_E 的深度负反馈抑制零点漂移。

在发射极电路中接入电阻 R_E,目的是稳定集电极电流,使它不受外部因素(温度、电源电压等)变化的影响,从而限制每个晶体管的输出漂移范围。R_E 越大,电流负反馈作用越强烈,稳定电流效果愈好,抑制零点漂移作用也越强。由于 R_E 好比是从发射极拖出来的一个尾巴,所以这种电路被称为长尾式差动放大电路。

4.3 单端输入的差动放大电路

前面详细讨论了差动放大电路的特点。下面我们来看单端输入的特点。

图 5.4.5 示出的就是一单端输入-单端输出方式的差动放大电路。对于这种单端输入方式,可以看作是双端输入方式的一个特例。T_1 管的输入电压越 $U_{i1}=U_i$,而 T_2 管的输入电压 $U_{i2}=0$。这两个输入电压可分解为差模分量 $U_{id}=U_{i1}-U_{i2}=U_i$ 和共模分量 $U_{ic}=\frac{U_{i1}-U_{i2}}{2}=\frac{U_i}{2}$等。因此,把单端输入电压 U_i 可以等效地看作在两输入端加有大小为 $U_i/2$ 的共模输入电压,同时在两输入端之间加有大小为 U_i 的差模输入电压。单端输入的效果与双端输入的效果相同,可以看作双端输入的一个特例。

当电路中射极电阻 R_E 的数值足够大时,共模放大倍数 $A_{uc}\approx 0$,电路对共模分量没有放大作用,被放大的只是差模分量 U_i。由于输出电压 U_o 取自一管的集电极和地之间,不是由两管的集电极输出,故电压放大倍数只有双端输出时电压放大倍数的一半。这时单端输入与双端差模输入完全等效。两者的区别仅在于单端输入时还有共模分量存在而已。

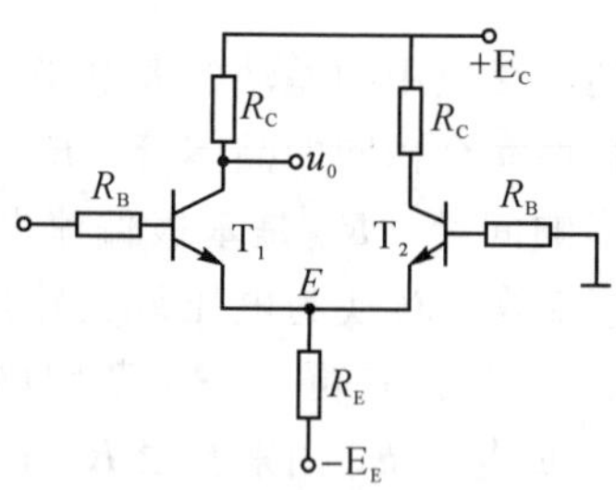

图 5.4.5 单端输入差动放大电路

既然单端输入与双端输入效果相同,所以单端输入、双端输出差动放大电路的性能指标与双端输入、双端输出差动放大电路相同。

另外，在电路中只有一组电源的情况下，通常省去发射极电源。而发射极直接由集电极电源负端供电。

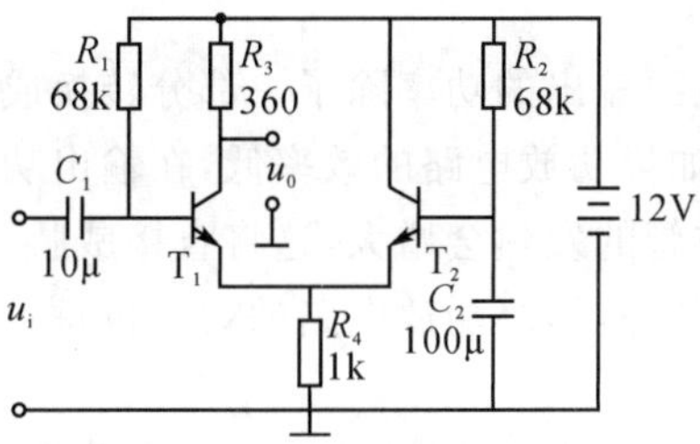

图 5.4.6　单电源差动放大电路

这时，R_E 不能取得很大。否则差动管的有效工作电压会降低。图 5.4.6 是一种单电源供电的“单端输入-单端输出”差动放大器电路图。

单电源供电时，R_4 选得较小，所以电路对共模信号的抑制能力不如双电源供电好。当然，由于 R_4 的较强负反馈作用，这种电路的稳定性仍然比单管放大器好。

第 5 节　功率放大电路

放大电路的作用是将微弱的信号放大后供给诸如扬声器发声、仪表设备显示等负载器件工作，然而要驱动这些负载，放大电路必须输出足够大的功率。而功率是电压和电流的乘积，这就要求电压和电流都要足够大。前面讨论的电压放大电路其输出电流一般都很小，不能直接驱动大功率负载工作。本节介绍由大功率晶体管构成的功率放大电路对信号进行功率放大的工作原理。

5.1　功率放大电路的特点

为了与上节所述小信号放大电路相区别，这种用于功率放大的电路称为大信号放大电路。末级大信号放大器的晶体管至少应能输出几瓦至几十瓦的功率，同时还应注意到电源加给晶体管的直流功率要尽可能多的转变为像扬声器发声一样能够发挥效能的功率。

功率放大电路主要有两种类型，变压器耦合功放电路和无耦合变压器功放电路。变压器耦合方式的优点是可以实现阻抗匹配，缺点是变压器的体积大而重，无法集成，高、低频特性均较差。所以目前除在特殊场合下（如负载对输出电压或阻抗匹配有特殊要求）仍使用变压器耦合功放电路外，主要采用无输出变压器（Output Transformer Less，简称 OTL）功放电路和无输出电容（Output Capacitor Less 简称 OCL）功放电路，特别是后者在集成电路中获得广泛地应用。

电压放大电路和功率放大电路虽然都是利用晶体管的电流放大作用将信号进行放大，但两者的侧重点不同。电压放大电路的目的是将信号电压进行不失真地放大，要有足够大的输出电压，而功率放大电路要求输出大的功率，前者是小信号工作状态，而后者则工作在大信号状态。

(1)通常对功率放大电路提出以下几方面的要求：

①输出功率要大

为了使功率放大电路能输出大的功率，加到晶体管的输入电压就必须相当大，也就是说晶体管工作在大信号状态下，一般以不超过晶体管的极限参数为限，即达到所谓的极限运用。因此，保证管子安全工作就成为功率放大电路的重要问题。

②效率要高

在功率放大电路中，直流电源输出的功率除了一部分转换成为有用的输出功率外，其余部分将主要变成晶体管的管耗。如果功放电路的效率低，在输出功率一定时，不仅使直流电源的输出功率增加，更严重的是晶体管的发热会增大，这将直接威胁到功放管的安全工作。所以除要采取措施改善功放的散热条件外，提高功放电路的效率也是一个重要问题。

③非线性失真要小

在功率放大电路中，信号摆动幅度较大，往往会超出晶体管的线性工作范围，即使不出现明显的饱和、截止失真，其非线性失真也已存在。因此，减小非线性失真就成为功率放大电路的又一个重要问题。

概括地说，功率放大电路是在保证晶体管安全运用的条件下，获得尽可能大的输出功率，并具有尽可能高的效率和尽可能小的非线性失真。

由于功率放大电路处于大信号工作状态，所以对其性能指标不能再用小信号等效电路进行分析计算，而要用图解分析法。

(2)提高功率放大电路效率的途径

如前所述，提高功率放大电路的效率是非常重要的，那么影响其效率的主要因素是什么呢？在电压放大电路中，静态工作点的位置通常设置在放大区内交流负载线的中点附近。当有交流正弦信号输入时，晶体管始终处于放大区，故在整个信号周期内都有电流流过晶体管。晶体管的这种工作状态称为甲类工作状态。如图 5.5.1(a)所示。

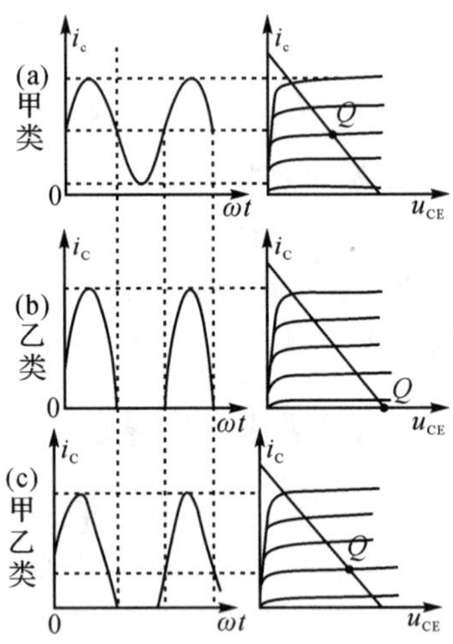

图 5.5.1　放大电路的三种工作状态

在甲类放大电路中，无论有无输入信号，直流电源供给的功率 $P_E=U_{CC}I_C$ 总是不变的。在无输入信号时，直流电源功率 P_E 将全部消耗在晶体管和放大电路内的电阻上。有输入信号时，P_E 的一部分将转换为有用的输出功率 P_0，输入信号幅度越大，输出功率也越大。然而，即使输入信号幅度足够大，在理想情况下，甲类放大电路的效率最高也只能达到 50%。

由以上分析可见，静态电流过大是造成甲类功放电路效率低的主要原因，如果把静态工作点的位置下移，如图 5.5.1(b)或(c)所示，则输入信号为零时，直流电源向功放电路提供的直流功率将减小甚至为零。当有输入信号时，直流电源才向功放电路提供功率，且随着输入信号幅度的增大，直流功率也在随之增大。因此不难想到，此时电路的效率可望获得提高。

在图 5.5.1(b)中，静态工作点设置在截止区，$I_C\approx0$，只在半个信号周期内晶体管导通，称其为乙类工作状态。在图 5.5.1(c)中，静态工作点设置在靠近截止区，有半个信号周期以上晶体管处于导通状态，称其为甲乙类工作状态。由图 5.5.1 可见，当晶体管处于乙类或甲乙类工作状态时，集电极电流波形发生了严重的失真，这是不能允许的。为了解决提高效率与非线性失真之间的矛盾，实际中常采用让两个三极管轮流工作，一个管子在输入信号的正半周期工作，另一个管子在输入信号的负半周期工作，如图 5.5.2 所示，这样，采用互补对称功率放大电路在负载上可得到一个完整不失真的输出信号。它既能提高放大电路的效率，又能消除信号波形的失真。

5.2　互补对称功率放大电路及交越失真

双电源互补对称功率放大电路如图 5.5.2 所示，T_1，T_2 分别是 NPN 和 PNP 型晶体管，故称互补。信号从两管基极输入；并从两管射极输出给负载 R_L，因此这个电路是由两个射极输出器组合而成。电路中正、负电源大小相等，T_1 和 T_2 的特性相同，故有对称之称。

静态时，$u_i=0$，由于没有基极偏流，故 T_1，T_2 均处于截止状态，$I_{C1}=I_{C2}=0$，两管的射极电位 $U_E=0$。

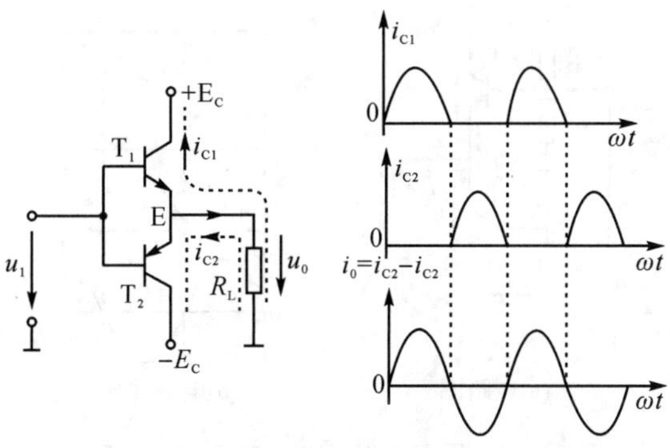

图 5.5.2　互补对称功率放大电路原理

在输入信号 u_i 的正半周，两管基极电位为正，故 T_2 截止，T_1 导通。正电源通过 T_1 向负载 R_L 提供电流；在 u_i 负半周，两管基极电位为负，故 T_1 截止，T_2 导通。负电源通过 T_2 向负载提供电流。这样虽然每个管子只工作半个周期，但负载 R_L 上得到的却是完整的正弦交流信号。电路中每个晶体管只工作半个周期，所以是乙类工作状态。

图 5.5.2 所示的采用互补对称功率放大电路，让两个三极管轮流工作，晶体管工作于乙类状态，由于晶体管输入特性的非线性，当 u_i 的绝对值小于晶体管的死区电压时，晶体管 T_1 和 T_2 实际上都还处于截止状态，故晶体管集电极电流 i_{c1} 和 i_{c2} 的波形并不是半个正弦波，因而输出电压 u_o 也非正弦波，在 u_o 接近零值时的波形发生了明显的失真，这样，在负载上得不到一个完整不失真的输出信号。如图 5.5.3 所示，使输出信号产生了失真，这种失真称其为交越失真。

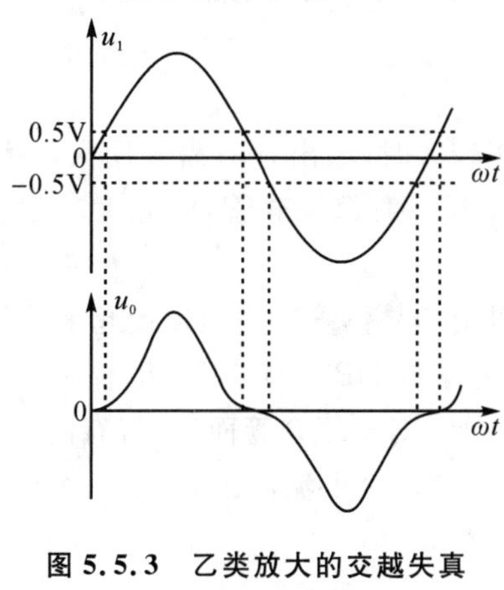

图 5.5.3　乙类放大的交越失真

为了消除交越失真，可以将静态工作点提高一些，向 T_1，T_2 提供一定的偏置电流。使没有输入信号时 I_c 不等于零但接近零，即使三极管在信号的半个周期以上的时间内处于导通状态，即利用甲乙类工作状态。在甲乙类工作状态下工作，由于 I_c 很小，因此静态功耗及转换效率接近于乙类工作状态。

图 5.5.4 为甲乙类互补对称功率放大电路，图中在两功放管 T_1 和 T_2 的基极之间加上二极管 D_1 和 D_2 及小电阻 R_3，利用 R_3，D_1，D_2 的直流压降为 T_1，T_2 的发射结提供一定的正向偏压，使 T_1，T_2 有一个较小的静态偏流，调节 R_3 的阻值大小可调整 T_1 和 T_2 的静态工作点。

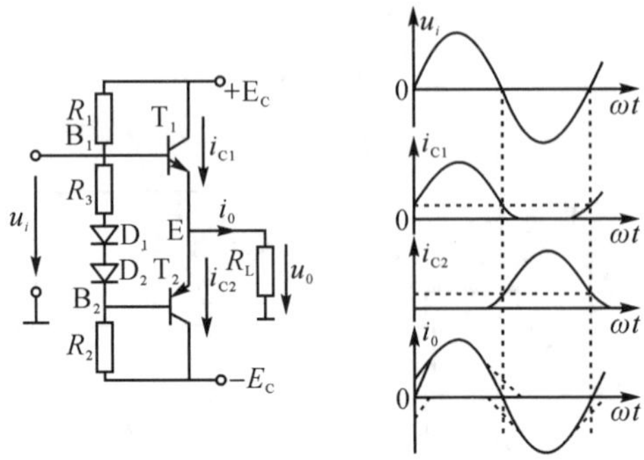

(a)电路图　　(b)电流波形

图 5.5.4　甲乙类互补对称功率放大电路

加上交流输入电压后，因二极管的动态电阻很小，R_3 数值也很小，故两管基极 B_1 和 B_2 之间的交流电压很小，可认为加在两管基极的交流电压都等于 u_i。在 u_i 过零附近 T_1 和 T_2 将同时导通，但一个管子的集电极电流随着 u_i 的变化在增加，而另一个管子的集电极电流却随着 u_i 的变化在减小。例如，在 u_i 过零后并不断增加时，由于 $u_i>0$，T_1 管的发射结电压在静态偏置的基础上不断增大，所以 T_1 管的集电极电流随 u_i 的增加在不断增大，而 T_2 管的发射结电压却在静态偏置的基础上不断减小，直至反偏，因此 T_2 管的集电极电流将随着 u_i 的增加在不断减小，直至为零。i_{c1}，i_{c2} 的波形如图 5.5.4(b)所示，负载电流 i_0 为 i_{c1} 与 i_{c2} 之差。由图 5.5.4(b)可以看出负载电流及电压波形得到了明显的改善。

传统的功率放大电路常采用变压器耦合方式。但由于变压器体积大，高、低频特性差，又不便于做成集成电路，因此现在应用较为广泛的是无输出变压器的互补对称功率放大电路(OTL)或无输出耦合电容的互补对称功率放大电路(OCL)。

5.3　复合管功率放大电路

如果要求功放电路输出功率较大时，输出管就需采用大功率管。但是，大功率的 PNP 型管一般为锗管，大功率的 NPN 型管一般都是硅管，因此大功率管的配对比较困难，解决这一矛盾的方法是采用复合管。

复合管就是把两只或两只以上的晶体管适当地连接起来等效成一只晶体管。在联接时应保证每个管子的电流方向正确，并注意 NPN 型管 I_B，I_C 流入管子，I_E 流出管子，PNP 型管子 I_B，I_C 流出管子，I_E 流入管子。因此，对于复合管而言，若有两个电流流入管子，一个电流流出管子，则复合管等效为 NPN 型；若有两个电流流出管子，一个电流流入管子，则复合管等效为 PNP 型。

NPN 和 PNP 管连成复合管，共有 4 种可能的组合形式，如图 5.5.5 所示。T_1 一般为小功率管，称为推动管，T_2 为大功率管，称为输出管。

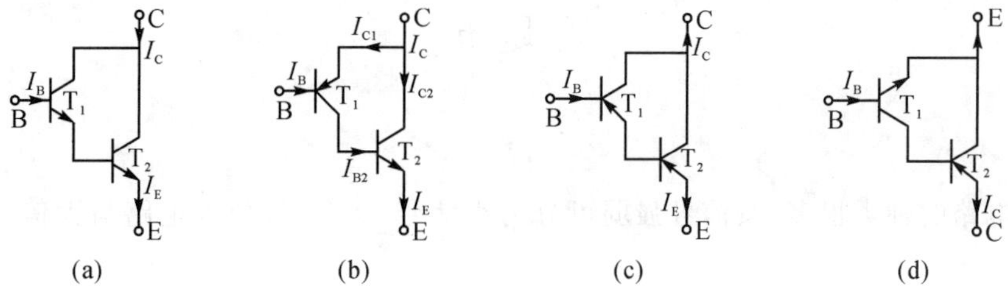

图 5.5.5　复合管的四种形式

图 5.5.5(b)中，T_2 的基极电流就是 T_1 的集电极电流，即 $I_{B2}=\beta_1 I_B$，因此

$$I_C=(1+\beta_2)I_{B2}=(\beta_1+\beta_1\beta_2)I_B\approx\beta_1\beta_2 I_B$$

$$I_E=I_{E1}+I_{C1}=(1+\beta_1)I_B+\beta_2 I_{B2}=(1+\beta_1+\beta_1\beta_2)I_B$$

可见，$I_E=I_C+I_B$，根据复合管中电流的流向可以看出该复合管等效为一个 PNP 管，T_1 的基极为复合管的基极，T_2 的发射极为复合管的集电极，而 T_1 发射极与 T_2 集电极相连接后相当于复合管的发射极。复合管的 $\beta=\beta_1\beta_2$。其他 3 种形式的复合管，可自行分析。根据以上分析，可得如下结论：

(1)复合管的类型与推动管类型相同；

(2)复合管的电流放大系数约为两晶体管电流放大系数之积，即 $\beta=\beta_1\beta_2$。

用复合管组成的互补对称功放电路如图 5.5.6 所示，常称为准互补对称功放电路。图中 T_1，T_2 为小功率互补推动管，T_3，T_4 为同型号的大功率管，比较容易实现配对。电路中 R_6，R_7 的作用是使 T_1，T_2 的穿透电流分流，若不接 R_6，R_7，则 T_1，T_2 的穿透电流全部流入 T_3 和 T_4 的基极，并经 T_3，T_4 放大后成为其静态电流，从而使 T_3，T_4 的温度稳定性变差。当然 R_6，R_7 的接入也会使信号分流，引起复合管的等效放大倍数下降。因此，R_6，R_7 的阻值也不宜太小，一般在几十欧姆至几百欧姆之间。

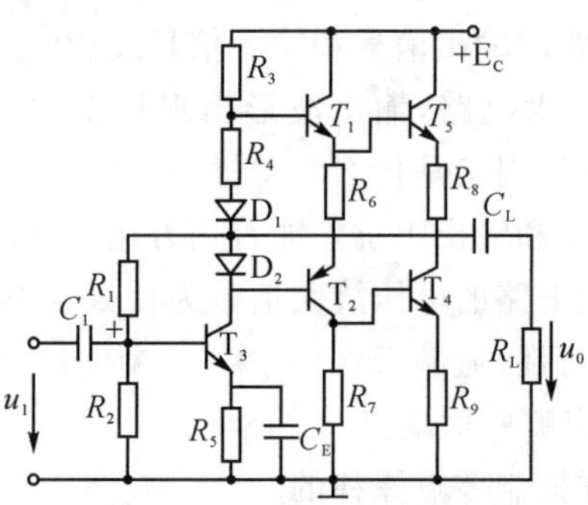

图 5.5.6　准互补对称功放电路

目前生产厂家已将复合管制成模块形式(集成为一体)，这对使用者带来了极大的方便。在产品手册中常把复合管称为“达林顿”晶体管。

习题五

一、填空题

1. 放大电路的种类很多，按信号强弱可分为小信号________放大电路与大信号________放大电路。

2. 在晶体管放大电路中，为电路提供能源的是________，将电流放大转变为电压放大的元器件是________，隔断直流而使交流信号顺利传递的元器件是________。

3. 在共发射极放大电路中，输入电压与输出电压的相位________。

4. 多级放大器的耦合方式有：________、________和________三种形式，其中________耦合可以放大直流信号。

5. 差动式放大器突出的________的本领，使它在直接耦合放大器和集成电路中被广泛的应用。

6. 功率放大器简称________，对它的要求是：________尽可能大，________尽可能高，________尽可能小。还要考虑________管的散热问题。

7. 甲类功放的功率管的导通角为________，乙类功放的功率管的导通角为________，甲乙类功放的功率管的导通角为________。

8. 乙类功率放大器会产生一种被称为________失真的特有非线性失真现象，为消除这种失真应当使功率放大器工作在________类状态。

二、问答题

1. 放大电路就是直接将原信号加以扩大吗？说说放大器原理。

2. 基本放大电路为什么要加基极偏置电压？

3. 什么是电压放大倍数、电流放大倍数、功率放大倍数？什么是放大器的增益？

4. 为什么共发射极放大电路的输出信号和输入信号反相？

5. 由 NPN 管组成的共射放大电路，输出波形出现顶部失真的原因是什么？如何消除？若输出波形出现了底部失真，其原因又是什么？怎样消除？

6. 什么是放大器的输入阻抗和输出阻抗？能否用万用表的欧姆挡测量其大小？

7. 在低频段和高频段，放大电路的电压放大倍数为什么会下降？

8. 什么是放大电路的频率特性、通频带？

9. 试述 RC 耦合放大电路有哪些优缺点。

10. 说说差动放大器是怎样抑制零点漂移的。

11. 功率放大电路与电压放大电路的主要区别是什么？

12. 甲类、乙类、甲乙类功率放大电路各有何特点？何为交越失真？如何克服？

三、电路分析题

1. 试判断图 5.1 中各电路能否正常地放大交流信号？如不能，请说明原因并予以改正。

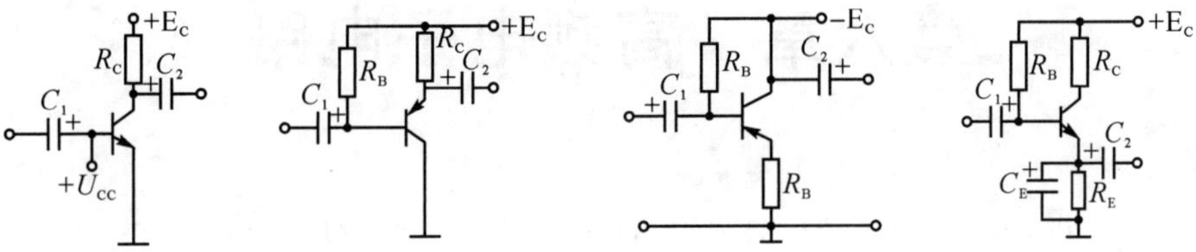

图 5.1

2. 图 5.2 所示放大电路中，晶体管是 PNP 型锗管。

(1) E_c和电解电容的极性应如何考虑？请在图上标出；

(2) 在调整静态工作点时，如不慎将 R_B 调到零将会产生什么后果？应采取什么措施来防止发生这种情况？

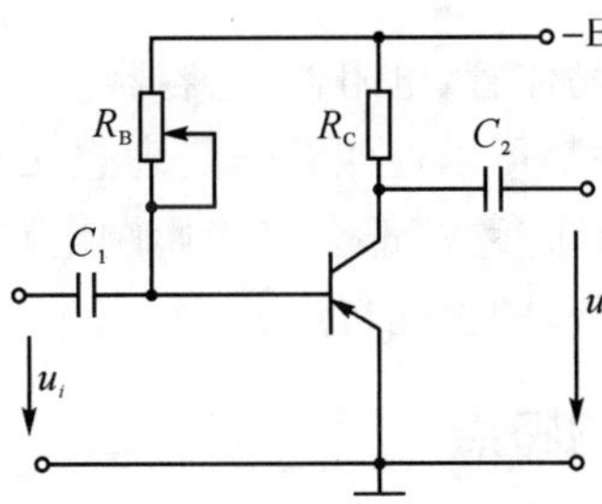

图 5.2

第六章　高频电子电路

在音视频信号传输、广播电视信号发射与接收设备中，需要放大的电信号除了像声音这样的低频信号外，还有频率在几百千赫到几百兆赫的高频信号。用来放大和处理这种高频信号的放大电路与前面介绍的低频放大电路相比，具有许多不同的特点，对电路元件也有一系列特殊的要求。本章就常见的一些基本高频电子电路做简要的分析。

第1节　电路元器件的高频性能

大家知道，电子电路主要是由晶体管、电阻器、电容器、电感等元件组成的。在低频放大器中，由于信号频率很低，上述元器件都可以近似看作是理想元器件。在高频放大器中，晶体管本身的频率参数以及各种元件的分布参数，都会直接影响电路在高频工作时的性能。下面我们首先介绍这些元器件在高频应用时的性能特点。

1.1　电感线圈在高频工作时的特点

电感线圈、电容器及电阻器的特性常用几个主要的特性参数表示，下面分别讨论它们的特性参数和在高频时的变化。

电感线圈的主要特性参数是电感量、分布电容和损耗。

实际的电感线圈，除了有电感特性外，还同时具有电阻及电容特性。在低频工作时，线圈的有效电阻可以看作与其直流电阻相等。但在高频工作时，由于导体的趋肤效应（高频电流只沿着导体的表面流动的特性），线圈的有效电阻增大，且随工作频率变化。线圈的分布电容虽然很小，但在高频工作时，其影响也可能很大。图 6.1.1 绘出了高频工作时电感线圈的等效电路。图中 L 为线圈的电感量，R_e 为有效电阻，C_L 为线圈的分布电容。

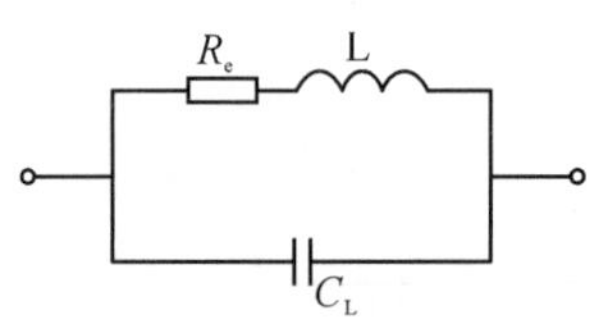

图 6.1.1　电感线圈高频等效电路

如上所述，一个电感线圈除了有电感特性外，还同时具有电阻及电容的特性。当它工作于高频率时，线圈的有效电阻增大，且随工作频率变化。线圈的分布电容虽然很小，但在高频工作时，其影响也可能很大。

首先研究线圈的有效电阻在高频工作时的变化。我们知道，线圈的直流电阻，也就是绕制线圈的导线的直流电阻，可由下式计算：

$$R_0 = \rho \frac{l}{S} \tag{6.1.1}$$

式中 ρ 为导线的电阻系数；l 为导线长度；S 为导线横截面面积。

随着工作频率的不断提高，线圈的电阻将不断增加。这主要是由于产生了所谓趋肤效应，即频率相当高时，电流的绝大部分集中在导体表皮的某一薄层内，而导体内部的电流密度实际上为零。趋肤效应使得导体的有效面积减小了，从而增加了电阻值。

此外，当导线绕制成线圈以后，每匝导线又要受到相邻各匝导线磁场的作用，因而使电流分布更不均匀。这种现象称为邻近效应，其作用也使线圈的有效电阻增加。电感线圈中还有其他各种能量的损失（绕线骨架的损失，线圈磁场在附近金属物内感应产生涡流的损失等），其结果均表现为有效电阻的增加。

下面再来看高频时电感线圈的品质因数 Q。

$$Q_L = \frac{\omega L I^2}{R I^2} = \frac{\omega L}{R} \tag{6.1.2}$$

由式可见，当频率增加时，虽然 ωL 值增加，但由于有效电阻 R 亦将增大，因而品质因数的变化是不大的，在一定的频率范围内可看成常数。但频率较高时，R 增加更快，因此总的趋势是 Q 随频率的升高而下降。提高线圈品质因数的方法是设法减小有效电阻 R。通常可用空心管状线或多股绝缘的编织线绕制线圈，以增加导线的有效截面积，减小因趋肤效应引起的有效电阻 R 的增加。

最后，讨论高频工作时分布电容的影响。考虑了分布电容后，一个电感线圈在高频工作时，就可用图 6.1.1 所示的等效电路来代表了，其中 C_L 为线圈的分布电容。

为此，线圈等效电路的谐振角频率 ω_0 和频率 f_0 分别为：

$$\omega_0 = \frac{1}{\sqrt{LC_L}} \text{ 或 } f_0 = \frac{1}{2\pi\sqrt{LC_L}} \tag{6.1.3}$$

当工作频率 f 小于 f_0 时，线圈的阻抗呈感性。当工作频率 f 大于 f_0 时，线圈的阻抗呈容性；这是不能使用的，说明电感线圈失去作用变成电容器了。因此我们总希望 C_L 愈小，f_0 愈高愈好。

1.2　电容器在高频工作时的特性

电容器的主要特性参数是电容量、工作电压、损耗和温度系数。

电容器在高频率工作时，首先表现为介质损耗增加和工作稳定性变差。因此某些电介质做成的电容器（例如纸质电容器、电解电容器）不宜用于高频。另外，一切电容器都有引线和接头；这些部分都有电阻。当频率较高因而趋肤效应显著时，这些电阻值可能变得较大。

电容器还有固有电感，这个电感是由通过电容器的电流所生的磁通而引起的。电感的大小与电容器极板的引线、电容器金属片的面积以及引线的连接方式有关。因此电容器的等效电路如图 6.1.2 所示。图中 R 和 L_0 表示上述的电阻和电感。C 和 R_P 并联组合等效电路已在前面说明。

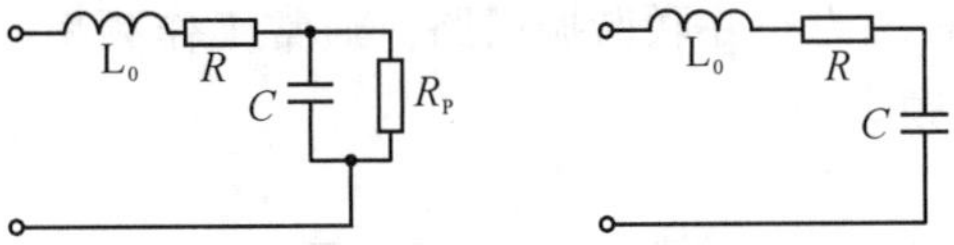

(a)实际等效电路　　(b)频率很高时的等效

图 6.1.2　电容器的高频等效电路

在频率较低时，R 和 R_P 的影响很小，可以忽略。在频率很高时，电阻 R 中的功率损耗变得远比 R_P 中的功率损耗(介质损失)大，因而尽可以忽路。等效电路如图 6.1.3(b)所示。此电路为一串联谐振电路，其谐振频率为

$$f_{0C} = \frac{1}{2\pi \sqrt{L_0 C}} \tag{6.1.4}$$

当工作频率 f 小于 f_{0C} 时，电容器表现为一电容性阻抗，当工作频率 f 大于 f_{0C} 时，电容器表现为一电感性阻抗，这是不能使用的，说明电容器失去作用变成电感了。所以希望电容器的电感量愈小愈好。

在高频电子线路中，电容器通常用作回路电容(与电感线圈配合)、耦合电容和旁路电容。在作为回路电容时，要求电容器有一定的电容量(工作频率愈高，要求电容量愈小)，容量准确、稳定，损耗小，温度系数小(有时用负温度系数电容进行补偿)，常用云母电容器和陶瓷电容器(可以有负温度系数)，因为它们能满足上述要求。用作耦合电容时，除一定电容量外，还要求电容器损耗小，耐压满足要求，而容量的准确性和稳定性，以及对温度系数的要求则可适当降低。

1.3 电阻器在高频工作时的特性

常用的电阻器有线绕电阻、碳模电阻、金属膜电阻和碳质电阻。它的主要特性是电阻值(包括误差范围)、额定功率和稳定性。

线绕电阻的直流电阻值可由式(6.1.5)计算。和在电感线圈中讨论的情况一样，由于趋肤效应以及各种损耗的影响，在高频时电阻值将增加。其他电阻的阻值由构成电阻的材料的成份及电阻的几何形状和尺寸等决定。

$$R = \rho \frac{l}{S} \tag{6.1.5}$$

电阻值的误差范围与电容器的误差范围相同(常分为电阻值的±5%、±10%和±20%三种)，在要求很高的测量仪器中使用时，范围要求更小。

电阻器的额定功率是指正常工作状态下电阻器容许消耗的功率；由这种功耗引起的电阻器温度升高不致烧坏电阻。

电阻器的稳定性是指电阻器的工作条件变化时(例如，温度升高或降低)，其电阻值的变化应在容许的范围内。

电阻器在高频工作时的特性可用图 6.1.3 所示的等效电路来表示。

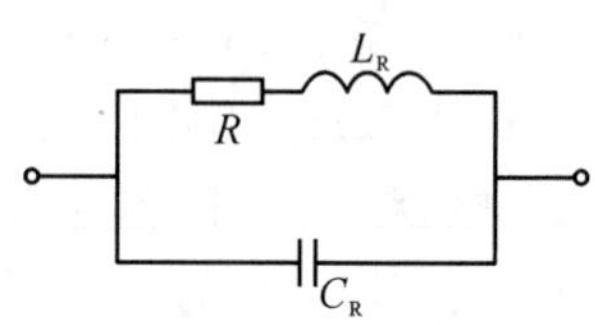

图 6.1.3　电阻的高频等效电路

当有电流通过电阻时，在它的四周产生磁场，相当于线圈存在，这可用电感 L_R 等效；同时，当有电压加在电阻两端时，因存在电位差而引起电场，相当于电容器两极，这可用电容 C_R 等效。在频率较低时，电阻器的电感量 L_R 和分布电容 C_R 都很小，可以忽略。

在频率很高时，电阻器表现为一并联谐振回路。通常工作频率 f 总是远小于电阻器的谐振频率：

$$f_{0R} = \frac{1}{2\pi \sqrt{L_R C_R}} \tag{6.1.6}$$

所以电阻器等效为电阻与感抗的串联。频率愈高，感抗的影响愈大。这种影响是不希望

的。因此，我们总是要求电阻器的电感量和分布电容愈小愈好。

在高频电子线路中，最常用的是金属膜和碳膜电阻。它们都有稳定性好、精确度高的优点。金属膜电阻比碳膜电阻更能耐高温。所以，对同样的额定功率，使用金属膜电阻其体积更小。线绕电阻和碳质电阻在高频电子线路中很少采用。因为前者在高频工作时呈感性，后者稳定性差，准确度低。在高频电子线路中应用的电阻，其阻值在几欧到几兆欧的范围内。

1.4　晶体管在高频工作时的特性

一般晶体管有高频晶体管和低频晶体管之分，它们使用的频率范围不同。低频晶体管只能工作在 3 MHz 以下的频率，而高频管则可以工作在几十或几百兆赫的频率。

前面介绍过晶体管的放大倍数，它们都会随着晶体管的工作频率的增高而发生变化，例如 f 增高至一定值后，β 随 f 的上升而下降，是由于晶体管在高频运用时内部状况与低频时不同造成的。

放大电路在工作频率升高后，放大倍数明显下降的主要原因，在于晶体管高频运用时的物理过程和低频运用时有许多不容忽略的差别。为此，需要分析高频运用时晶体管的内部状况。

晶体管在外加电压变化时，内部进行着复杂的物理过程。下图画出了晶体管的物理模拟电路。

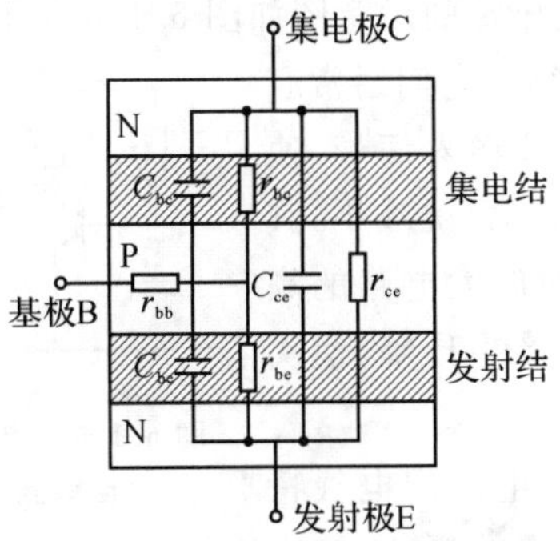

图 6.1.4　晶体管的模拟高频等效

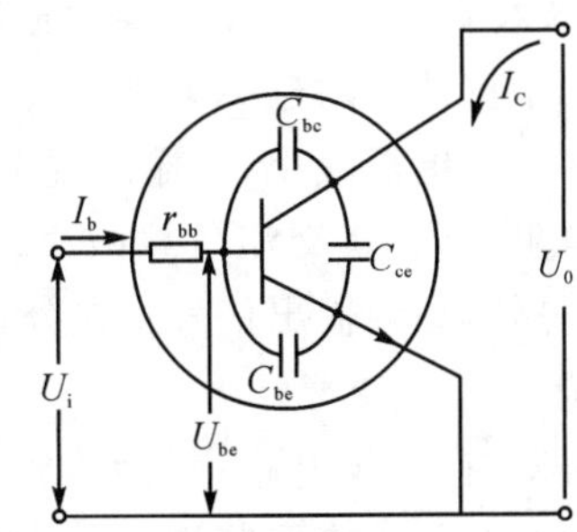

图 6.1.5　晶体管共射极高频等效

可以看出，除构成晶体管的各极间存在电阻外，在晶体管内部还存在着容抗随频率变化而变化的分布电容，分别用集电结电容 C_{bc}、发射结电容 C_{be} 和集 — 射间电容 C_{ce} 来表示。具体来说，图 6.1.4 中 r_{bb} 是从基极引线到实际起控制作用的基区之间的等效电阻，叫基区体电阻。高频晶体管 r_{bb} 一般小于 150[Ω]。r_{be} 是发射结的结层电阻折合到基极回路的电阻；由于发射结正向偏置，r_{be} 仅为几百欧姆。C_{be} 是发射结电容，它的数值与晶体管特征频率 f_T 和发射极工作电流 I_e 有关。f_T 越高、C_{be} 越小；I_e 越大，C_{be} 越大。高频管 C_{be} 通常在几十到几百皮法之间。C_{bc} 是集电结电容，它的数值很小，一般为 2[pF] ～ 10[pF]。C_{bc} 值与集电结反向电压密切相关；反向电压越小，C_{bc} 值越大。

上述晶体管内部的电阻、电容，在音频放大电路中影响甚微，但在高频运用时就不能够忽略了。下面以共发射极高频放大电路为例，说明上述参数对高频放大电路性能的影响，请参看图 6.1.5 所示。

r_{bb} 的影响：当晶体管输入高频信号时，i_b 通过 r_{bb} 会在其两端产生电压降；在共基极电路中，r_{bb} 还会引起高频负反馈。

C_{be} 的影响：C_{be} 接在输入端，将分流输入信号。通俗地理解，就是 C_{be} 对信号起部分旁路作用。显然，频率越高，C_{be} 的容抗越小，晶体管输入的有效基极控制电压 u_{be} 就越小，从而降低高频增益。同理，C_{be} 并联在输出端，会旁路部分输出信号。

C_{bc} 的影响：集电结电容 C_{bc} 跨接在输出端和输入端之间。尽管数值很小，但在频率很高时，C_{bc} 也会呈现很小的容抗，将输出信号的一部分反馈到输入端。当负载是电阻性时，则形成负反馈，放大电路增益下降；负载是电感性时，则形成正反馈，造成自激，破坏放大电路稳定工作。

$r_{bb'}$、C_{be}、C_{bc} 的存在对晶体管的高频运用十分不利，它们的值越小越好。

1.5　高频电路的分布参数

任何两个导体之间都存在着电容，电路中导线与大地之间、元件之间、线圈或变压器的层间、匝间等，都存在着电容。这些不定形的电容称为分布电容。另外，任何一根线不论长短如何，都存在一定电感。元器件的引线、连接电路的导线以至印刷电路都存在着引线电感。这些潜在的电感称为分布电感。

分布电容、分布电感统称为杂散参数或分布参数。低频时可以忽略分布参数的影响，而在高频时，电路的分布参数和晶体管的电抗效应共同作用，在放大电路的输入端和输出端形成输入电容和输出电容。工作频率越高，容抗越小，对信号的旁路作用越大，使高频增益下降越多。

分布电容、分布电感存在于放大电路输入端和输出端的示意图如图 6.1.6 所示。

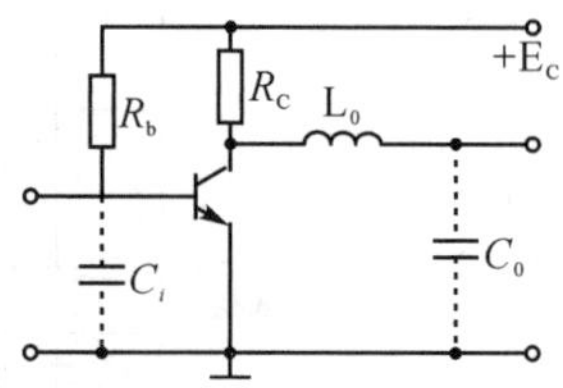

图 6.1.6　电路的分布电容与电感

C_i 表示输入端分布电容。C_o 表示输出端分布电容。它们通常有十几皮法到几十皮法。对输入端来讲，C_i 旁路了部分输入信号，使输入给基极的信号电流减小；对输出端来讲，高频时 C_o 容抗减小，其容抗与负载电阻并联，使交流负载减小。它们同时使放大电路的高频增益下降，另外，高频输出信号将在分布电感 L_o 上产生压降，使实际输出电压减小。

由上述可知，在高频电路中，晶体管、电感、电容、电阻的电气特性都与工作频率有关。前面曾讲过放大电路频率响应的概念，放大电路增益的大小随频率变化而不同的关系，称为“幅频特性”。

一般地说，高频放大电路要放大的信号不是正弦波。根据理论分析非正弦信号具有复杂的频谱特性；任何非正弦信号（包括脉冲信号）都可以看成是由许多不同频率、不同振幅、不同相位的正弦波信号叠加而成的。放大这种信号，可以看成是在放大一个正弦频谱。如果放大电路对不同频率的分量进行不等量的放大，必然要引起输出波形的失真（频率失真）。因此，放大电路的幅频特性在高频时具有重要的意义。为了减小输出波形的失真，要求高频放大电路的通频带足够宽。

此外，在高频放大电路中还必须考虑不同频率的信号分量放大的“步调”不一致引起输出波形畸变，产生“相位失真”的问题。这种输出与输入信号的相位偏移与频率的关系，称为“相频特性”。

总之，高频放大电路的信号频率很高，由于电路的分布参数和晶体管高频特性的影响，不仅增益会降低，而且出现频率失真和相位失真。后面将围绕高频放大电路的上述特点展开讨论。

第2节　高频放大电路

转动收音机调谐旋钮，使其输入调谐回路的谐振频率与某个特定电台的发射频率一致，该频率附近的电波被放大，就可听到这个电台的节目了。这里被放大的电波是高频信号，利用的就是高频放大电路的放大作用。本节就高频小信号放大电路的特点和高频放大电路的组成以及高频功率放大器做简要的分析讨论。

2.1　概述

在高频放大电路中，由于各种电路元件参数会随频率的升高而变化，使得高频放大电路的性能改变，所以高频放大电路需要考虑一些低频放大中未曾考虑的新问题。下面主要针对高频放大器的组成和低频放大电路的不同点做简要了解。

(1)高频放大电路的基本连接方式

和低频放大电路一样，高频放大电路也有共基极、共发射极、共集电极三种连接方式。

如前所述，高频放大电路需要考虑晶体管内部电容与外电路分布参数等的影响，在分析电路时，可以认为放大电路的输入端和输出端都存在着一个等效电容。

高频放大电路中晶体管的集电极—基极间的结电容(集电结电容)问题如图 6.2.1 所示。在基极接地的电路中其大小约为几皮法[pF]，而在发射极接地的电路中可大到数百皮法。

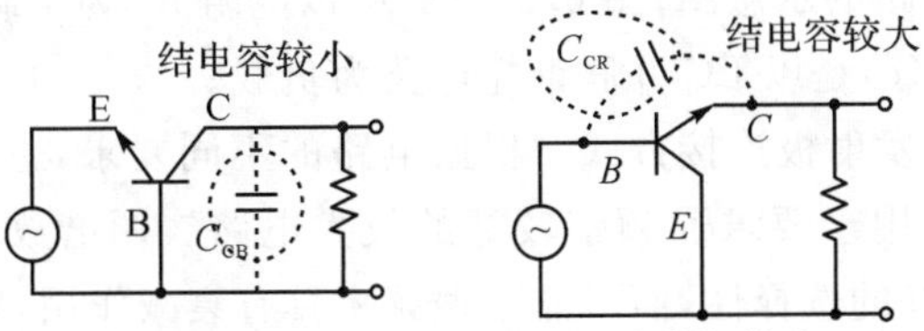

图 6.2.1　集电结电容示意图

另一个重要问题是当频率高于某数值时，电流放大系数 β 会减小(图 6.2.2 所示)。β 减小到低频时的 0.707 倍(3dB)时的频率称为截止频率。β 下降到 1 时的频率，f_T 称为特征频率，是有放大作用的最高频率，f_T 越大的晶体管越适用于高频放大。

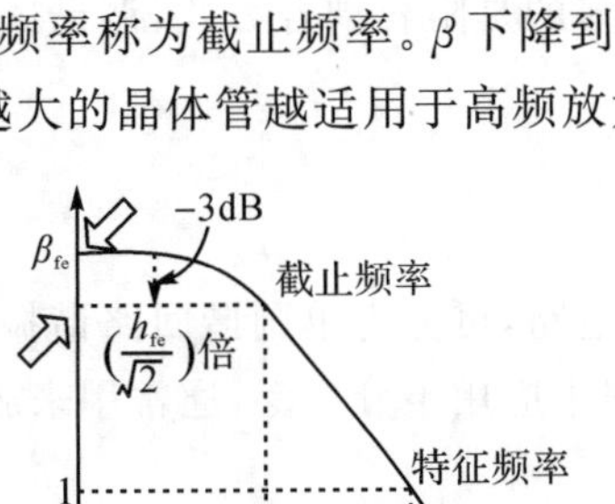

图 6.2.2　截止频率和特征频率

所以要充分发挥高频放大电路的放大作用，选用集电结电容小、截止频率高的高频晶体管是十分重要的。

共发射极放大电路中，由于晶体管 b－c 极间电容的影响，输入电容和输出电容都较大，上限工作频率会降低，通频带在三种连接方式中是最窄的。但因为共射电路的电压增益最高，还可以采用适当的补偿措施展宽通频带，所以在高频放大中应用仍然十分广泛。

在共基极电路中，晶体管的截止频率大于共发射极截止频率。因此，工作频率较高时，常采用共基极电路。这种电路的通频带比共射电路宽得多。但共基极电路没有电流放大作用，电压增益也较小。

共集电极连接高频放大电路的通频带在三种连接方式中最宽，但它的电压增益却永远小于 1。为了兼顾放大电路的增益和通频带，高频放大电路有时采用多级放大组合搭配的连接方式。其特点和低频放大电路相同，不再赘述。

(2)高频放大电路的负载方式

高频放大电路可以根据输出负载方式分为调谐式放大电路和非调谐式放大电路两大类。负载是 LC 谐振回路的叫调谐放大电路，负载是电阻或电感的叫非调谐放大电路。

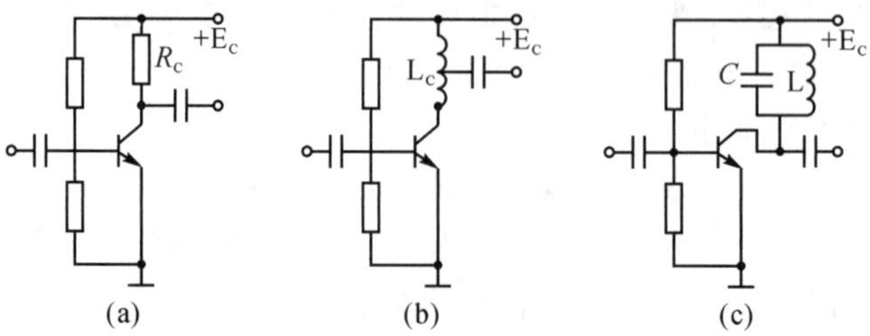

图 6.2.3　不同形式高频放大电路

图 6.2.3 是这两种电路的示意图；图 6.2.3(a)中以电阻 R_c 为负载，图 6.2.3(b)是以电感线圈 Lc 为负载，图 6.2.3(c)是以 LC 并联谐振电路为负载。

图 6.2.3 画出的是共发射极连接方式。根据电路的不同要求，也可以采用其他的连接方式。非调谐放大电路主要用于要求通频带较宽的放大电路。调谐放大电路的负载是谐振回路，它对谐振频率具有良好的选择性，而对非谐振频率具有衰减作用，属于窄频带放大电路。

(3)高频放大电路的耦合方式

高频放大电路的耦合方式主要有电容耦合、电感耦合、阻容耦合和变压器耦合四种。通常应根据电路对增益、通频带，选择性及阻抗匹配的不同要求，选取不同的耦合方式。

一般非调谐放大电路应用最多的是阻容耦合方式，调谐式放大电路则主要采用变压器耦合、电感耦合或电容耦合方式。

2.2　高频调谐放大电路

调谐放大电路又叫谐振放大电路，可分为单调谐回路谐振放大电路和双调谐回路谐振放大电路两种，它们在高频放大电路中应用十分广泛，通常用来放大已调制信号。如收音机的中频放大电路。

图 6.2.4 是高频放大电路的基本电路，由于只需放大某个特定频率，所以输入电路和输出电路都采用由线圈和电容构成的调谐电路。二个调谐电路(或谐振电路)的调谐频率(或谐振频率)应设计为相同。这就是典型的高频谐振放大电路。

放大电路以一个 L_2C_2 构成的谐振回路作为负载，通过电感耦合方式和下级放大电路相连。图中 B_1、B_2 是互感耦合变压器。变压器耦合有利于级间阻抗匹配，提高增益。适当选择变压器的初、次级匝数比，可以使前级较高的输出阻抗与后一级放大电路的低输入阻抗匹配。

变压器 B_2 的初级线圈 L_2 两端并联着电容器 C_2，构成 L_2C_2 并联谐振回路，调节 L_2 或 C_2 的数值，可以使回路谐振在调制信号的中心频率上。

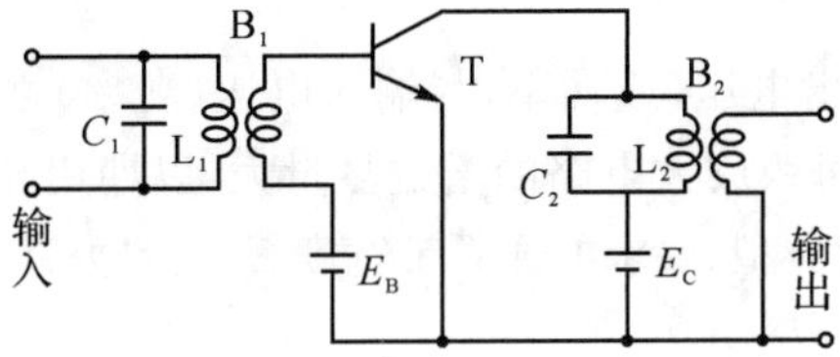

图 6.2.4　高频谐振放大器

所谓谐振放大，就是采用谐振回路(串并联及耦合回路)作负载。根据谐振回路的特性，谐振放大电路对于靠近谐振频率的信号，有较大的增益；对于远离谐振频率的信号，增益迅速下降。所以，谐振放大电路不仅有放大作用，而且也起着滤波或选频的作用。

谐振放大电路又分为调谐放大电路(通称高频放大器)和频带放大电路(通称中频放大器)。前者的调谐回路随外来不同的信号频率谐振；后者的调谐回路的谐振频率固定不变。如图 6.2.5 为一个收音机选台电路调谐放大电路的实例。

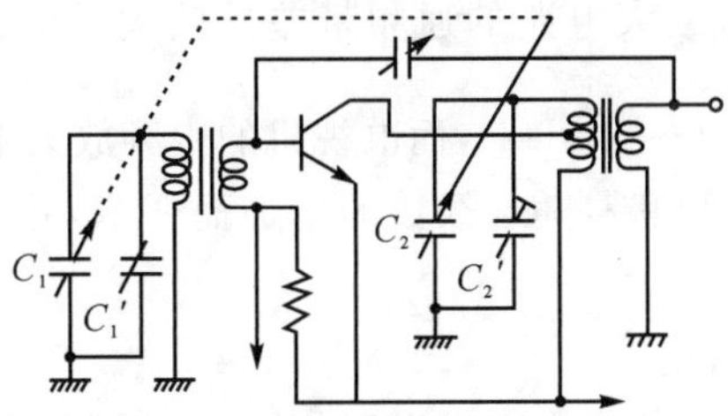

图 6.2.5　收音机选台电路

从图中看出，要改变收音机高频放大电路的谐振频率，改变 L 和 C 中哪一个为好呢？通常由于 C 容易改变，故一般采用改变 C 的方法。所以大多数收音机的调谐旋钮都是通过改变调谐放大电路的谐振回路电容的容量来改变放大电路的选频放大频率的。

调谐放大电路主要有以下几个特点：

(1)放大电路的集电极负载是 LC 并联谐振回路。放大电路的性能在很大程度上决定于谐振回路的特性和参数。

(2)它属于窄带放大电路。根据谐振回路的特性，谐振放大电路对于靠近谐振频率的信号有较大的增益，对于远离谐振频率的信号，增益迅速下降。因此，这种放大电路具有良好的选择性和良好的带通滤波作用。

(3)放大电路通常采用变压器耦合方式，具有良好的阻抗匹配条件，因此增益较高。

(4)对放大电路的稳定性要求较高，一般都要附加防止反馈自激的中和电路和保持输出信号电平平稳的自动增益控制电路。

调谐放大电路大多采用共发射极电路。在频率很高时，有时也采用共基极电路。

除了调谐放大电路被广泛的应用外，由各种滤波器(如 LC 集中选择性滤波器、石英晶体滤波器、陶瓷滤波器等)和阻容放大电路组成非调谐的各种窄带和宽带放大电路属于非谐振放大电路。因其结构简单，性能良好，又能集成化，所以目前被广泛应用。

2.3 高频放大电路的性能指标

(1)高频放大电路的增益

众所周知,放大电路的输出电压(或功率)与输入电压(功率)之比,称为放大电路的放大倍数,或用增益表示。我们希望每级放大电路的增益尽量大,以期用较少的级数满足总增益要求。增益大小决定于所用的晶体管类型、要求的通频带宽度、是否良好匹配和稳定工作等因素。

(2)高频放大电路的通频带

放大电路的电压增益下降到最大值的 70.7%($1/\sqrt{2}$)时,所对应的频率范围,称为放大电路的通频带,用 $2\Delta f_{0.7}$ 表示,如图 6.2.6 所示。

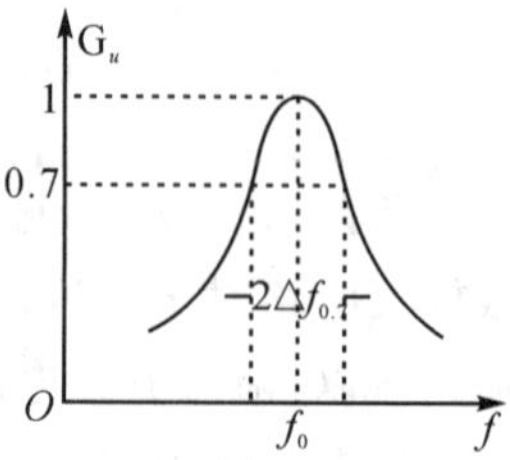

图 6.2.6 放大器的通频带

高频放大电路要有足够宽的通频带。这是由于高频放大电路所放大的一般都是非正弦信号或已调制的信号,它们都包含许多的谐波或边频,放大电路必须具有一定的通频带,才能使必要的边频通过。

通频带 $2\Delta f_{0.7}$ 也称为 3 分贝带宽,因为电压增益下降 3 分贝即等于下降至 $\frac{1}{\sqrt{2}}$。根据用途不同,放大电路的通频带差异较大。例如收音机的中频放大电路频带约为 6～8[kHz],而电视机的中频放大电路通频带为 6[MHz]左右。

需要指出,放大电路的总通频带,随着级数的增加而变窄,并且一般来说,通频带越宽,放大电路的增益越小。

(3)高频放大电路的选择性

放大电路从各种不同频率的信号中选出有用信号并抑制干扰信号的能力,称为放大器的选择性。

我们希望放大电路能有图 6.2.7 所示的矩形频响曲线。它表示放大电路通频带内各种频率的信号都有相同的放大量,而对通频带外其它频率的信号增益都为零;但实际放大电路不可能有如此理想的选择性。放大电路的一般频响曲线是图 6.2.7 中曲线所示的形状,与矩形有较大的差异。

针对不同的干扰信号,放大电路的选择性有不同表示方法。有些放大电路常用抑制比来表示选择性:

抑制比＝中心频率时的增益/偏离中心频率时的增益

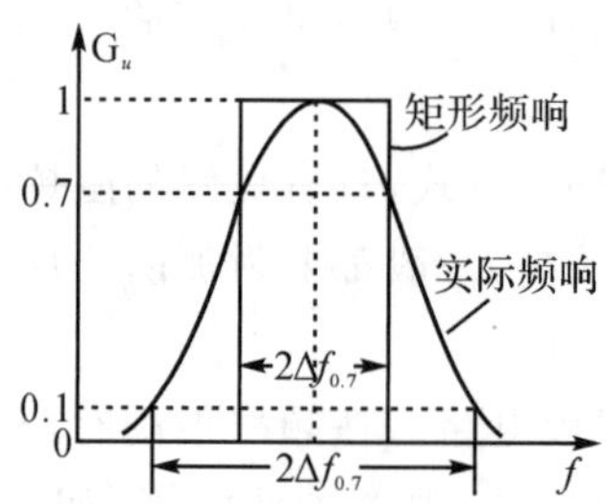

图 6.2.7 放大器的频响特性

抑制比表示了放大电路对干扰频率的衰减量;抑制比越大,选择性越好,抑制比通常用分贝表示。

高频放大电路的选择性受谐振电路 Q 值的影响。因为高频放大电路中有着谐振电路，故谐振电路的 Q 值会左右高频放大电路的选择特性。Q 值是表示线圈优劣的参数，正如图 6.2.8 所示并联谐振电路的频率-阻抗特性曲线所示，Q 值越大，谐振峰就越尖锐。在放大电路中，想要得到频带窄且尖锐的特性，就必须采用 Q 值大的谐振电路。

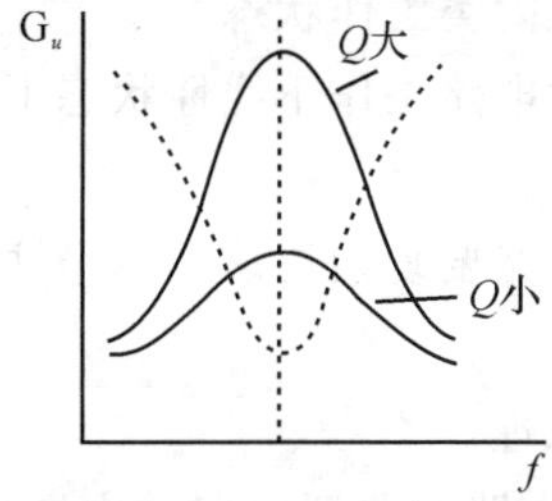

图 6.2.8　Q 值影响

(4)高频放大电路的信噪比

高频放大电路通常对微弱信号具有很高的放大能力，但是它不仅放大了有用信号，同时也把信号源夹带的噪声及晶体管内部噪声放大了。当噪声功率过大时，可能把有用信号淹没。例如，收音机的背景"沙沙"声、电视机的"雪花"噪点干扰都是噪声的表现。

通常用信噪比来表示噪声对放大电路放大性能的影响。信号功率和噪声功率之比，称为信噪比，即

$$\text{信噪比 S/N}=\frac{\text{信号功率}}{\text{噪声功率}}$$

显然，信噪比越高越好。

由于放大电路本身有噪声，输出端的信噪比和输入端的信噪比是不同的。为此，常用噪声系数来衡量放大电路的噪声水平。

$$\text{噪声系数}=\frac{\text{输入端信噪比}}{\text{输出端信噪比}}$$

(5)高频放大电路的稳定性

晶体管内部的反馈、电路不必要的寄生耦合及高频辐射等因素，会使高频放大电路无法稳定工作。不稳定现象主要表现在增益变化、中心频率偏移、通频带变窄、谐振曲线变形，甚至产生自激振荡等方面。为使放大电路稳定工作，要采取中和反馈措施，限制级数，减小每级增益及合理安排元件，合理布线，施加屏蔽等。在输入信号强弱变化较大而要输出信号电平稳定不变的情况下，还要增加自动控制输出信号电平变化的自动增益控制电路。

以上所列高频放大电路的主要性能指标，相互之间既有联系又有矛盾。例如增益和稳定性、通频带和选择性等都是这样。在实际工作中应根据具体情况决定主次，灵活处理。

2.4　高频功率放大电路

在无线电通信和广播电视发射与传输、遥控、遥测等发送设备中，为了把高频载频信号发射出去，必须使载频信号达到一定的功率。担当这种高频功率放大的放大电路叫高频功率放大器。

(1)高频功率放大电路与低频功率放大电路的比较

低频功率放大电路与高频功率放大电路有一定共同之处。它们都在大信号情况下工作，都要求具有足够大的输出功率和效率。但它们在用途、负载形式、工作状态等方面又有所不

同。音频功率放大电路的作用通常是把音频信号功率放大到足以推动扬声器放音的程度;由于工作频率低和相对通频带宽,采用电阻、变压器等非调谐式负载;为减小非线性失真,一般采用甲类或甲乙类放大形式,工作于线性情况下。而高频功率放大电路的任务是把小功率的载频信号放大到需要的功率,进而通过天线辐射出去,由于工作频率高,相对通频带窄,一般采用调谐式负载,为了提高效率多工作在丙类工作状态。

从电路性质来看,音频功率放大电路工作于线性状态下,而高频功率放大电路却工作于非线性状态下。

在分析方法上,高频功率放大电路要复杂得多。本节主要对调谐功率放大电路做一些简单介绍。

(2)调谐功率放大电路的工作原理

图 6.2.9 是单管高频功率放大电路的典型电路。由图中可以看到,放大电路集电极负载是由 L_3、C_2 组成的并联谐振回路,它调谐在载频的基频上。晶体管的基极没有正向偏置电阻,通过自给偏压电阻 R_e 加上反向偏压,使放大电路工作在丙类工作状态。

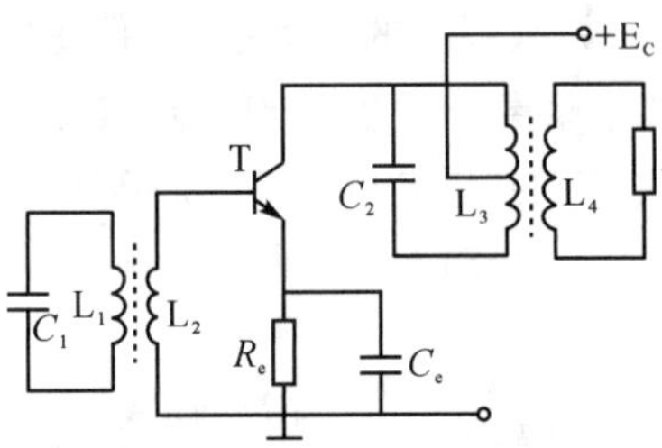

图 6.2.9 单级高频功率放大器

为了了解功率放大电路的基本原理,我们需要弄清楚下面两个问题:

①为什么采用丙类工作状态

我们知道,丙类放大不仅在没有信号输入时,晶体管静态电流等于零,而且基极还加有反向偏置电压。当有信号输入时,只有当输入电压足够大,晶体管基极—发射极间电压 u_{be} 大于晶体管的导通电压时,基极电流 i_b 和集电极电流 i_c 才不为零,输入信号每一周期内只有部分被放大(如图 6.2.10 所示)。因此,丙类放大电路的直流耗散功率比乙类还要小。

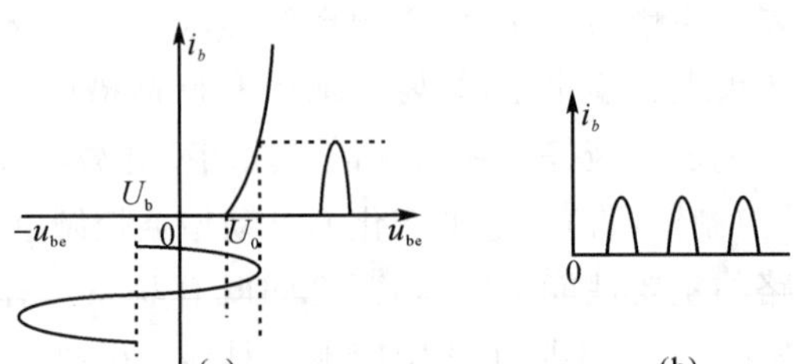

图 6.2.10 丙类放大示意图

高频功率放大器采用丙类放大的目的,正是在于降低晶体管的集电极耗散功率,最终提高输出功率和效率。但因丙类功率放大器的集电极电流 i_c 是图 6.2.10(b)所示的脉冲状波形,失真很大,谐波也多,所以要采用调谐回路作为负载来解决信号失真问题。

②为什么采用调谐式负载

调谐功率放大电路中,晶体管的集电极负载是 LC 并联谐振回路,回路调谐在输出信号的基波频率上，对基波的等效阻抗很大，而对谐波的阻抗很小，因此回路两端的输出电压几乎都是基波电压，其他频率成分(谐波成分)很少。这样，调谐放大电路的输出电流虽然是失真很大的脉冲波形，但由于谐振回路的滤波作用，放大电路仍能输出正弦波形电压。

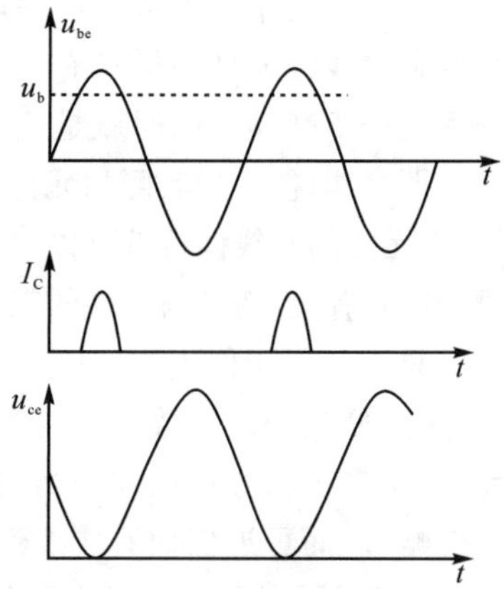

图 6.2.11　丙类调谐功率放大器的波形

从能量转换的角度解释 LC 回路的滤波作用更容易理解。谐振回路由可以储存磁能的电感线圈 L 和可以储存电能的电容器 C 组成。当晶体管导通时，由于通过集电极负载 LC 回路中 L 的电流不能突变，输出的脉冲电流流过电容器 C，使 C 充电。C 两端电压逐渐上升，电流逐渐减小，这时电感 L 中的电流逐渐增大。当晶体管截止时，C 对 L 放电，C 中的电能转变为 L 中的磁能。如此，晶体管按照输入信号的规律周期性导通、截止，电容、电感不断交换能量，形成等幅正弦振荡，振荡频率和 LC 回路的谐振频率相同，图 6.2.11 是调谐功率放大器的电流、电压波形图。

第 3 节　非线性元件的特性

前面我们学习过的所有电路都是由线性元件组成的线性电路，即在电路的工作过程中元件的参数是固定不变的，元件参数与通过元件的电流或加于其上的电压无关。本节开始我们要学习利用元件的非线性特性组成的电路。

3.1　概述

所谓非线性元件，是指通过它的电流与加给它的电压不成正比关系变化的元器件，也就是说它的伏安特性曲线是弯曲的。比如，半导体二极管和晶体三极管的特性曲线都有弯曲部分和接近于直线的部分，在放大电路中，利用了它们的线性特性，而在后面将要学习的调制和解调电路中，则是利用了它们特性曲线的弯曲部分，即利用了它们的非线性特性。很多元器件具有二重性，究竟表现为线性还是非线性，都是相对的，与它们的工作状态密切相关。

我们将常用的无线电元件分为三类：线性元件、非线性元件和变参量元件。

线性元件的主要特点是元件参数与通过元件的电流或施于其上的电压无关。例如，通常大量应用的电阻、电容和电感都是线性元件。它们的电阻值、电容量和电感量保持常数，与通过它们的电流或施于其上的电压无关。

非线性元件的参数是与通过它的电流或元件上的电压有关的。例如，通过二极管的电流大小不同时，二极管的内阻具有不同的数值；晶体管的放大倍数与其工作点有关；等等。

变参量元件与上述两类元件又有所不同，它的参数不是恒定的，而是按照一定规律随时间变化的。但是这种变化与通过元件的电流或元件上的电压没有关系，可以认为它是参数按照某一方式随时间变化的线性元件。例如，有大小两个信号同时作用于晶体管的基极，此时，由于大信号的控制作用，晶体管的静态工作点随着它发生变动，这就引起晶体管的放大倍数亦随时间不断变化。这样一来，对小信号来说，可以把晶体管看成一个变参数的线性元件，放大倍数的变化主要取决于大信号，基本上与小信号无关。今后学到的变频器的晶体管就是这种变参数元件。由于变参数元件一般都是利用非线性元件电压和电流间的非线性特性来实现的，而且和非线性元件一样具有频率变换的作用，因此有时可将其放在非线性系统中进行研究。今后在分析变频电路时就是这样做的。

严格地说，一切实际的元件都是非线性的，绝对线性的元件是不存在的。但是，在一定条件下，当元件的非线性特性可以忽略不计时，则可以将其近似地看成是线性元件。这不仅和元件本身的性质有关，而且与元件的工作状态有关。关于这一点，我们今后将进一步详细予以说明。

只由线性元件组成的电路叫做线性电路。例如，我们已经学过的各种电阻电容电感组成的电路、低频和高频放大电路等，都是线性电路。在放大器电路中虽然用了晶体管或电子管等元件，但在小信号运用并适当选择工作点的情况下，这些器件的非线性特性不占主导地位，可以忽略，从而可近似地看成线性元件。所以小信号放大器仍属于线性电路。

凡含有非线性元件的电路都叫做非线性电路。例如后面各节将要讨论的振荡器、变频器以及各种调制和解调电路，它们所应用的电子器件都工作在非线性状态，所以均属于非线性电路。

由变参量元件（或者还含有线性元件）所组成的电路，叫做参变电路，有时也称为时变线性电路。例如本节将要讨论的变频器等，都是参变电路。

3.2 非线性元件的特性

本节以非线性电阻为例讨论非线性元件的特性。其特点是：工作特性是非线性的；具有频率变换的能力。所得到的结论同样适用于其他任何非线性元件。

(1)非线性元件的工作特性

通常在电子线路中大量使用的电阻元件属于线性元件，通过元件的电流与元件两端的电压成正比，即

$$R = \frac{u}{i}$$

这是众所周知的欧姆定律。比例常数 R 就是电阻值，它取决于电阻元件的材料和几何尺寸，而与 u 或 i 无关。

根据上式画出的特性曲线，叫做该电阻元件的工作特性或伏安特性曲线。它是通过坐标原点的一条直线，如图 6.3.1 所示。

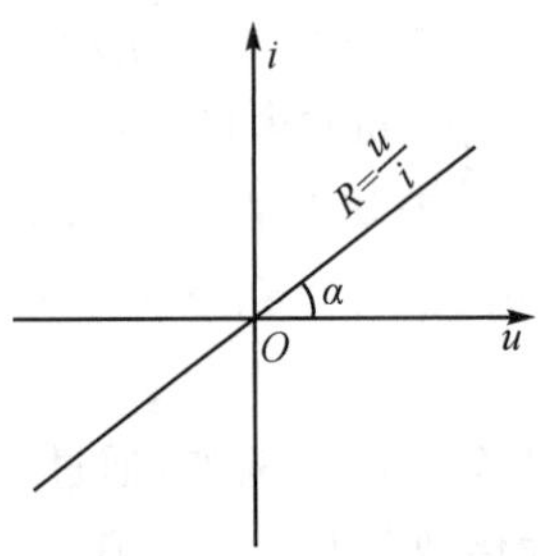

图 6.3.1 电阻的伏安特性曲线

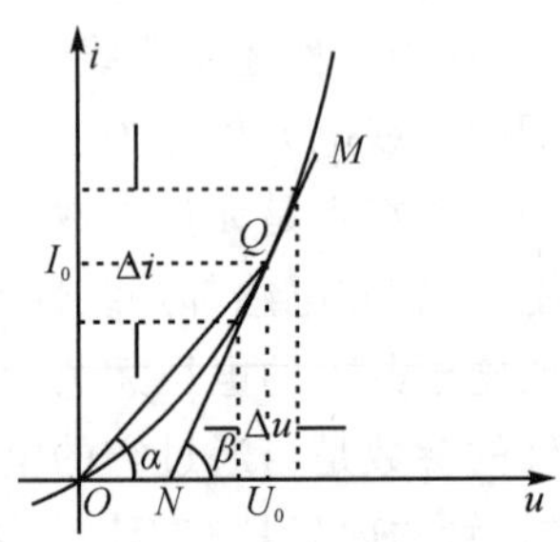

图 6.3.2 二极管的伏安特性曲线

该直线的斜率的倒数就等于电阻值 R，即

$$R = \frac{1}{\tan\alpha}$$

式中 α 是该直线与横坐标轴之间的夹角。

与线性电阻不同，非线性电阻的伏安特性不是直线。例如，半导体二极管是一非线性电阻元

件，加在其上的电压 u 与通过其中的电流 i 不成正比例关系（即不满足欧姆定律）。它的伏安特性曲线如图 6.3.2 所示，其正向工作特性按指数规律变化，反向工作特性与横轴非常接近。

如果在二极管上加一直流电压 U_0，根据图 6.3.2 所示的伏安特性曲线可以得到直流电流 I_0，二者之比称为直流电阻，以 R 表示，即

$$R = \frac{U_0}{I_0} = \frac{1}{\tan\alpha}$$

在图上，R 的大小决定于割线 $\overline{OQ}$ 的斜率之倒数，即 $\frac{1}{\tan\alpha}$。这里 α 是割线 $\overline{OQ}$ 与横轴之间的夹角。显然，R 值与外加直流电压 U_0 的大小有关。

如果在直流电压 U_0 之上再叠加一个微小的交变电压，其峰—峰振幅为 Δu，则它在直流电流 I_0 之上引起一个交变电流，其峰—峰振幅为 Δi。当 Δi 取得足够小时，我们把下列极限称做动态电阻，以 r 表示，即

$$r = \lim_{\Delta u \to 0} \frac{\Delta u}{\Delta i} = \frac{\mathrm{d}u}{\mathrm{d}i} = \frac{1}{\tan\beta}$$

在图上，某一点的动态电阻 r 等于特性曲线在该点的切线 $\overline{MN}$ 的斜率之倒数，即 $\frac{1}{\tan\beta}$。这里 β 是切线 $\overline{MN}$ 与横轴之间的夹角。显然，r 也与外加直流电压 U_0 的大小有关。

外加直流电压 U_0 所确定的 Q 点，称为静态工作点。因此，无论是静态电阻，还是动态电阻，都与所选的工作点有关。亦即：在伏安特性曲线上的任一点，其静态电阻与动态电阻的大小不同；在伏安特性曲线上的不同点，其静态电阻的大小不同，动态电阻的大小也不同。

3.3　非线性元件的频率变换作用

在分析线性电路时我们已经非常熟悉，如果在一个线性电阻元件上加一个某一频率的正弦电压，那么就会在电阻中产生一个同一频率的正弦电流。反过来也一样，如果给线性电阻通入一个某一频率的正弦电流，则将在电阻两端得到同一频率的正弦电压。由电流求电压或者反过来由电压求电流，既可以根据欧姆定律用解析法，也可以用图 6.3.3 所示的图解法，求解都是十分简单的。这里不必多说。值得我们注意的是，线性电阻上的电压和电流具有相同的波形和频率。

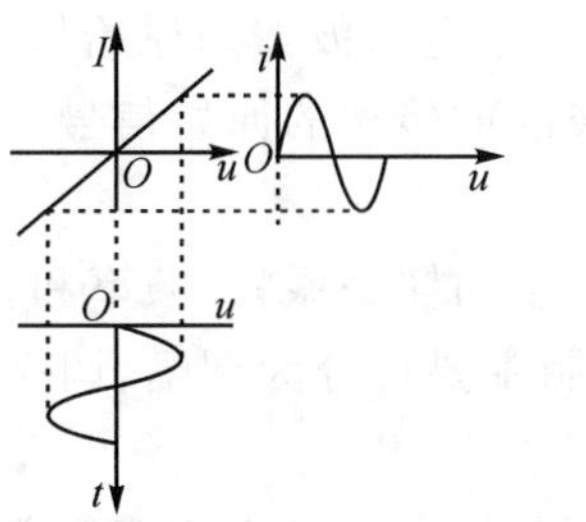

图 6.3.3　线性电阻上的电压与电流

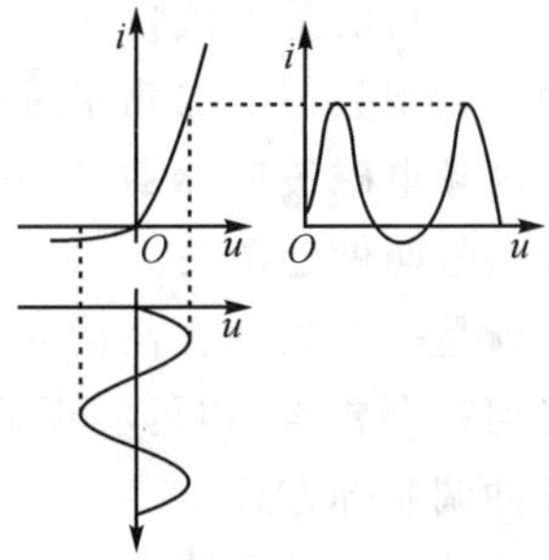

图 6.3.4　二极管上电压与电流波形

对于非线性电阻来说，情况就大不相同了。例如，图 6.3.4(a)表示半导体二极管的伏安特性曲线。当某一频率的正弦电压 $u = U_{\mathrm{m}}\sin\omega t$ 作用于该二极管时，根据 $u(t)$ 的波形，如图 6.3.4(b)所示，和三级管的伏安特性曲线，即可用作图的方法求出通过二极管的电流 $i(t)$ 的波形，如图 6.3.4(c)所示。显然，它已不是正弦波形了（但是，它仍然是一个周期性函数）。所

以非线性元件上的电压和电流的波形是不相同的。如果将电流 $i(t)$ 用傅里叶级数展开，可以发现，它的频谱中除包含电压 $u(t)$ 的频率成分 ω（即基波）外，还新产生了 ω 的各次谐波及直流成分。也就是说，半导体二极管具有频率变换的能力。

实验证明，如果将非线性元件的输入端输入两个不同频率的正弦波信号，在它的输出电压信号中不仅出现了它们的二次谐波、三次谐波等等，而且还产生了它们的和频与差频等新的频率成分的信号。

一般来说，非线性元件的输出信号比输入信号具有更为丰富的频率成分。许多重要的无线电技术过程，正是利用非线性元件的这种频率变换作用才得以实现的。例如，今后学习的调制与解调所获得的输出信号均与输入信号波形不同，在输出信号中出现了一些新的频率成分，这种能产生新频率成分的变换通称为非线性变换。非线性变换必须通过非线性元件进行。非线性变换是本节初次引进的概念。读者在今后的学习中，要有意识地逐步建立这个概念，并与线性变换进行区别和对比。

第 4 节　振幅调制与解调电路

电信号的传送，无论是有线通信还是无线通信，一般都不是将原始信号直接发送到接收端，而是通过“调制”的方法将原始信号转换成带有原始信号特色的高频信号发送出去。接收端再通过“解调”的过程将高频信号恢复成为原始信号，最后将原始信号恢复成信息。本节将介绍调制与解调的基本概念、幅度调制与解调的基本原理。

4.1　概述

无线电通信、广播电视的主要任务是传递用语言、音乐、文字和图像等表达的信息。信息的传递过程是，在发送端通过一种“转换装置”把信息转换成相应的电信号（标为原始信号），然后将电信号传送到接收端，再利用另一种“转换装置”将电信号转换为相应的信息。

(1)调制与解调

所谓“调制”，就是用一个低频信号去调节控制一个高频信号，使得高频信号的某一参量随着低频信号变化。其目的是把低频信息加载到高频正弦波上，从而传输载带出去。发射传输电路中通常把原始音视频信号加载在高频电磁波上，使高频电磁波按照原始信号的特征作相应的变化。这个高频电磁波叫做载波，控制高频电磁波的欲传送的原始信号叫做调制信号。经过调制的高频信号叫做已调波。

载波实际上就是一个频率很高的正弦波，它的电参量同样是振幅、频率和初相位三个要素。控制其中任何一个要素，均可实现调制。所以，调制主要可分为调幅、调频、调相三种方式。此外还有脉冲调制等方式。

接收机收到的信号是已调波。从已调波中分解出调制的原始信号来，这是调制的逆过程，叫做解调，或称检波。

对于不同形式的已调波，有不同解调方法，因此相应出现了振幅检波（简称检波）、频率检波（即鉴频）、相位检波（即鉴相）和脉冲检波等。

由于我们接触调相和鉴相、脉冲调制和解调机会较少，本节和下一节仅主要介绍振幅调制和解调、频率调制和解调原理和基本电路。

首先要说明的是,调制与解调所获得的输出信号均与输入信号波形不同,在输出信号中出现了一些新的频率成分,这种能产生新频率成分的变换通称为非线性变换。非线性变换就是用上一节学习的非线性元件来进行的。

(2)调幅的基本知识

载波的振幅受调制信号控制而发生相应变化的过程叫做调幅。调幅获得的已调波叫做幅调波。调幅广播和电视图像信号都用幅调波传送。

用于调幅的调制信号是由欲传送的信息转换来的电信号。它可能是单一的正弦波,也可能是由声音或图像等转换来的复杂的电信号。由于调制信号的频率远低于载波的频率,有时把调制信号称为低频信号。实际上,调制信号不一定都处于低频范围,比如电视图像信号,就包含高达 6 兆赫的频率成分。为分析方便,常以单一正弦波(如图 6.4.1(a))代表调制信号。它的瞬时值表达式为

$$a_F(t) = A_F \sin\omega t = A_F \sin 2\pi f t$$

调制信号既可以是电压,也可以是电流。式中,A_F 为调制信号的振幅;f 为调制信号的频率,简称调制频率;ω 为调制信号的角频率;初相为 0。

调幅前的载波都是频率远高于调制频率的正弦波,只有这样才能保证调幅系统传输信息的质量。若载波的初相为 0[见图 6.4.1(b)],它的瞬时使表达式为

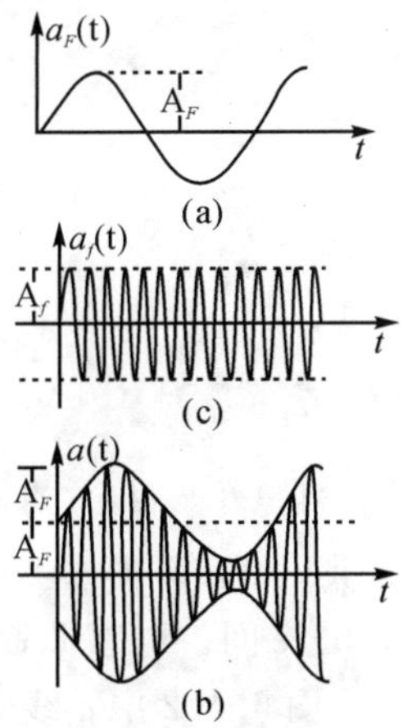

图 6.4.1　调幅波的波形示意图

$$a_f(t) = A_f \sin\omega_0 t = A_f \sin 2\pi f_0 t$$

式中,A_f 为载波振幅;f_0 为载波的频率,简称为载频,ω_0 是载波的角频率。$a_f(t)$ 同样可以是电压,也可以是电流。

调幅作用就是要使载波的振幅随调制信号而相应变化,获得如图 6.4.1(c)所示的幅调波。幅调波包络线(即载波峰点的连线)的形状与调制信号波形一样。从图 6.4.1(c)波形中可以看出,当调制信号 $a_F(t)$ 为 0 的时刻,载波的振幅仍为 A_f,所以幅调波包络线的瞬时值为

$$A(t) = A_f(t) + a_F(t)$$

那么,幅调波的瞬时值表达式就应该是

$$\begin{aligned} a(t) &= A(t)\sin\omega_0 t \\ &= (A_f + a_F(t))\sin\omega_0 t \\ &= (A_f + A_F \sin\omega t)\sin\omega_0 t \\ &= A_f\left(1 + \frac{A_F}{A_f}\sin\omega t\right)\sin\omega_0 t \end{aligned}$$

4.2　调幅电路的工作原理

调幅过程是在调幅电路中进行的。调幅电路的种类很多,利用晶体管进行调幅的电路叫晶体管调幅器。仅晶体管调幅器就可分为基极调幅器、发射极调幅器、集电极调幅器等。因为基极调幅器灵敏度高,所需调制功率小,所以用途最广。

图 6.4.2 是一典型的基极调幅电路。它包括三大部分:a 线左边是输入部分;a、b 线之间是非线性器件,由偏置电阻 R_{b1} 和 R_{b2} 控制晶体管工作点在非线性区;b 线右边是由 LC 谐振回路构成的滤波器。

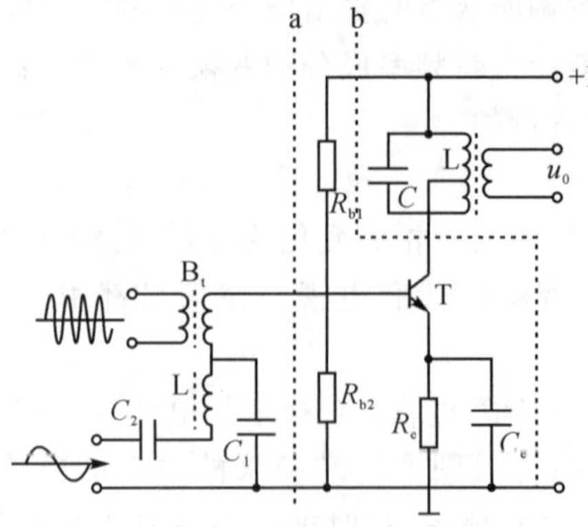

图 6.4.2　典型的基极调幅电路

由于 C_1 和 Ce 对高频阻抗很小，高频载波信号便可通过 B_1 耦合，加给晶体管 b—e 间。又由于 C_2、L、B_1 和 C_e 对低频调制信号的阻抗很小，而 C_1 近似于开路，调制信号也加到了晶体管 b—e 间。电感 L 起隔离作用，避免低频信号源对高频信号源的影响。

图 6.4.2 中 *a* 线右边几乎和中频放大器形式一样，也都有电流放大作用，但它们存在着内在的区别，即中放电路的晶体管工作在线性区，而调幅管工作在非线性区。再加上调幅管的输入端多加了一个低频信号，于是发生了调幅现象。

如前所述，调幅是利用晶体管的非线性特性完成的。如果选择工作点在特性曲线的弯曲部分，使晶体管工作在这个区域内的电流放大系数 β 与基极电流 I_b 成正比。

由于调制频率比载频低得多，可以认为调制信号电流 I_b 控制着工作点的变化，使 β 随调制信号的瞬时值成正比变化。等幅的高频载波信号同时加在晶体管的基极，通过晶体管放大时，由于不同时刻 β 不同，放大后的振幅也不相同。输出高频电流的振幅与 β 成正比，而 β 又正比于调制信号的瞬时值，因此输出高频信号电流的振幅必然与调制信号的瞬时值成正比，相当于两个信号相乘的过程。这个输出波形就是幅调波。

图 6.4.3 示出了上述调幅过程。显然，β 随 I_b 的变化越灵敏，即图中表示 β 随 I_b 线性变化的直线越陡，同样大的调制信号引起幅调波振幅变化越大，即加大了调制指数。同样，加大调制信号，也可增加调幅指数。

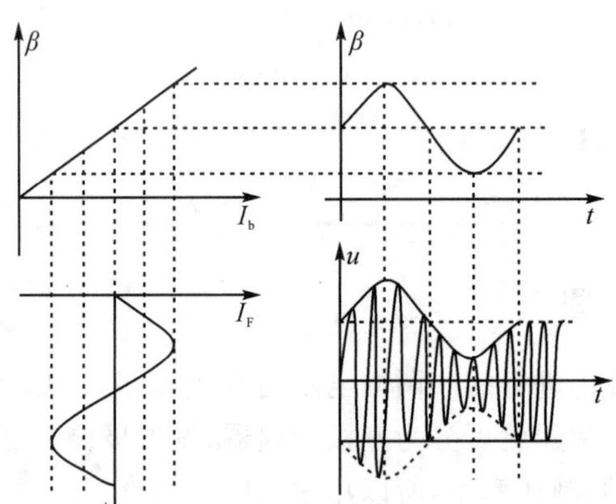

图 6.4.3　调幅过程波形

上面介绍的调幅原理是在理想的条件下进行的。实际上，晶体管特性尽管在弯曲段，也不

能完全满足 β 与 I_b 的线性正比例关系，其中包含着高次方关系。这样，$\beta - I_b$ 曲线就会出现弯曲，因此输出信号的高频振幅不可能完全与调制信号的瞬时值成正比。另外，调制信号本身也会作为输入信号经放大后直接输出。结果，在输出信号中，除包含有载频和上、下边频的调幅波的成分外，还要出现一些多余的频率成分，如频率为载频加减 2 倍、3 倍、4 倍……于调制信号率频的成分和频率为调制频率的成分。这个输出信号，将是一个严重失真的信号。为获得典型的幅调波，必须设置滤波器，滤除多余的频率成分。

4.3　晶体管振幅检波器

高频电波以调幅的方式把所传送的信息送到接收机时，由于在幅调波中没有被传送信息的原有频率成分，无法用滤波器直接提取。这正如邮递员送来一张汇款单，尽管上面填写着金额，但它毕竟不是钱，不能直接使用。为了从调幅波中提取所传送的信息（调制信号），必须进行振幅检波（简称检波）。这一过程是在检波器中进行的。检波器是收音机，电视机等接收设备以及一些电子仪器必不可少的电路。

检波器的核心元件也是非线性器件——晶体二极管或三极管。

二极管检波器根据输入信号（幅调波）大小不同，可分为小信号检波和大信号检波。又根据二极管与负载的不同连接方式，可分为串联检波和并联检波。

三极管检波器有基极检波、发射极检波和集电极检波等几种类型。

二极管检波质量高，电路简单，用途广泛，又是其他类型检波器的基础。下面介绍二极管串联检波。

二极管串联检波器的基本形式如图 6.4.4 所示。其中核心部分是二极管 D。R 是负载电阻，在 R 上获得检波输出信号电压，并提供直流通路。C 用来滤除多余的高频成分。

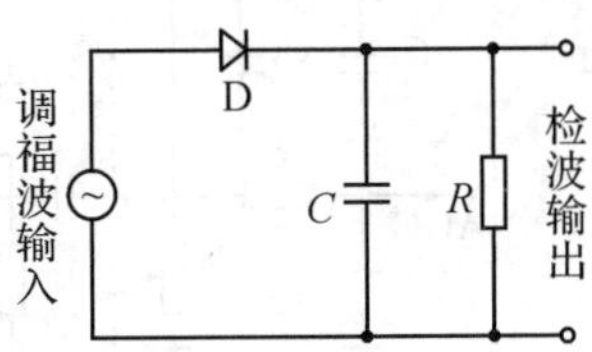

图 6.4.4　二极管检波电路

对于锗二极管，当输入的调幅信号电压小于 0.2 伏时，属于小信号检波。一般来复再生式收音机的检波，多属于小信号检波。

假如检波二极管的工作点在图 6.4.5 的 Q 点，那么当输入一个对称的幅调波时，由于输入信号很小，变化范围没有超过特性曲线的“弯曲段”，输出电流呈现上大下小的不对称波形。如果把各时刻电流的平均值连成一线（图中的 L 线），便可看出它相似于调幅波的包络线。利用滤波器（电容器 C）把高频滤除，就可得到代表调制信号的电流，经负载电阻 R，形成检波输出电压。

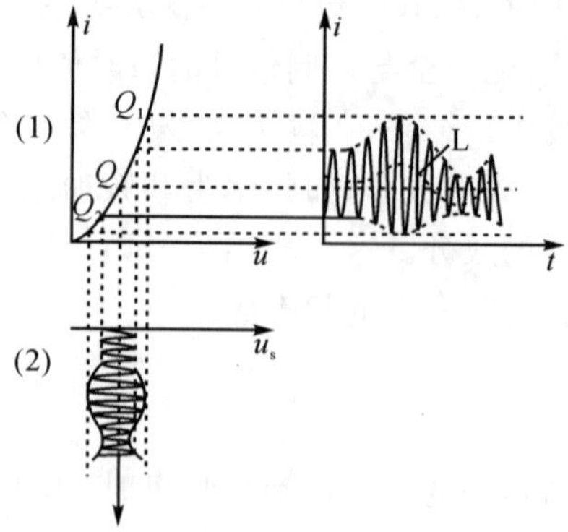

图 6.4.5　二极管检波过程

为保证工作点在弯曲段的中部，以提高检波效率，在实用电路中往往需要给二极管加一定的偏置电压。

经分析发现，小信号检波输出的低频分量，与幅调波包络电压的平方成正比，所以小信号检波又称平方律检波。它的非线性失真较大，检波效率低，因此除简易收音机外，一般不常使用。

图 6.4.6 是典型的超外差式收音机检波电路。A 线左边是检波器的信号源部分，就是收音机末级中频放大的变压器，它供给检波器一个载频为 465[kHz]的调幅信号。B 线右边是低放部分，C_b 为耦合电容器。

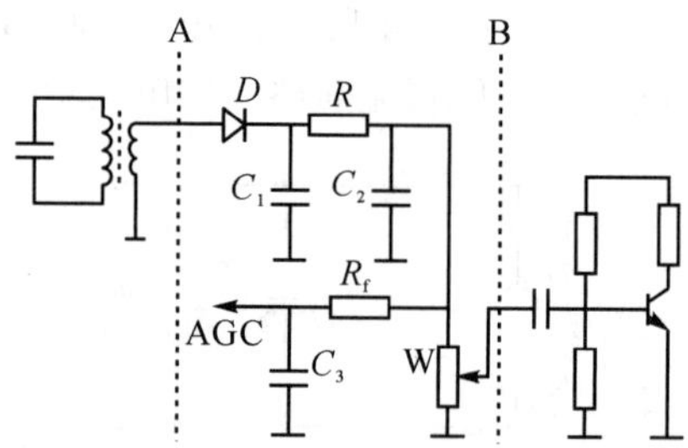

图 6.4.6　超外差式收音机检波电路

A—B 线之间是检波电路。D 为检波二极管，C_1、R、C_2 组成高频滤波器，R 和 W 是检波器负载电阻，W 兼作音量电位器，R_f 和 C_3 可滤除高频和音频信号，将检波获得的直流分量送到中放级，作为自动增益控制电压。

第 5 节　频率调制与解调

前面一节讨论振幅调制时已知，高频信号的振幅随调制信号的大小而线性地改变，叫做振幅调制，简称调幅。高频信号振幅的这种变化携带着调制信号所携带的信息。本节我们将讨论如何利用高频信号的频率或者相位的变化来携带信息，介绍调频的基本原理和频率解调原理。

5.1　调频的基本知识

载波的频率受调制信号控制而发生相应变化的过程叫做调频。进行调频的晶体管电路叫做晶体管调频电路。调频获得的已调波叫做频调波。调频广播、电视伴音、无线话筒和对讲机等，都是用频调波传送信号的。

(1)调频和频调波

频调波的波形就像一条疏密不匀的弹簧。图 6.5.1 是单一正弦调制信号形成的频调波。

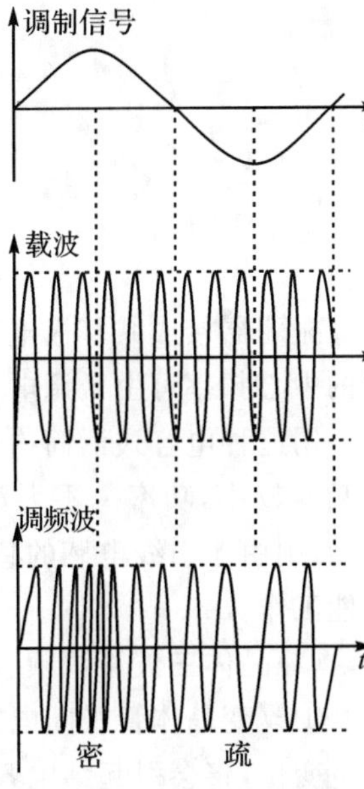

图 6.5.1　调频的过程

当调制信号瞬时值为 0 时，频调波的瞬时频率等于载频 f_0，f_0 是频调波的中心频率，或称平均频率。调制信号瞬时值增加时，频调波的瞬时频率随着成正比例增加。当调制信号达到峰值时，频调波的瞬时频率最高，为 f_{MAX}，f_{MAX} 与中心频率 f_0 的差值 Δf 叫做频偏或频移，即 $\Delta f = f_{MAX} - f_0$。调制信号从最大值向负半周变化时，频调波的瞬时频率随着降低，调制信号为负峰值时，频调波的瞬时频率最低，为 f_{MIN}，比中心频率 f_0 低 Δf。总之，频调波是一个瞬时频率与调制信号瞬时频率成正比变化的等幅波。

我国规定调频广播的频偏 Δf 为 75[kHz]，电视伴音的频偏为 50[kHz]。

(2)实现调频的基本方法

实现调频有直接调频和间接调频两种基本方法。

直接调频是由调制信号直接控制载波振荡器中振荡回路的参数，从而使振荡频率随调制信号的大小而变化。本节介绍的晶体三极管调频、变容二极管调频等都属于直接调频。直接调频的优点是可获得较大的频偏和较深的调制，线路也比较简单，但中心频率稳定度比较低。

间接调频是先将调制信号进行积分，然后再用这积分信号去对载波进行调相，所获得的已调波就是原调制信号的频调波。由于间接调频法的载波振荡器不受调制信号的影响，可用晶体振荡器等频率稳定度高的载波振荡器，获得稳定的中心频率。但是，间接调频法的电路复杂，频偏小，不易获得较深的调制，所以使用得较少，这里就不做介绍了。

5.2　常用的晶体管直接调频电路

不难想到，从原则上讲，只要能方便又及时地改变电容量或电感量的元件，都可用来作为载波振荡器的振荡回路元件，构成直接调频电路。电容话筒、晶体三极管、变容二极管都具备这样的条件。

(1)电容话筒式调频

电容话筒式的调频方法是直接调频法中最简单的一种，图 6.5.2 是其原理图。电容式话筒直接联在振荡器的谐振回路上。当对着话筒讲话时，在声波的作用下，话筒的金属膜片振动，引起膜片与另外一个电极之间的电容量变化，使振荡器频率作相应的改变，从而实现调频。

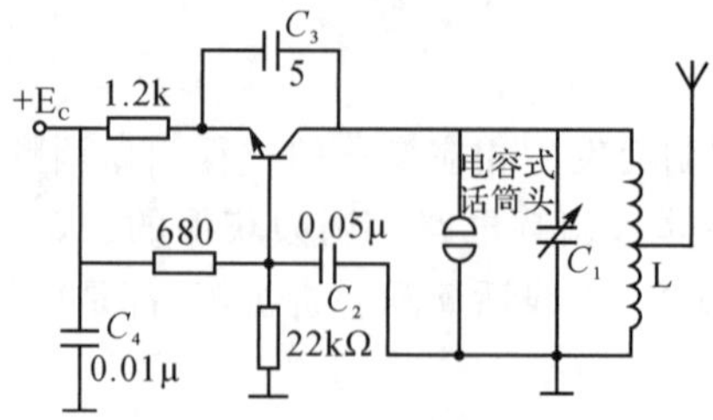

图 6.5.2　电容话筒调频发射电路

振荡器接成共基极电路，C_2 和 C_4 是高频信号的旁路电容器。C_3 是正反馈电容器。振荡器的中心频率可由微调电容器 C_1 来调整。

用这种电容式话筒构成的调频发射机，可以做成体积很小的无线话筒。但是这种发射机的频偏较小，功率又不大，所以它不能做远距离通信用。使用时还应当注意话筒引线不能过长，否则由于引线电感的感抗将抵消或者超过话筒的容抗，严重影响调频振荡器的性能，以至不能工作。

(2)晶体三极管调频

①改变晶体管极间电容实现调频，在晶体管 PN 结上加以反向电压时，如果这个反向电压发生变化，将会引起结电容的变化，这就是 PN 结的变容效应。在晶体三极管电路中，集电结就是一个加上反向电压的 PN 结，利用集电结的变容效应可以实现调频。

图 6.5.3 是一个利用集电结的变容效应来实现调频的实例。图中晶体管 T_1 是调制电压放大器。晶体管 T_2 是调频振荡器。对于高频来说，T_2 是共基极电路。振荡器的正反馈是通过跨接在集电极与发射极之间的 2[pF]电容来完成的。集电极和基极间的 PN 结处于反向偏压状态，结电容 C_{cb} 相当于并联在 LC 谐振回路两端，能影响振荡回路的振荡频率。

调制电压经 T_1 放大后加在 T_2 的基极上，用以改变 T_2 的基极电位，从而使集电极与基极间的反向偏压发生变化，导致极间电容 C_{cb} 依照调制电压变化，实现调频。

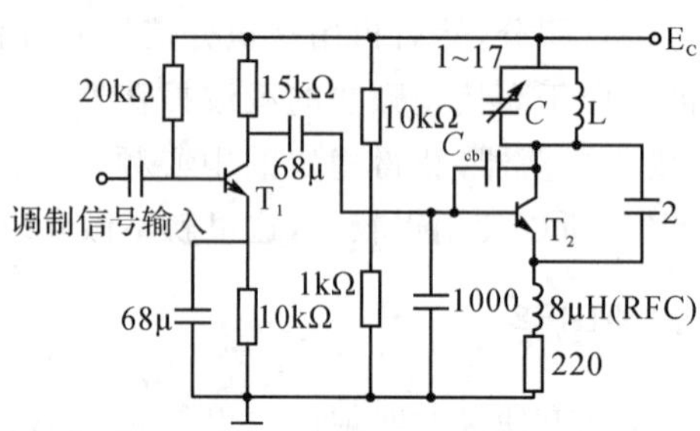

图 6.5.3　利用三极管极间电容调频电路

因为晶体三极管的极间电容 C_{cb} 只有在振荡频率比较高时才有比较明显的变化，所以这种调频方法一般适用于几十兆赫以上的上作频率范围。

(3)变容二极管调频

变容二极管调频电路具有简单而性能好的优点，是广泛采用的一种调频电路。

变容二极管是根据 PN 结的结电容能随反向电压而变化的原理所设计的一种二极管。它的伏安特性、电极结构与一般检波二极管没有明显差别，所不同的是在一定的反向偏压下其结电容能灵敏地随反向偏压而变化。由于变容二极管有这样一种特性，把它接在振荡器的回路里，回路的电容量将明显地随调制电压而变化，从而改变了振荡回路的振荡频率，完成了调频过程。

5.3　频调波的解调电路——鉴频器

在前面讲过从幅调波中检出原调制信号的方法，利用二极管的非线性特性，并且经过电容器滤波，就可以把原调制信号从幅调波中检取出来。对于频调波采取同样的办法是不可能检取出原调制信号的。因为对于频调波来说，它的载波频率按调制信号作线性变化，而振幅却是固定不变的，采用上述方法进行检波，所得到的只不过是与频调波振幅成比例的直流电压，不能检取出原调制信号。

频调波怎样检波呢？通常是将频调波的频率变化首先变换成相应的振幅变化，也就是把频调波变成相应的幅调波，然后再用振幅检波器对这种幅调波检波，取出原调制信号。完成上述任务的电路称为鉴频器。

概括来说，鉴频器一般由两大部分组成：一部分是将频调波转变为幅调波的电路，另一部分是振幅检波器。

鉴频器的形式较多，常见的有斜率鉴频器、相位鉴频器和比例鉴频器。下面我们主要学习斜率鉴频器的原理。

LC 并联电路在失谐的情况下，可以把频调波的频率变化转换成相应的振幅变化。为了实现上述转换，把频调波电流 $I_{FM}(t)$加到 LC 并联电路[图 6.5.4(a)所示]上，使频调波的中心频率 f_0 工作在谐振曲线一边的 A 点，将并联电路在失谐状态下运用[如图 6.5.4(b)所示]。设频调波的最大频偏为 ΔF，当频率变化为 $f_0-\Delta F$ 时，电压增加 ΔU，于是工作点移到 B 点；当频率变化到 $f_0+\Delta F$ 时，电压则减小 ΔU，此时工作点便移到 C 点。

由于上述的工作过程，使输入的振幅一定的频调波电流转换成振幅随调制信号而变化的波形[如图 6.5.4(c)所示]。

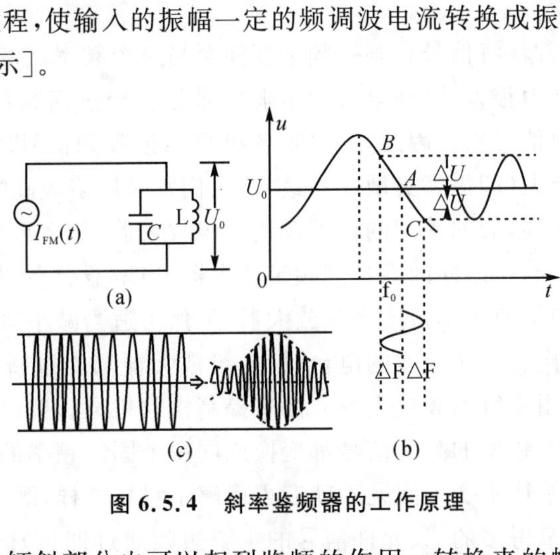

图 6.5.4　斜率鉴频器的工作原理

谐振曲线的另一边倾斜部分也可以起到鉴频的作用。转换来的幅调波再经过振幅检波，即可得到原来的调制信号。图 6.5.5 示出斜率鉴频器的原理图。因为它是运用 LC 谐振曲线的倾斜部分实现频率检波的，所以称为斜率鉴频器。

这种鉴频器是最简单的一种频率检波器，由于 LC 谐振电路的谐振曲线的直线范围较小，检波中非线性失真大，只能应用在一般简单的接收设备中。

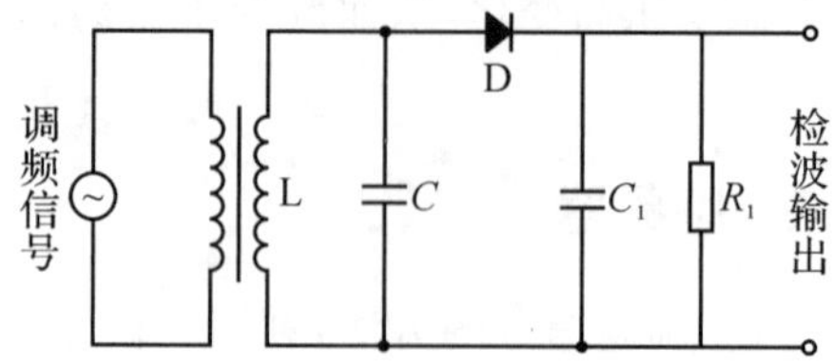

图 6.5.5　斜率鉴频器工作原理

除了斜率鉴频器外,常用的还有相位鉴频器和比例鉴频器。

相位鉴频器又称为双调谐鉴频器。它是利用耦合谐振电路的初级回路和次级回路电压的相位差随频率变化的原理,把频调波转变为幅调波,再经幅度检波,恢复原调制信号的一种鉴频电路。

比例鉴频器的基本原理和相位鉴频器基本相同,只是振幅检波部分不同。

第 6 节　混频与变频

在高频电子线路中,常常将信号自某一频率变换至另一个频率。这种频率变换往往是很必要的,因为它不仅满足各种电子设备的需要,而且有利于提高设备的性能。这种频率的变换主要是通过混频器或变频器来实现的。那么混频器与变频器是怎样进行频率变换的?有什么用途,怎样保证信号变换的质量?对于这些问题,下面将着重介绍。

6.1　概述

在高频电子线路中,常常将信号自某一频率变换至另一个频率。例如,简单收音机对高频信号(电台信号)的放大能力很差,远地电台的微弱信号尽管经过高频放大,到达检波器时,仍然小得不能使检波器检出信号来。因此,简单收音机只能接收到信号较强的电台。为了提高接收机接收微弱信号的能力(即提高灵敏度),最初,人们曾采用多级高频放大器来提高高频增益。这又带来一些新的问题,假如采用的是不调谐多级放大器,那么每级的通频带都应覆盖住所有欲接收电台的频率。制作这样的高频宽频带放大器,当增益提高到一定程度时,便不可避免地产生了寄生振荡。如果使用调谐式高频放大器,虽然可适当减小寄生振荡的危险,进一步提高高频增益,但想在每次变换所接收的电台时,各级放大器都能重新调谐在新的频率上,又是极其困难的。因此,采用多级高频放大的方法来提高接收机灵敏度也有一定限度。后来,人们设想,如果能将无论什么频率的高频信号都变换成同一个固定频率的高频信号,而且不改变它所传送的内容(即调制规律不变),问题不就迎刃而解了吗!这样,既没有变换电台时调谐困难的问题,又可用通频带窄得多的(只允许信号的主要边频通过即可)固定频率多级调谐放大器放大变换后的信号。这种放大器的增益可做得很高,对提高接收机灵敏度十分有效。超外差式接收机正是成功地实现了这种设想,显著地提高了对微弱信号的接收能力。这是接收技术的一大飞跃。

超外差广播收音机中把接收到的外来信号频率变换为 465[kHz]的固定中频,这样就能提高收音机的灵敏度和相邻频道选择性。因为中频比外来信号频率低且固定不变,中频放大器容易获得大的增益,所以收音机的灵敏度提高了。在较低而又固定的中频上,还可以用较复杂的回路系统或滤波器来进行选频。它们都具有接近理想矩形的选择性曲线，因此有较高的邻频道选择性。

实现这种方法的关键，是能够只变换高频信号的频率，而不改变其调制规律(对于幅调波来说，就是包络形状不变，如图 6.6.1 所示)。这一变换过程叫做变频。进行这一变换的电路叫做变频器。变频器不仅对幅调波有如此变换作用，而且对等幅波、频调波、相调波以及其他任何类型的高频信号也都具有同样的功能。

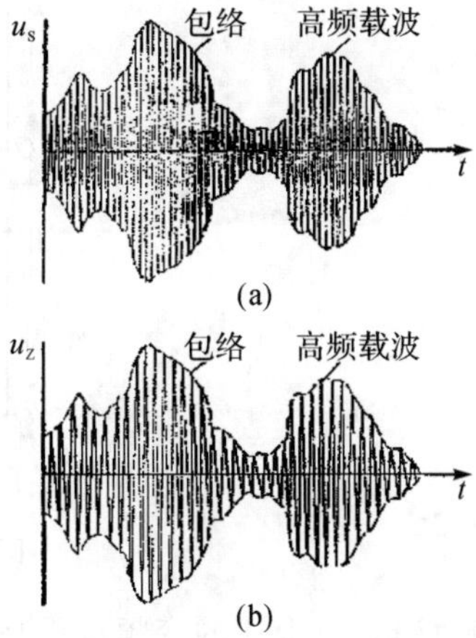

图 6.6.1　调幅波变频后的中频信号

变频器在提高接收机灵敏度的过程中应运而生，随后又广泛地应用于电子技术的其它方面。除在各类超外差接收机中应用外，在频率合成器中为了产生不同频率的载波振荡，也需要采用很多变频器来进行频率变换及组合；在微波通信中，微波中继站的接收机把微波频率变换为中频，在中频上进行放大，取得足够的增益，再利用变频器把此中频变换为微波频率，转发至下一站。这种中继站一般不需要解调。此外，在测量仪器中如外差频率计，微伏计等也都采用变频器。

如前所述，变频器是把高频信号经过频率变换，变为固定中频。这种频率变换，通常是把已调的高频信号的载波从高频变为中频，同时必须保持其调制规律不变(否则会产生失真)。具有这种作用的电路称为混频电路或变频电路，也称混频器或变频器。

变频的基本原理就是将两个不同频率的信号(其中一个称为本地振荡信号)加到非线性器件进行频率变换后取出其差频或和频。如果非线性器件本身既产生本振信号，又实现频率变换，则称为自激式变频器或简称变频器。如果此非线性器件本身仅实现频率变换，本振信号由另外的器件产生，则称为混频器。包括产生本振信号的器件在内的整个电路，称为它激式变频器。

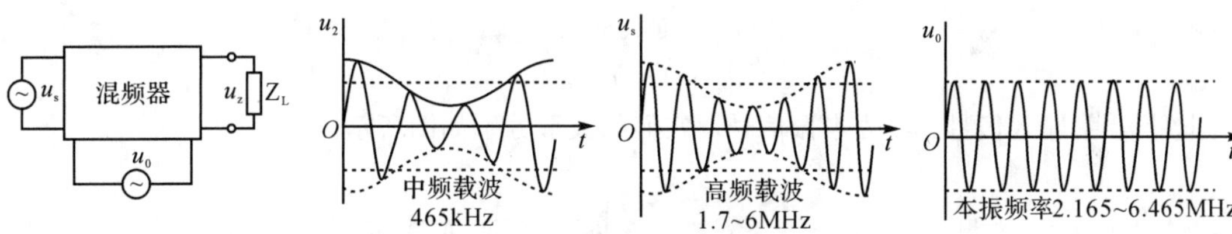

图 6.6.2　调频波变频波形图

例如图 6.6.2 中，混频器上加入了两个信号——载波为 1.7～6[MHz]的调幅波 u_s 的输入信号和频率为 2.165～6.465[MHz]的等幅波 u_o 本振信号)，经过混频器的变频后，输出频率为(2.165～6.465)－(1.7～6)＝0.465[MHz]或 465[MHz]的中频调幅波 u_z。输出的中频调幅波与输入的高频调幅波调幅规律完全相同，即载波振幅的包络形状完全相同。唯一的差别是载波频率不同。

下面我们再来看一下变频时频谱发生了什么变化。

图 6.6.3 对应于图 6.6.2 表示调幅波变频时频谱的变化。从图中可以看出：经过变频，高频已调波变成了中频已调波，只是把已调波的频谱从高频位置搬移到了中频位置，各频谱分量的相对大小和相互间的频率距离并不发生变化。但应注意，高频已调波的上、下边频搬到中频

位置后，分别成了下、上边频。

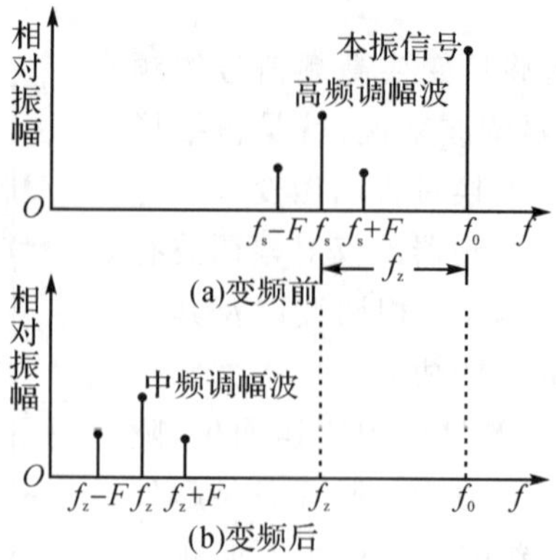

图 6.6.3 调幅波变频的频谱变化

应该指出，上述的变频过程是将频率较高的高频信号变换为频率较低且固定的中频信号（低中频）。在实际应用中也可能将高频信号变换为频率更高但固定的高中频信号。目前，低中频的情况应用较多，因此在下述讨论中以低中频情况为主。

混频器（或变频器）根据所用器件的不同，可分为二极管混频器、晶体管混频器（或变频器）、场效应管混频器（或变频器）、差分对混频器等。根据工作持点的不同，可分为单管混频器（或变频器）、平衡混频器、环形混频器等。

下面先讨论变频器的作用、工作原理和要求，然后讨论一个实际的晶体管混频器例子。

6.2 变频器的原理

在前面调幅器一节中，曾明确指出：两个不同频率的正弦波，共同在非线性元件的作用下，在输出信号中将增添许多新的频率成分。两个输入信号的差频就是其中的主要成分之一。

假设在混频器的输入端输入了两个余弦（或正弦）信号：

$$u_s = U_S\cos\omega_s t$$

$$u_o = U_0\cos\omega_o t$$

此处 u_s 为输入信号；u_o 为本振信号。它们的波形分别如图所示。

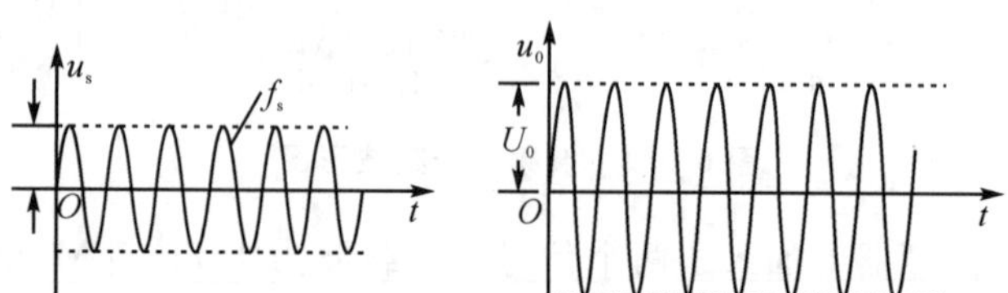

图 6.6.4 外来信号和本振信号

它们的混合波 $u_s + u_0$ 如图 6.6.5 所示。

混合波的包络波形变成周期性的变化。其频率为 $f_0 - f_S$（等于中频 f_Z）。显然，我们如果将图 6.6.4(a)、(b)所示的二个波形逐点叠加起来，就会得到如图 6.6.5 所示的混合波形。

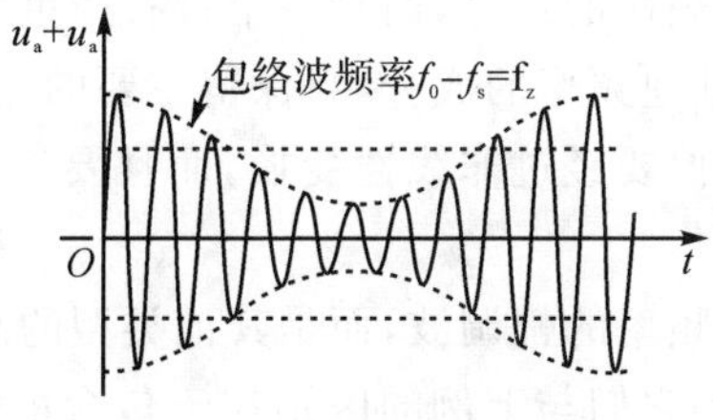

图 6.6.5　变频器所加混合波

如果混频器是理想的线性器件，那么，它的输出电流波形应与输入的电压波形相同，并可用 $i=g_m(U_S\cos\omega_S t+U_0\cos\omega_0 t)$ 式表示。式中 g_m 是混频器所用器件的跨导。此式说明，将合成信号 u_S+u_0 加到一个线性器件上时，只会改变信号的幅度，不会产生新的频率成分。

混频器采用非线性器件，情况就不同了，这时器件的特性曲线如 6.6.6 所示。由于特性曲线是非直线，所以输出电流 i 的波形上下不对称。因此，输出电流中除包含高频成分（f_0、f_S 及其谐波）外，还包含中频 f_Z 的成分。当输出调谐回路对中频调谐时，对频率 f_Z 的阻抗很大，对 f_0、f_S 近似短路，所以频率 f_Z 成分的输出电压最大，达到了变频的目的。

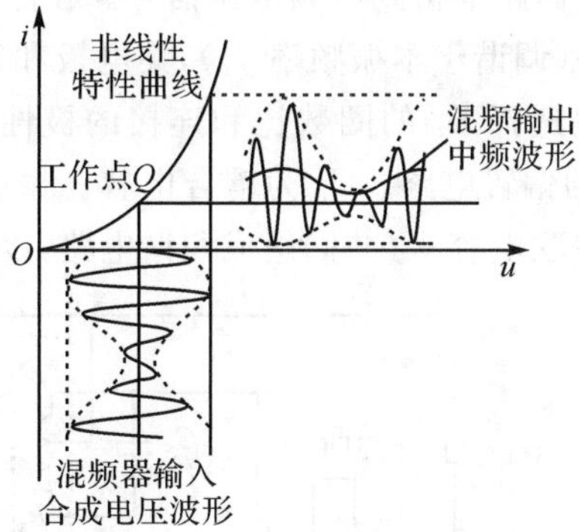

图 6.6.6　混频器的变频过程

如果在输入非线性元件的两个高频信号中，一个是频率为 f_0 的等幅波 u_0，而另一个是载频为 f_s、调制频率为 F 的幅调波 u_s，那么会出现什么现象呢?大家知道，幅调信号 u_s 本身应包含载频 f_s、上边频（f_s+F）和下边频（f_s-F）等三个主要频率成分，并占据带宽 $2F$。它的频谱图如图 6.6.3(a)所示。换句话说，u_s 相当于是由上述三个频率不同的正弦波按一定比例合成的。当它们与高频信号 u_0 共同通过非线性元件时，u_0 要分别与这三个正弦波作用，产生三个差频。u_0 与 u_s 载频成分的差频为 $f_0-f_s=f_z$，是新的载频，叫做中间频率，简称中频；u_0 与 u_s 上边频成分的差频为 $f_0-(f_s+F)=f_z-F$，是新的下边频；u_0 与 u_s 下边频成分的差频为 $f_0-(f_s-F)=f_z+F$，是新的上边频。这三个差频成分占据带宽也为 $2F$。它们的频图如图 6.6.3(b)所示。这个频谱和以 f_z 为载频、F 为调制频率的幅调波的频谱一模一样。说明变换后所得到的信号，是一个与高频信号 u_S 相比仅变换了载频，而不改变其调制规律，并占有同样带宽 $2F$ 的新信号。这个信号叫做中频信号。比较图 6.6.3(a)与(b)可以发现，u_S 和 u_Z 二者频谱的不同之处只是从高频载频 f_s 附近移到了中频 f_z 附近，并发生了以 f_z 为轴的 180°的翻转。

那么是否 u_S 和 u_O 两个高频信号共同通过非线性元件，就可以获得中频信号呢？问题并不这么简单。在调幅器一节中还指出，两个信号共同通过非线性作用，输出信号中除差频成分外，还有原输入信号以及它们的和频、高次谐波的和频与差频等很多成分。如果它们与差频成分混在一起，就不是保持原调制规律的信号，而是一个带有严重失真和干扰的中频信号了。因此，必须借助带通滤波器，滤除其他频率的成分，只保留主要的差频成分，才能获得所需要的中频信号。这就是说，u_S 和 u_O 不但要经过非线性变换，而且要经过合理的滤波，才能真正达到混频的目的。

如果高频信号 u_S 不是单一频率的幅调波，而是其他类型的高频信号又会怎样呢？无论是什么类型的信号，从频谱图上看，它们与上例的区别在于包含的频率成分及占据的带宽不同。它们与高频信号 u_O 的混频过程，同样可以按上述原理去理解，仍会得到只变换载频、而不改变其调制规律的中频信号。

非线性元件是混频器的核心。半导体二极管和晶体三极管在工作点较低时，特性曲线弯曲，都具有非线性特性，均可充当混频元件。

6.3 变频电路实例

图 6.6.7 所示为收音机中最常用的一种三极管变频器电路，它是自激式变频器。其中的晶体管除完成混频外，本身还构成一个自激振荡器。信号电压加至晶体管的基极，振荡电压注入晶体管的发射极，在输出调谐回路上得到中频电压信号。在晶体管的发射极与地之间(即发射极与基极之间)接有调谐回路(调谐于本振频率 f_o)，集电极和发射极间通过变压器 B_2 的正反馈作用完成耦合，所以适当地选择 B_2 的圈数比和连接的极性，是能够产生并维持振荡的。电阻 R_1、R_2 和 R_3 组成变频管的偏置电路。C_7 为耦合电容。振荡回路除 B_2 的次级和主调电容 C_2 外，还由串联电容 C_5 和并联电容 C_4 共同组成调谐电路，以达到统一调谐的目的。

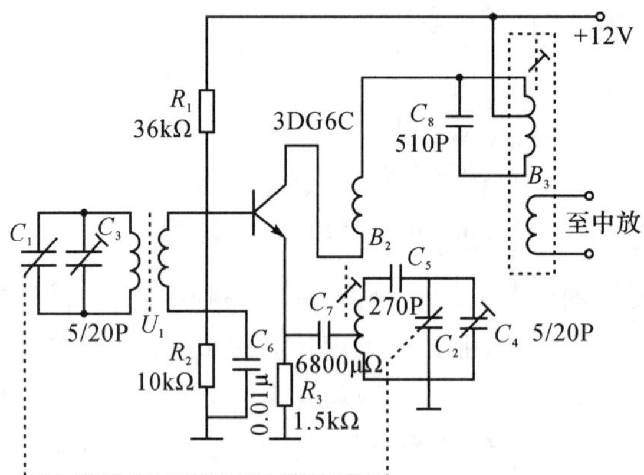

图 6.6.7　三极管变频器电路

第 7 节　正弦波发生器

传送着广播、电视节目的载波是正弦波，收音机、电视机中的本地振荡电压是正弦波，一些录音机中的偏磁电流也是正弦波，用得最多的无线电测试信号仍然是正弦波。正弦波在广播电视、科研和生产的很多方面，都有着极其广泛的应用。用来产生正弦波的电路叫做正弦波发生器，本节介绍正弦波发生器的一般知识和几种常见的正弦波振荡器。

7.1　振荡的产生

图 6.7.1 是一个典型的收音机中放电路。在电路输入端加上一个 465[kHz]的中频信号。放大后在输出端 a_2、b_2 间将得到输出信号 u_0 。调整放大器的增益，或者调整中频变压器 B 的圈数比和极性，总可以使电路的输出与输入波形一模一样，也就是使放大器的总增益为 1。假想此时以极高的速度自 a_1、b_1 两点切断信号源，而将放大器输入端 a_1b_1 转接到输出端 a_2b_2 上，构成如图 6.7.2 所示的“自给自足的放大器”，会出现什么现象呢？

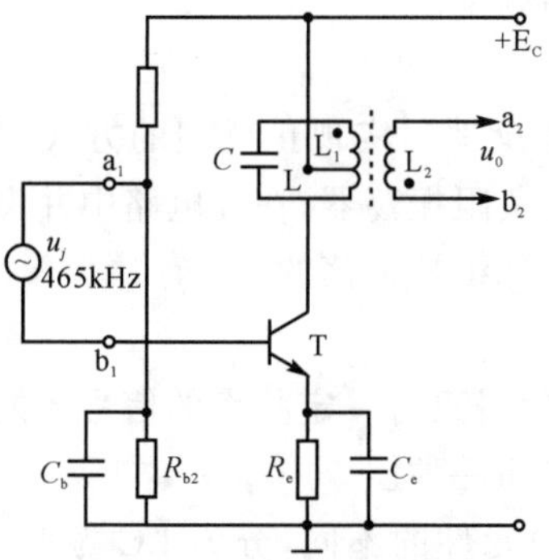

图 6.7.1　中频放大器电路

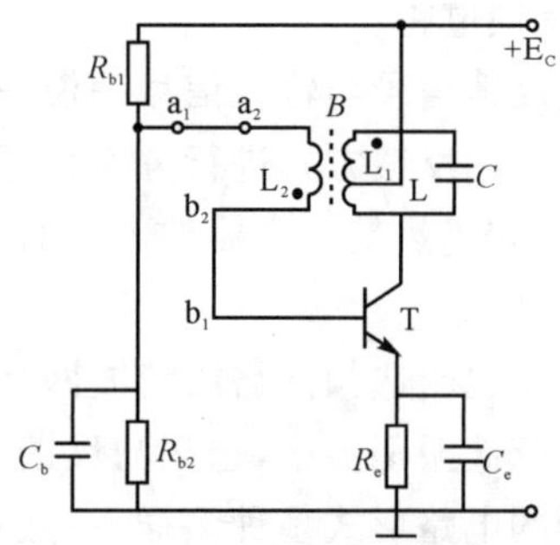

图 6.7.2　变压器耦合振荡器电路

放大器无法辨别输入信号究竟是来自信号源，还是来自本身的输出端。既然切换前后放大器的输入信号一模一样，它们的输出信号就应完全相同，而且都与输入波形一样。切换后，这个输出信号又直接反馈到输入端，作为输入信号继续放大，得到同样的输出信号。这样周而复始地循环下去，就能维持放大器总有输出和输入信号。这样一个“自给自足”的放大器就是正弦波振荡器，是正反馈放大器的一种特例。图 6.7.2 的电路叫做变压器耦合式振荡器。如果在变压器 B 中加一个绕组，就可取出正弦信号。

实际上，振荡器并不需要借助于信号源和任何外力，完全可以自动地振荡起来。在接通电源的一瞬间，总会有些电的干扰，比如晶体管的热噪声和通电瞬间的电冲击等。它们虽然不是正弦波，却都是由很多频率不同的正弦波组合成的。这些干扰信号在放大和反馈的过程中，通过特别设置的选频电路(如上例中的由 L 与 C 构成的调谐回路)，只有其中一个频率(前例中的 465[kHz])的电压被“选择”出来。这个频率的电压再经过放大，输出振幅会比原来更大。这样循环往复地反馈、放大，输出电压的振幅越来越大，振荡就建立起来了。

那么，振荡器输出的振幅是否会无止境地增长下去呢？不会，也是不允许的。大家知道，晶体管本身是非线性元件，用晶体管构成的放大器只有一定的动态范围。当放大器的输入信号大到一定程度的时候，输出信号就会出现非线性失真(即出现谐波成分)，若继续加大输入信号，输出振幅就只能有很少的增长。当输出信号出现削峰失真时，输入信号再大输出信号的振幅也不能再增长，放大器的增益将随输入振幅增加而下降。

在正弦波振荡器中，放大器的输入信号是从输出信号中按一定比例反馈得来的。输出振幅增长得少，输入信号(即反馈信号)增长得也少，但毕竟是在增长，所以增益 G 仍然在逐渐下降。当增益下降到满足“振幅平衡条件”G=1 时，输出信号和反馈信号的振幅都不再增长，振荡就稳定下来了。也就是说，当整个反馈环路的总增益为 1 时，振荡将稳定地持续下去，“环路增益必须等于 1”这一约束称为振荡器的“幅度条件”。

7.2 正弦波振荡器的组成

根据振荡原理，可以看出正弦波振荡器至少应包括下列几个组成部分：

(1)放大部分

这是振荡器的核心。它把电源的直流能量转换成交流能量，补充振荡过程中能量的消耗，以获得连续的等幅振荡波。具有足够增益的放大器，无论是共发射极、共基极、还是共集电极电路，均可充当振荡器的放大部分。一般说来，共射电路的振荡器容易起振，同一只晶体管构成的另外两种接法的振荡器，可以获得较高的最高振荡频率。

(2)正反馈电路

若要使反馈信号与输入信号一模一样，肯定需要正反馈。实现正反馈的方式很多。振荡器常按照不同的反馈方式进行分类。还有些振荡器，如负阻振荡器，在外电路中并没有明显的反馈电路，但它仍然是依靠器件内部的正反馈过程建立并维持振荡的。

(3)选频电路

选频电路也叫选频网络或滤波网络。它的作用是使得只有一定频率的信号才能满足振荡条件。在正弦波振荡器中，选频与反馈电路往往是合二而一的。

振荡器的电路形式多种多样，一般根据选频(滤波)元件的不同，分为 LC 振荡器、石英晶体振荡器和 RC 振荡器等几大类。

7.3 LC 振荡电路

以 LC 谐振回路作为选频网络的正弦波振荡器叫做 LC 振荡器。根据反馈方式的不同，可将它们分为变压器耦合式、电感三点式和电容三点式及其改进型等多种振荡器。

LC 振荡器的电路简单，振荡频率范围宽，调节频率方便，在电子技术中获得极其广泛的应用。

(1)变压器耦合式振荡器

以变压器为反馈元件的 LC 振荡器叫做变压器耦合式振荡器，又称变压器反馈式、互感耦合式振荡器。

图 6.7.2 就是一种典型的变压器耦合式振荡器。它的原理已在前文做过介绍。变压器耦合振荡器，这种电路的特点是反馈量容易调故易产生振荡，适用于产生几千赫至几十兆赫的正弦波。

图 6.7.3 是变压器耦合振荡器的一种实用电路——收音机中最常用的本地振荡器。它是从收音机变频器中，根据远离振荡频率的并联调谐回路可视为短路的原则，将输入电路和中频变压器短路后等效画出来的。这个电路和图 6.7.2 电路不同，它把调谐回路移到了发射极与地之间，使可变电容器的动片接地，可以减小人体感应和分布电容的影响。对于振荡信号来说，C_b 相当于短路，是共基极接法的振荡器，可以在较高的振荡频率下工作(即对晶体管的 f_T 要求较低)。图中 C_D 和 C_P 是为频率覆盖和统调而设的(可参考有关超外差收音机介绍的书籍)。R_{b1} 和 R_{b2} 是偏置电阻，可设定振荡管的工作点。R_e 提供振荡管的直流通路，还可稳定工作点。

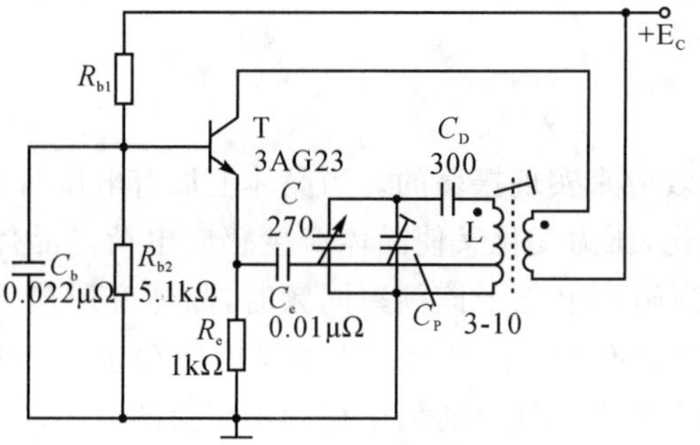

图 6.7.3　收音机本振电路

(2)电感三点式振荡器

电感三点式振荡器又称电感反馈式或哈特莱式振荡器,如图 6.7.4 所示。它仍以 LC 调谐回路作为选频电路,与变压器耦合式振荡器不同的是,它的反馈电压取自电感 L_1 和 L_2 的分压。图中 R_{b1} 和 R_{b2} 为偏置电阻,C_b 为耦合电容,R_e 和 C_e 构成直流负反馈电路,具有稳定工作点的作用。

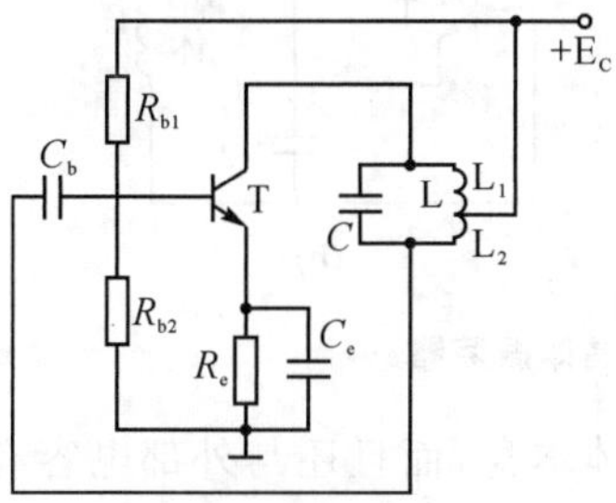

图 6.7.4　电感三点式振荡器

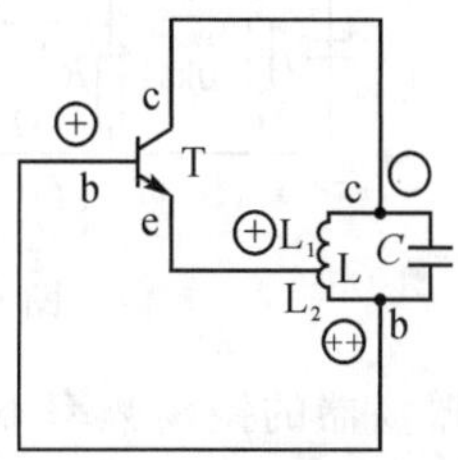

图 6.7.5　电感三点式等效电路

电感三点式振荡器的等效电路如图 6.7.5 所示。假定晶体管基极有一正向跳变,经放大倒相后,调谐回路 c 端为负向变化,e 端相对于 c 端为正向变化。L_1 和 L_2 是一个自耦变压器,所以在 L_2 的两端,b 端相对于 e 端为正向变化,加强了基极的起始变化,满足正反馈的条件,可能产生振荡。

(3)电容三点式振荡器

电容三点式振荡器又称考毕兹振荡器或电容反馈式振荡器。图 6.4.6 是它的典型电路图。它与电感三点式振荡器的区别,在于这里的反馈信号取自电容 C_1、C_2 的分压,为了提供振荡管的直流通路,增加了集电极电阻 R_c。

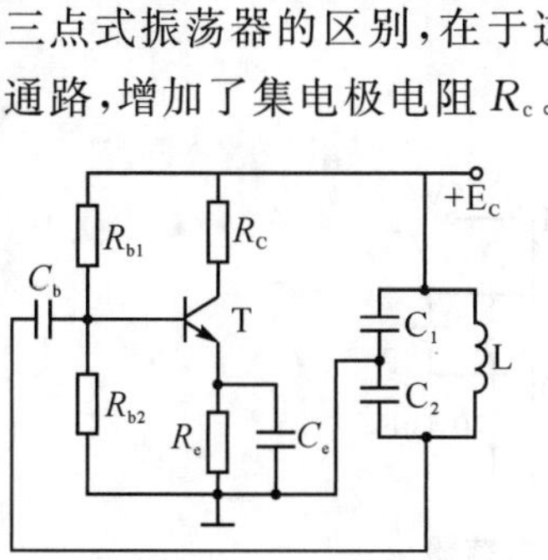

图 6.7.6　电容三点式振荡器

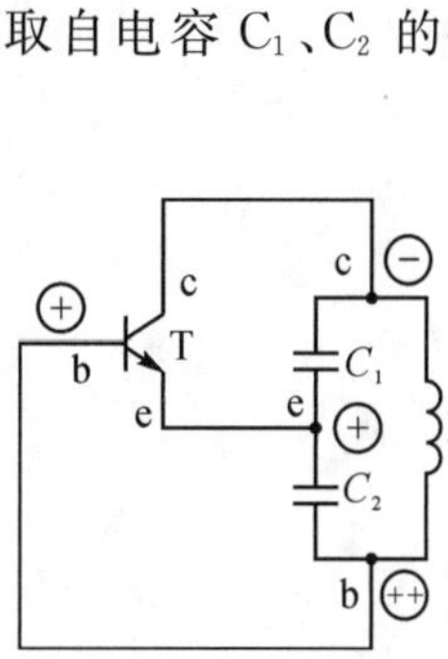

图 6.7.7　电容三点式等效电路

图 6.7.7 是电容三点式振荡器的等效电路图。读者不难模仿前面的例子,分析判断出电

路具有正反馈条件。

7.4 晶体振荡电路

它是利用晶体的压电效应来实现振荡的。当晶体上加有电压时，晶体发生变形，这一变形使晶体的内部压力产生变化，压力变化又使晶体产生感应电荷。晶体上从加电压到产生电荷的响应有一个固有频率，当施加电压于该频率同频时，晶体变形最大，产生的电荷也就最多。这样的情形与 LC 振荡电路具有同样的效果。由于晶体的 Q 值高，频率选择性好，所以振荡频率的稳定性好。晶体振荡电路在无线电通信中得到了广泛的应用。

晶体振荡器虽然种类繁多，却不外乎并联型和串联型两大类。

图 6.7.8(a)是一个典型的并联型晶体振荡器。C_1、C_2 与晶体谐振器并联，共同构成选频电路，C_1、C_2 同时兼作反馈元件。此时晶体谐振器相当于一个电感。并联型晶体振荡器的等效电路如图 6.7.8(b)所示。显而易见，它和普通电容三点式振荡器的等效电路一样。

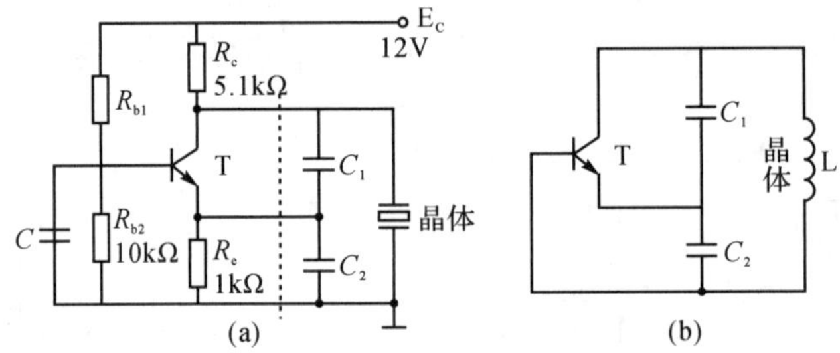

图 6.7.8 并联型晶体振荡器

并联型晶体振荡器的振荡频率不仅取决于晶体本身，而且还与外部电容有关。因此外部电容的变化仍会影响频率稳定度。但由于晶体谐振器的 Q 值比普通电感的 Q 值高出几个数量级，振荡稳定率要稳定得多。为进一步提高晶体振荡器的频率稳定度，还常将整个振荡器放在恒温箱中。

7.5 集成电路振荡器

随着集成电路技术的发展，一些运用集成组件、外加少数选频电路而构成的集成振荡器越来越多，它具有体积小、性能好、可靠性高等优点。用单片集成振荡器 E1648 外接 LC 回路构成的振荡器如图 6.7.9 所示。它的振荡频率等于 L_1C_1 回路的谐振频率。

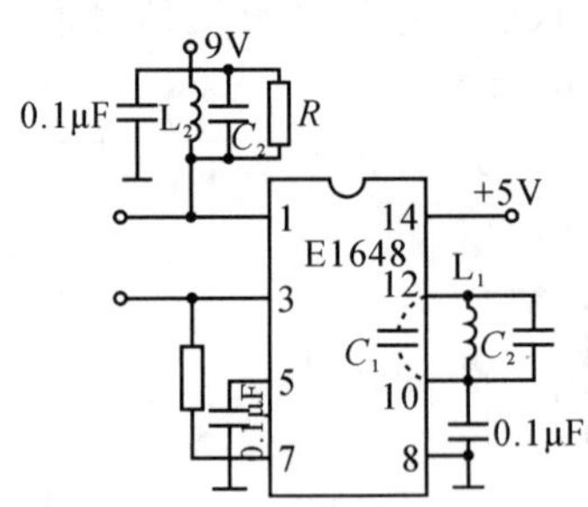

图 6.7.9 集成电路振荡器

习题六

一、填空题

1. 在高频放大电路中，由于晶体管本身的________参数以及各种元件的________参数，都会影响电路在高频工作时的性能。

2. 一个电感线圈除了有________特性外，还同时具有________及________的特性。当它工作于高频率时，线圈的有效________增大，且随________变化。线圈的分布________虽然很小，但在高频工作时，其影响也可能________。

3. 电容器在高频率工作时，首先表现为________________和工作稳定性变差。另外，电容器还有________，这个________的大小与电容器极板的引线、电容器金属片的面积以及引线的连接方式有关。

4. 在频率很高时，电阻器表现为一________回路。

5. 晶体管在高频运用时，除构成晶体管的各极间存在________外，在晶体管内部还存在着随频率变化而变化的________，

6. ______________、______________统称为杂散参数或分布参数。

7. 高频放大器可以根据负载方式分为________放大器和________放大器两大类。

8. 高频功率放大器工作频率高，相对________窄，一般采用________负载；为了提高效率多工作在________状态。

9. 一般非调谐放大电路应用最多的是________耦合方式，调谐式放大电路则主要采用________耦合、________耦合或________耦合方式。

10. Q 值是表示线圈优劣的参数，Q 值越大，在放大电路中，想要得到频带窄且尖锐的特性，就必须采用 Q 值________的谐振电路。

11. 常用的无线电元件有三类：线性元件、________和________元件。

12. 非线性元件的输出信号比输入信号具有更为丰富的________成分。在它的输出电压信号中不仅出现了它们的________谐波、________谐波等等，而且还产生了它们的________与________等新的频率成分的信号。

13. 调制就是把原始信号加载在________上，使________按照原始信号的________作相应的变化的过程。

14. 从已调波中分解出调制的原始信号来，这是调制的逆过程，叫________，或称________。

15. 鉴频器一般由两大部分组成：一部分是将频调波转变为________的电路，另一部分是________。

16. 变频的基本原理就是将两个不同频率的信号加到________进行频率变换后取出其________或________。

17. ________元件是混频器的核心。半导体二极管和晶体三极管在工作点较低时，特性曲线________，都具有________特性，均可充当混频元件。

18. LC 振荡器根据反馈方式的不同，可分为________式、________式和________式及其改进型等多种振荡器。

二、问答题

1. 电感线圈、电容器和晶体管在高频应用时和低频应用中分别有什么不同的特性?

2. 低频电路有没有分布电容、分布电感? 为什么高频电路的分布参数不容忽略?

3. 一台收音机的高频放大管损坏,手头只有一只中频放大管,用它代换,收音情况将是怎样的?

4. 调谐放大器的特点是什么?“采用调谐放大器的主要目的是为了提高选择性”,这种说法是否正确?

5. 什么是丙类放大状态? 高频功率放大器为什么要采用丙类放大方式?

6. 高频丙类放大电路为什么要采用调谐式负载?

7. 什么是非线性元件? 为什么说非线性元件具有频率变换作用?

8. 什么是调制、解调?

9. 什么是调幅? 什么是调频?

10. 调幅波与叠加波有什么区别? 能否用滤波器从它们当中提取出原来的低频信号?

11. 调幅器有几个主要组成部分? 晶体管调幅器是怎样工作的?

12. 调幅器的滤波器起什么作用?

13. 振幅检波器和整流器有什么相似与不同?

14. 实现直接调频的基本措施是什么?

15. 混频器和变频器有什么区别? 基本功能是什么?

16. 混频器与调幅器的组成电路一样,为什么功能不同? 对混频器各组成部分有什么要求?

17. 接收机的混频器前为什么要加调谐回路?

18. 正弦波振荡器产生自激振荡的条件是什么? 维持正弦振荡的条件是什么?

19. 正弦波振荡器是由哪几部分组成的? 选频网络的作用是什么?

20. 什么是电容三点式和电感三点式振荡器?

三、电路分析题

1. 简述晶体管调幅器的调幅原理,并画出调幅过程的波形变化图。

2. 画出调频电容话筒的电路原理图,并简述其工作原理。

3. 鉴频器有哪几部分组成? 试述斜率鉴频器的工作原理。

4. 说说并联型晶体振荡器的工作原理。

第七章　数字电路基础

在近代电子设备中，按照信号形式的不同，通常我们将电路分为两大类：模拟电路与数字电路。前面几章讨论的是模拟电路，其中的电信号是随时间连续变化的模拟信号。本章我们将讨论数字电路，其中的电信号是随时间不连续变化的数字信号。

第1节　模拟与数字概述

在学习数字电路之前，我们需要先对数字信号和模拟信号的不同、数字电路的特点有一个概念性的认识，对数字信号处理中用到的二进制数制和码制也需要了解。

1.1　模拟与数字信号

在电子技术中，传递、处理的信号可以分为两大类：

一类是所谓模拟信号，是指模拟的物理量（如语音的强弱或图像各点的亮度变化）的电压或电流。而此电压或电流的大小和时间上是平滑的、连续的、变化的。它可以是一定范围内的任意值。换言之，对于模拟信号我们必须通过仪表进行测量才知道它的电压的大小。如音频信号、视频信号以及各种随时间变化的物理量等，其中最典型的模拟信号是正弦波信号。模拟信号的波形如图 7.1.1 所示。

另一类是所谓数字信号，是指信号是离散的、不连续的。这时信号只能按照有限多个阶梯或增量变化来取值。换言之，对于数字信号，我们只需计算阶梯的数目或阶梯的高低状态，而无需考虑阶梯内信号的具体电压的大小。其中最典型的数字信号是矩形脉冲信号，其电压或电流的波形如图 7.1.2 所示。

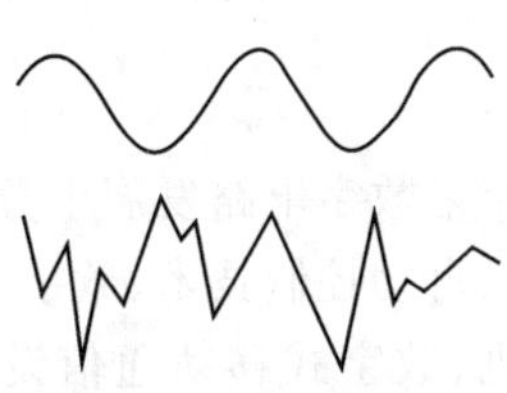

图 7.1.1　模拟信号波形

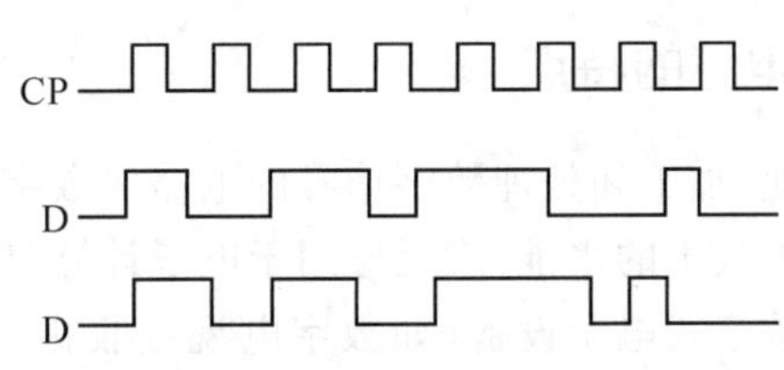

图 7.1.2　数字信号波形

除了上述的两类信号外，众所周知，还有一种所谓的脉冲信号，其电压或电流是在短暂的时间间隔内作用于电路的电压或电流。就广义来说，凡是按非弦规律变化的电压或电流都可以称为脉冲。脉冲波形千变万化、种类繁多，图 7.1.3 给出了几种常见的波形。

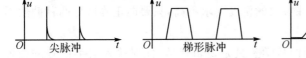

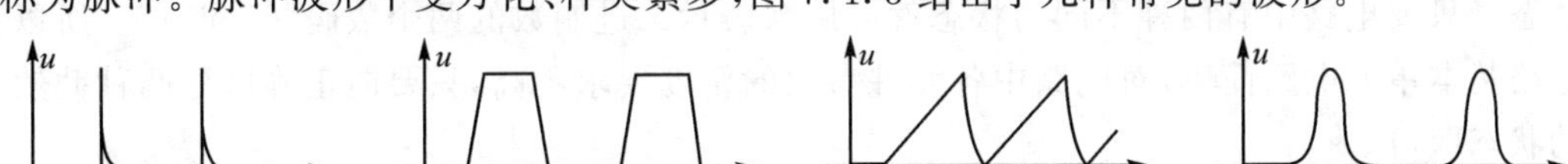

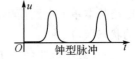

图 7.1.3　几种脉冲信号波形

我们将脉冲电路归类于模拟电路的范畴。这是因为，在这里我们感兴趣的不仅是脉冲的有无，而且还有它的波形。所谓脉冲电路就是产生与变换这些脉冲波形的电路。这些电路通常是由一些晶体管或其他电子器件组成的开关电路所构成的。

在数字电路中，电压和电流通常只有两种状态：高电位或低电位；有电流或无电流。因此数字电路也是工作于脉冲状态的。就这一点来说，数字电路也是一种脉冲电路。

实际数字电路中的数字信号的波形并不是像图 7.1.2 那样的理想的矩形脉冲信号，而是像如图 7.1.4 所示的波形。

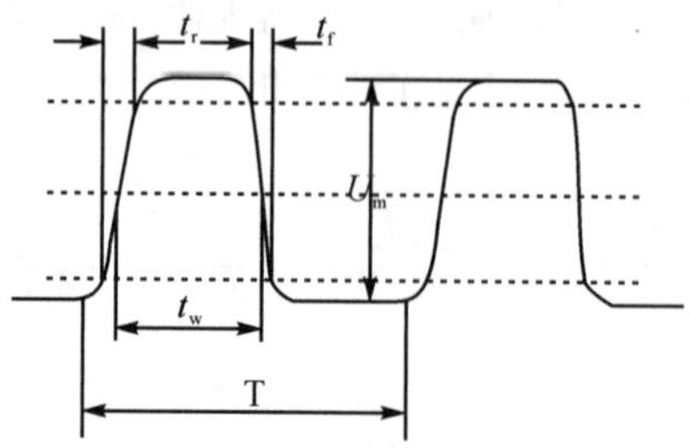

图 7.1.4　实际矩形脉冲波形

为了定量描述其特性，经常使用图中所标注的几个主要参数，这就是：

脉冲周期 T：周期性重复的脉冲序列中，两个相邻脉冲的时间间隔，单位为秒[s]、毫秒[ms]、微秒[μs]。

脉冲频率 f：周期性连续脉冲中，每秒出现脉冲波形的次数，单位为赫兹[Hz]、千赫[kHz]、兆赫[MHz]。显然，脉冲的周期与频率的关系满足 $f=1/T$。

脉冲幅度 U_m：脉冲电压的最大变化幅度，单位为伏特[V]、毫伏[mV]、微伏[uV]。

脉冲宽度 t_w：从脉冲前沿上升到 $50\%U_m$ 起到脉冲后沿下降到 $50\%U_m$ 为止的一段时间，单位同周期。

上升时间 t_r——脉冲上升沿从 $10\%U_m$ 上升到 $90\%U_m$ 所需的时间，单位同周期。

下降时间 t_f——脉冲下降沿从 $90\%U_m$ 下降到 $10\%U_m$ 所需的时间，单位同周期。

占空比 q：脉冲宽度与周期的比值，即 $q=t_w/T$。

脉冲信号还有正负之分，若脉冲跃变后的值比跃变前的值高，称为正脉冲；反之，称为负脉冲。

1.2　数字电路的特点

用来传递、加工和处理数字信号的电路叫数字电路。近年来数字电路发展十分迅速，它标志着现代电子技术的水准，广泛应用于电子计算机、通信技术、自动控制技术、数字仪器仪表等方面。目前数字式电子设备（如数字电视接收机、数字录音机、数字式移动通信设备）与仪表（如数字式电压表、数字式频率计）已被广泛使用；声音和图像的处理与传输已实现了数字化，卫星、雷达等数据处理也早已采用数字形式。

与模拟电路相比较，数字电路具有下列一些特点：

(1)在数字电路中，基本信号是只有两个状态的数字信号，具体到电路上只有高、低电平两个状态。只要电路中有两种不同的状态就可用来表示二进制数的两个数码“0”和“1”。所以数字电路基本单元电路简单，对电路中各元件参数的精度要求不高，只要能正确区分两种截然不同的状态即可。

(2)在数字电路的分析和设计中，所用的数学工具是逻辑代数，能对输入数字信号进行各种算术和逻辑运算,便于采用数字计算机来处理信息。即数字电路不仅具有一定的算术运算能力,还具有一定"逻辑思维"能力。

(3)数字电路由几种基本单元电路组成,这些单元电路简单,对内部元件参数要求不高,允许有较大的分散性。由这些单元电路又可以构成复杂的数字系统,因此数字电路结构简单,集成化较容易,通用性强,设计使用方便。

(4)数字设备具有极高的可靠性与稳定性。因为信号比较不那么依赖于电子元件的稳定性和可靠性,电路只需能区别信号的有无和比较信号的高低电平,不需要去管信号的具体电压的大小。在数字电路中,稳态时各种半导体器件都工作在开关状态。

(5)数字电路的抗干扰能力强,精度高。因为数字电路传递、加工和处理的是只有 0 和 1 的二值信号,干扰往往只影响脉冲的幅度,但只要这种干扰局限在一定的范围内,对脉冲的有无和个数几乎不产生影响,因此数字电路的抗干扰能力较强。

(6)数字电路的功耗低。在模拟电路中的三极管等放大元件工作于放大状态,三极管的功耗较大。而在数字电路中的三极管等放大元件一般工作于开关状态,即交替工作于饱和与截止状态,其功耗较低。

另外,数字电路可以用增加二进制数的位数的方法来提高电路的精度,信号在传递、加工和处理过程中可以较容易地保持不失真。在数字电路中可以进行加密处理,使可贵的信息资源不被窃取。

由于数字电路具有上述特点,故其发展十分迅速,在电子计算机、自动化技术、网络技术、通信技术、数字仪表、音视频节目制作等各个方面都得到了越来越广泛的应用。

当然并不一定所有的电子设备将会全部实现数字化,模拟电路就没有发展前途了。有些设备由于技术上、经济上的考虑必将继续保留为模拟的。此外,某些新器件(如电荷耦合器件)的出现,不仅可以供数字电路应用,也给模拟信号的处理带来了新的可能性。

1.3　数制和码制

一个数通常可以用两种不同的方法来表示:一种是选定某种进位制来表示某个数的值,这就是所谓的数制;另一种是用一组编码的形式表示出一组数的值。下面将阐述各种数制及其相互转换、各种码制的特点。

(1)数制及其相互转换

同一个数可以采用不同进位的计数制来计量,人们习惯用十进制计数制,而在数字电路中常用二进制、八进制和十六进制计数制。

①十进制

十进计数制简称十进制,它用 0,1,2,3,4,5,6,7,8,9 十个数字符号的不同组合来表示一个数,当任何一位数比 9 大 1 时则向相邻的高位进 1,本位复 0,叫做"逢十进一"。同一个数字符号在不同的数位时所代表的数值不同,某位的 1 所表示的值称为该位的"权"。例如:

$$234.58=2\times 10^2+3\times 10^1+4\times 10^0+5\times 10^{-1}+8\times 10^{-2}$$

显然,任意一个十进制数 N 可以表示为:

$$(N)_{10}=K_{n-1}\times 10^{n-1}+K_{n-2}\times 10^{n-2}+\cdots+K_1\times 10^1+K_0\times 10^0+ K_{-1}\times 10^{-1}+K_{-2}\times 10^{-2}+\cdots+K_{-m}\times 10^{-m} \tag{7.1.1}$$

式中:n,m 为正整数;K_i 为系数,是十进制十个数字符号中的某一个。

②二进制

二进制是在数字电路中应用最广的计数体制。它只有两个数字符号 0 和 1，其计数规律为“逢二进一”。当 1+1 时，本位复 0，并向相邻高位进 1，即 1+1=10(读作“一零”)。二进制数各位的“权”为 2 的幂，可以表示为：

$$(N)_2 = K_{n-1} \times 2^{n-1} + K_{n-2} \times 2^{n-2} + \cdots + K_1 \times 2^1 + K_0 \times 2^0 + K_{-1} \times 2^{-1} + K_{-2} \times 2^{-2} + \cdots + K_{-m} \times 2^{-m} \quad (7.1.2)$$

式中：K_i 为系数；2^i 为位权，

例如：$(1101.1011)_2 = 1\times2^3 + 1\times2^2 + 0\times2^1 + 1\times2^0 + 1\times2^{-1} + 0\times2^{-2} + 1\times2^{-3} + 1\times2^{-4}$

由式(7.1.2)可以看出，将二进制数转换为十进制数是十分方便的，如上例可以直接得出

$$(1101.1011)_2 = (13.6875)_{10}$$

反过来，十进制数也可以转换为二进制数，转换时；其整数部分和小数部分要分别进行。

整数部分可以采用连续除 2 取余数法，最后得到的余数为二进制数整数部分的高位；小数部分采用连续乘 2 取整数法，最先得到的整数为二进制数小数部分的高位。例如将上例中 13.6875 转换为二进制数：

13/2 得 6 余 1	$K_0=1$	0.6875×2=1.375	K−1=1
6/2 得 3 余 0	$K_1=0$	0.375×2=0.75	K−2=0
3/2 得 1 余 1	$K_2=1$	0.75×2=1.5	K−3=1
余 1	$K_3=1$	0.5×2=1	K−2=1

最后得到$(13.6875)_{10} = (1101.1011)_2$。

由于多位二进制数不便识别和记忆，故在数字系统中广泛使用八进制和十六进制。

③八进制

在八进制数中，有 0～7 八个数字符号，低位和相邻高位间的关系是“逢八进一”，各位数的位权为 8 的幂，可以表示为；

$$(N)_8 = K_{n-1} \times 8^{n-1} + K_{n-2} \times 8^{n-2} + \cdots + K_1 \times 8^1 + K_0 \times 8^0 + K_{-1} \times 8^{-1} + K_{-2} \times 8^{-2} + \cdots + K_{-m} \times 8^{-m} \quad (7.1.3)$$

由于 $2^3=8$，故八进制数与二进制数的相互转换很方便。只要将 1 位八进制数直接转换为 3 位二进制数，即构成等值的二进制数，例如：

$$(72.5)_8 = (111010.101)_2$$

式中：二进制数的整数部分高三位 111 由 7 转换而来，低三位 010 由 2 转换而来，小数部分 101 由 5 转换而来。反之，可将 3 位二进制数直接转换为 1 位八进制数，即构成等值的八进制数。例如：

$$(11001100.01)_2 = (314.2)_8$$

式中：二进制数的整数部分最高三位可看成为 011 转换为 3；小数部分最低位可看成 010 转换为 2。

④十六进制

在十六进制数中有 16 个不同的数字符号：0，1，2，3，4，5，6，7，8，9，A，B，C，D，E，F。低位和相邻高位间的关系是“逢十六进一”，各数位的权是 16 的幂，可以表示为：

$$(N)_{16} = K_{n-1} \times 16^{n-1} + K_{n-2} \times 16^{n-2} + \cdots + K_1 \times 16^1 + K_0 \times 16^0 + K_{-1} \times 16^{-1} + K_{-2} \times 16^{-2} + \cdots + K_{-m} \times 16^{-m} \quad (7.1.4)$$

由于 $2^4=16$，故十六进制数转换为等值的二进制数，只需将 1 位十六进制数转换为 4 位二进制数。而 4 位二进制数转换为 1 位十六进制数也可得到等值的十六进制数。例如：

$$(9E.3)16=(10011110.0011)_2, (1101100.011)_2=(6C.6)_{16}$$

上式是通过将整数部分最高位前补 0，小数部分最低位后补 0，补足 4 位后再转换为十六进制数。

由于二进制与八进制、十六进制数间的相互转换十分方便快捷，故在书写计算机程序时广泛使用八进制和十六进制。

表 7.1.1 为上述 4 种进制相互转换对照表。

表 7.1.1　几种常用计数进制对照表

十进制	二进制	八进制	十六进制
0	0 0 0 0	0	0
1	0 0 0 1	1	1
2	0 0 1 0	2	2
3	0 0 1 1	3	3
4	0 1 0 0	4	4
5	0 1 0 1	5	5
6	0 1 1 0	6	6
7	0 1 1 1	7	7
8	1 0 0 0	10	8
9	1 0 0 1	11	9
10	1 0 1 0	12	A
11	1 0 1 1	13	B
12	1 1 0 0	14	C
13	1 1 0 1	15	D
14	1 1 1 0	16	E
15	1 1 1 1	17	F

(2)码制

数字系统处理的信息，一类是数值，另一类是文字和符号，它们都可用多位二进制码来表示，这种多位二进制数叫做代码，给每个代码赋以一定的含义叫做编码。在数字电路中常使用二—十进制码 BCD 码和格雷码。下面分别介绍这两种码制的特点。

①二—十进制 BCD 码

所谓二—十进制码，就是用 4 位二进制数的代码来表示 1 位十进制数。4 位二进制数有 16 种不同的组合作为代码，而十进制数的 10 个数字符号只需用其中的 10 种组合来表示，而从 16 种组合中选择 10 种组合可以有很多种方案，常用的方案如表 7.1.2 所示。

表 7.1.2　几种常用的二—十进制码

代码种类 / 十进制数	8421 码	2421(A)码	2421(B)码	5211 码	余 3 码
0	0 0 0 0	0 0 0 0	0 0 0 0	0 0 0 0	0 0 1 1
1	0 0 0 1	0 0 0 1	0 0 0 1	0 0 0 1	0 1 0 0
2	0 0 1 0	0 0 1 0	0 0 1 0	0 1 0 0	0 1 0 1
3	0 0 1 1	0 0 1 1	0 0 1 1	0 1 0 1	0 1 1 0
4	0 1 0 0	0 1 0 0	0 1 0 0	0 1 1 1	0 1 1 1
5	0 1 0 1	0 1 0 1	1 0 1 1	1 0 0 0	1 0 0 0
6	0 1 1 0	0 1 1 0	1 1 0 0	1 0 0 1	1 0 0 1
7	0 1 1 1	0 1 1 1	1 1 0 1	1 1 0 0	1 0 1 0
8	1 0 0 0	1 1 1 0	1 1 1 0	1 1 0 1	1 0 1 1
9	1 0 0 1	1 1 1 1	1 1 1 1	1 1 1 1	1 1 0 0
权	8 4 2 1	2 4 2 1	2 4 2 1	5 2 1 1	

由表可以看出，同一代码在不同的编码中具有不同的含义。如 0011 代码，在 8421 码、2421 码中代表 3，在余 3 码中代表 0，在循环码（见表 7.1.3）中代表 2。在表 7.1.2 中，8421 码、2421 码（A）、（B）和 5211 码都是有权码，它们共同的特点是每位二进制数都具有一固定的权值。而余 3 码、循环码等都是无权码，因为每位二进制数没有固定的权位。

表 7.1.3　四位循环码编码表

十进制数	循环码	十进制数	循环码
0	0 0 0 0	15	1 0 0 0
1	0 0 0 1	14	1 0 0 1
2	0 0 1 1	13	1 0 1 1
3	0 0 1 0	12	1 0 1 0
4	0 1 1 0	11	1 1 1 0
5	0 1 1 1	10	1 1 1 1
6	0 1 0 1	9	1 1 0 1
7	0 1 0 0	8	1 1 0 0

②格雷码

格雷码的特点是：相邻两个代码之间仅有一位不同，其余各位均相同。计数电路按格雷码计数时，每次状态更新仅有一位代码变化，减少了出错的可能性。格雷码属于无权码。它也有多种代码形式，其中最常用的一种是表 7.1.3 中所示的循环码。在循环码中，不仅相邻两个代码中只有一位不同，而且首（0）尾（15）两个代码也仅有一个不同，构成一个循环。

例： 将 $(100110000111)_{BCD}$ 转换为十进制数。

8421BCD 码以 4 位二进制数作为十进制数的 1 位，所以

$$(100110000111)_{BCD}=(987)_{10}$$

第2节　逻辑门电路

逻辑电路是指输出与输入之间有一定逻辑关系的电路，所谓逻辑关系实际上就是因果关系，逻辑电路一般有多个输入端，当输入信号或输入信号之间满足一定条件(原因)时，开关就接通，信号得以通过；不满足这些条件，开关就不通，信号就不能通过，此时电路像一个门一样。本节我们来学习基本的门电路。

2.1　三种基本的逻辑关系

逻辑关系是生产和生活中各种因果关系的抽象概括。如果决定某一事件F是否发生(或成立)的条件有多个，可以用A、B、C等来表示，则事件F是否发生与条件A、B、C是否成立之间具有某种因果关系。

基本的逻辑关系有“与”逻辑，“或”逻辑和“非”逻辑。若决定某一事件F的所有条件A、B必须都具备，事件F才发生，否则这件事情就不发生，这样的逻辑关系称为“与”逻辑；若决定某一事件F的条件A、B中，至少有一个具备，事件F就发生，否则事情就不发生，这样的逻辑关系称为“或”逻辑；若决定某一事件F的条件只有一个A，当A成立时，事件F不发生，当A不成立时，事件F就发生，这样的逻辑关系称为“非”逻辑。

我们把输入与输出之间具有因果关系的基本电路也称为逻辑门电路，有时简称为门电路。门电路的输入和输出都是用电位(或电平)的高低来表示的，而电位的高低用“1”和“0”两种状态来区别。若用“1”表示高电平，用“0”表示低电平，则称为正逻辑系统；若用“0”表示高电平，用“1”表示低电平，则称为负逻辑系统。在本书中，如无特殊说明，采用正逻辑系统。

门电路实际上就是用电信号来控制的开关。每一个门电路的输入与输出之间，都有一定的逻辑关系。除了最基本的“与”“或”“非”三种逻辑关系，它们又能组成“与非”“或非”及“与或非”“异或”等多种三态门逻辑。

用晶体二极管和三极管组合成的这种门电路是构成数字电路的基本单元。门电路可由分立元件组成，但目前广泛使用的是集成门电路。尽管如此，由于集成门电路都是在分立元件门电路的基础上发展、演变而来的，因此，有必要简单介绍分立元件电路及工作原理，以作为学习集成门电路的先导。

2.2　“与”门电路

逻辑门电路的输入和输出信号都是用电位(或称电平)的高低来表示的，电位的高低可以用“1”和“0”两种状态来区别。这里的“1”和“0”与十进制数中的0和1有着完全不同的含义，它代表了对立或矛盾着的两个方面，代表了两种状态。故也称逻辑“1”和逻辑“0”。

若规定高电位为“1”，低电位为“0”，则称为正逻辑；若规定低电位为“1”，高电位为“0”，则称为负逻辑。这种规定也称作逻辑约定。不同的逻辑约定，对同一个逻辑门电路有着不同的逻辑功能。在分析一个逻辑电路之前，首先要弄清楚采用的是哪种逻辑约定，否则无法分析电路的逻辑功能。本书中，如果没有特别说明，采用的都是正逻辑约定。

图7.2.1所示为一个由开关组成的“与”门电路。显而易见，只有当两个开关都闭合时，指示灯才会亮。如果将开关闭合看作条件成立，把灯亮看作结果发生，则此电路表明：“只有决定

事物结果的全部条件同时具备时，结果才会发生。"我们将这种因果关系称为"与"逻辑。

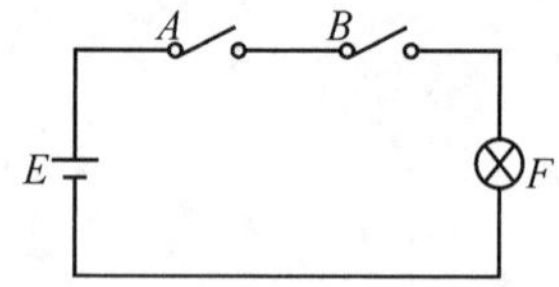

图 7.2.1 与逻辑电路

开关 A,B 为逻辑变量，设其闭合为"1"，打开为"0"；灯为逻辑函数 F，设灯亮为"1"，灯灭为"0"。图中发生的事件是灯的亮与灭，开关 A,B 闭合是事件发生的条件。

表 7.2.1 列出了开关 A,B 与灯 F 之间可能的组合与结果。此表称为功能表，通常把逻辑变量取值"1"称真值，取值"0"称假值，所以也将该功能表称为真值表。

由表 7.2.1 可见，只有 A 与 B 条件全满足(闭合)时，结果 F 才发生(灯亮)。这种因果关系称为"与"逻辑关系。

表 7.2.1 与逻辑真值表

A	B	F
0	0	0
0	1	0
1	0	0
1	1	1

与逻辑的逻辑函数表达式为

$$F=A\times B=A\cdot B=AB \qquad (7.2.1)$$

当有 A、B、C 三个逻辑变量时，"与"门的逻辑函数表达式为

$$F=A\cdot B\cdot C \qquad (7.2.2)$$

式中"×"和"·"为"与"逻辑运算符号，表示逻辑乘，式可以读成 A 与 B 与 C，亦可读成 A 乘 B 再乘 C。有时符号"·"可以省略。

图 7.2.2(a)是用二极管组成的与门电路，与门电路的逻辑符号如图 7.2.2(b)所示。在该与门电路中，当输入 A,B 中只要有一个是低电平 $U_I=0$[V]，或输入 A,B 的信号同时为低电平 0[V]时，则此刻必有一个二极管或两个二极管同时导通，并将输出 F 钳制在低电平 $U_0=0.3$[V](锗管)，只有当输入 A,B 的信号同时为高电平 $U_I=3$[V]时，DA,DB 两个二极管也同时导通，输出 F 的电位约为 3.3[V]，即高电平。在正逻辑约定下，该电路的输入输出之间的逻辑关系正是表 7.2.1 所列的"与"逻辑关系。所以，该电路称为二极管与门电路，该门电路的输入端可扩展为多个。

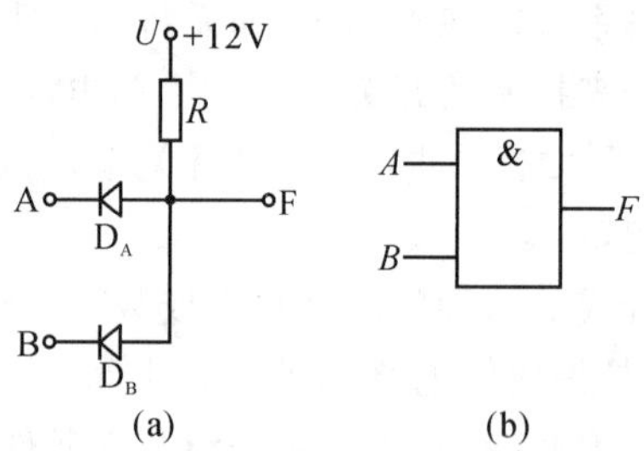

图 7.2.2 二极管与门电路及其逻辑符号

在门电路的分析中高电平与低电平的具体值是多少伏，在不同的场合，有不同的规定。在一般情况下规定为：+3[V]左右为高电平；0[V]左右为低电平。

2.3 "或"门电路

我们仍然用简单的照明电路来说明"或"逻辑关系。如图 7.2.3 所示，三个开关并联共同控一盏灯。显然，开关 A 或 B 或 C 只要有一个合上，灯就能亮；只有当三个开关都拉开，灯才不亮。它表明的因果关系是，在决定一件事情的各个条件中，只要具备一个以上的条件，这件事情就会发生。这种因果关系就是"或"逻辑关系。符合或逻辑关系的门电路，叫"或"门电路。

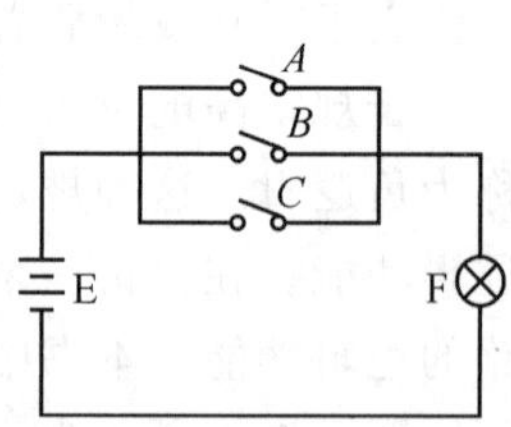

图 7.2.3 或逻辑示意图

图 7.2.4 是典型的二极管"或"门电路。它与图 7.2.2 的"与"门电

路相比，二极管的极性是相反的，并采用了负电源（即电源正极接地）。下面讨论三种不同输入时的输出情况。

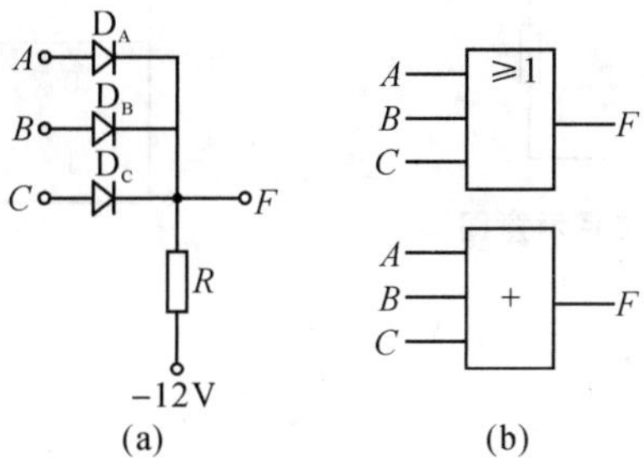

图 7.2.4　二极管或门电路及其逻辑符号

(1)A、B、C 三个输入端都为高电位"1"时，三个二极管当然都是导通的，输出被钳位在高电位"1"。

(2)实际上，各输入端中只要有一个为"1"，输出端就为"1"。例如 A 端为"1"则 A 端的电位比 B、C 高。电流从 A 经 D_A 和 R 流向电源负极，D_A 优先导通，F 点即被钳位于高电位"1"。

(3)三个输入端都为低电位"0"时，三个二极管也全导通。输出端 F 为"0"。"或"逻辑关系的真值表见表 7.2.2。

表 7.2.2　"或"门逻辑状态表

A	B	C	F
0	0	0	0
0	0	1	1
0	1	0	1
0	1	1	1
1	0	0	1
1	0	1	1
1	1	0	1
1	1	1	1

"或"门的逻辑函数表达式为

$$F=A+B+C \tag{7.2.3}$$

"+"表示逻辑加，它不同于算数加。从表 7.2.2 中可以看出，1+1+1=1，显然它不同于算数中的加法。式(7.2.3)可以读作 A 或 B 或 C，亦可读作 A 加 B 加 C。

注意：以上我们所讨论的二极管"与"门及"或"门，都是在采用正逻辑的前提下而得出的，如采用负逻辑，前者便成为"或"门，而后者便成为"与"门。

2.4　"非"门电路

"非"逻辑关系表示否定或相反的意思。就是说门电路输出端 F 的状态总是与输入端 A 的状态相反。当输入端 A 为"1"时，输出端为"0"；当 A 端为"0"时，输出端 F 为"1"。非逻辑的含义也可用图 7.2.5 的开关电路来说明，图中开关 A 和灯 F 的逻辑设定同前面两节的设定相同，表 7.2.3 列出了开关 A 与灯 F 之间的逻辑关系，此表称为"非"逻辑关系真值表。

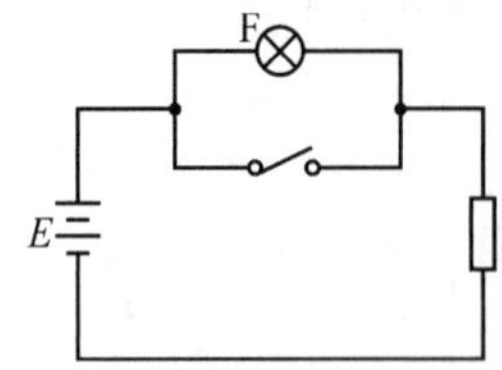

图 7.2.5 非逻辑关系示意图

表 7.2.3 非逻辑真值表

A	F
0	1
1	0

非逻辑的逻辑函数表达式为

$$F=\overline{A} \tag{7.2.4}$$

上式中 $\overline{A}$ 读作 A 非或非 A。

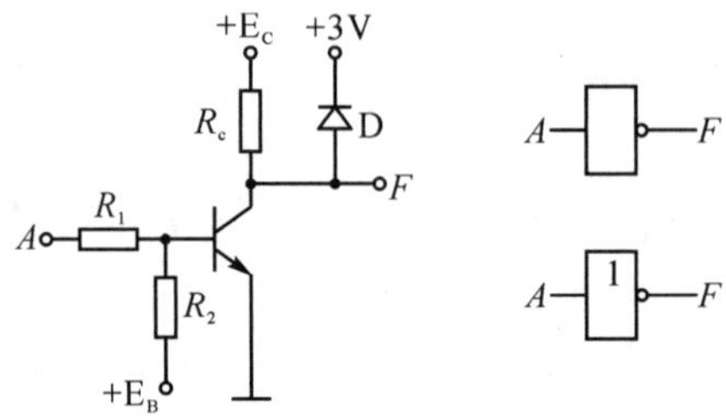

(a)非门电路 (b)逻辑符号

图 7.2.6 晶体管非门电路

图 7.2.6(a)的电路为晶体管非门电路(反相器),图 7.2.6(b)为非门的逻辑符号。非门电路只有一个输入端 A,当输入 A 为高电平 3[V]时,由于电路设计合理,使得三极管饱和,集电极输出电压 $U_o \approx 0.3$[V],即低电平。当输入 A 为低电平 0.3[V]时三极管截止,钳位二极管 D 导通,输出端 F 的电位 $U_F=3.3$[V](或 3.7[V])即高电平。

以上介绍了三种基本门电路。对于各种门的输入与输出关系,还可以用波形图(或称时序图)来表示。在数字电路中画波形时,常常省略坐标,只画出高、低电平。画波形的具体步骤如下:

第一,分时段。即将输入信号的波形分成若干个时段,并使每一个时段内各输入信号保持不变。

第二,按功能画图。即分别对每一时段按相应门的逻辑功能画图。

例: 若已给出输入信号 A、B 的波形如图 7.2.7 所示,试画出 $F_1=AB$、$F_2=A+B$、$F_3=\overline{A}$ 的波形图。

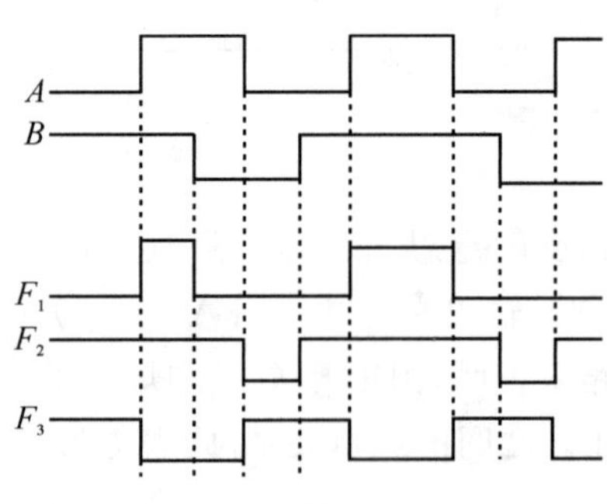

图 7.2.7 逻辑关系波形图

解:首先,将输入信号分成若干个时段,然后,针对每一时段分别画出 F_1、F_2、F_3 的波形。如在第一个时段,A 为低电平"0"、B 为高电平"1",则对"与"门而言,输入有"0"、输出为"0",即在这一时段 F_1 为低电平"0"。同理,可得到其他各个时段的波形如图 7.2.7 所示。

2.5　"与非"门电路

将一级"与"门与一级"非"门结合起来,就得到"与非"门电路,其电路图如图 7.2.8(a)所示。图中,虚线左边是一个二极管与门,右边是非门,即反相器。由于它实际上是由一级与门与一级非门串联而成的,输入与输出之间是与非关系,即:当输入端全为高电位"1"时,输出为"0";当输入端有一个或几个是"0"时,输出为"1","与非"门真值表如表 7.2.4 所示。

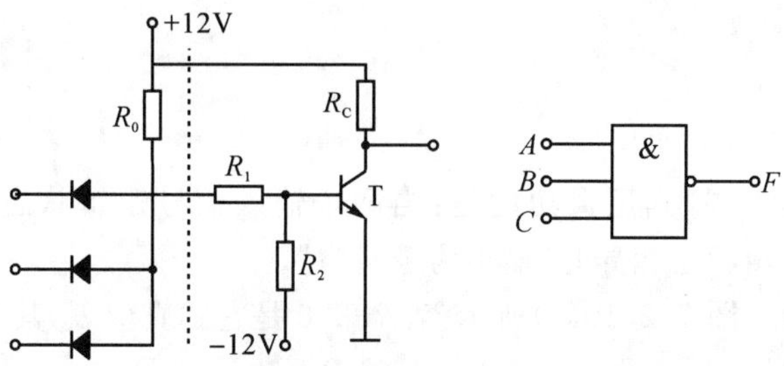

(a)与非门电路图　(b)逻辑符号

图 7.2.8　与非门典型电路及其逻辑符号

通过上面对"与非"门电路的工作分析,可列出如表 7.2.4 所示的"与非"门的逻辑状态表。由表中可归纳出"与非"门的逻辑功能:输入有低电平"0"时,输出为高电平"1";输入全为高电平"1"时,输出为低电平"0"。

表 7.2.4　"与非"门逻辑状态表

A	B	C	F
0	0	0	1
0	0	1	1
0	1	0	1
0	1	1	1
1	0	0	1
1	0	1	1
1	1	0	1
1	1	1	0

"与非"门的逻辑函数表达式为

$$F=\overline{ABC}$$

上面介绍的与门、或门、非门和与非门是最基本的门电路,实际中除上述基本门电路之外,还常用一些具有复合逻辑功能的门电路,如或非门、与或非门、异或门等。

2.6　或非门

或非逻辑是或逻辑和非逻辑的结合,其逻辑符号如图 7.2.9 所示,其逻辑函数表达式为:

$$F=\overline{A+B} \tag{7.2.5}$$

或非门的真值表如表 7.2.5 所示。该表可概括为:输入全为"0"时,输出为"1",输入有"1"

时，输出为“0”。

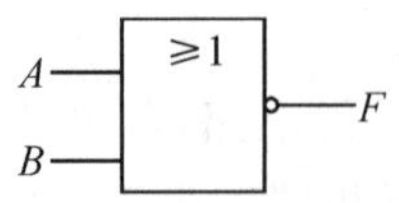

图 7.2.9　或非门逻辑符号

表 7.2.5　或非门真值表

A	B	F
0	0	1
0	1	0
1	0	0
1	1	0

2.7　异或门、同或门

异或门只有两个输入端，其逻辑功能是：当两个输入信号逻辑状态相同时，输出为逻辑“0”；当两个输入信号逻辑状态相异时，输出为逻辑“1”。

异或门的逻辑符号如图 7.2.10(a)所示，表 7.2.6 是它的真值表，其逻辑表达式为

$$F=A\oplus B \tag{7.2.6}$$

上式中 $\oplus$ 为异或运算符。

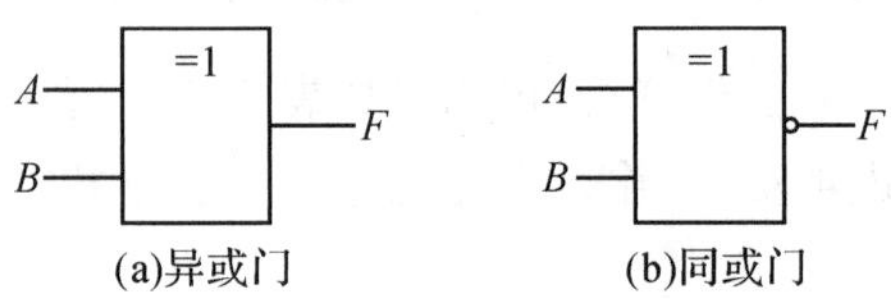

图 7.2.10　异或门同或门逻辑符号

如果在异或门的输出端再接一级非门，则构成同或门，同或门的输出状态与异或门刚好相反，其逻辑功能为：当两输入逻辑状态相同时，输出为“1”，当两输入逻辑状态不同时，输出为“0”。

表 7.2.6　异或门真值表

A	B	F
0	0	0
0	1	1
1	0	1
1	1	0

表 7.2.7　同或门真值表

A	B	F
0	0	1
0	1	0
1	0	0
1	1	1

同或门的逻辑符号如图 7.2.10(b)所示，表 7.2.7 是它的真值表，其逻辑表达式为

$$F=A\odot B \tag{7.2.7}$$

上式中，$\odot$ 为同或运算符。

由表 7.2.6 和 7.2.7 显而易见，异或和同或互为非。即

$$A\oplus B=A\odot B \tag{7.2.8}$$

2.8　与或非门

与或非门的逻辑符号如图 7.2.11(a)所示，它的逻辑功能相当于图 7.2.11(b)所示，逻辑表达式为

$$F=\overline{AB+CD} \tag{7.2.9}$$

与或非门的逻辑功能为：当 A，B 或 C，D 两组输入中任一组输入全为“1”时，输出为“0”，当 A，B 或 C，D 两组输入中均有“0”时，输出为“1”。

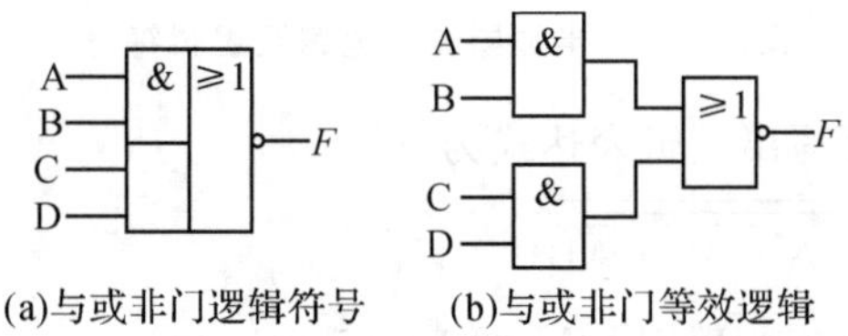

图 7.2.11　与或非门逻辑符号及等效逻辑图

前面介绍的基本门电路是由分立元件构成的，这种分立元件门电路目前已被集成门电路所取代，因为集成门电路具有体积小，功耗小和可靠性高等优点。集成逻辑门电路属于小规模集成电路。

集成门电路按所用半导体器件不同，可分为两大类：一类以三极管为基本器件，称为双极型集成电路；另一类以场效应管为基本器件，称为单极型集成电路。

双极型集成电路又分为晶体管逻辑门 TTL(Transistor-Transistor Logic)、高阈值逻辑门 HTL(High Threshold-Transistor Logic)、射极耦合逻辑门 ECL(Emitter-coupled Logic)和集成注入逻辑门 I^2L(Integrated Injection Logic)。

第 3 节　组合逻辑电路

前面我们学习了基本的门电路，本节我们来学习由基本的门电路组合而成的逻辑电路。从结构上来说，此类电路由门电路组成，不含存储电路的记忆元件，而且，此类电路任意时刻的输出状态仅取决于该时刻输入信号的状态，而与信号作用前电路的输出状态无关。

3.1　加法器电路

数字电路可实现算术运算和逻辑运算。在计算机等数字系统中，加减乘除等运算都是分解成加法运算进行的，加法是最基本的运算，因此加法器是最基本的运算单元。

(1)半加器

所谓半加器就是指两个一位二进制数相加时不考虑从相邻低位来的进位数，能够实现半加功能的电路即半加器。

例如，图 7.3.1(a)所示为由“与非”门组成的半加器的逻辑电路。所谓半加器，是指只求加数和被加数本身的和，而不考虑从低位送来的进位信号的加法器。半加器的逻辑符号如图 7.3.1(b)所示。

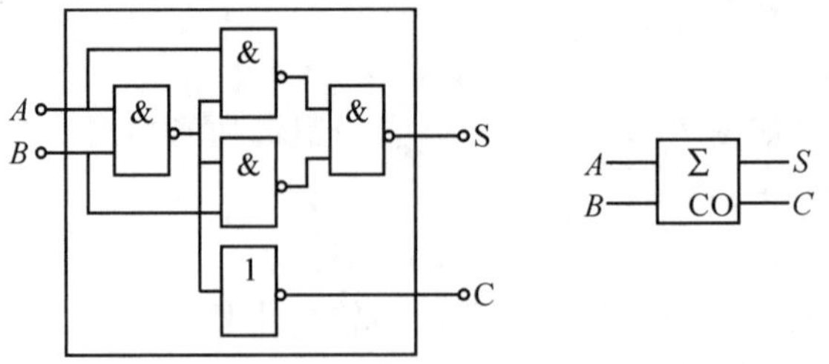

(a)半加器电路　　　(b)逻辑符号

图 7.3.1　半加器逻辑电路及逻辑符号

根据图中的逻辑电路可写出逻辑表达式为

$$
\begin{aligned}
S&=\overline{\overline{A\cdot\overline{AB}}\cdot\overline{B\cdot\overline{AB}}}\\
&=A\cdot\overline{AB}+B\cdot\overline{AB}=A\cdot(\overline{A}+\overline{B})+B\cdot(\overline{A}+\overline{B})\\
&=A\overline{B}+\overline{A}B\\
C&=AB
\end{aligned}
$$

由 S、C 的逻辑表达式可列出表 7.3.1 所示的逻辑状态表。从表可见，S 是两个一位二进制数 A 和 B 相加后的本位和数，C 为进位数。例如 A=1，B=1 时，1+1=10，即本位和数 S=0，进位数 C=1。因此，图 7.3.1(a)的半加器实现了 A 加 B 的算术运算。

表 7.3.1　半加器逻辑状态表

A	B	C	S
0	0	0	0
0	1	0	1
1	0	0	1
1	1	1	0

(2)全加器

在上例中已经介绍了半加器的电路、逻辑符号、逻辑表达式、逻辑状态表及其逻辑功能。在实际做二进制加法运算时，一般地说，两个加数都不会是一位，此时，仅利用半加器是不能解决问题的。

所谓全加，就是指两个同位的加数和来自低位的进位三者的相加运算。而实现全加运算的电路即全加器。若用 A_i 和 B_i 表示两个同位加数，C_{i-1} 表示由相邻低位来的进位数，S_i 和 C_i 分别表示运算后的本位和及进位数。按照加法的运算规则，可以列出全加器的逻辑状态表，如表 7.3.2 所示。

全加器可由两个半加器和一个"或"门组成，如图 7.3.2(a)所示。A_i 和 B_i 在第一个半加器中相加，得出的结果再和 C_{i-1} 在第二个半加器中相加，即得出全加和 S_i。两个半加器的进位数通过"或"门输出作为本位的进位数 C_i。全加器的逻辑符号如图 7.3.2(b)所示。

表 7.3.2　全加器逻辑状态表

A_i	B_i	C_{i-1}	C_i	S_i
0	0	0	0	0
0	0	1	0	1
0	1	0	0	1
0	1	1	1	0
1	0	0	0	1
1	0	1	1	0
1	1	0	1	0
1	1	1	1	1

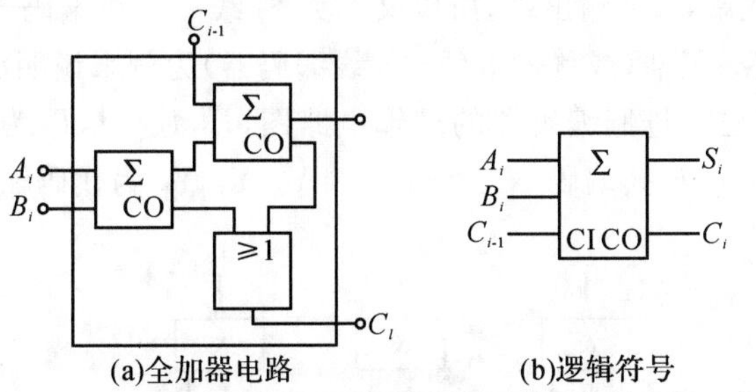

图 7.3.2　全加器电路及逻辑符号

多位 2 进制数相加可采用全加器级联的方法实现，即把低位的进位输出接到相邻高位的进位输入端。例如 2 个 4 位 2 进制数 A（$=A_3A_2A_1A_0$）和 B（$=B_3B_2B_1B_0$）相加的电路如图 7.3.3 所示。

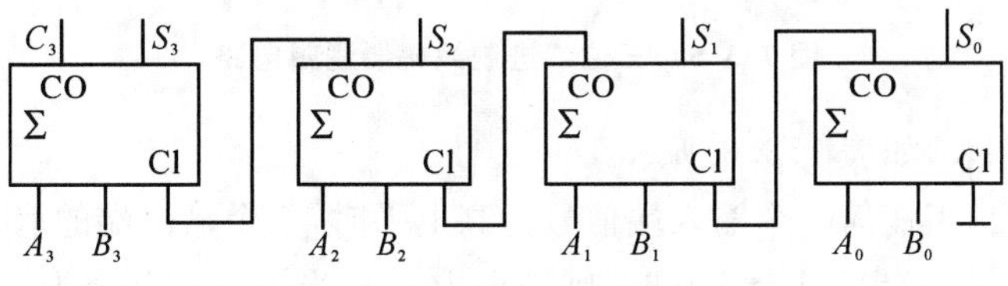

图 7.3.3　4 位串行进位加法器

由图 7.3.3 可见，高位相加的结果只有等低位进位产生之后才能稳定，因此这种结构的加法器称为串行进位加法器。它的缺点是运算速度慢，但其结构简单，在运算速度要求不高的场合仍得到应用，中规模集成加法器 7483 的内部结构就如图 7.3.4 所示。

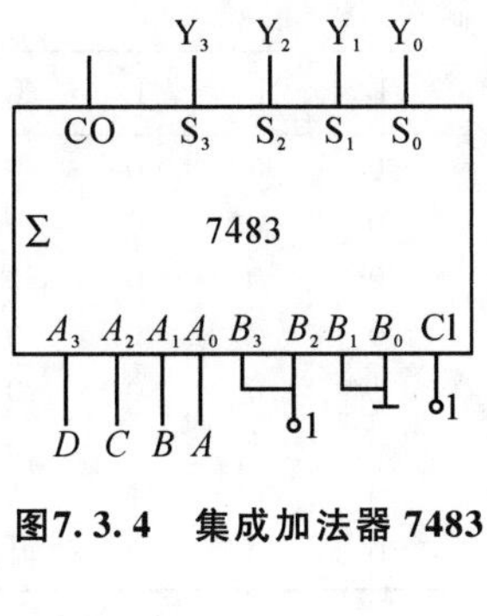

图7.3.4　集成加法器 7483

3.2 编码器

用数字或某种文字和符号来表示某一信息的过程称为编码。在数字电路中，编码是用二进制代码来表示某一信息（或信号）的过程。

能够实现编码功能的电路为编码器。按照输出代码种类的不同，可分为二进制编码器和二—十进制编码器等。

（1）二进制编码器

二进制编码器即将输入信号编成二进制代码的电路。由于 n 位二进制代码可以表示 2^n 个状态，所以能够将 2^n 个信号编成 n 位二进制代码。实现此功能的电路称为 n 位二进制编码器。而此电路将有 2^n 个输入端，n 个输出端，所以又称为 2^n 线—n 线编码器。

下面以三位二进制编码器（或称做 8 线—3 线编码器）为例来说明编码器的逻辑功能。

图 7.3.5 所示为三位二进制编码器的逻辑电路图，$I_0, I_1, \cdots, I_7$ 为八个输入信号，当某一输入信号为高电平时，电路对其编码。三个输出端 Y_2, Y_1, Y_0 为代码输出。

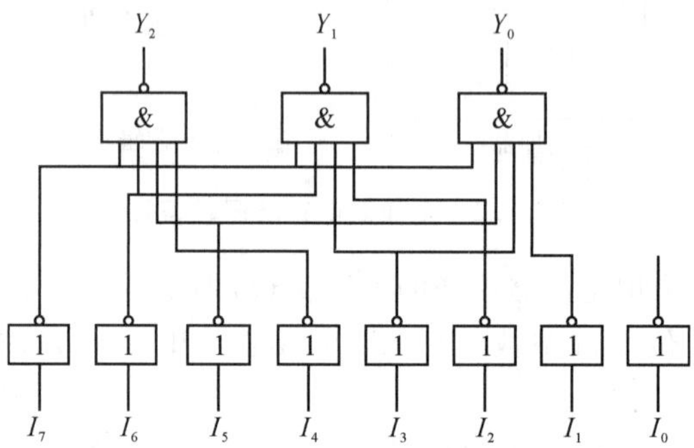

图 7.3.5 三位二进制编码器逻辑电路

电路的逻辑状态表，如表 7.3.3 所示。

从该表可以看出，当任何一个输入端信号为高电平时，三个输出端的取值组成对应的三位二进制代码。例如，当 $I_5=1$，其余为 0 时，则输出为 101；当 $I_7=1$，其余为 0 时，则输出为 111。即二进制代码 101、111 分别表示输入信号 I_5 和 I_7。所以，电路能对任一信号编码。具体的编码方案（即用三位二进制代码表示八个信号的方案）很多，习惯上采用表 7.3.3 所示的方案。

表 7.3.3 三位二进制编码器的真值表

输入								输出		
I_0	I_1	I_2	I_3	I_4	I_5	I_6	I_7	Y_2	Y_1	Y_0
1	0	0	0	0	0	0	0	0	0	0
0	1	0	0	0	0	0	0	0	0	1
0	0	1	0	0	0	0	0	0	1	0
0	0	0	1	0	0	0	0	0	1	1
0	0	0	0	1	0	0	0	1	0	0
0	0	0	0	0	1	0	0	1	0	1
0	0	0	0	0	0	1	0	1	1	0
0	0	0	0	0	0	0	1	1	1	1

注意，此电路要求任何时刻只允许一个输入端有信号（为高电平），其余输入端无信号（为

低电平)。否则,电路不能正常工作,输出编码将发生错误。

(2)二—十进制编码器

我们知道四位二进制代码共有16个状态,用其中任何10种状态组成一组代码来表示十进制的十个数码0、1、2、3、4、5、6、7、8、9,我们将这二进制代码称为二—十进制代码,简称BCD码。BCD代码的种类很多,最常用的是8421BCD码,就是在四位二进制代码的16种状态中取出前面10种状态,表示0～9十个数码。

所谓二—十进制编码器,就是将十个输入信号 $I_0 \sim I_9$ 编成对应的BCD代码的电路。下面就以8421BCD编码器为例来说明二—十进制编码器的逻辑功能。

图7.3.6所示为8421BCD编码器的逻辑图。$I_0 \sim I_9$ 为编码输入端,Y_3、Y_2、Y_1、Y_0 为代码输出端。

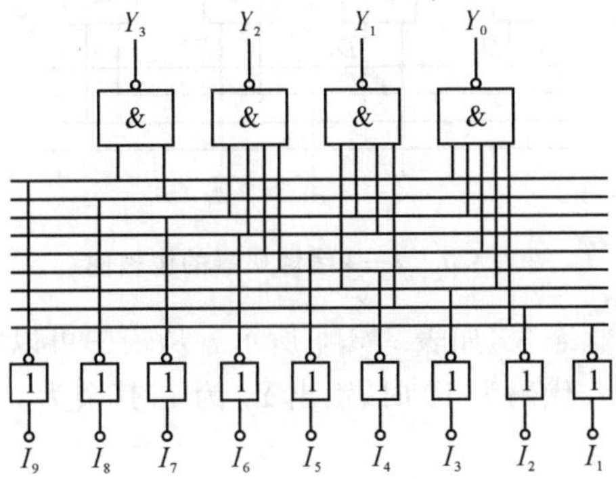

图7.3.6　8421BCD编码器电路图

表7.3.4　8421BCD编码器逻辑真值表

输入	输出			
十进制数	Y_3	Y_2	Y_1	Y_0
0(I_0)	0	0	0	0
1(I_1)	0	0	0	1
2(I_2)	0	0	1	0
3(I_3)	0	0	1	1
4(I_4)	0	1	0	0
5(I_5)	0	1	0	1
6(I_6)	0	1	1	0
7(I_7)	0	1	1	1
8(I_8)	1	0	0	0
9(I_9)	1	0	0	1

根据上面的逻辑图可以列出该编码器的逻辑状态表,如表7.3.4所示。

从表中可以看出,当 $I_0=1$,其余为0时,则输出为0000;当 $I_1=1$,其余为0时,输出为0001;…当 $I_9=9$,其余为0时,输出1001。即用8421BCD代码0000、0001、…、1001分别表示输入信号 I_0、I_1、…、I_9。

3.3　译码器和数字显示器

译码是编码的逆过程,它是将二进制代码所表示的信息翻译出来,给出对应的输出信号的过程。实现译码功能的逻辑电路称为译码器。按照输入代码类型,可分为二进制译码器、二—

十进制译码器、显示译码器等。

(1)二进制译码器

将二进制代码译成相应的输出信号的电路叫二进制译码器。为了保证输入代码和译码输出端的对应关系,若输入是 n 位二进制代码,它代表 2^n 个不同的信息,译码器必然有 2^n 根输出线。我们可以称之为 n 位二进制译码器,也可称为 n 线 —2^n 线译码器。

下面以二位二进制译码器(或称 2—4 线译码器)为例来说明二进制译码器的逻辑功能。

图 7.3.7 所示为 2—4 线译码器的逻辑图。A_1、A_0 为二进制代码输入端,Y_0、Y_1、Y_2、Y_3 为译码输出端。

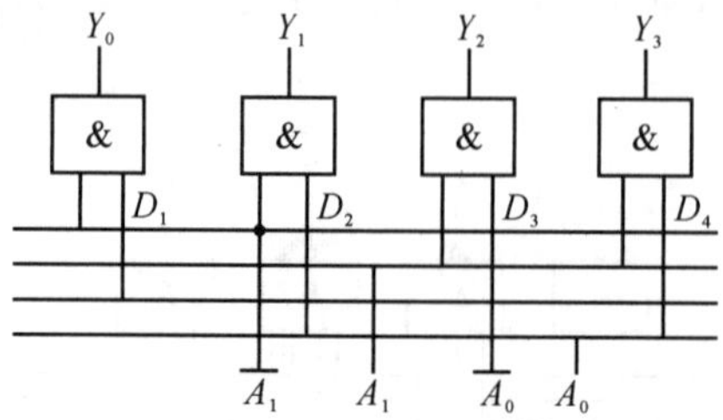

图 7.3.7 2—4 线译码器的逻辑图

由逻辑图可以列出逻辑状态表,如表 7.3.5 所示。从表中可以看出,当输入代码为 00 时,输出 Y_0 为 1,其余为 0;当输入代码为 10 时,输出 Y_2 为 1,其余为 0。这样,就实现了将输入二进制代码译成相应的输出信号。

表 7.3.5 2—4 线译码器逻辑真值表

输入		输出			
A_1	A_0	Y_0	Y_1	Y_2	Y_3
0	0	1	0	0	0
0	1	0	1	0	0
1	0	0	0	1	0
1	1	0	0	0	1

(2)二—十进制译码器

将 BCD 代码翻译成十个对应的输出信号的电路称为二—十进制译码器。电路有四个输入端,十个输出端,所以此译码器又称为 4—10 线译码器。它的典型电路如图 7.3.8 所示。

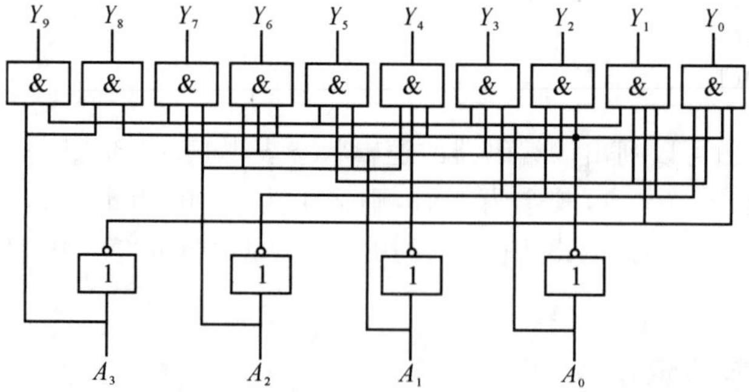

图 7.3.8 4—10 线译码器逻辑图

由逻辑图不难写出译码器输出的逻辑状态表，如表 7.3.6 所示。

表 7.3.6　4—10 线译码器逻辑真值表

输入				输出									
A_3	A_2	A_1	A_0	Y_0	Y_1	Y_2	Y_3	Y_4	Y_5	Y_6	Y_7	Y_8	Y_9
0	0	0	0	1	0	0	0	0	0	0	0	0	0
0	0	0	1	0	1	0	0	0	0	0	0	0	0
0	0	1	0	0	0	1	0	0	0	0	0	0	0
0	0	1	1	0	0	0	1	0	0	0	0	0	0
0	1	0	0	0	0	0	0	1	0	0	0	0	0
0	1	0	1	0	0	0	0	0	1	0	0	0	0
0	1	1	0	0	0	0	0	0	0	1	0	0	0
0	1	1	1	0	0	0	0	0	0	0	1	0	0
1	0	0	0	0	0	0	0	0	0	0	0	1	0
1	0	0	1	0	0	0	0	0	0	0	0	0	1

从表中可以看出，当输入 BCD 代码为 0000 时，输出 Y_0 为 1，其余为 0；当输入 BCD 代码为 0110 时，输出 Y_6 为 1，其余为 0。即将 8421BCD 代码译成了相应的输出信号。

(3)显示译码器

在数字系统中，常常需要将测量结果、运算结果等用十进制数显示出来。显示译码器可满足这样的要求。显示译码器是将二进制代码（BCD 代码或其他代码）翻译成显示器件所需的相应信号，驱动数码管显示出十进制数字或其他符号。在此介绍最常用的 BCD 七段字形译码器。

①七段字形数码显示器

七段字形数码显示器又称七段数码管。它是由分布在同一平面上七个发光段的不同组合而显示不同数码的。根据其所用发光材料的不同，可分为荧光数码管、液晶显示器、半导体数码管等。在此主要介绍半导体数码管。

半导体数码管（或称 LED 数码管）是由七个条状发光二极管排列而成，其结构如图 7.3.9 所示，选择不同的字段发光，可显示出不同的字形。比如，当七段全亮时，显示出数字 8；当 b、c 段亮时，显示出数字 1。

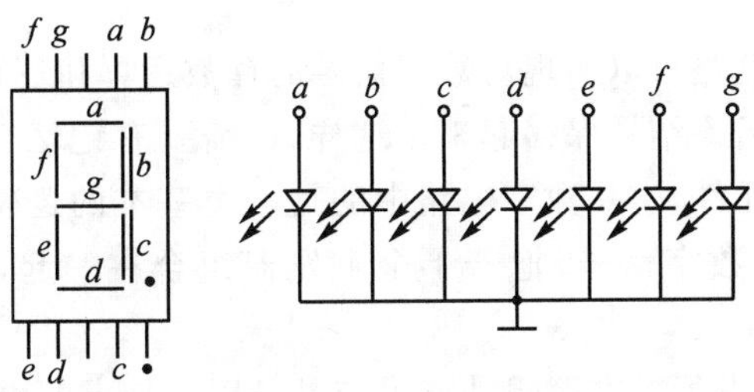

图 7.3.9　七段 LED 数码显示管原理图

②七段字形译码器

七段字形显示译码器的功能是将 8421BCD 代码译成对应于数码管的七个字段信号，以驱动数码管显示相应的十进制数码。

不难列出七段字型译码器的逻辑状态表，如下表 7.3.7 所示：

表 7.3.7　七段 LED 译码器的逻辑状态表

输入				输出							显示数码
D	C	B	A	a	b	c	d	e	f	g	
0	0	0	0	1	1	1	1	1	1	0	0
0	0	0	1	0	1	1	0	0	0	0	1
0	0	1	0	1	1	0	1	1	0	1	2
0	0	1	1	1	1	1	1	0	0	1	3
0	1	0	0	0	1	1	0	0	1	1	4
0	1	0	1	1	0	1	1	0	1	1	5
0	1	1	0	1	0	1	1	1	1	1	6
0	1	1	1	1	1	1	0	0	0	1	7
1	0	0	0	1	1	1	1	1	1	0	8
1	0	0	1	1	1	1	1	0	1	1	9

实现上面逻辑功能的电路较多，T337 便是一种可以七段译码显示器的译码器集成电路，如图 7.3.10 所示：

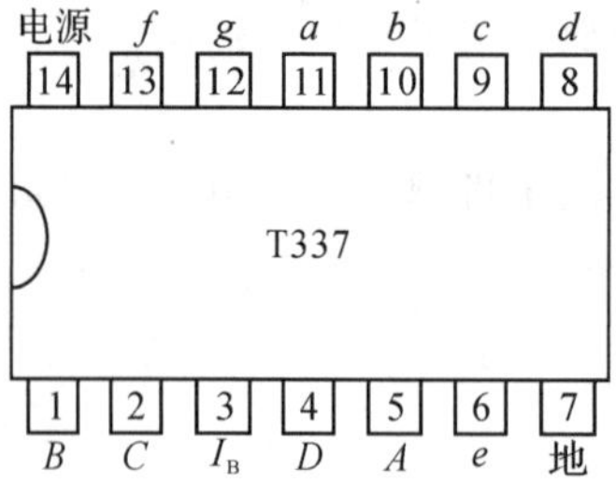

图 7.3.10　七段译码器 T337 外形图

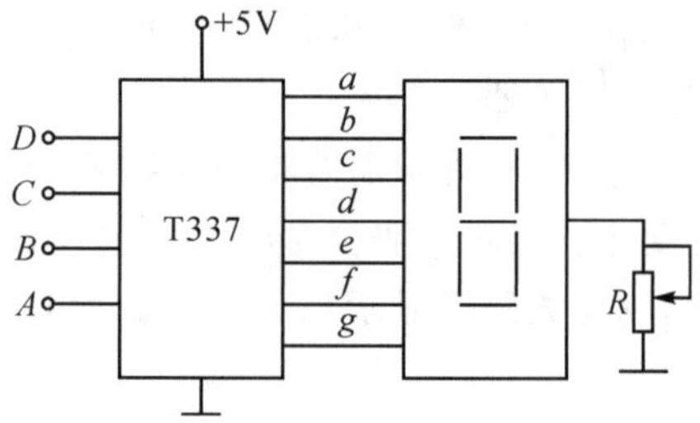

图 7.3.11　七段译码器 T337 和半导体数码管的连接图

图 7.3.11 是七段译码器 T337 和半导体数码管的联接示意图。

第 4 节　触发器

前面介绍的组合逻辑电路可以实现对数字信号的算数运算和逻辑运算，而在实际应用中，还常常需要把这些信号和运算结果保存起来。这样，就需要有记忆功能的数字电路。触发器就是一种具有记忆功能的元件，它是数字电路中的另一类基本的逻辑单元电路。一个触发器可以存储记忆 1 位二进制数字信号，把若干个触发器组合在一起，便可以寄存多位二进制信号。

为了实现记忆功能，触发器是在逻辑功能上应具备以下特点的电路：

(1)触发器应具备两种不同的稳定状态，用来表示“1”和“0”这两种信号。

(2)触发器的两种稳定状态能够根据不同的输入信号相互转换。即由 1 变为 0，或由 0 变为 1。

(3)在输入信号消失后，能够将最近的状态保留下来。

能够实现上述逻辑功能的触发器种类很多。首先，根据电路结构形式的不同，可以将触发器分为基本 RS 触发器、同步触发器、主从触发器、边沿触发器等。不同电路结构的触发器具有不同的动作特点，掌握这些动作特点，对于正确使用这些触发器是十分重要的。其次，根据触发器逻辑功能的不同，可以将触发器分为 RS 触发器、JK 触发器、D 触发器、T 触发器等。掌握这些触发器的逻辑功能，对于正确使用这些触发器同样是十分重要的。

4.1　基本 RS 触发器

基本 RS 触发器是电路结构最简单的一种触发器。它可由两个“与非”门 D_1 和 D_2 交叉联接而成，如图 7.4.1 所示。

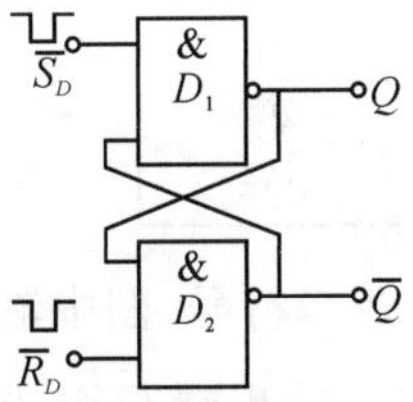

图 7.4.1　基本 RS 触发器

触发器有两个互补输出端，通常把 Q 的状态规定为触发器的状态。当 $Q=1$、$\overline{Q}=0$ 时，称触发器处于“1”态；当 $Q=0$、$\overline{Q}=1$ 时，称触发器处于“0”态。另外，规定触发器接收信号前的状态为触发器的初态（或称原态），用 Q^n 表示；触发器接收信号以后的状态为触发器的次态（或称新态），用 Q^{n+1} 表示。

下面分析基本 RS 触发器的工作原理。

（1）$\overline{R}_D=\overline{S}_D=1$，当触发器原来的状态为“0”时，即 $Q^n=0$，此时，D_1 输入端为全“1”，则其输出端 Q 仍为“0”；D_2 门输入端有一个为“0”，则其输出端 $\overline{Q}=1$ 仍为“1”。

若触发器原来的状态为“1”，即 $Q^n=1$，这时，D_1 门的输入端有一个为“0”，则其输出端 $\overline{Q}$ 仍为“1”；D_2 门的输入端全为“1”，则其输出端 $\overline{Q}$ 仍为“0”。

所以，无论触发器原来处于何种状态，当输入端 $\overline{R}_D=\overline{S}_D=1$ 时，触发器保持输入信号作用前的状态不变，即 $Q^n=Q^{n+1}$。

（2）$\overline{S}_D=1$，$\overline{R}_D=0$，当 $Q^n=0$（$\overline{Q}=1$）时，D_1 门输入端全为“1”，则其输出端 Q 为“0”；D_2 门的输入端全为“0”，则其输出端 $\overline{Q}$ 为“1”。

当 $Q^n=1$，$\overline{Q}=0$ 时，开始，由于 D_1 门输入端有一个“0”，其输出端 Q 为“1”但 D_2 门输入端也有一个“0”，则其输出端 $\overline{Q}$ 经过一个门的传输延迟时间后由“0”翻转为“1”；与此同时，D_1 门的输入端变为全“1”，再经过一个门的传输延迟时间 D_1 门的输出端 Q 由“1”翻转为“0”。

所以，无论触发器原来处于何种状态，当输入端 $\overline{S}_D=1$，$\overline{R}_D=0$ 时，触发器置“0”，即 $Q^{n+1}=0$。将输入端 $\overline{R}_D$ 称为置“0”端或复位端。

假如撤除输入的置“0”信号，即使 $\overline{R}_D$ 由“0”变为“1”（$\overline{S}_D$ 保持“1”不变），这样，$\overline{S}_D=\overline{R}_D=1$，根据上面的分析结果可知，触发器将保持原状态不变，可见触发器具有记忆功能。

（3）$\overline{S}_D=0$，$\overline{R}_D=1$，根据电路的对称性，可以推出：无论触发器原来处于何种状态，当输入端 $\overline{S}_D=0$，$\overline{R}_D=1$ 时，触发器置“1”，即 $Q^{n+1}=1$。将输入端 $\overline{S}_D$ 称为置“1”端或置位端。

（4）$\overline{S}_D=\overline{R}_D=0$ 时，无论触发器原来的状态是“0”还是“1”，D_1、D_2 门的输入端都有“0”，则它们的输出端都为“1”。这就达不到 Q 与 $\overline{Q}$ 的状态应该相反的要求，另外，当 $\overline{S}_D$、$\overline{R}_D$ 同时由

“0”跳变为“1”时，触发器将由各种偶然因素决定其最终输出状态，其输出状态不定。因此，这种情况在使用中应禁止出现。

通过以上分析可知，基本 RS 触发器具有保持、置“0”和置“1”功能。可以列出其逻辑状态表，如表 7.4.1 所示。

表 7.4.1　RS 触发器逻辑状态表

$\overline{R}_D$	$\overline{S}_D$	Q^{n+1}
1	0	1
0	1	0
1	1	Q^n
0	0	不定

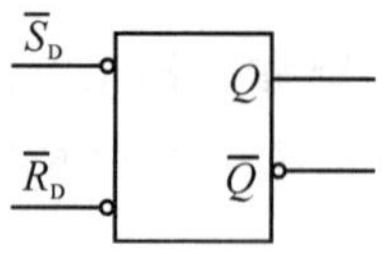

图 7.4.2　基本 RS 触发器逻辑符号

图 7.4.2 所示为基本 RS 触发器的逻辑符号，图中输入端 $\overline{S}_D$、$\overline{R}_D$引线上靠近方框处的小圆圈表示该触发器是用低电平来触发的。输出端 $\overline{Q}$ 引线上靠近方框处的小圆圈，表示 $\overline{Q}$ 的状态和 Q 相反。

4.2　同步 RS 触发器

上面介绍的基本 RS 触发器当输入端的信号发生变化时，输出随之变化，无法在时间上加以控制。而在实际的数字电路中，往往含有许多个触发器，为了保证数字电路的协调工作，常常要求某些触发器在同一时刻动作。为此，必须引入同步信号，使这些触发器只有在同步信号到达时才按输入信号改变状态。通常将这个同步信号叫做时钟脉冲信号，或简称为时钟信号、时钟，用 CP 表示。

同步 RS 触发器是在基本 RS 触发器的基础上增设了两个控制门 D_3、D_4 而构成的。其电路如图 7.4.3 所示。

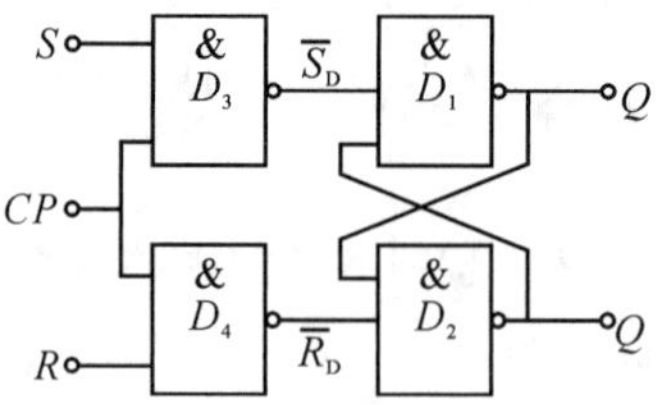

图 7.4.3　同步 RS 触发器

其中，R、S 是信号输入端，Q、$\overline{Q}$ 是输出端，CP 为时钟脉冲信号输入端。

以下分析同步 RS 触发器的工作原理。

（1）当 $CP=0$ 时，两控制门都关闭，无论输入信号为何种状态，$\overline{S}_D=\overline{R}_D=1$，由 D_1、D_2 组成的基本 RS 触发器保持原状态不变。

（2）当 $CP=1$ 时，两控制门打开，此时，$\overline{S}_D=\overline{S}$，$\overline{R}_D=\overline{R}$，根据基本 RS 触发器的工作原理可知：若 S=R=0（$\overline{S}_D=\overline{R}_D=1$），触发器保持原来的状态不变，即 $Q^n=Q^{n+1}$；若 S=0，R=1（$\overline{S}_D=1$，$\overline{R}_D=0$），触发器置“0”，即 $Q^{n+1}=0$；若 S=1，R=0（$\overline{S}_D=0$，$\overline{R}_D=1$），触发器置“1”，即 $Q^{n+1}=1$；若 S=R=1（$\overline{S}_D=0$，$\overline{R}_D=0$），触发器的两个输出端全为“1”，这就违背了 Q 和 $\overline{Q}$ 应该相反的逻辑要求，而且当 S、R 同时由“1”变为“0”时，输出状态不定，这种不正常情况应该避免出现。

根据上述分析，可以列出同步 RS 触发器的逻辑状态表，如表 7.4.2 所示。

从表中可以看出，其逻辑功能与基本 RS 触发器是相同的。通过上述的分析，也可以得到同步 RS 触发器的动作特点，即在 CP=1 的全部作用时间里，S 和 R 状态的改变都将直接引起输出端状态的变化。

表 7.4.2　同步 RS 触发器的逻辑状态表

S	R	Q^{n+1}
0	0	Q^n
0	1	0
1	0	1
1	1	不定

如果触发器开始时处于“0”态，并在其输入端 S、R 加入图 7.4.4 所示的波形，便可根据同步 RS 触发器的逻辑功能和动作特点画出触发器输出端 Q 的波形，如图 7.4.4 所示。

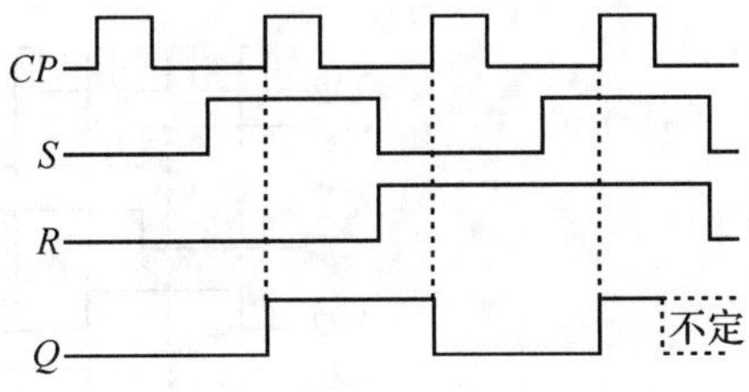

图 7.4.4　同步 RS 触发器工作波形图

4.3　JK 触发器

同步 RS 触发器解决了数字系统的同步控制问题，但是，它的输入信号有约束，不允许 S=R=1。JK 触发器便可解决这个问题，它对输入信号没有约束。JK 触发器可以用不同的电路结构来实现，如同步 JK 触发器、主从 JK 触发器、边沿 JK 触发器。

在同步 RS 触发器电路的基础上，由其输出端 Q 和 $\overline{Q}$ 分别引一根反馈线到 D_4 门和 D_3 门的输入端，如图 7.4.5 所示。为了区别于同步 RS 触发器，将其输入端的名称由 R、S 改为 J、K，这便是同步 JK 触发器的逻辑电路。

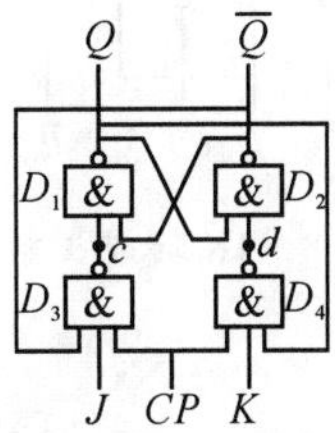

图 7.4.5　同步 JK 触发器

通过分析同步 JK 触发器的工作过程，可以列出 JK 触发器的逻辑状态表，如表 7.4.3 所示。从表中看出，JK 触发器具有四种逻辑功能，即保持、置“0”、置“1”和翻转。

同步 JK 触发器的动作特点与同步 RS 触发器相同。

表 7.4.3 JK 触发器逻辑状态表

J	K	Q^{n+1}
0	0	Q^n
0	1	0
1	0	0
1	1	$\overline{Q^n}$

JK 触发器的逻辑功能与同步 JK 触发器相同。在保证输入信号在 $CP=1$ 的全部时间里始终保持不变时,JK 触发器有在 CP 从“1”下跳为“0”时翻转的特点,也就是具有在时钟后沿触发的特点。

JK 触发器的逻辑符号如图 7.4.6 所示。如果已知触发器输入端 J、K、CP 的波形,设触发器初始状态为 0,便可根据 JK 触发器的逻辑功能和动作特点画出触发器输出端波形,如图 7.4.7 所示。

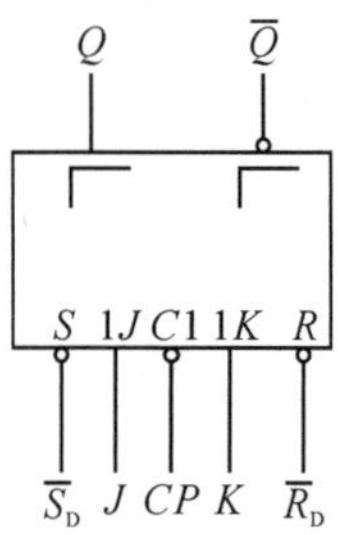

图 7.4.6 JK 触发器的逻辑符号

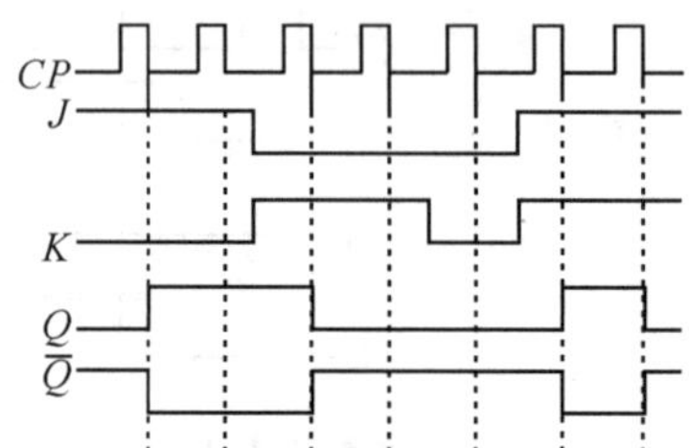

图 7.4.7 JK 触发器的波形图

JK 触发器使用时如果把 J、K 端相联,就转换成 T 触发器(图 7.4.8 所示),当 T=0,即 J=K=0时,时钟脉冲作用后触发器的状态不变。当 T=1,即 J=K=1 时,时钟脉冲作用后触发器就翻转一次。T 触发器广泛应用于计数电路中。

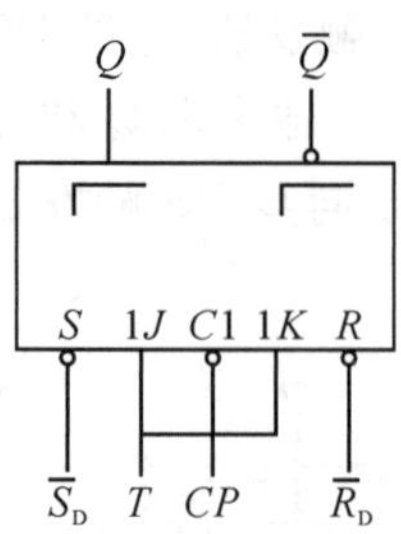

图 7.4.8 JK 转成 T 触发器

4.4 D 触发器

如果把图 7.4.3 同步 RS 触发器的 R 端和“与非”门 D3 的输出端相联接,并把 S 端的名称改为 D,如图 7.4.9 所示,则成为同步 D 触发器。D 触发器可以用不同的电路结构来实现,如同步 D 触发器、边沿 D 触发器等。

当时钟脉冲未出现时,即 CP=0 时,D_3、D_4 门关闭,$c=d=1$,触发器状态不变。

当时钟脉冲出现时,即 CP=1 时,D_3、D_4 门打开,若 D=0,则 $c=1$,$d=0$,触发器置“0”;若 D=1,则 $c=0$,$d=1$,触发器置“1”。也就是说,当时钟出现后,触发器的输出状态和输入端 D

的状态相同，因此 $Q^{n+1}=D$。D 触发器的逻辑状态表如表 7.4.4 所示。

表 7.4.4　D 触发器状态表

D	Q^{n+1}
0	0
1	1

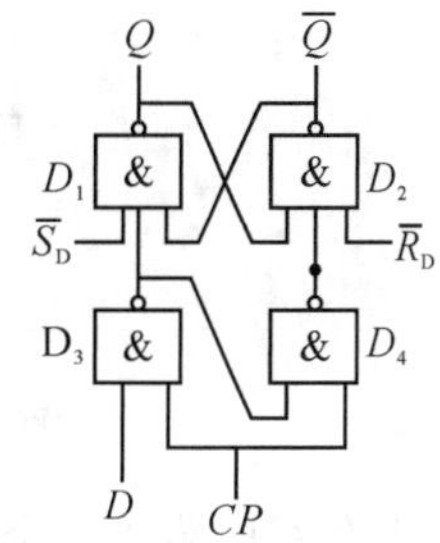

图 7.4.9　同步 D 触发器

根据同步型触发器的动作特点，同步 D 触发器在时钟脉冲高电平期间，D 端的数据均可送至输出端，故称电平触发。当 CP 端变为低电平后，输入的信息就保留在触发器中。或者说数据存入后可被 CP 端的低电平所封锁，把数据锁存在触发器中。故通常把这种时钟控制电平触发的 D 触发器称为 D 锁存器，它适合做二进制信息的暂存。

触发器的种类很多，还有 T 触发器等，他们都是由 JK 触发器或 D 触发器构成的，在此就不一一介绍了，如果感兴趣可以查阅相关书籍。

第 5 节　时序逻辑电路

组合逻辑电路和时序逻辑电路是数字电路的两大类。门电路是组合逻辑电路的基本单元，触发器是时序逻辑电路的基本单元。前面已经介绍了组合逻辑电路，本节将介绍时序逻辑电路。

时序逻辑电路逻辑功能的特点是：任意时刻的输出不仅取决于该时刻输入状态，而且还和电路原来的状态有关。为实现时序逻辑电路的逻辑功能，电路必须包含存储电路（或称记忆电路）。而且存储电路的输出还必须反馈到输入端，与输入变量一起决定电路的输出状态。这就是时序逻辑电路在电路结构上的特点。存储电路通常由触发器组成。

时序逻辑电路应用十分广泛，电路形式也是多种多样的。常见的时序逻辑电路有寄存器、计数器、顺序脉冲发生器等。以下介绍前两种电路。

5.1　寄存器

寄存器是数字系统中常用的逻辑部件，它是用来暂时存放参与运算的数据和运算结果的。一个触发器只能寄存一位二进制数，要存多位数时，就得用多个触发器。常用的有四位、八位、十六位等寄存器。寄存器常分为数码寄存器和移位寄存器两种。前者具有接收、存放、传送数码的功能；后者除了具有上述的功能以外，还具有移位功能。

(1)数码寄存器

数码寄存器只有寄存数码和清除原有数码的功能。它可以用触发器方便地构成，需要存放的二进制数码的位数和触发器的个数相等。图 7.5.1(a)所示为四位数码寄存器 T4175 和 T1175 的逻辑电路图，图 7.5.1(b)所示为其外引线排列图。它是由四个 D 触发器（上升沿触发）组成的四位数码寄存器，四位二进制数码的每一位分别输入至四个触发器的 D 端，四个触发器的时钟信号输入端 CP 联接在一起，四个触发器的直接置“O”端 RD 接在一起（图中未画出）。

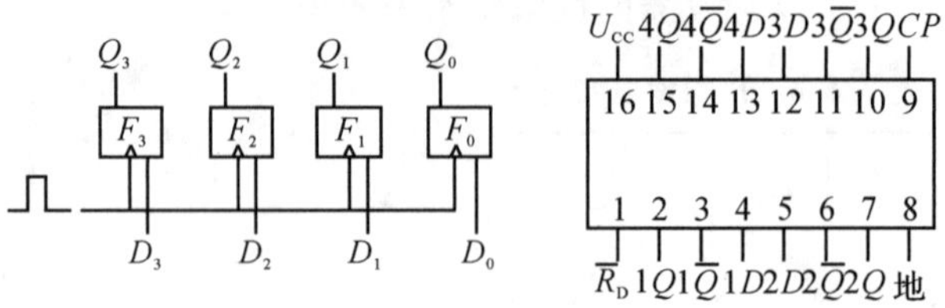

(a)电路　　(b)外引线排列图

图 7.5.1　四位数码寄存器 T4175 逻辑电路及外引线排列图

当在 CP 端加一个正脉冲后，$Q_3Q_2Q_1Q_0 = D_3D_2D_1D_0$，四位二进制数码存入四个触发器中。当外部电路需要这组数码时，可以从四个触发器的输出端读取。另外，由于四位数码从各对应输入端同时输入到寄存器中，故称这种输入方式为并行输入方式。

而在输出端，被取出的数码各位在对应于各位的输出端上同时出现，称这种输出方式为并行输出方式。

当需要寄存的数据位数多于四位时，可以选用位数更多的寄存器，也可以取多片 T1175，通过适当联接来实现。

(2)移位寄存器

移位寄存器可存放数码并进行移位。移位是指在移位脉冲的作用下，寄存器中的数码向右或向左移位。移位寄存器分为单向移位(右移或左移)寄存器、双向移位寄存器，后者设有移位方向控制端，由它来控制是向右移还是向左移。在此仅以单向移位寄存器为例说明移位寄存器的工作过程及功能。

移位寄存器的输入方式有串行输入和并行输入两种。串行输入方式是指数码从右移寄存器的最左端(或左移寄存器的最右端)输入，每施加一个移位脉冲，输入数码移入一位，同时已移入寄存器的数码向右(或向左)移动一位，这样要将 n 位二进制数码存入 n 位寄存器，就需要 n 个移位脉冲；并行输入方式在数码寄存器中已经提到，它是在一个移位脉冲作用下将 n 位二进制数码同时输入寄存器。显然，它的工作速度要比前者快得多。移位寄存器的输出方式有串行输出和并行输出两种。串行输出是在右移寄存器最右端的一个触发器(对左移寄存器则为最左端的一个触发器)设置对外输出端，在移位脉冲作用下，数码一个一个依次输出；并行输出方式在数码寄存器中也提到过，各个触发器均设置对外输出端，n 位二进制数码同时输出。因此，移位寄存器将有四种输入输出方式，即串入-串出、串入-并出、并入-串出和并入-并出。

集成移位寄存器产品较多，图 7.5.2 所示为 CMOS 双四位移位寄存器 CC4015 的逻辑图(CC4015 中含有两个完全相同的移位寄存器，这里只画出其中的一个)。

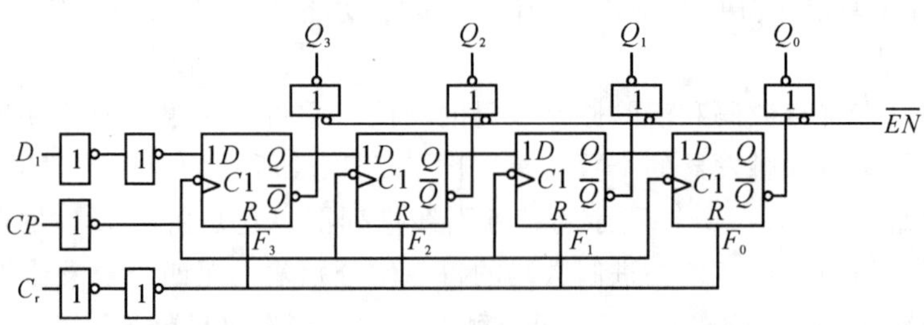

图 7.5.2　CC4015 四位移位寄存器的逻辑图

CP 为时钟脉冲(即移位脉冲)输入端,D_1 是串行数据输入端,Cr 是清零端,$\overline{EN}$ 是输出选通端。每个 D 触发器都有输出端引出,则可由四个输出端实现并行输出。也可由 Q_0 实现串行输出。

首先,在 Cr 端加一个正脉冲,使移位寄存器清零。设有一组串行数据 1011 按移位脉冲的工作节拍从高位到低位依此送到 D_1 端,开始 $D_1=1$,第一个移位脉冲的后沿来到时使触发器 F3 置“1”,即 $Q_3=1$,其他触发器仍保持“0”态。接着 $D_1=0$,第二个移位脉冲的后沿来到时使触发器 F_3 置“0”、F_2 置“1”,即 $Q_3=0$,$Q_2=1$,Q_1 和 Q_0 仍为“0”。以后的过程如表 7.5.1 所示,移位一次,存入一个新的数码,直到第四个脉冲的后沿来到时,存数结束。这时,若在输出选通端 $\overline{EN}$ 加一负脉冲,可以从四个触发器的输出端得到并行数码输出。而且,再经过四个移位脉冲,则所存的“1011”将逐位从 Q_0 串行输出。

表 7.5.1　移位寄存器的状态表

移位脉冲数	寄存器中的数码				移位过程
	Q_3	Q_2	Q_1	Q_0	
0	0	0	0	0	清　零
1	1	0	0	0	右移一位
2	0	1	0	0	右移二位
3	1	0	1	0	右移三位
4	1	1	0	1	右移四位

移位寄存器的应用很广,除了能够寄存数据、左移或右移(相当于将数字乘 2 或除 2)以外,还可以用于数据的串行—并行转换。

5.2　计数器

计数器是一种累计脉冲数目的逻辑部件,它是应用最广的一种典型时序电路。

计数器电路的种类很多,如果按计数过程中计数器中数字的增减来分,可以分成加法计数器、减法计数器和可逆计数器。随着计数脉冲的不断输入作递增计数的叫加法计数器,作递减计数的叫减法计数器,既能作递增计数又能作递减计数的叫可逆计数器。在此仅介绍加法计数器。

若根据计数器中各个触发器翻转的先后次序来分,可以分成同步计数器和异步计数器两种。在同步计数器中,计数脉冲(时钟脉冲)输入时触发器的翻转是同时发生的,而在异步计数器中,计数脉冲(时钟脉冲)输入时触发器则不是同时翻转的。

如果按计数器中数字的编码方式来分,又可以把计数器分为二进制计数器、二—十进制计数器、循环码计数器等。

(1)二进制加法计数器

二进制只有 0 和 1 两个数码,而触发器有“0”和“1”两个状态,所以一个触发器可以表示一位二进制数。用 n 个触发器就可以表示 n 位二进制数。这样,根据二进制加法的运算规则,可方便地构成计数电路。

所谓二进制加法,就是“逢二进一”,即 $0+1=1$,$1+1=10$。也就是每当本位是 1,再加 1 时,本位便变为 0,而向高位进位,使高位加 1。表 7.5.2 列出了四位二进制的加法计数规律,也就是四位二进制加法计数器的逻辑状态表。用四个触发器的输出 Q_0、Q_1、Q_2、Q_3 分别表示四位二进制数的每一位,通过一定的相互联接,便可实现表中的功能。

采用触发器的种类不同，设计方案不同，可得出不同的逻辑电路。下面介绍两种二进制加法计数器。

表 7.5.2　二进制加法计数器的状态表

计数脉冲数	二进制数				十进制数
	Q_3	Q_2	Q_1	Q_0	
0	0	0	0	0	0
1	0	0	0	1	1
2	0	0	1	0	2
3	0	0	1	1	3
4	0	1	0	0	4
5	0	1	0	1	5
6	0	1	1	0	6
7	0	1	1	1	7
8	1	0	0	0	8
9	1	0	0	1	9
10	1	0	1	0	10
11	1	0	1	1	11
12	1	1	0	0	12
13	1	1	0	1	13
14	1	1	1	0	14
15	1	1	1	1	15
16	0	0	0	0	0

①异步二进制加法计数器

根据二进制加法运算的规则，任何一位如果已经是 1，那么再加 1 时应变为 0，同时向相邻的高位发出进位信号，使高位的状态翻转。因此，可以取低位触发器从 1 变为 0 时输出端的电位跳变作为给相邻高位触发器的进位信号。例如，若要组成四位异步二进制加法计数器，可用四个下降沿触发的 JK 触发器，将每个触发器的 J、K 端都接高电平“1”，使它们具有计数(翻转)功能，低位触发器的输出(进位输出)脉冲接到相邻高位触发器的时钟脉冲输入端，如图 7.5.3 所示。

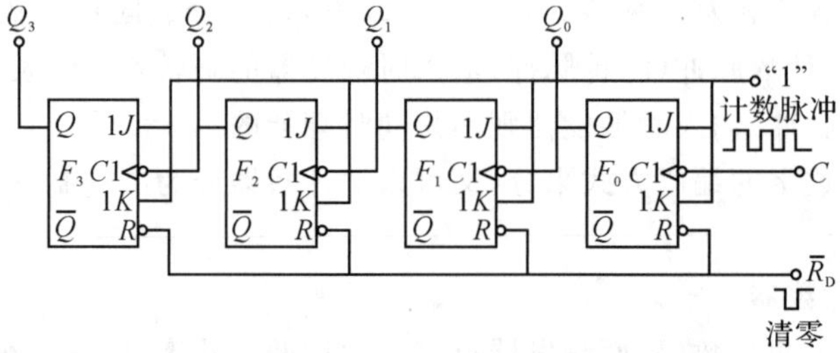

图 7.5.3　由 JK 触发器组成的四位异步二进制加法计数器

其工作过程如下：

首先，在 $\overline{R}_D$ 加一负脉冲，计数器清零，待 $\overline{R}_D$ 恢复为高电平时，开始计数。当第一个计数脉冲的下降沿到来时，Q_0 由“0”变为“1”，其他触发器的输出保持原来的状态，此时 $Q_3Q_2Q_1Q_0$ 由 0000 变为 0001，表示已累计了 1 个脉冲；当第二个计数脉冲的下降沿到来时，Q_0 由“1”变为“0”，Q_1 由“0”变为“1”，其他触发器的输出保持原来的状态，此时 $Q_3Q_2Q_1Q_0$ 由 0001 变为

0010，表示已累计 2 个脉冲；如此继续下去，当第十五个计数脉冲的下降沿到来时，$Q_3Q_2Q_1Q_0$ 变为 1111，表示已累计 15 个脉冲；第十五个计数脉冲的下降沿到来后，$Q_3Q_2Q_1Q_0$ 变为 0000。

图 7.5.4 所示为它的工作波形图。从波形图可以看出，Q_0 波形的周期比计数脉冲的周期大一倍，Q_1 波形的周期比 Q_0 的周期大一倍，即每经过一级触发器，脉冲波形的周期就增加一倍，也就是频率降低一半。因此，二进制计数器具有二分频作用。

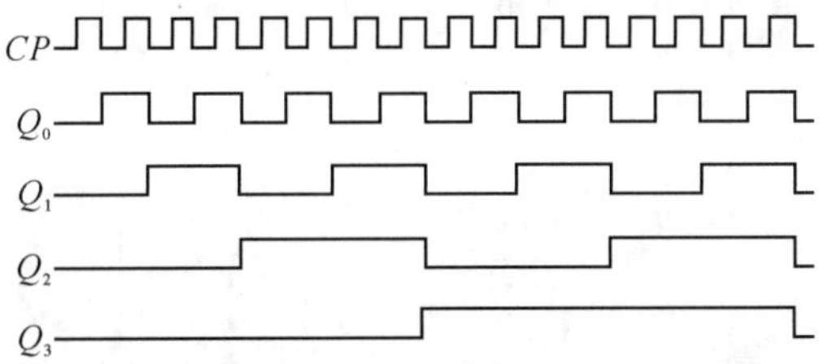

图 7.5.4　四位异步二进制加法计数器的工作波形

由于此计数器的计数脉冲不是同时加到各位触发器的时钟脉冲输入端的，因此，从低位到高位，各触发器依此翻转，故称为异步计数器。其电路结构简单，但工作速度慢。

②同步二进制计数器

图 7.5.5 所示为四位同步二进制计数器的逻辑电路图。计数脉冲同时送到各位触发器的 CP 端，当计数脉冲到来时，应翻转的触发器同时翻转，故为同步计数器。其工作速度较异步计数器快。该电路由四个下降沿触发的 JK 触发器组成，而且将它们联成了 T 触发器。CP 为计数脉冲输入端，$\overline{R}_D$ 为清零端，Q_3、Q_2、Q_1、Q_0 为计数状态输出端，Q_c 为进位输出端。

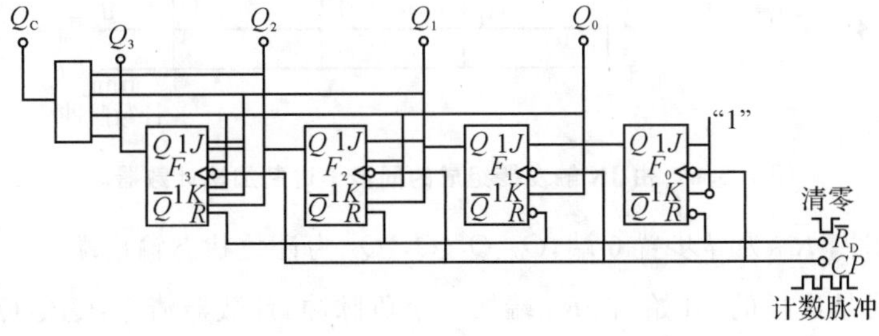

图 7.5.5　由 JK 触发器组成的四位同步二进制加法计数器

(2)十进制加法计数器

我们将二—十进制编码的计数器叫做十进制加法计数器。由于二—十进制编码的种类很多，因而相应的十进制加法计数器也是各式各样。这里仅介绍使用最多的 8421 编码的十进制加法计数器。前面已经提到，8421 编码方式即用四位二进制数前面的“0000”～“1001”，来表示十进制的 0～9 十个数码，而去掉后面的“1010”～“1111”六个数。也就是计数器计到第九个脉冲时再来一个脉冲，即由“1001”变为“0000”，经过十个脉冲循环一次。十进制加法计数器的状态表如表 7.5.3 所示。

表 7.5.3　十进制加法计数器的状态表

计数脉冲数	二进制数				十进制数
	Q_3	Q_2	Q_1	Q_0	
0	0	0	0	0	0
1	0	0	0	1	1
2	0	0	1	0	2
3	0	0	1	1	3
4	0	1	0	0	4
5	0	1	0	1	5
6	0	1	1	0	6
7	0	1	1	1	7
8	1	0	0	0	8
9	1	0	0	1	9
10	0	0	0	0	进位

十进制加法计数器也有同步和异步两种类型。图 7.5.6 所示为同步十进制加法计数器的逻辑图。

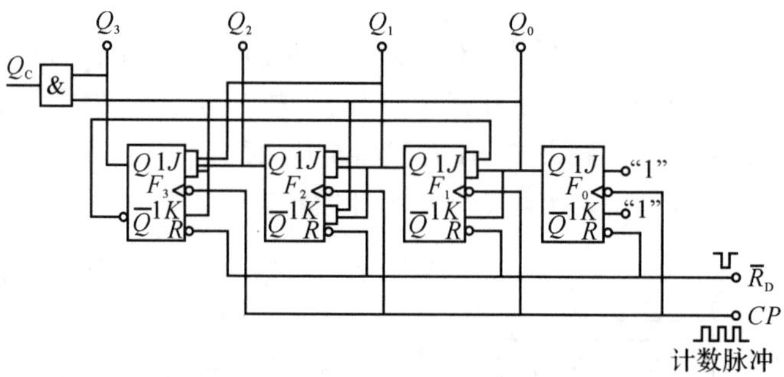

图 7.5.6　由 JK 触发器组成的同步十进制加法计数器

CP 为计数脉冲，$\overline{R}_D$为异步置 0 端，Q_0、Q_1、Q_2、Q_3 为计数状态输出端。

具体工作情况是这样的：开始，在$\overline{R}_D$端加一个负脉冲，计数器清零，$Q_3Q_2Q_1Q_0$ 为 0000，此时 $J_0=K_0=1$，$J_1=K_1=0$，$J_2=K_2=0$，$J_3=K_3=0$，待$\overline{R}_D$恢复为高电平时，开始计数。当第一个计数脉冲的下降沿到来时，$Q_3Q_2Q_1Q_0$ 为 0001，表示已累计 1 个脉冲，此时 $J_0=K_0=1$，$J_1=K_1=1$，$J_2=K_2=0$，$J_3=K_3=0$，当第二个计数脉冲的下降沿到来时，$Q_3Q_2Q_1Q_0$ 为 0010，表示已累计 2 个脉冲，此时 $J_0=K_0=1$，$J_1=K_1=0$，$J_2=K_2=0$，$J_3=K_3=0$；这样继续下去，当第九个计数脉冲的下降沿到来时，$Q_3Q_2Q_1Q_0$ 为 1001，Q_c 由"0"变为"1"，表示已累计 9 个脉冲，此时 $J_0=K_0=1$，$J_1=0$，$K_1=1$，$J_2=K_2=0$，$J_3=0$，$K_3=1$，当第十个计数脉冲的下降沿到来时，$Q_3Q_2Q_1Q_0$ 为 0000，Q_c 由"1"变为"0"，于是从 Q_c 端输出一个脉冲进位信号，完成了一个计数循环。

图 7.5.7 所示为该计数器的波形图。从波形图可见，计数器每输入十个脉冲后，在 Q_c 端产生一个输出脉冲，作为向高位的进位信号或 1/10 分频的输出信号。

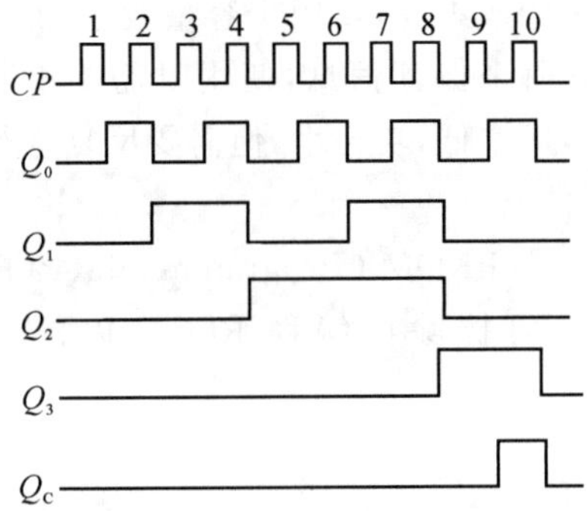

图 7.5.7　十进制加法计数器的波形图

第 6 节　半导体存储技术

在电子计算机及其他一些数字系统的工作过程中，都需要存储大量的程序和数据信息，这就需要存储器。采用半导体存储技术，不仅速度快、体积小，而且容量大、可靠性高。本节介绍半导体存储器的存取过程和基本原理。

6.1　半导体存储器概念

半导体存储器是一种能存储大量二值信息(或称二进制数据)的半导体器件。由于计算机处理的数据量越来越大，运算速度越来越快，因而要求存储器能有更大的存储容量和更快的存取速度。这也就成了存储器的两个重要性能指标。目前，某些半导体存储器的存储容量已达 1 兆位/片，高速存储器的存取时间仅几十纳秒。

与其他存储器(如磁芯、磁鼓)相比，半导体存储器具有存储密度高、速度快、功耗低、体积小、使用方便等一系列优点，因而发展迅速，应用普遍。

半导体存储器的种类很多：

按存、取功能分，有只读存储器 ROM(Read Only Memory)和随机存取存储器 RAM(Random Access Memory)。

只读存储器 ROM 是一种存储固定信息的存储器，其特点是在正常工作状态下只能读取数据，不能即时修改或重新写入数据。只读存储器电路结构简单，且存放的数据在断电后不会丢失，特别适合于存储永久性的、不变的程序代码或数据(如常数表、函数、表格和字符等)，计算机中的自检程序就是固化在 ROM 中的。

按构成元件分，ROM 和 RAM 都分别有双极晶体管电路存储器和 MOS 晶体管存储器；双极型存储器的存取速度快。MOS 晶体管存储器集成度高、容量大、体积小、功耗低、价格便宜、维护简单。

ROM 按存储信息的写入方式分，有固定 ROM、可编程 ROM(PROM)和可擦可编程 ROM(EPROM)三种。

MOS 管 RAM 电路又可分为静态存储器(Static RAM，SRAM)和动态存储器(Dynamic RAM，DRAM)。

静态存储器(SRAM)利用双稳态电路来保存信息，只要不断电信息就不会丢失。静态存储器的读写速度快，集成度低，生产成本高，多用于容量较小的高速缓冲存储器。动态存储器(DRAM)利用MOS电容存储电荷来保存信息，使用时需要不断给电容充电才能保持信息。动态存储器电路简单，集成度高，成本低，功耗小，但需要反复进行刷新(Refresh)操作，工作速度较慢，多用于容量较大的主存储器。

还有可编程的存储器，除了PROM(Programmable ROM，可编程ROM)、EPROM(Erasable Programmable ROM，可擦除可编程ROM)以外，还有可编程逻辑阵列PLA(Programmable Logic Array)等。

6.2 只读存储器ROM

ROM(Read Only Memory)是一种在正常工作情况下只能读出信息而不能写入信息的存储器，其结构如图7.6.1所示。

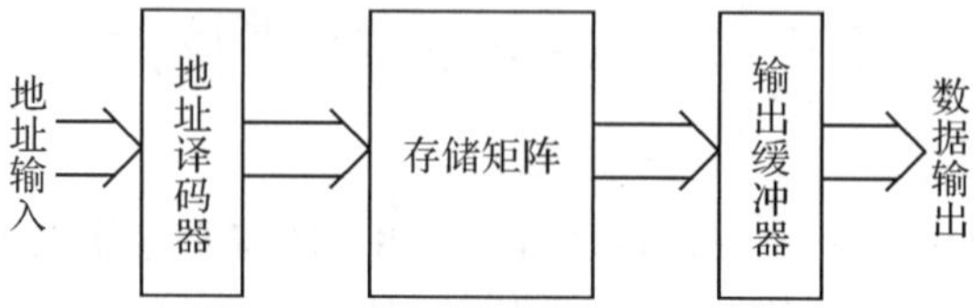

图7.6.1 ROM的一般结构

存储矩阵中包含有大量的存储单元。存储单元可以由二极管构成，也可以由晶体管或MOS管构成。每个存储单元都能存放一位二进制代码(0或1)。每一个或一组存储单元被编给一个地址号码。

地址译码器的作用是把输入的地址代码译成相应的控制信号，利用这个控制信号，从存储矩阵中选出对应地址号的存储单元，并把其中的数据送给输出缓冲器。

输出缓冲器有两个作用：一是提高存储器的带负载能力；二是实现对输出状态的三态控制，以便与系统总线联接。

ROM根据写入方式的不同，有只读ROM、PROM和EPROM之分。

(1)只读ROM

只读ROM是指在出厂时其内部存储的数据已固定了的存储器。图7.6.2(a)所示为一个有两位地址输入和四位数据输出的只读ROM的例子，其地址译码器和存储矩阵分别由二极管与门和或门组成，改画为图7.6.2(b)和(c)的形式便可看得更清楚。因此也称地址译码器为与矩阵，存储矩阵为或矩阵。两位地址代码A_1、A_0的四种组合指定四个不同的地址，经地址译码器译成$W_0 \sim W_3$四个高电平信号，可从存储矩阵中选出对应的一组数据。即$W_0 \sim W_3$任何一根线(称为字线)为高电平时，都可在$D_3 \sim D_0$四根输出线(称为位线)上给出一组四位二值代码(称为一个"字")。存储矩阵中，字线和位线的每一个交叉点都是一个存储单元。交叉处接有二极管的相当于存"1"，不接二极管的相当于存"0"。输出缓冲器为三态输出电路，当使能端$\overline{EN}=0$时，所选的一组数据便从$D_3 \sim D_0$输出；当$\overline{EN}=1$时，输出端呈高阻，无数据输出，且与系统的数据总线隔离。

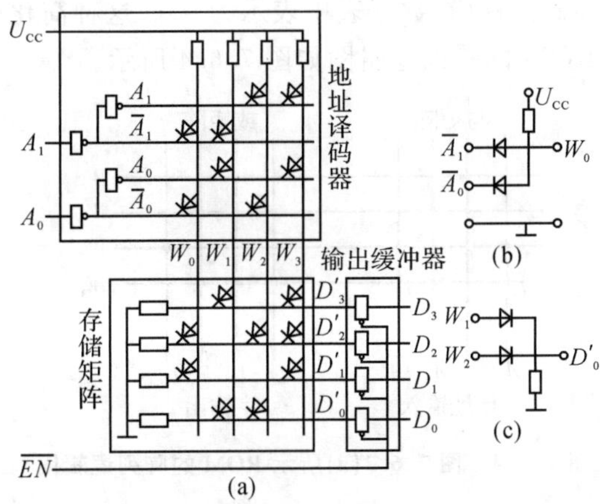

图 7.6.2　由二极管构成的固定 ROM

需读出数据时，只要输入指定的地址代码，同时令 $\overline{EN}=0$，则指定地址内各存储单元所存的数据便出现在数据输出端，并由此送往系统数据总线。比如，输入地址代码 $A_1A_0=00$ 时，W_0 为高电平，位线 D'_2、D'_1 与 W_0 线交叉处的二极管导通，使 D'_2、D'_1 表现为高电平，而 D'_3、D'_0 则因与 W_0 交叉处无二极管而表现为低电平，所以输出数据 $D'_3\sim D'_0=0110$。在 $\overline{EN}=0$ 时，三态门导通，使 $D_3\sim D_0$ 也等于 0110。

图 7.6.2(a)所示 ROM 的逻辑状态表(也称数据表)如表 7.6.1 所示。

表 7.6.1　图 7.6.2(a)ROM 的真值表

地址		数据			
A_1	A_0	D_3	D_2	D_1	D_0
0	0	0	1	1	0
0	1	1	0	0	1
1	0	0	1	0	1
1	1	1	1	1	0

通常以存储器存储单元的数目来表示存储器容量，并写成“(字数)×(位数)位”的形式。按此表示方法，图 7.6.2(a)的两位地址输入、每字四位的 ROM 的容量为 4×4 位。依次类推，n 位地址输入的存储器，则可存 2^n 个字。若每个字有 m 位(输出端为 m 个)，则其容量为 $2^n\times m$ 位，可用图 7.6.3(a)或(b)的逻辑符号表示。

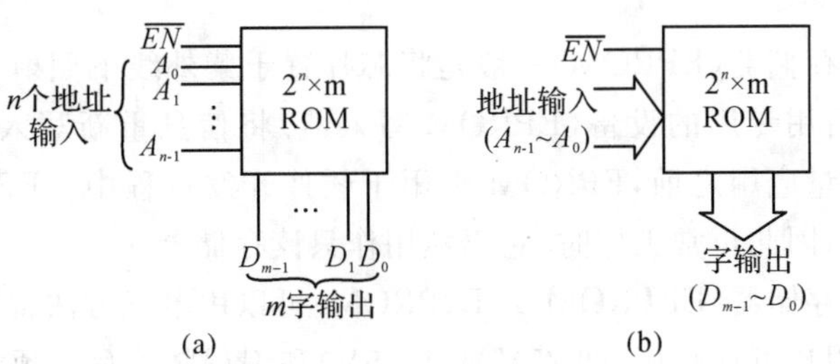

图 7.6.3　ROM 的逻辑符号

ROM 的与-或矩阵除用二极管构成外，还可用三极管或 MOS 管构成。为了简化 ROM 电路图，可不画具体元器件，而只在与-或矩阵交叉线处加黑点表示有存储元件(在数据表中表示为 1)，不加黑点表示无存储元件(在数据表中表示为 0)。这种简化图称作“ROM 阵列逻辑图”。图 7.6.2(a)所示之 ROM 的阵列逻辑图如图 7.6.4 所示。

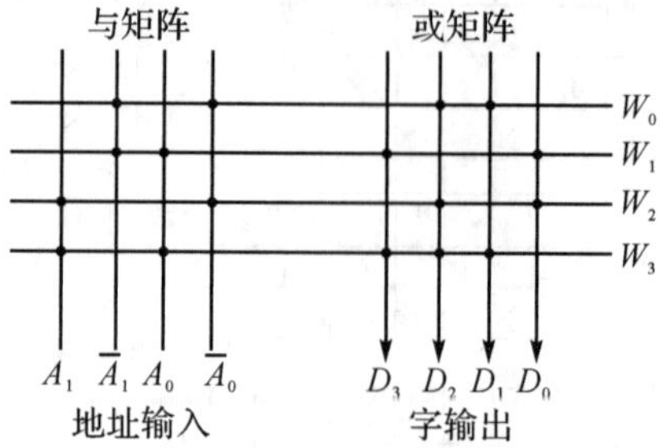

图 7.6.4 图 7.6.2(a)所示 ROM 的阵列逻辑图

(2)PROM

PROM 是可编程只读存储器(Programmable Read Only Memory)，即用户自己可以根据编程要求，将需要存储的信息一次性地写入，写入后便不能再更改而只能作只读存储器用。其电路结构特点是在存储矩阵的各个交叉点处均有存储元件，但串有熔丝。PROM 的一个单元电路如图 7.6.5 所示。

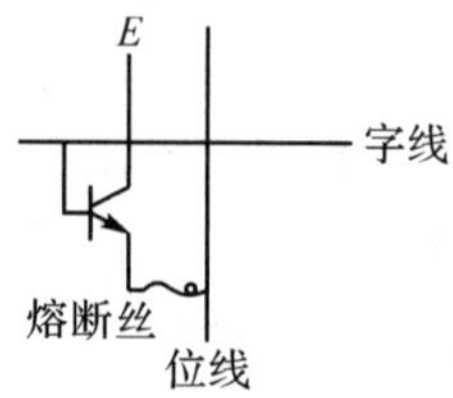

图 7.6.5 PMOS 存储单元

也就是说，刚出厂时的 PROM 产品，其每个存储单元均存有“1”。用户使用时，如需在某单元存“0”信号，可按地址供给几十毫安的脉冲电流，将该单元的熔丝烧断，使串联的存储元件不起作用，这叫做用户编程。这种 ROM 可以实现一次用户编程要求，编程结束后，存储器中的信息就已固化，不能再改写入别的信息。

(3)可擦可编程 EPROM

PROM 与只读 ROM 相比，有了可由用户一次性地写入所需内容的方便，但仍不便于修改、调试。为了满足研制工作中经常修改存储器数据的需要，人们又开发出了可擦可编程的只读存储器 EPROM(Erasable Programmable Read-Only Memory)。

EPROM 的特点是其中的内容可以用特殊的装置进行擦除和重写。EPROM 出厂时，其存储内容为全“1”，用户可根据需要改写为“0”，当需要更新存储内容时，可将原存储内容擦除(恢复为全“1”)，以便写入新的内容。

可重写 ROM 有紫外线擦除 EPROM、电擦除 EEPROM 和闪速存储器 Flash ROM 三种类型。

光擦可编程只读存储器(EPROM)一般是将芯片置于紫外线下照射 15～20 分钟左右，以擦除其中的内容，然后用专用的设备(EPROM 写入器)将信息重新写入，一旦写入则相对固定。在闪速存储器大量应用之前，EPROM 常用于软件开发过程中。EPROM 的擦除需要一定的外部条件和时间，因此正常工作时，它仍然用作只读存储器。

电擦可编程只读存储器(EEPROM 或 E2PROM)可以用电气方法将芯片中的存储内容擦除，擦除时间较快。用户可加高压(如 25V 或 12.5V)和编程脉冲写入预定的程序。

闪速存储器(Flash ROM)是 20 世纪 80 年代中期出现的一种块擦写型存储器，是一种高密度、非易失性的读、写半导体存储器。FlashROM 中的内容或数据不像 RAM 一样需要电源支持才能保存，但又像 RAM 一样具有可重写性。在某种低电压下，其内部信息可读不可写，类似于 ROM,而在较高的电压下,其内部信息可以更改和删除,类似于 RAM。

Flash ROM 是目前最常见的可擦写 ROM 了,广泛地用于主板和显卡声卡网卡等扩展卡的 BIOS 存储上。而现在各种半导体存储卡,包括 Compact Flash/CF,Security Digital/SD,Multimedia Card/MMC,Memory Stick/MS,以及 FUJI 新出的标准 vCard,还有各种 USB 移动硬盘、USB Drive(U 盘),内部用的都是 Flash ROM。

6.3　随机存取存储器 RAM

RAM(Random Access Memory)是一种在正常工作情况下不仅可以随时从其指定单元中读出数据,而且可以随时向其指定单元重新写入新数据的存储器。因此,它具有读写方便、使用灵活的优点。它的缺点是当电源断电时,存储的数据会丢失。此外,与 ROM 相比,RAM 的电路复杂,集成度较低,成本较高。所以,虽然从原理上讲,RAM 完全可以代替 ROM,但考虑到 RAM 存储数据的易失性和成本较高的缺点,在存储固定数据的场合仍以使用 ROM 为宜。

RAM 有两大类,一种称为静态 RAM(Static RAM/SRAM)。SRAM 速度非常快,是目前读写最快的存储设备了,但是它也非常昂贵。所以只在要求很苛刻的地方使用,譬如 CPU 的一级缓冲,二级缓冲。另一种称为动态 RAM(Dynamic RAM/DRAM),动态 RAM 的速度比 SRAM 慢,不过比任何 ROM 都要快。计算机内存就是 DRAM 的。

RAM 的电路一般由存储矩阵、地址译码器和读/写控制电路(也称输入/输出电路)三部分构成,如图 7.6.6 所示。

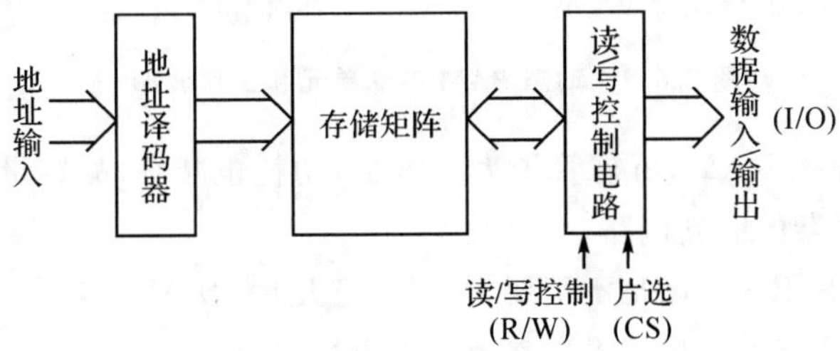

图 7.6.6　RAM 的一般结构形式

RAM 的结构与 ROM 相似,但由于 RAM 需要随时读写,除了与 ROM 一样需要地址译码器外,它与 ROM 的不同之处主要是 RAM 需要读写控制器来控制读写过程,信息通过输入/输出线进行交换。

此外,存储器的存储矩阵由许多存储单元排列而成。必须具备能将信息写入、存储、读出的功能,所以,存储单元通常是由具有记忆功能的电路和相应的控制门电路组成。每个存储单元都可以存储一位二值数据(0 或 1),并编有地址号。在读/写控制信号 R/W 的控制下,既可从指定地址单元中读出数据,也可随时写入新的数据。

地址译码器将输入地址代码译成高电平(或低电平)信号,使指定的地址单元与读/写控制电路接通,以便在读/写信号控制下进行读出或写入。

读/写控制电路的作用是控制电路的工作状态:R/W=1 时,执行读出操作,将地址代码所指定的单元中的数据送到输入/输出端;当 R/W=0 时,执行写入操作,将加在输入/输出端的数据写入由地址代码所指定的存储单元。

通常在读/写控制电路上还有一个片选输入端 CS。CS=1 时,读/写控制电路正常工作;

CS=0 时,读/写控制电路不工作,数据输入/输出端呈高阻状态。

根据存储单元的工作原理,RAM 又分为静态 RAM(SRAM)和动态 RAM(DRAM)。静态 RAM 写入信息后,只要保证电源接通,则数据便可一直保存下去。静态 RAM 所需管子较多,功耗也较大,故静态 RAM 的容量通常较小。

动态 RAM 则是利用场效应管的高输入阻抗和寄生电容来存储信息的。动态 RAM 的存储位模型示意电路如图 7.6.7(a)所示。当存储位写入高电平“1”时,寄生电容 C 上将存储电荷,MOS 管导通,漏极 D 为“0”态,经反相器输出“1”态。写入信号撤除后,电容 C 上的电荷将保持 MOS 管导通,使输出仍保持“1”态。但电容 C 上的电荷会经 MOS 管输入电阻逐渐泄放,使栅极 G 电位下降,当下降到 MOS 管导通的阈值电平后,管子将不再保持导通,输出状态将发生变化,为了使写入的信息不丢失,则需要定期对电容进行充电补充电荷,称为刷新。而在两次刷新期间,则是利用已充电的寄生电容作为电源来保持存储的信息。图 7.6.7(b)为相应的动态 RAM 工作时序图。

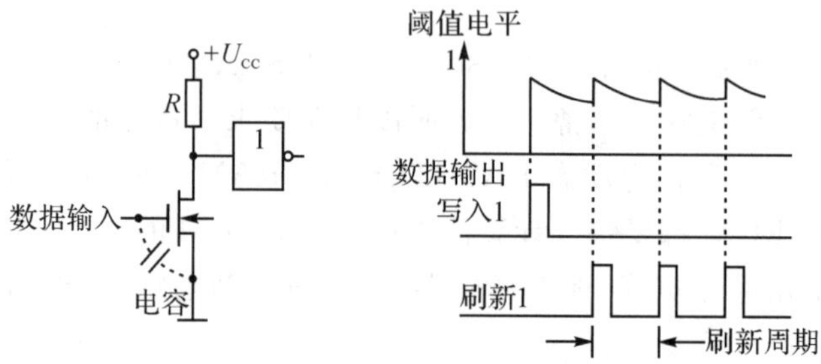

(a)动态RAM存储位模型　　(b)工作时序图

图 7.6.7　动态 RAM 存储单元和工作波形

动态 RAM 较之静态 RAM,所需管子大大减少,功耗也减小,故容量较静态 RAM 大,但动态 RAM 需要增加复杂的刷新电路。

在使用时,如果一片 RAM 满足不了要求,需要把几片 RAM 组合在一起以便构成更大容量的存储器,具体 RAM 扩展的情况可以参考相关书籍。

DRAM 的种类太多了,比如电脑中常用的 SDRAM、DDR SDRAM。SDRAM(Sychronous DRAM)同步内存是可以和 CPU 的外部时钟同步运行的,提高读写效率。Pentium 到 Pentium III 时代一直是 SDRAM 主宰着 PC,这种 168pin 双面针脚的内存条现在仍然普遍。在低端的显示卡上也常常使用这种内存。DDR RAM(DDR SDRAM,Double Date-Rate RAM):这种改进型的 RAM 和 SDRAM 是基本一样的,不同之处在于它可以在一个时钟读写两次数据,这样就使得数据传输速度加倍了。这是目前电脑中用得最多的内存,在很多高端的显卡上,也配备了高速 DDR RAM 来提高带宽,这可以大幅度提高 3D 加速卡的像素渲染能力。

第 7 节　A/D 与 D/A 转换

模—数(A/D)转换与数—模(D/A)转换是数字系统中不可缺少的组成部分。本节系统讲述把模拟信号转换为相应的数字信号与把数字信号转换成相应的模拟信号的基本原理和典型电路。

7.1 概述

在电子技术中,模拟量和数字量的相互转换是很重要的。随着数字电子技术的迅速发展,特别是微型计算机在自动控制和自动检测系统和音视频领域中的广泛应用,用数字电路处理模拟信号的情况也更加普遍了。例如,用计算机音视频工作站对声音和图像信号处理时,对工业控制中用到的物理量进行控制时,首先需要将模拟的音视频信号、传感器检测信号等物理量转换成数字量,称之为模—数转换(A/D)。能够实现这种转换的电路称为模—数转换器(ADC)。

计算机控制系统将信号加工、处理后的结果仍是数字量,要实现对被控制的模拟量进行控制,就必须将数字量转换成模拟量,称之为数—模转换(D/A)。能够实现这种转换的电路称为数—模转换器(DAC)。ADC 和 DAC 是联系数字系统和模拟系统的"桥梁",也可以称之为两者之间的接口。

ADC 的种类则非常繁多,通常分为直接 ADC 和间接 ADC 两大类。在直接 ADC 中,输入的模拟信号将直接地转换成相应的数字信号。常见的有并行比较型 ADC、计数型 ADC、逐次渐进型 ADC 等;在间接 ADC 中,输入的模拟信号将首先被转换成某种中间量(例如时间、频率等),然后再把这个中间量转换成输出的数字信号。常见的有电压时间变换型和电压频率变换型两种。而最常使用的 A/D 转换器为直接型的逐次逼近反馈比较型 A/D 转换器和间接型的电压时间变换双积分型 A/D 转换器,本节重点介绍逐次渐进型 ADC。

目前使用的 DAC 中,有 T 型电阻网络 DAC、倒 T 型电阻网络 DAC、权电阻网络 DAC 等几种,本节重点介绍倒 T 型电阻网络 DAC。

7.2 模—数转换器

模—数转换器(Analog—Digital Converter)是将模拟信号转换成数字信号的电路。类似"编码"装置,它对输入的模拟信号进行编码,输出与模拟量大小成比例关系的数字量。

模—数转换一般要经过四个步骤完成,即采样、保持、量化和编码。

(1)采样—保持

由于输入的模拟信号在时间上是连续的量,而输出的数字信号在时间上是离散的,因此需要经过采样将输入模拟量转换成在时间上离散的量。因此,必须在时间坐标轴上选定的时刻对输入的模拟信号取样,形成离散序列信号。这种时间上连续的信号变换为对时间离散的信号过程称为采样。对输入模拟信号进行采样的示意图如图 7.7.1 所示。

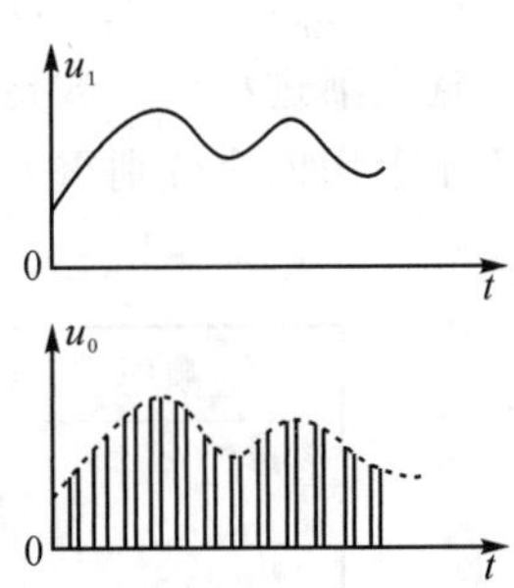

图 7.7.1 模拟信号的采样

为了正确无误地用采样信号来表示输入的模拟信号,要求必须满足

$$f_S \geqslant 2f_{MAX}$$

式中 f_S 为采样频率,f_{MAX} 为输入模拟信号的最高频率分量的频率。此式即奈奎斯特采样定理。

由于对一个采样值信号转换成数字信号需要一定时间,就需要通过保持电路把采样值保持一段时间。所以在两次采样之间,要将前一次的采样信号暂时存贮并保持到下一次采样之前，这一过程称为保持。

如图 7.7.2 所示为采样—保持的原理电路及其波形。电路中的 S 是电子开关。

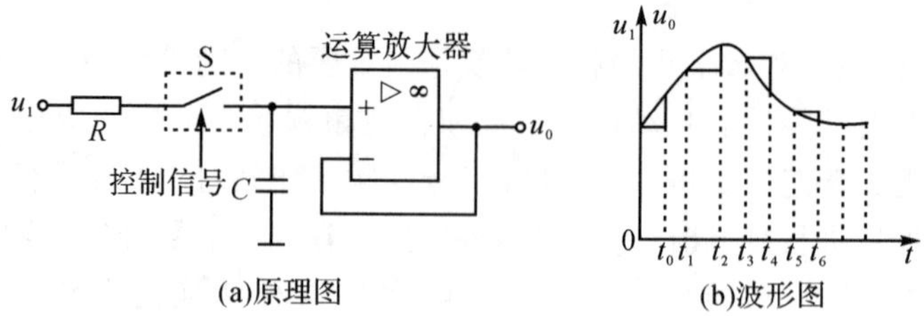

图 7.7.2　采样—保持原理电路及波形

当 $t=t_0$ 时刻，控制信号使电子开关 S 闭合，采样开始，输入的模拟信号通过 R 对电容 C 充电并迅速达到输入电压值，$t_0 \sim t_1$ 的间隔为采样阶段。$t=t_1$ 时刻，S 断开，若 S 和运算放大器均为理想器件，则在 $t_1 \sim t_2$ 时间间隔内电容 C 两端电压可以认为保持不变，此间隔为保持阶段，A/D 转换器则根据此时电容 C 两端的电压进行量化—编码。此后，$t_2 \sim t_3$ 及 $t_3 \sim t_4$ 间隔分别为下一个采阶段及保持阶段，依次类推……

(2)量化—编码

采样—保持电路的输出信号尽管是一个离散信号，但其幅值仍是任意的、连续可变的，而编码后输出的数字量是有限的，如 3 位 2 进制数，它只有 8 种可能的组合。在用数字量表示采样电压时，也必须把它化成这个最小数量单位的整数倍，所以需要将离散的采样—保持量值取整归并为规定的最小数量单位的整数倍，将这一过程称为量化过程。

最后，把量化后的数值用二进制代码表示出来，称为编码。

量化的方法有两种，即舍尾取整法和四舍五入法。

舍尾取整法是：若输入的模拟电压 u 的最大值为 U_{MAX}，则取量化单位 $\Delta = U_{MAX} / 2^n$，n 为可输出的数字代码位数。例如，把 0～1[V]的模拟电压信号转换为 3 位 2 进制数，可知 $\Delta = 1/2^3$ [V]，即 $\Delta = 1/8$[V]，若 $0 \leqslant u < 1/8$[V]，将其归并 0 V，用 2 进制数“000”表示，若 1/8 V $\leqslant u < 2/8$[V]，将其归并为 1/8[V]，用“001”表示……这种方法的最大量化误差为 Δ。

四舍五入的方法可以使得量化误差减小到 1/2Δ。

(3)逐次逼近型 A/D 转换器

逐次渐进型模—数转换器是目前用得较多的一种模—数转换器。什么是逐次渐进？好比在天平上用四个分别重 8、4、2、1g 的砝码去称重 13[g]的物体，称量顺序如表 7.7.1 所示。

表 7.7.1　逐次逼近称物一例

顺序	砝码重量	比较判别	该砝码是否保留或除去
1	8g	8g<13g	留
2	8g+4g	12g<13g	留
3	8g+4g+2g	14g>13g	去
4	8g+4g+1g	13g=13g	留

逐次渐进型模—数转换器的工作过程与上述称物过程十分相似。逐次渐进型模—数转换器由电压比较器、数—模转换器、逐次渐进寄存器、顺序脉冲发生器等构成。其原理框图如图 7.7.3 所示。

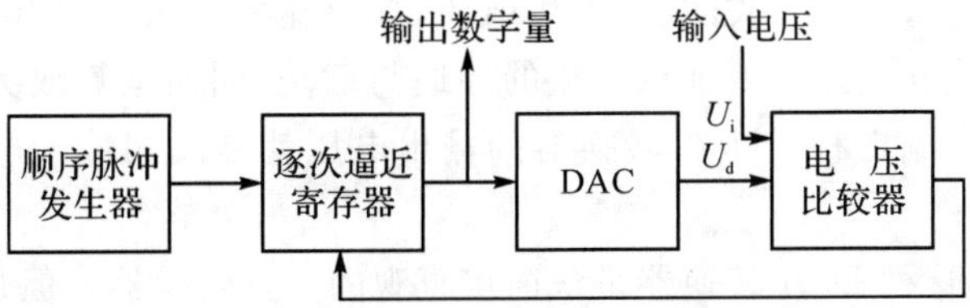

图 7.7.3　逐次逼近型模—数转换器原理框图

转换开始前，先将寄存器清零。开始转换后，顺序脉冲发生器输出的顺序脉冲首先将寄存器的最高位置“1”，使输出数字为 1000。这个数码被数—模转换器转换成相应的模拟电压 U_d，送到电压比较器中与输入信号 U_i 相比较。若 $U_d>U_i$，说明数字过大，就将最高位的“1”清除；若 $U_d<U_i$，说明数字还不够大，应将这一位保留。然后，再按同样的方法把次高位置成“1”，并且经过比较以后确定这个“1”是否应该保留。这样逐位比较下去，一直到最低位为止。比较完毕后，寄存器中状态就是所要求的数字输出。

目前一般用的大多数是单片集成模—数转换器，其种类很多，例如 AD571、ADC0801、ADC0804、ADC0809 等。

7.3　数—模转换器

数—模转换器(Digital-Analog Converter) 是将数字信号转换成模拟信号的电路。D/A 转换器类似一个“译码”装置，它将输入数字的每一位代码按权的大小转换为相应的模拟量，再将所有的模拟量相加而得到总的模拟量。

D/A 转换器通常有四个部分组成，即译码电路、模拟开关、加法电路、基准电压源。

(1)权电阻型 D/A 转换器

权电阻 D/A 变换器是由输入数字信号将与各位权值相对应的电压或电流分别加以选通，取它们之和。

图 7.7.4 所示是一种权电阻型 D/A 变换器的原理图。它是以基准电压 U_R 和一系列阻值倍增的电阻构成的。权电阻网络实现按不同的全值产生模拟电流，模拟开关的通断与数字信号相对应，开关是由晶体管构成的，由输入的二进制码控制开关的导通与截止。运算放大器是为了将电流转换为电压而设的，它将各位数码产生的电流相加，然后变换成输出电压，如果是电流输出型 D/A 变换器，则不需要运算放大器。

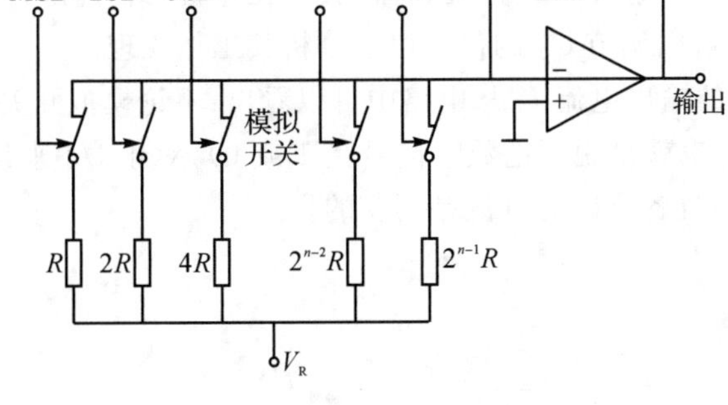

图 7.7.4　权电阻型 D/A 变换器

如果输入的数码是“1”，则开关闭合，产生电流；如果输入的数码是“0”，则开关断开，不产生电流。由于各个电流开关控制着加权电流的导通与截止，因而运算放大器的反相输入端出现的是被导通了的各电流之和。D/A 转换器的输出电压就是反相输入电流之和与反馈电阻 R_f 之积。

从组成结构上看，这种 D/A 转换器是最简单直观的一种转换器。但是随着输入比特数的增加，所需电阻的阻值种类随之增加，而且最大权电阻与最小权电阻的阻值之比会非常大。如 R 取为 1[kΩ]，则 16 位时的最大值将高达 33[MΩ]($1[k\Omega]\times 2^{15}=1[k\Omega]\times 32768\approx 33$[MΩ])。为了得到高精度的变换，就必需考虑电阻的精度以及模拟开关所用晶体管基极—发射极间的电压变化等因素。因此，这种电路结构很少在实际中使用。

(2)倒 T 形电阻型 D/A 变换器

它只由 R 和 $2R$ 两种电阻形成梯形电阻电路。它的特点是，由 R 和 $2R$ 的各电阻连接点向左看过去的电阻值都等于 $2R$。因此，设由基准电压 U_R 端流入的电流为 I_R，各连接点处的电流必然按等分为二进行分流。数字输入信号对模拟开关进行控制，使与各比特对应的电流流入运算放大器，即可得到与输入数字信号相对应的模拟信号。

倒 T 型电阻网络数—模转换器是目前使用最多、速度较快的数—模转换器。图 7.7.4 所示为四位倒 T 型电阻网络数—模转换器。它由 R、$2R$ 电阻网络、模拟开关及求和放大器三部分组成。

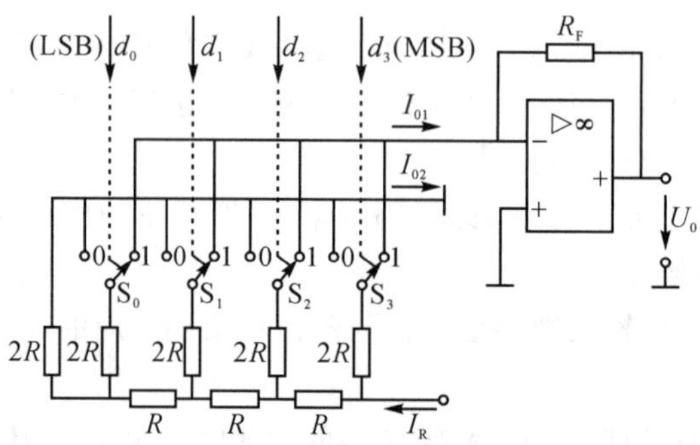

图 7.7.4　倒 T 型电阻网络数模转换器

图中 U_R 称为参考电压或基准电压，d_3、d_2、d_1、d_0 是输入的四位二进制数，d_0 是最低位(通常用 LSB 表示)，d_3 是最高位(通常用 MSB 表示)。S_3、S_2、S_1、S_0 是各位的电子模拟开关，它们的工作受输入的二进制数码的控制，各位数码分别控制相应的模拟开关。当二进制数码为 1 时，开关接到运算放大器的反相输入端，为 0 时接地。

求和放大器是一个反相输入的运算放大器，其输出电压 U_0 就是转换后的模拟电压。改变反馈电阻 R_F 的大小，可以调节 U_0 的值。以下分析其工作原理。

首先计算电阻网络的输出电流 I_0 从电路中可以看出：不论模拟开关接到运算放大器的反相输入端(虚地)或接地(也就是说不论数字信号是 1 或 0)，对于 U_R 来说，电阻网络的等效电阻为 R，故 $I_R=U_R/R$；而且各支路的电流是不变的。

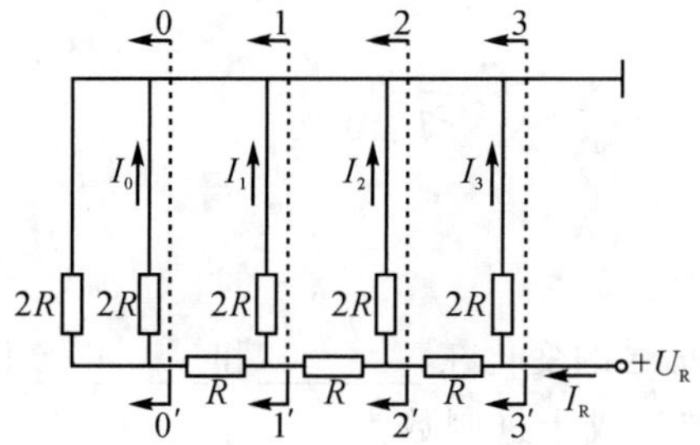

图 7.7.5　倒 T 型电阻网络计算

由图 7.7.5 所示电阻网络的等效电路，根据分流公式可以得出各支路的电流

$$I_3 = \frac{1}{2}I_R = \frac{U_R}{R \times 2^1}$$

$$I_2 = \frac{1}{4}I_R = \frac{U_R}{R \times 2^2}$$

$$I_1 = \frac{1}{8}I_R = \frac{U_R}{R \times 2^3}$$

$$I_0 = \frac{1}{16}I_R = \frac{U_R}{R \times 2^4}$$

由此可以得出电阻网络的输出电流

$$I_0 = \frac{U_R}{R \times 2^4}(d_3 \times 2^3 + d_2 \times 2^2 + d_1 \times 2^1 + d_0 \times 2^0)$$

则运算放大器输出的模拟电压 U_0 为

$$U_0 = -I_0R_F = -\frac{R_FU_R}{R \times 2^4}(d_3 \times 2^3 + d_2 \times 2^2 + d_1 \times 2^1 + d_0 \times 2^0)$$

上式表明，输出模拟量 U_0 和输入数字量之间存在比例关系，比例系数为 $U_R/2^n$。

随着集成电路技术的发展，数—模转换器集成芯片的种类很多。按输入的二进制数的位数分类有八位、十位、十二位和十六位等。例如 5G7520，它是十位数—模转换器，其内部电路图如图 7.7.5 相似，采用倒 T 形电阻网络。模拟开关是 CMOS 型的，也同时集成在芯片上，运算放大器是外接的。5G7520 的外引线排列如图 7.7.6 所示。

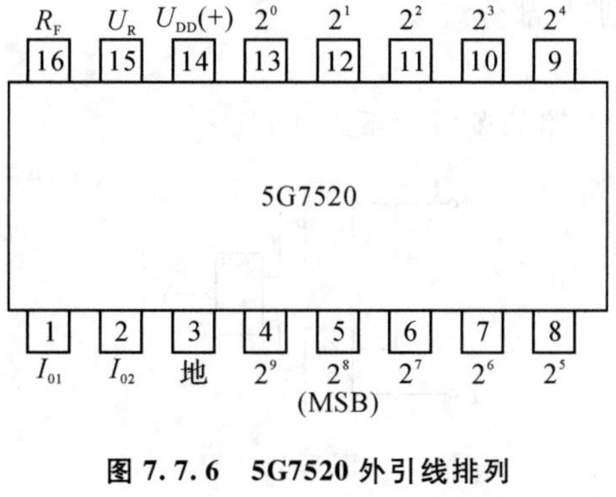

图 7.7.6　5G7520 外引线排列

习题七

一、填空题

1. 所谓数字信号，是指电信号的变化在________和________上都是离散的、不连续的。

2. 二进制数 110101011 转换成十进制数为________，八进制数为________，十六进制数为________。

3. 逻辑代数中三种最基本的逻辑运算是________、________、________。

4. 与逻辑的逻辑函数表达式为________，或逻辑的逻辑函数表达式为________。

5. 全加器电路具有________个输入和________个输出。

6. 用数字或某种文字和符号来表示某一信息的过程称为________。译码是________的逆过程，它是将二进制代码所表示的信息翻译出来，给出对应的输出信号的过程。

7. 存储器按存取数码的方式不同可分为________和________两种。

8. ROM(Read Only Memory)是一种只能读出信息而不能________的存储器。

9. 模—数转换一般要经过四个步骤完成，即________、________、________和________。

10. 奈奎斯特采样定理要求采样频率为输入模拟信号的最高频率分量的________倍。

二、问答题

1. 数字信号和模拟信号的主要区别是什么？

2. 数字电路有哪些优点？

3. 数字电路与模拟电路中晶体管的工作状态有什么不同？

4. 基本逻辑运算有几种？试举出生活中存在的这些逻辑关系的实例。

5. 为什么计算机中只能识别和使用二进制数？

6. 什么是编码器和译码器？它们有何用途？

7. 说说七段译码显示器显示数字的原理。

8. ROM 和 RAM 的区别是什么？如何表示存储容量的大小？

9. D/A 转换器和 A/D 转换器的作用是什么？举例说明用在哪些设备的什么部位。

10. A/D 转换需要经过哪几步？原理是什么？

11. D/A 转换器主要有那几部分组成？

三、电路分析题

1. 写出图 7.1 所示逻辑电路的逻辑关系表达式。

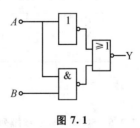

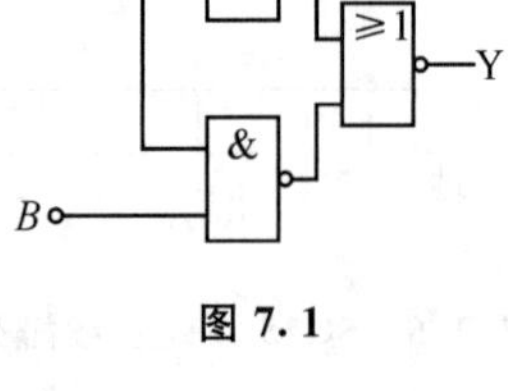

图 7.1

2. 如图 7.2(a)所示为输入信号 A、B 和 C 的波形。试画出(b)中的组合门电路的输出 F 的波形。

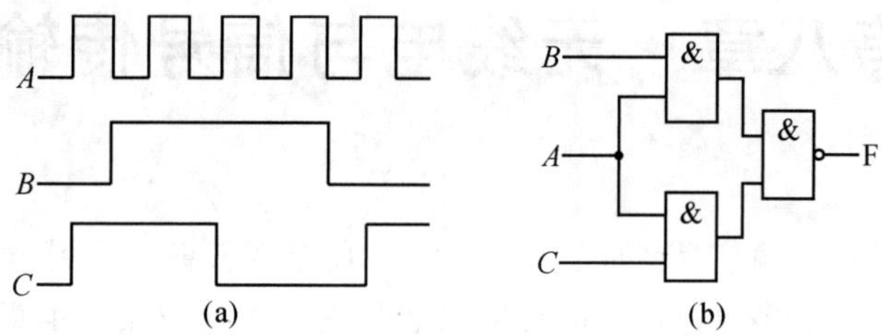

图 7.2

第八章 无线电与信号传输

从发明无线电开始,传输信号就成了无线电技术的首要任务。直到今天,虽然无线电技术的应用领域在不断扩大,但多媒体信息的传输仍然是它的主要应用。本章我们主要学习无线电波信号的产生与传播,及其发送与接收信息的基本原理,了解现代音视频信号的传输技术。

第1节 无线电波概述

无线电技术的发展,使古代神话中的“千里眼”“顺风耳”变成了现实。广播电台和电视台播放的丰富多彩的节目,通过无线电波可以传送到千家万户,被收音机和电视机接收下来转换成声音和图像。人们还利用无线电波进行电话通讯、各种数据和资料传递、轮船和飞机的导航、卫星和宇宙飞船的监测和控制,也都离不开无线电波。

无线电波是怎样形成的又是怎样传播的呢?在本节中将简要地介绍这些概念。

1.1 电磁波的本质

晴日仰望,是一望无际的天空。不过,人们用“空”来描述“天”,实在是一种误会,因为天空并不空。在我们生存的空间,无处不隐匿着形形色色的电磁波:天空无数的星体在辐射着电磁波,电闪雷鸣的云层也会辐射电磁波,各地的广播电台和通信、导航设备发出的信号在乘着电磁波飞驰,更不用说还有人们有意和无意制造出来的各种干扰电磁波……这些电磁波熙熙攘攘充满空间,实在是热闹非凡。如果说人们是生活在电磁波的海洋之中,那是毫不夸张的。正因为这样,为了利用电磁波,人们不得不制定出各种“规则”,对电磁波加以管理,把无线电频谱进行科学的、细致的划分,就像在马路上划分出快车道、慢车道和人行道一样,使不同业务所发射的电波不致混淆。如果没有良好的“空中秩序”,不知道要发生多少“交通事故”呢!

在既往的几千年中,人们一直都没能“看见”电磁波。麦克斯韦谱写了电磁波历史的第一页。他不仅断定电磁波的存在,而且推导出电磁波有和光速一样的传播速度,揭示了光与电磁现象的本质的统一性。人们在发现了电磁波以后,相继发明了发射和接收电磁波的装置,开始利用它发展了无线电通信技术。神秘的电磁波从此给人类社会带来了难以预想的迅速而又巨大的变化。今天,电磁波把人们的“视线”深入到小于 10^{-13} 厘米的基本粒子,扩展到 200 亿光年的大尺度的宇宙。它帮助人们增进对环境和自身的认识,缩短相互之间的距离,揭示千古之谜,探索未来秘密,改造生存条件,走向太空领域……

那么,电磁波到底是个什么样的东西,竟有如此之大的威力呢?

理论分析和实验研究都已表明,电磁波是在空间传播的交变电磁场,或者说,电磁波就是电和磁交变的振动和能量的传播形式。它占据空间,具有能量。电磁波和水波、声波、力学波有些相像,所不同的是,电磁波不像水波那样能看得见,不像声波那样能听得到,不像力学波那样能感觉出来。正是电磁波的特殊“性格”,才给它蒙上了一层神秘的“面纱”,使人感到奥妙莫测。

电磁波的“个性”可以归纳为以下三点：

(1)电磁波是高速运动着的物质，是物质世界的“长跑”冠军，它在真空中的传播速度每秒30万千米(3×10^8 米/秒)。

(2)电磁波没有静止的质点，是一个看不见、摸不着、嗅不到的“隐身人”。

(3)同一空间可以有无限多的电磁波同时存在，它“宽宏大度”而绝不“排斥异己”。

无线电波是频率较低的一种电磁波，光是频率较高的一种电磁波，它们是同一性质的物质。

要产生电磁波，必须有一个波源，由波源提供能量，在媒质中进行传播。实际上，只要有频率很高的电流流过导线，导线周围就产生变化的电场，同时在其附近还要产生一个变化的磁场；这个变化的磁场，又同时在其附近产生一个变化的电场，新产生的这个变化的电场，同时在附近产生变化的磁场……这样就形成一个辐射的电磁场四外传播开去。这种情况很像水的波纹一样，但是这种波是由电场和磁场构成的：交变电场产生交变磁场，交变磁场产生交变电场，二者同时存在，不可分割，所以这种波叫电磁波。在无限大的空间，电场、磁场和电磁波传播方向，三者是互相垂直的。

1.2　电磁波的产生和传播

下面我们讨论电磁波的产生问题，这首先要有适当的振源。任何 LC 振荡电路原则上都可以作为发射电磁波的振源，但要想有效地把电路中的电磁能发射出去，除了电路中必须有不断的能量补给之外，还必须具备以下条件：

(1)频率必须够高

从有关电磁波的专门理论可知，电磁波在单位时间内辐射的能量是与频率的四次方成正比的，只有振荡电路的振荡频率足够高，才能越有效地把能量发射出去。

(2)电路必须开放

LC 振荡电路是封闭的电路，即电场和电能都集中在电容元件中，磁场和磁能都集中在自感线圈中。为了把电磁场和电磁能发射出去，必须把电路加以改造，以便电磁场能够扩散到空间去。

为此，我们设想把 LC 振荡电路按图 8.1.1(a)、(b)、(c)、(d)的顺序逐步加以改造。改造的趋势是使电容器的极板面积越来越小，间隔越来越大，而电感线圈 L 的匝数越来越少，这一方面可以使 L 和 C 的数值减小，以提高谐振频率；另一方面是电路越来越开放，使电场和磁场扩散到空间中去。最后振荡电路完全演化为一根直导线[图 8.1.1(d)所示]，电流在其中往复振荡，两端出现正负交替的等量异号电荷。这样一个电路叫做振荡偶极子(或偶极振子)，它已适合于做可以发射电磁波的波源了。实际中广播电台或电视台的天线，都可以看成是这类偶极振子。

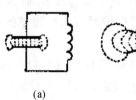

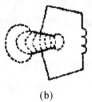

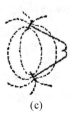

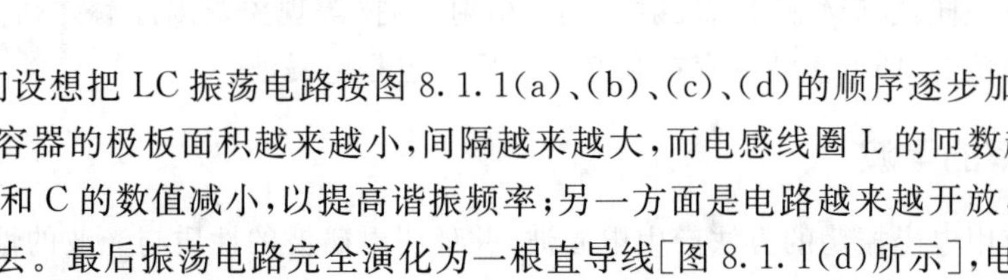

(a)　(b)　(c)　(d)

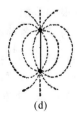

图 8.1.1　LC 振荡电路过渡到偶极子

我们知道，波就是振动在空间的传播。产生机械波的条件，除了必须有振源外，还必须有传播振动的媒质。当媒质的一部分动起来时，通过弹性应力牵动离振源更远的那一部分媒质，振动就一步步传播开去。没有媒质，机械波是无法传播的，例如在真空中就不能传播声波。但是电磁波在真空中也能传播，例如发射到大气层外宇宙空间里（这里几乎是真空）的人造地球卫星或飞船可以把无线电讯号发回地球，太阳发射的光和无线电辐射（这些都是电磁波）也可以通过真空而达到地球。为什么电磁波的传播不像机械波那样需要媒质呢？下面我们具体地分析一下这个问题。

电磁振荡能够在空间传播，就是靠两条：(1)变化的电场激发涡旋磁场；(2)变化的磁场激发涡旋电场。

如图 8.1.2 所示，我们设想在空间某处有一个电磁振源。在这里有交变的电流或电场，它在自己周围激发涡旋磁场，由于这磁场也是交变的，它又在自己周围激发涡旋电场。交变的涡旋电场和涡旋磁场相互激发，闭合的电力线和磁力线就像链条的环节一样一个个地套连下去，在空间传播开来，形成电磁波。实际上电磁振荡是沿各个不同方向传播的。图 8.1.2 只是电磁振荡在某一直线上传播过程的示意图，并非真实的电力线和磁力线的分布图。

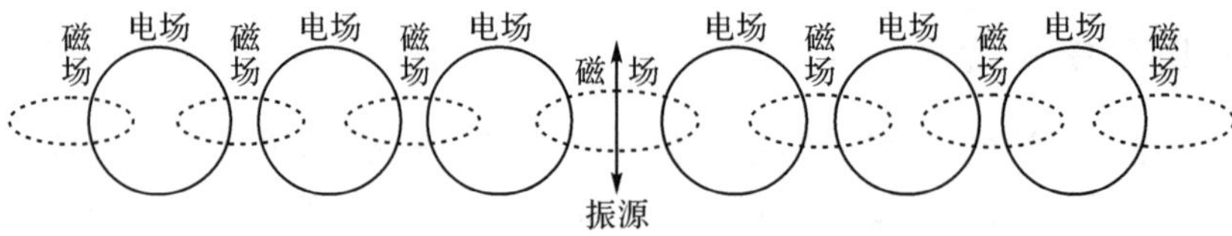

图 8.1.2　电磁振荡的传播机制

由此我们看到，根据麦克斯韦的两个基本假设——涡旋电场与位移电流（变化的电流激发磁场，变化的磁场激发电场）是怎样预言电磁波的存在的。

麦克斯韦由电磁理论预见了电磁波的存在是在 1865 年，二十余年之后，赫兹于 1888 年用类似上述的振荡偶极子产生了电磁波。他的实验在历史上第一次直接验证了电磁波的存在。

赫兹利用振荡偶极子进行了许多实验，不仅证实了振荡偶极子能发射电磁波，并且证明这种电磁波与光波一样，能产生折射、反射、干涉、衍射、偏振等现象。因此赫兹初步证实了麦克斯韦电磁理论的预言，即电磁波的存在和光波本质上也是电磁波。

1.3　各种频率的电波

自从赫兹应用电磁振荡的方法产生电磁波，并证明电磁波的性质与光波的性质相同以后，人们又进行了许多实验，不仅证明光是一种电磁波，而且发现了更多形式的电磁波。1895 年伦琴发现了一种新型的射线，后来称之为 X 射线；1896 年贝克勒耳又发现放射性辐射。科学实践证明，X 射线和放射性辐射中的一种 γ 射线都是电磁波。这些电磁波本质上完全相同，只是频率或波长有很大差别。例如光波的频率比无线电波的频率要高根多，而 X 射线和 γ 射线的频率则更高。为了对各种电磁波有个全面了解，我们可以按照波长或频率的顺序把这些电磁波排列起来，这就是所谓电磁波谱。

习惯上常用真空中的波长作为电磁波谱的标度，我们发现，任何频率的电磁波在真空中都是以速度 $c=3\times10^8$ 米/秒传播的，所以在真空中电磁波的波长 λ 与频率 f 成反比

$$\lambda = \frac{c}{f}$$

应用这公式可将电磁波的频率换算成真空中的波长。表 8.1.1 是按频率和波长列出的电磁波谱。

表 8.1.1　电磁波谱频率范围

光谱区(Region)	频率范围(Frequency range)(Hz)	空气中波长(Wavelength in air)
宇宙或 γ 射线	$>10^{20}$	$<10^{-12}$ m
X 射线	$10^{20}\sim10^{16}$	$10^{-3}\sim10$ nm
远紫外光	$10^{16}\sim10^{15}$	10～200 nm
紫外光	$10^{15}\sim7.5\times10^{14}$	200～400 nm
可见光	$7.5\times10^{14}\sim4.0\times10^{14}$	400～750 nm
近红外光	$4.0\times10^{14}\sim1.2\times10^{14}$	0.75～2.5 μm
红外光	$1.2\times10^{14}\sim10^{11}$	2.5～1000 μm
微波	$10^{11}\sim10^{8}$	0.1～100 cm
无线电波	$10^{8}\sim10^{5}$	1～1000 m
声波	20000～30	$15\sim10^{6}$ km

首先我们看无线电波，由于辐射强度随频率的减少而急剧下降，因此波长为几百千米的低频电磁波通常不为人们注意；实际中用的无线电波是从波长约几千米(相当于频率在几百千赫兹左右)开始。

无线电波按波长可划分为超长波、长波、中波、短波、超短波(米波)和微波(包括分米波、厘米波、毫米波)几个波段，有些书上把米波也划在微波波段。

如果按频率划分，则分为甚低频、低频、中频、高频、甚高频、特高频、超高频和极高频几个频段。

无线电波的波段划分和应用见表 8.1.2。

表 8.1.2　无线电波的波段划分表

频段(波段)	频率范围	波长范围	传播特点	主要用途
极低频 (VLF)	10～30 kHz	30000～10000 m (超长波)	衰减很低、特性稳定可靠	长距离点对点通信 多用于海上导航、潜艇通信
低频 (LF)	30～300 kHz	10000～1000 m (长波)	夜间传播与超长波相似，白天吸收大，稍不稳定	大气层内中等距离通信，海上导航，地下岩层通信
中频 (MF)	300～3000 kHz (535～1605 kHz 为中波广播波段)	1000～100 m (中波)	夜间衰减低，白天衰减高，长距离传播不如低频可靠	中波广播、船舶通信、飞行通信
高频 (HF)	3～30 MHz	100～10 m (短波)	远距离传播主要由上空电离层反射来决定，因此每日每时都在变化	中远距离的各种通信及短波广播

续 表

频段(波段)	频率范围	波长范围	传播特点	主要用途
甚高频(VHF)	30～300 MHz	10～1 m(米波段)	特性与光的传播相似,直线传播;能穿透电离层不被反射,与电离层无关	对大气层内外空间的飞行体(飞机、导弹、卫星)的通信,电视、雷达、导航、移动电话通信
超高频(UHF)	300～3000 MHz	100～10 cm(分米波段)	与甚高频相同	用于雷达、电视、对流层散射通信等
极高频(SHF)	3000～30000 MHz	10～1 cm(厘米波段)	与甚高频相同	短距离通信,用丁雷达、微波、卫星电视通信等

目前无线电广播、电视常用的无线电波的波段是中频、高频和甚高频,中波和短波用于无线电广播和通讯,微波应用于电视和无线电定位技术(雷达)。一般国内中波广播的波段大致为550[kHz]～1600[kHz];短波广播的波段为2[MHz]～24[MHz],我国电视的波段为48.5[MHz]～215[MHz],划分为12个频道;国际上规的卫星广播电视有6个频段,主要频段是12千兆赫,在这个波段里,卫星广播电视业务受到保护。

波长在0.75毫米以下的电磁波统称为光波。可见光的波长范围很窄,大约在7.6～4.0 $\times 10^{-5}$厘米之间。在可见光之外,人们又先后发现了红外线、紫外线、伦琴射线(X射线)、丙种射线(γ射线)等看不见的"光"。光波的波长由于比无线电波更短,在光谱学中习惯于采用另一个长度单位——埃[A]来计算波长,1[A]$=10^{-8}$[cm],用A来计算,可见光的波长约在4000[A]～7600[A]范围内。

从可见光向两边扩展,波长比它长的称为红外线,波长大约从7600[A]直到十分之几毫米,它的热效应特别显著。波长比可见光短的称为紫外线,波长从50[A]～4000[A],它有显著的化学效应和荧光效应。红外线和紫外线,都是人类的视觉所不能感受的,只能利用特殊的仪器来探测。无论可见光、红外线或紫外线,它们都是由原子或分子等微观客体的振荡所激发的。近年来,一方面由于超短波无线电技术的发展,无线电波的范围不断朝波长更短的方向进展;另外一方面由于红外技术的发展,红外线的范围不断朝波长更长的方向扩充。目前超短波和红外线的分界已不存在,其范围有一定的重迭。

X射线可用高速电子流轰击金属靶得到,它是由原子中的内层电子发射的,其波长范围约在$10^{2}\sim10^{-2}$[A]之间。随着X射线技术的发展,它的波长范围也不断朝着两个方向扩充。目前在长波段已与紫外线有所重迭,短波段已进入γ射线领域。放射性辐射射线的波长是从1[A]左右算起,直到无穷短的波长。

从这里我们看到,电磁波谱中上述各波段主要是按照得到和探测它们的方式不同来分的。随着科学技术的发展,各波段都已冲破界限与其相邻波段重迭起来。目前在电磁波谱中除了波长极短($10^{-4}\sim10^{-5}$[A]以下)的一端以外,不再留有任何未知的空白了。

1.4 无线电波的传播

电波可以上天入地,穿墙越壁,神通广大,这是因为它既可以在真空中传播,也能在媒质中传播。电波从一种媒质进入另一种媒质时,会产生反射、折射、绕射和散射现象,速度同时要发生变化;不同媒质对一定频率的电波还具有吸收作用。电波的传播情况和电流不同,电流一般在导体中"流动",而电波在理想导体中是不能传播的,金属壳体对电波能够吸收,起"屏蔽作用”;相反,电波在绝缘的介质中容易传播。电波在传播过程中,由于能量的扩散和媒质的吸收而逐渐减弱,离开波源越远电波的强度越小。

无线电波有地波、天波、空间波和散射波四种主要传播方式。下面分别对其特点加以介绍。

(1)地波

沿地表面传播的无线电波叫地波,又叫表面波,参看图 8.1.3 所示。电波的波长越短,越容易被地面吸收,因此只有长波和中波能在地面传播。地波不受气候影响,传播上比较稳定可靠,但在传播过程中,能量被大地不断吸收,因而传播距离不远。地波适宜在较小范围里的广播和通信业务使用。

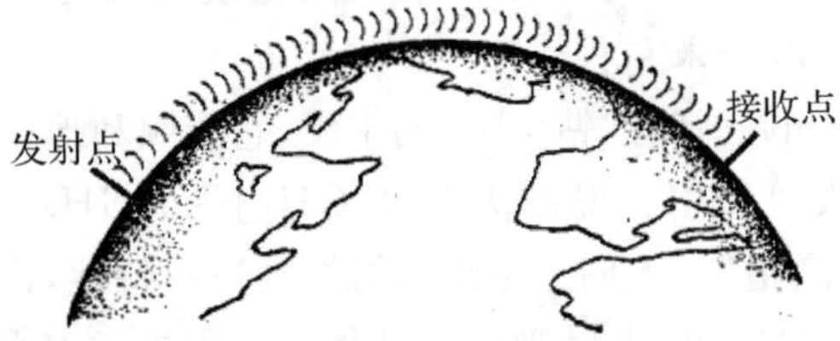

图 8.1.3 地波的传播

(2)天波

经过天空中电离层的反射或折射后返回地面的无线电波叫天波,参看图 8.1.4。

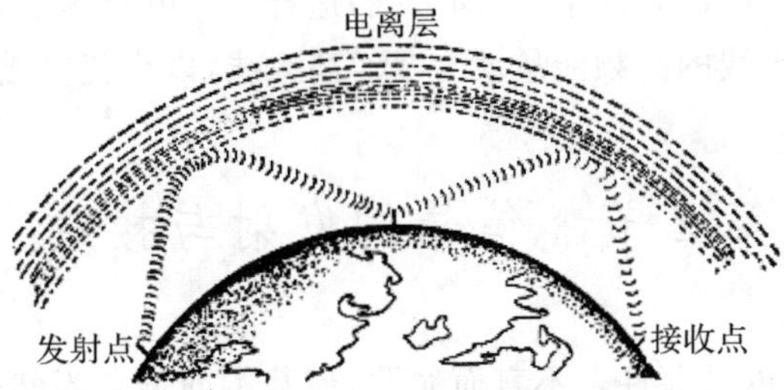

图 8.1.4 天波的传播

所谓电离层,是地球上空 40~800 千米高度电离了的气体层,包含有大量的自由电子和离子。这主要是由于大气中的中性气体分子和原子,受到太阳辐射出的紫外线和带电微粒的作用所造成的。电离层能反射电波,对电波也有吸收作用,但对频率很高的电波吸收得很少。短波无线电波是利用电离层反射传播的最佳波段,可以借助电离层像镜子一样地反射传播;被电离层反射返回地面以后,地面又把它反射到电离层,然后再被电离层反射到地面,经过几次反射,可以传播很远。

在一年的各个季节和一昼夜的不同时间,电离层都有变化,影响电波的反射,因此天波传播具有不稳定的特点。白天,电离作用强,中波无线电波几乎全部被吸收掉,在收音机里难以收到远地中波电台广播,相反,夜晚收听到的中波广播台数就比较多,声音也比较清晰。电离层对短波无线电波吸收得比较少,我们白天和晚上都能收到短波广播。但是,由于电离层总处在变化之中,反射到地面的电波有强有弱,短波收音便出现了忽大忽小的衰落现象。太阳黑子爆发会引起电离层的骚动,增加对电波的吸收,甚至会造成短波通信的暂时中断。

(3)空间波

下面再接着介绍空间波,从发射点经由空间直线传播到接收点的无线电波叫空间波,又叫直射波。空间波传播距离一般限于视距范围，因此又叫视距传播，参看图 8.1.5。

图 8.1.5 直射波的传播

超短波和微波不能被电离层反射，主要是在空间直接传播的。它的传播距离很近，又容易受到高山和大的建筑物阻隔，为了加大传输距离，就要把发射天线架高，做成大铁塔。尽管这样，一般的传输距离也不过 50 千米左右。

微波里一定频率范围的电波具有“钻空子”的本领，它能顺利地穿透电离层，而很少受到大气层中氧分子和水分子的吸收作用。现在认为，4[GHz]～6[GHz]是大气层最好的电波“窗口”，是探索太空的最好的“通道”。人们正是借助微波的这一特性，迈进漫游星空的旅途，实现卫星通信的。频率高于 10 GHz 时，大气吸收衰减增大。但在更高的频段——毫米波段的某些频率处，又出现了这种奇异的“窗口”，人们正在研究利用它们实现远距离通信。

无线电波在空间的传播是十分复杂的，还有利用地面的反射来传播的地面反射波。即从发射天线出发，经地面反射到达接收天线的无线电波。

总之，如果发射无线电波的导体结构(即天线)适合于将电磁场辐射在空间，而且送到天线的电流频率足够高，那么天线的高频能量就会“飞”离天线，以交变电磁场的形式向空间传播。

第 2 节　信号的发射与接收

信息传输对人类生活的重要性是不言而喻的，最基本的信息当然是语言与文字。随着人类社会生产力的发展，人们迫切地要求在远距离迅速而准确地传送语言和文字信息。本节我们先来了解用无线电技术传输信息的基本原理。

2.1　传输信息的基本方法

我国古代利用烽火传送边疆警报，这可以说就是最古老的光通信。以后又出现了“旗语”，就相当于用编码的方法来传输信息。此外，诸如信鸽、驿站快马接力等，也都是人们曾采用过的传输信息的方法。进入十九世纪以后，人们发现电信号能以光速沿导线传播。这为远距离快速通信提供了物质条件。

1837 年莫尔斯(F. B. Morse)发明了电报，创造了莫尔斯电码。在这种代码系统中，用点、划、空的适当组合来代表字母和数字。这可以说是“数字通信”的雏型。1876 年贝尔(Alexander G. Bell)发明了电话，能够直接将语音信号转变为电能，沿导线传送。电报电话的发明，为迅速准确地传递信息提供了新手段，是通信技术的重大突破。

有线电报的基本原理见图 8.2.1(a)。按下电键时，电流 i 即通过电磁铁而吸动水平杆，使它与下方的停止点 L 相接触。当电键打开时，电流 i 等于零，电磁铁即失去吸力，使水平杆因弹簧拉力回到与上方停止点 H 相接触。电流通过时间的长短，由电键下按下的时间来决定，于是得到如图(b)所示的信号电流波形。收报方面则因水平杆下击时间的长短，听到“滴”(点)“答”(划)的声音。由预先已知的长短组合次序，就能够知道发报方面发来的信号代表什么意思。如果水平杆用墨水笔代替，这笔在被电磁铁吸引时，在一纸条上画线，则这电报符号将是如图(b)下方所示的长短线条：长划是“答”，短划是“滴”。

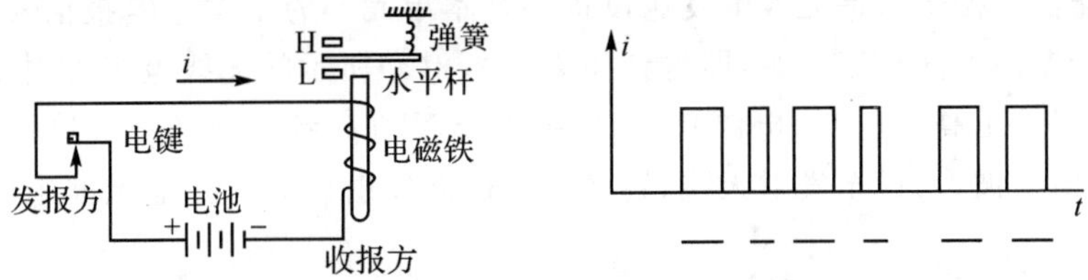

(a)有线电报示意图　　(b)电报信号电流波形

图 8.2.1　有线电报原理图

有线电报是人类利用电能传送信号的最初形式，至今仍是极为重要的通信手段，但原理及构造方面已大为改进了。

出现了有线电报之后，人们自然会想到，能否利用电能来传送声音信号呢？

平时人们之间讲话，是通过声波传递的。人的耳朵能接收的声波，大致在 16[Hz]到 20[kHz]范围。声波在空气中的传播速度很慢，每秒 340 米，而且减弱得很快。怎样才能把声音传到远处呢？要做到这一点，首先就要使声能转变为电能的形式，然后才便于传送出去。

有线电话就是实现“远隔千里传佳音”的一种办法。话筒就是将声能变为电能的工具。在发话端，当受声音振动的空气传到话筒后，即把机械振动转变成电磁波动，它就产生音频电流，再通过导线把这种音频电流(听不见的“声音”)传输到远方。在远方受话处，利用耳机(或听筒)将音频电能恢复为原来的声音。由声到“电”，再由“电”到声，就是有线电通信完成的基本转换过程。这就是利用有线电话传送信息基本原理。

有线电报与有线电话发明之后不久，人们就发明了无线电。

一个导体如载有高频电流，就有可能向空间辐射电磁波。这种能够发射出去的电磁波频率称为载波频率或射频。如果我们设法使电报或电话信号加到这载波电流上，则电磁波中就含有所要发送的电报或电话信号。接收机处收到这电磁波后，首先由接收天线将这一电磁波还原为与发送端相似的高频电流。然后经过检波，取出原来的电报或电话信号。利用载有信息(电报或电话)的电磁波，通过发射和接收，这就完成了无线电通信。下面我们略微详细地讨论这一问题。

2.2　信号的与发射

能不能甩掉电话线这条“尾巴”，把音频信号通过电波直接发射出去呢？

电磁波有一个特性，就是它的频率越高，辐射能力越强。而音频电波的频率很低，辐射能力很弱，传不远，同时也做不出这样的天线。因此，实现无线电通信，必须使用高频电波。于是问题就变成能不能把音频信号和其他低频率的信号“载”在高频电波上，从而进行无线电传输了。

解决这个问题的办法早已被人们找到了。这就是让低频信号和高频电波合作，使低频信号“插”上高频的“翅膀”，借助高频电波的能力，去到处“飞翔”。或者说，把高频电波作为传输工具，让低频信号“乘坐”在它上面。好比人坐在飞机上，便可以到全球旅行；要是乘上火箭，就可以到月球、火星上去探险了。

运载信息信号的高频电波叫做载波。把低频的信息信号加在高频载波上，再由发射天线辐射出去，这个过程叫做发射。

在无线电技术中采用振荡器来产生高频载波电流。振荡器可以看作是将直流电能转变为交流电能的换能器。振荡器是无线电发送设备的基本单元。为了发送电报信号，可以加一个电键来控制供给振荡器的直流电源，即得到如图 8.2.2(a)所示的无线电报发射机方框图。电源接通时，振荡器发出高频电流，电源断开时，振荡器没有高频电流送出。这样，就得到如图(b)所示的高频电流波形，送至发射天线，转变为电磁波发射出去。这电磁波中就包含了所要传送的电报信号。

实际上，为了提高振荡器的频率稳定度和增加输出功率，在振荡器之后往往还要加缓冲级与放大级，将发射功率提高到所需数值，再发射出去。电键一般也不是直接控制振荡器，而是控制振荡器以后的某一级。

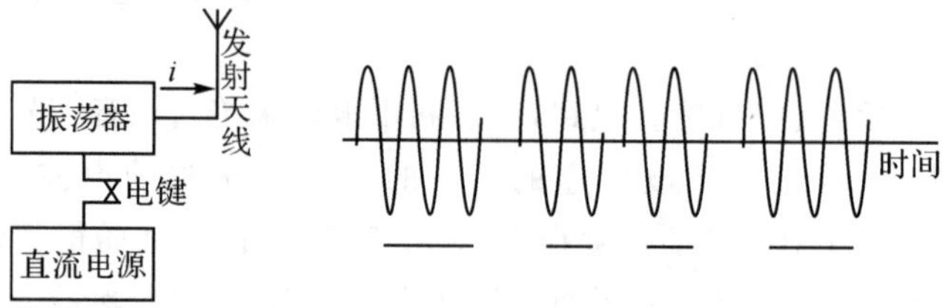

(a)方框图　　(b)发射电流波形与代表的电报符号

图 8.2.2　无线电报发射机原理示意图

在发射电话信号时，必须将声音电流加在高频电流上，这一过程称为调制。高频电流好像“交通工具”，载着声音信号向四方辐射。所以高频电流叫做载波。调制的方法大致分为两大类：连续波调制与脉冲波调制。

一个载波电流(或电压)有三个参数可以改变，即：振幅、频率、相角。我们可以利用声音信号电压(或其它待传送的信号)来改变这三个参数中的某一个，由此可见，调制就有三种方式：调幅、调频与调相。关于调幅和调频的有关知识我们在上一章已经学过。

调相是载波振幅不变，使载波的瞬时相位按照信号规律而变化。这时瞬时相位的变化即反映了所携带的信号。由于瞬时相位的变化总会引起瞬时频率的变化，并且任何相位变化的规律都有与之相对应的频率变化的规律。因此，从瞬时波形看，很难区分调相与调频，所以调频和调相有时统称为调角。当然，调频与调相还是有根本的区别的，有关调相的详细介绍可以参考相关书籍。

另一大类调制是脉冲调制。这种调制要首先使脉冲本身的参数(脉冲振幅、脉冲宽度与脉冲位置等)按照信号的规律变化。

以上简要地介绍了调制的主要形式。最后我们以调幅发射机为例，说明发射机的主要组成部分。

图 8.2.3 表示调幅发射机的方框图。一般它应包括三个组成部分：高频部分、声频部分与电源部分。由于电源对发射机的工作原理没有影响，故图中略去了这一部分。

高频部分一般包括振荡、缓冲、倍频(不一定需要)、中间放大、功放推动与末级功放(被调放大)。振荡器的作用是产生稳定的载波频率。如果载波频率较高，由于晶体频率不能太高，因而还应加一级或若干级倍频器，以使频率提高到所需的数值。倍频级之后经过功放推动级将功率提高到能推动末级功放的电平。末级功放则将输出功率提高到所需的发射功率电平，经过发射天线辐射出去。

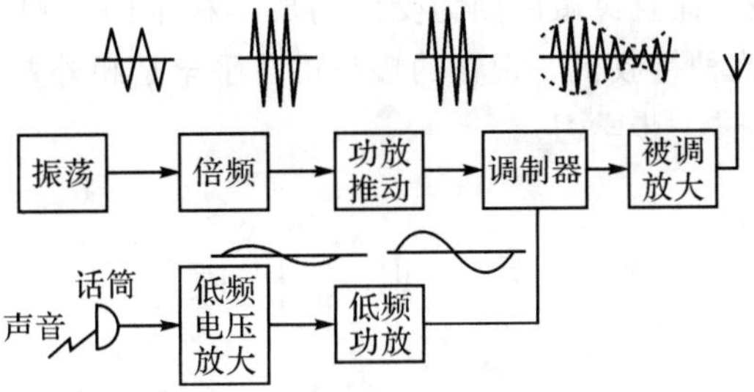

图 8.2.3　调幅发射机方框图

低频部分包括话筒(或录音机等)、低频电压放大级、低频功率放大级与末级低频功率放大级。低频信号通过逐级放大,在末级功放处获得所需的功率电平,以便对高频末级功率放大器进行调制。因此末级低频功率放大级也叫调制器,末级高频功率放大级则称为被调放大器。

为了形象地说明上述工作原理,在图 8.2.3 中绘出了各部分的波形图。

2.3　信号的接收

无线电信号的接收过程正好和发送过程相反。接收端,通过接收天线,把空中电波收集起来,再还原成低频信号,这个过程叫接收。

在接收端,先用接收天线将收到的电磁波转变为已调波电流,然后从这已调波电流中检出原始的信号。这一过程正好和调制过程相反,称为解调(接收调幅信号也叫检波)。最后,再用听筒或扬声器将经过检波的音频电流转变为声能,人就听到了发射机处原来的语言、音乐等信号。因此最简单的接收机就是一个检波器,如图 8.2.4 所示。

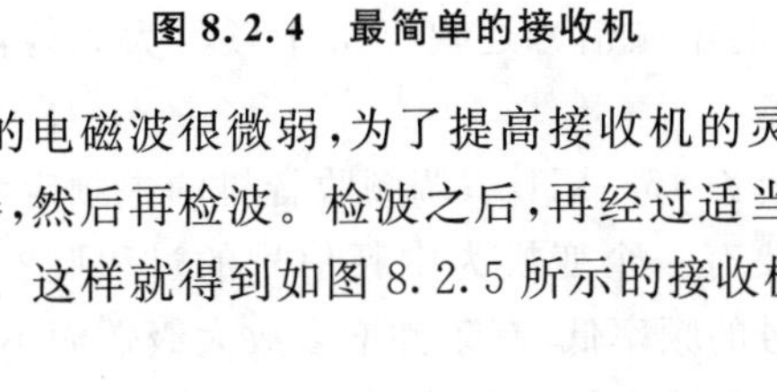

图 8.2.4　最简单的接收机

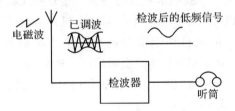

但是,接收天线所收到的电磁波很微弱,为了提高接收机的灵敏度,可在检波器之前加一级至几级高频小信号放大器,然后再检波。检波之后,再经过适当的低频放大,最后送到扬声器(或耳机)中,转变为声音。这样就得到如图 8.2.5 所示的接收机方框图,图中示出了相应各部分的波形图。

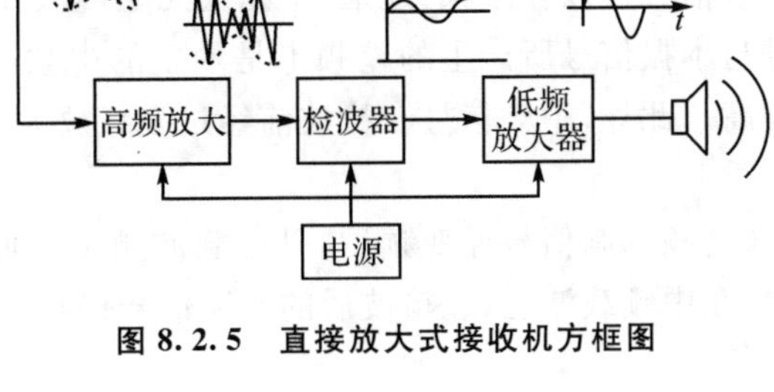

图 8.2.5　直接放大式接收机方框图

这种接收机是将接收到的高频信号直接放大后再检波，因而称为直接放大式接收机。这种接收机的缺点是，对于不同的频率，接收机的灵敏度(接收弱信号的能力)和选择性(区分不同电台的能力)变化较剧烈，而且灵敏度因为受到高放不稳定的影响，不能过高。由于上述缺点，所以现在已很少使用这种接收机。现在的接收机几乎全是超外差式接收机，关于超外差式接收机的原理以后我们再进一步学习。

第 3 节 收音机原理

自 1919 年开发了声音广播以来的近一百年中，收音机经历了电子管收音机、晶体管收音机、集成电路收音机的三代变化，其功能日趋增多，质量日益提高。20 世纪 80 年代开始，收音机又朝着电路集成化、显示数字化、声音立体化、功能电脑化、结构小型化等方向发展。这一节对收音机的基本工作原理、收音机的典型电路做简要的介绍。

3.1 超外差式收音机

直接放大式(简称直放式)收音机具有电路简单，调试简单的特点。但由于直放式收音机接收灵敏度较低、选择性差，目前的收音机大都采用超外差接收方式。超外差式收音机具有灵敏度高、选择性好等特点，下面主要介绍其工作原理。

什么是超外差式？超外差式是与直接放大式相对而言的一种接收方式。我们知道，当放大器的输入端同时输入 f_1、f_2 两个不同频率的信号时，由于放大器非线性元件的作用，其输出端会产生 f_1、f_2、$f_1 - f_2$，$f_1 + f_2$ 等许多不同频率的信号。这时，如果在放大器的输出回路接入一个 LC 谐振回路，并使谐振回路调谐在 $f_1 - f_2$ 的差频上，则放大器就会输出这个差频信号。这个过程，就是上一章我们学习过的混频。超外差式收音机基于这个原理，在机内设有变频器，变频器中的本机振荡器产生一个等幅的本机振荡正弦波信号(简称本振信号)，本振信号始终保持比外来输入的电台调制信号高出一个固定的频率。假定外来信号 $f_1 = 1000[\text{kHz}]$，本振信号 $f_2 = 1465[\text{kHz}]$，则经变频后产生的差频信号 $f_2 - f_1 = 1465 - 1000 = 465[\text{kHz}]$。这个差频通常叫作中频，因为它是比高频信号低，比低频信号又高的超音频信号，所以这种接收方式叫超外差式。

经过超外差式接收，产生的中频信号还要经过中频放大和检波，才能解调出调制音频信号，实现放音。

我国调幅收音机的中频定为 465[kHz]；调频收音机的中频定为 10.7[MHz]。

为什么超外差式收音机要有一个变换为中频信号的过程呢？这是为了提高整机接收性能。因为中频信号比高频信号的频率低，有条件增多放大级数而不致产生高频自激振荡，同时对不同频率电台的信号均能获得比较均匀的放大量，使接收灵敏度大大提高。再有，输入电台信号与本振信号差出的中频信号可以在中频“通道”中畅通无阻，被逐级放大，而不需要的邻近电台信号和一些干扰信号与本振信号所产生的差频不是预定的中频，便被“拒之门外”，因此，收音机的选择性也大为提高。此外，中频信号在检波前经过多级放大，检波器容易实现线性检波，可以减小失真，改善音质。

这里要提到的是，外来高频调制信号经变频后，只是载波频率变低了，而受音频调制的包络线不变，音频信号“换乘”在中频载波上，经检波后的音频信号仍与电台调制音频信号相同。

超外差式收音机的方框图如图 8.3.1 所示。电路主要由接收天线、输入回路、变频电路、中频放大电路、音频放大电路及电源电路等部分组成，其中输入回路、音频放大电路及电源与直接放大式收音机的相应部分基本相同。

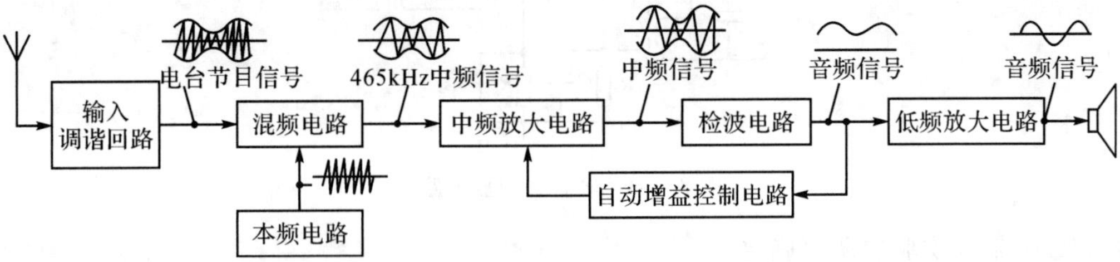

图 8.3.1　超外差式收音机的方框图

下面主要介绍变频电路，中频放大电路以及检波和自动增益控制电路。

(1)变频电路

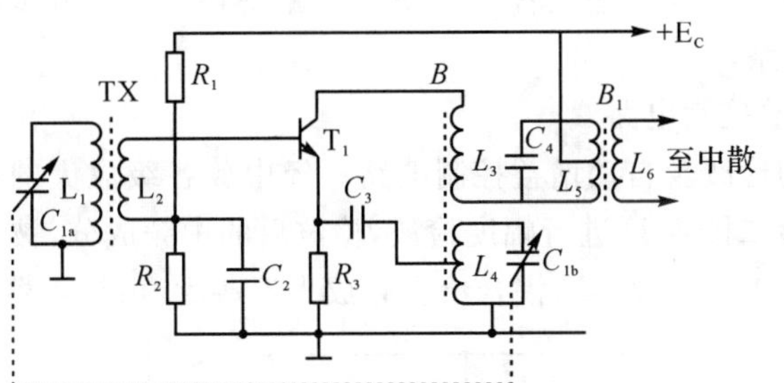

图 8.3.2　变频器电路

图 8.3.2 是收音机变频器的典型电路。图中 T_1 是变频管，它兼有振荡、混频两种作用。本机振荡电路由振荡变压器 B、可变电容器 C_{1b} 等构成变压器反馈式振荡器。振荡频率主要决定于 L_4、C_{1b}；L_4、C_{1b} 振荡回路通过 C_2、C_3 接在 T_1 的基极—发射极之间。自激振荡信号由反馈线圈 L_3 耦合给振荡回路，再由 C_3、C_2 回送到 T_1 的基极—发射极之间，循环放大，形成振荡。由于 C_2 对振荡信号如同短路，T_1 基极交流接“地”，所以振荡电路是共基极方式。混频时，电台信号经 C_{1a}、L_1 谐振选频后，通过 L_1、L_2 的耦合送入 T_1 基极，同时，本振信号通过 C_3 注入 T_1 发射极，两个信号在 T_1 中混频，输出信号由于 C_4、L_5 的中频选频作用，得到差频信号，通过中频变压器 B_1 输送给中频放大级。由于 C_{1a}、C_{1b} 是同轴双连可变电容器，输入信号调谐频率改变，本机振荡频率也随之改变，从而保证本振频率始终高于输入信号一个中频，满足收音机对中频的要求。

(2)中频放大器

中频放大器(简称中放)是收音机的“心脏”部分。它对收音机的灵敏度、选择性及音质都有直接影响。中频放大器应具有增益高、稳定性好、选择性优良、通频带较宽的特点。收音机的中频放大器通常采用调谐式负载，具有调谐放大器的特性。中频放大器一般为 1～3 级，每级增益约在 25～35 分贝左右。图 8.3.3 是一级中放的典型电路。

图中晶体管为中频放大管，B_1、B_2 为中频变压器(简称中周)，其初级线圈两端分别并联 C_4、C_7 构成谐振回路，谐振频率为 465[kHz]中频。电路采用变压器耦合方式，R_4、R_5、R_6 组成稳定的直流负反馈式偏置电路。C_5、C_6 为中频信号提供通路；C_4、C_7 是谐振电容，采用的中周型号不同，其数值也不同，一般取 100～510[pF]左右。CN 是中和电容，用以防止中放自激，

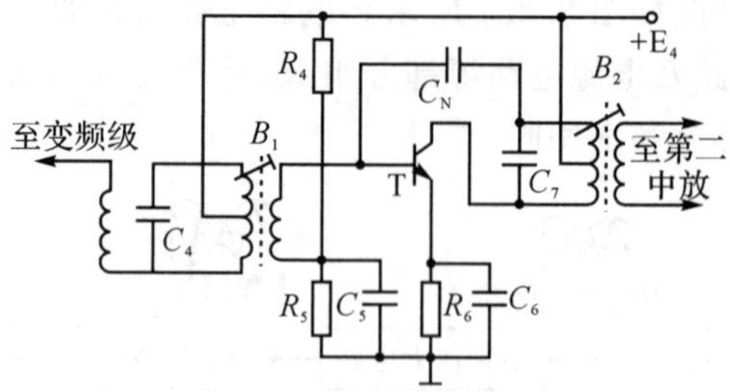

图 8.3.3 收音机中放电路

其数值很小，需要实验中调整确定。

收音机的中放电路根据性能要求可采取不同形式。图 8.3.3 的电路是单调谐放大形式。它的输出电路只有一个调谐回路，电路简单，调试方便，但其选择性和通频带不易兼顾。有的高质量的收音机采用的是输出、输入电路均采用调谐回路的双调谐中频放大器，这种电路具有良好的通频带和选择性。还有一些收音机的中放电路中还广泛采用具有很高 Q 值的陶瓷滤波器来代替 LC 谐振回路。

(3)检波和自动增益控制电路

图 8.3.4 是典型的检波及自动增益控制电路。经中放各级放大的中频信号，通过中放末级中周 B_3 的耦合，送给二极管 D 进行幅度检波，检波后的中频成分，被 C_{11}、R_{10}、C_{12} 滤除，音频信号通过负载电阻 R_{10} 和 W，再经 C_{14} 耦合给音频放大器放大，由扬声器还原出声音。

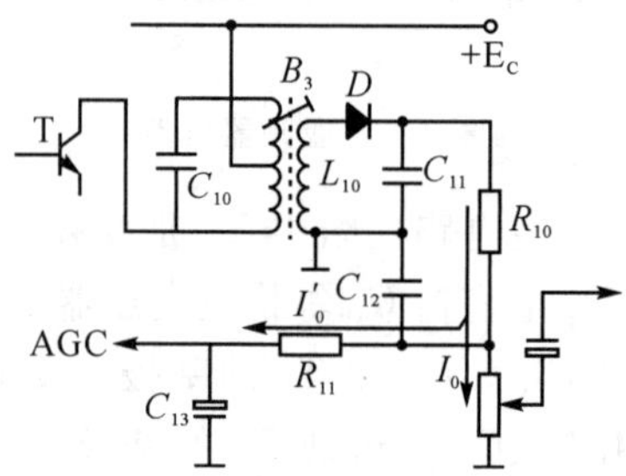

图 8.3.4 检波及自动增益控制电路

另外，在检波后的输出信号中，还有一定的直流成分，它的大小与信号强弱成正比，可用来作为自动增益控制电流。

我们知道，广播电台信号有弱有强，收音机在接收强弱不同的信号时，音量会起伏变化。为使输出信号大小变化不致太悬殊，收音机加有自动增益控制(AGC)电路。AGC 电路可以使检波前的放大增益自动随输入信号的强弱变化而增减，以保持输出相对稳定。图 8.3.4 的 AGC 控制电流取自检波后的直流成分，直流的一部分电流经过 R_{11}、C_{13} 滤波后，送到第一中放管的基极。由于反馈电流与第一中放管的基极电流方向相反，使基极电流减小，第一中放级增益下降。输入信号越强，反馈直流越大，其控制作用越强，反之控制作用减小。这种控制方法较为简单，但当外来信号很强时，反馈可能很大，致使被控管趋向截止而产生严重失真。为了加强 AGC 作用，有的收音机对这一电路进行改进，采用二次自动增益控制电路，再此不作介绍。

图 8.3.5 为一超外差晶体管收音机原理图。

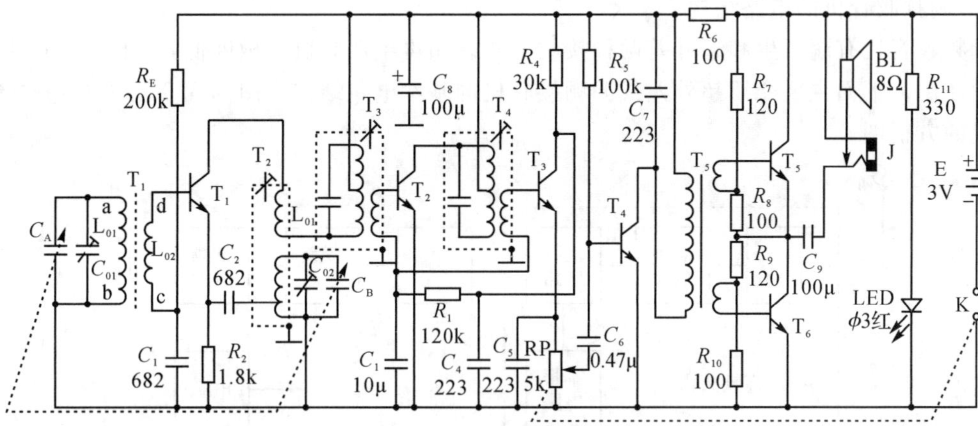

图 8.3.5　超外差晶体管收音机原理图

3.3　调频收音机

自1941年5月美国首先实现超短波调频广播以来，调频广播以其频带宽、音质好、噪声低、抗干扰能力强等突出优点而使调幅广播相形见绌。因此，世界各国争相发展，调频广播技术日趋成熟。1961年开始又实现了调频立体声广播。调频广播使用超短波段，88～108[MHz]定为调频广播的国际标准频段。调频收音机一般采用超外差式接收，中频为10.7[MHz]。

(1)调频广播的特点

我们知道，调幅广播是用音频调制载波的振幅，振幅随音频信号变化，载波频率不变。调幅广播，电台间隔小，接收机通带窄，保真度不高；加以调幅收音机抗干扰能力差，密集的电台信号及其他干扰信号"鱼龙混杂"，差拍及串音干扰严重。而调频广播采用载波频率随调制音频信号变化而幅度不变的调频方式。

调频波在音频信号正半周时，频率增高而波形变得紧密；音频信号处于负半周时，频率降低波形变得疏松，波形疏密相间随音频调制信号的变化而变化。载波受调制后的频率变化量叫作频偏。频偏的大小与调制信号的幅度成正比。一般调频广播的最大频偏规定为±75[kHz]，所以每一个电台最少要占用150[kHz]的频谱范围。为了留有余量，每一电台要有200[kHz]的通带范围。为了在调频波段容纳较多的电台，调频广播要使用超短波发射。

调频广播主要有如下优点：

抗干扰性能强：空间各种干扰信号多以幅度调制"混入"广播信号电波中。调幅波受到干扰信号调幅，在接收机中很难去除。而调频收音机都设有限幅器，可以将受到干扰信号调幅的调频波上、下"切"齐而消除干扰。另外，超短波为视距传播，受各种空间干扰的机会少得多，所以调频收音机声音清晰，噪音很小，信噪比大大提高。

频带宽，保真度高：调幅广播受到频道间隔的限制，收音机通频带最高不过7[kHz]，普通收音机只能达到3～4[kHz]，高音衰减，音质发闷，缺少层次感。而调频收音机的通带达180[kHz]，放音频响可以达到30～15000[Hz]。虽然人耳可闻频率范围为20～20000[Hz]，但30～15000[Hz]的放音频响，也可以跻入高保真之列了。调频收音机音质优美，高音丰富，层次分明，具有很高的保真度。

调频广播方式的缺点是传输距离短，占有频带宽，接收机电路较调幅收音机复杂一些。

(2)调频收音机的电路结构

调频收音机有超再生和超外差两种接收方式。超再生调频机灵敏度低,工作不稳定,目前已极少使用。下面主要介绍超外差式调频接收机的基本电路结构。图 8.3.6 是超外差式调频接收机的方框图。

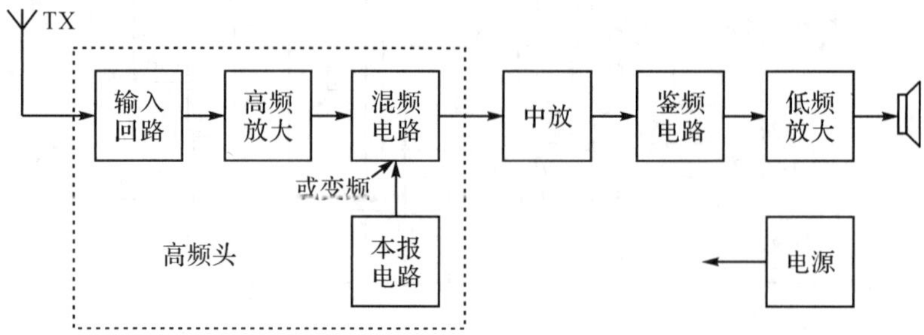

图 8.3.6 超外差式调频接收机的方框图

调频超外差式收音机与调幅超外差式收音机电路结构基本相同。不同的是调频机工作频率高,选择性较差,一般需在变频前增加一级高频放大,以提高抗干扰能力。输入回路和高放、混频、本振组成调频调谐器(或称调频高频头)。高频头的本机振荡在普及型收音机中由变频管兼任。高级收音机一般采用独立的本机振荡器。中放电路为了提高接收灵敏度,一般需 2～4 级。中放通常带有限幅特性,用以对干扰信号的寄生调幅进行削波。解调电路大都采用具有限幅作用的比例鉴频器。为了提高整机的稳定性,有的机型还附加有自动频率控制电路(AFC)和自动增益控制电路(AGC)。调频机对音频放大器和放音系统的频率响应及失真度等指标的要求也比调幅机高得多。

第 4 节 电视信号传输

随着无线电广播的飞速发展,人们自然而然地想到是否可以应用无线电技术来传递活动图像。人们发现,图像包含的信息量远远大于声音,因为它的各部分的明暗、色彩等都不相同,又会随着时空的变化而处在不断变化中。因此电视技术要复杂得多,电视信号的传输是一门高度综合的技术,涉及的知识范围很宽。在本节只能对电视信号的传输做一个综合性概述,不便做过多的详细解释。

4.1 电视信号的形成

电视和电影都能显示活动的图像,然而两种影像形成的原理却截然不同。电视不能像电影那样用胶片一下子拍下一幅完整的画面,而需要由电信号来传送,必须对景物不同部位的亮度与颜色分别转换成电信号。因此要形成电视图像必然要经过光—电—光转换的三步曲。

(1)将图像分解为像素

光电管的发明解决了光信号与电信号相互转换的问题,如何将一幅幅画面信息转换成一连串的电信号并传递出去呢?

目前的电视系统在处理图像上,采取的是首先分解为像素。所谓的像素,就是组成图像的元素,即基本单位,具有单值的空间位置、亮度信息和色度信息。一幅电视图像有许许多多个像素组成，电子电路设备能够分解的像素越多，图像的清晰度越高。然后用顺序的传送手段，把待传送图像按行、按列划分为许多小的像素单元。按照像素在空间排列的位置，从左到右，从上到下一行行地依次拾取和传送由每个像素产生的电信号，就可以把“空间位置”的不同亮度和色彩转换成按“时间顺序”出现的相应强弱的电信号了。只要在接收端能准确地实现这一过程的逆变换，就能重显这个画面的图像。

也就是说，电视是按一定顺序将一个个像素的光学信息轮流转换成电信号，用一条传输信道依次传送出去，在接收端的屏幕上再按同样的顺序将电信号在相应的位置上转换成光学信息。

(2)图像的顺序传送和扫描

电子扫描就是一种可以完成以一定的时间顺序传送按空间分布像素的办法。电视系统中的扫描包含于两个过程之中，即发送端光电转换过程中的扫描和接收端电光转换过程中的扫描。在这两个过程中，扫描的规律必须一致，即同步。

电视系统在光电转换时用电子束扫描的方法逐行(或隔行)顺序拾取一幅图像上各点的亮度和色度信息，这种扫描分为水平扫描和垂直扫描。电子束沿水平方向运动完成逐像素的传输过程称之为水平扫描，水平扫描是从左至右一行一行进行的，所以通常也叫作行扫描；电子束沿垂直方向运动完成逐像素的传输过程称作垂直扫描。要将一幅画面的所有像素全部扫描完，不仅需要从左至右的行扫描，还需要从上至下的将每一行都扫到，也就是说还需要垂直扫描。如果一幅画面从左上角至右下角，一行行顺序扫描，称作逐行扫描。

还可采用隔行扫描的方法，使每一帧视频画面在显示端分两次显示，以达到减少闪烁感、改善视觉的效果。隔行扫描先扫 1、3、5、7、9、……奇数行，再扫 2、4、6、8、10……偶数行，每扫一遍，称作一场，一帧分为两场来拾取、传送和显示。因此，在垂直扫描中，按照逐行扫描的规律一帧帧的扫描，通常又叫做帧扫描；而按照隔行扫描的规律一场一场的扫描则叫做场扫描，图 8.4.1 为各行扫描示意图。

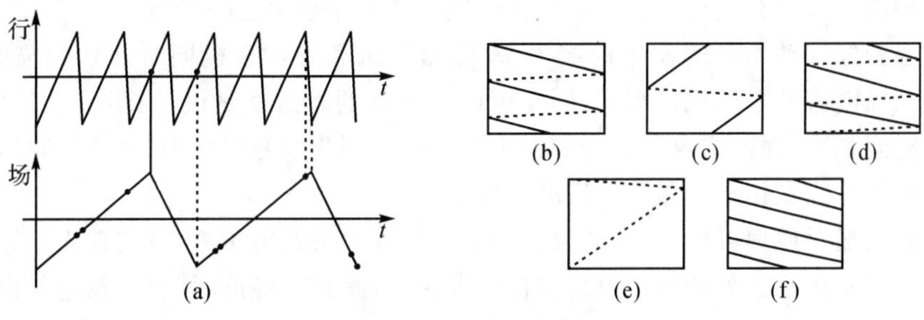

图 8.4.1　各行扫描示意图

我国电视标准规定，每帧(幅)画分解为 625 行，一帧扫描总行数为 625 行，从上到下分 2 次(场)拾取，称隔行扫描，这种方法可以减少人眼的闪烁感。

为了传送活动图像，则必须随着画面的变化不断反复地对图像扫描。要适合人眼观看，重复频率为每秒 25 帧，从而可求得垂直扫描频率为 2×25 帧/秒＝50 赫兹，水平扫描频率为 625 行×25 帧/秒＝15625 赫兹。因为电子束回头(回扫)需要时间，真正用于正程扫描到屏幕上的行数仅有 575 行/帧。因此，可以认为电视图像在垂直方向上被分解为 575 行像素。当然，人为划分的像素未必与图像的实际花纹相吻合，实际能分辨的水平条纹数达不到这个数值，需乘以一个小于 1 的统计系数，大约能分辨 430 多条。水平方向的分辨率应当与之相适应。

(3)减小视频信号的带宽

视频信号的频率与图像内容有密切关系，图像的细节越细，相应的信号频率越高。在图像像素呈黑白间置的状态下，图像的细节最细，每相邻的两个像素就可产生一个方波信号。要传送这样的细节，信号通道必须允许这个方波通过，因为方波信号的频谱很宽，信号的频率会很高。因为扫描两个像素的时间即为视频信号的一个周期，所以信号的最高频率 f_{MAX} 既取决于一幅图像的像素总数，又与扫描速度(或扫描频率)有关。一幅画面能分解出的像素总数与像素大小有关，像素的最小直径只能等于一行的宽度。我国电视标准规定，一帧由 625 行组成，其中有 50 行回扫，不显示图像，则有效行数为 575 行，即一幅画面在垂直方向上约分解成 600 个左右像素，因为人眼垂直和水平方向的视场角之比约为 3∶4，荧光屏的高宽比也多按此比例，故水平方向分解像素为 4/3×600 个。产生电信号约 1/2×4/3×600 个方波，若电视每秒传送 50 幅这样完整的画面，即帧频为 50，则可算出 $f_{MAX}=1/2\times4/3\times600\times600\times50=12$ [MHz]。

视频信号需要这么宽的频带，不但会显著提高电视机的成本，而且将明显减少规定波段内能容纳的电视频道数。在电视技术还没有实现数字化之前，由于无线电频率资源有限，必须设法压缩视频信号的带宽。减少行数和帧频固然都可奏效，但减少行数意味着减少像素，将影响图像的清晰度。直接降低帧频，又会出现闪烁现象。有效的措施就是借助于隔行扫描的方法，把一幅完整的画面分成两场传送，一场传送奇数行位置的像素的信号，另一场传送偶数行上的像素。只要场频为 50[Hz]，并借助荧光粉余辉的作用，就可形成既无闪烁和断续现象，又不降低清晰度的图像，但却显著地降低了视频信号的最高频率，因为此时的帧频只有场频的一半，即 25[Hz]，代入上式，可求得 $f_{MAX}=6$[MHz]。这就是隔行扫描方式压缩视频信号带宽的原理，所以我国规定电视信号带宽为 6[MHz]。

(4)同步与消隐

重现电视图像的一个重要问题就是电视机屏幕上各像素的排列规律必须与摄像机上图像的扫描顺序相同。我们在电视广播中是以传送同步信号来解决这一矛盾的。

同步信号就像运动场上的发令枪声，是发给摄像机和各电视机同时开始扫描的“命令”。只要它们的扫描电流的增长规律相同，同样可以达到目的。这就是说，同步信号只作为收、发两端扫描的时间基准，而扫描电流是分别产生的。既然同步信号仅作为“发令”信号，所以只要以一个很窄的脉冲加在扫描正程结束后就可以了。

从显像管的显示原理可以看出，如果在扫描的逆程不关断电子束，就会在光电靶和荧光屏上留下回扫线产生干扰。关断电子束最简便的办法，就是在相应的时间里，在电子束的控制电压中加入一个相当于黑色电平的信号，这就是消隐信号。不言而喻，消隐信号包括行消隐和场消隐两种，合在一起称为复合消隐信号。

把视频信号(图像信号)、复合同步信号和复合消隐信号合在一起，形成全电视信号。如图 8.4.2 所示，这就是广播电视传送的黑白电视信号。接收机根据它们在显像管(CRT)中重新用电子枪在荧光屏上打出亮度各异的像素，配合偏转线圈的锯齿形交替变化的磁场，对电子束偏转扫描，把这些像素按原来的顺序逐行、逐场地排列成图。

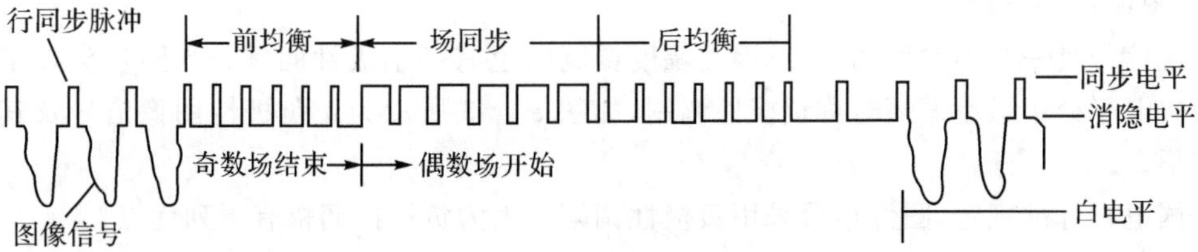

图 8.4.2　全电视信号波形

(5)彩色电视系统

彩色电视系统在处理彩色的方式上采用三基色原理。它把任何色彩都分解为红(R)、绿(G)、蓝(B)三种基本的分量进行拍摄传输,在复制图像时仍然用这三种颜色,按不同比例重新混合出原来的色彩。因此,彩色信息实际上就是传输这三种分量的大小。任意一个像素的彩色,都可以分别用 R、G、B 三种分量叠加而成,因此黑白电视的一个亮度信号将被 R、G、B 三个图像信号所取代。

在接收机中可以根据 R、G、B 三基色,供给三支电子枪打出红、绿、蓝三个小点,组成一个彩色像素,同样用扫描方式把一个个彩色像素扫描排列成彩色图像。

图像的显示也可用平面显示器件,如等离子或液晶显示器,按行、列矩阵馈入相应的亮度或三基色信息,组成图像。这种轮流显示的重复频率只要足够高,人眼就不能分辨出它的闪烁,而看成一幅幅完整的图像。

模拟电视系统在传输黑白图像时情况比较简单,因此各国电视系统最多只有标准数值上的差异。而彩色电视有 R、G、B 三个独立信号待传送,而且还要强调与黑白电视兼容(相互交叉接收),因此必须对信号进行重新组合,把它们组合成另外三路信号。就像数学中三个独立方程可以求解出三个未知数一样,在接收机中根据已知的三个信号恢复出 R、G、B 三基色。

而对于黑白电视机,则只取用亮度信号,舍去色度信号,从而达到兼容。

较好的彩色信号的组合方法是从三基色信号中提取亮度(Y)和两个色差(R—Y)、(B—Y)信号。尽管仍然是三个独立信号,但是由于人眼对彩色图像的空间细节的分辨能力较低,所以表示彩色差异的色差用不着传输太小的细节,即可以扔掉它的快变化部分(高频分量),节省传输带宽。至于如何把这三个分量组合成一路彩色信号(称为制式),模拟电视系统分裂为三大阵营:NTSC、PAL、SECAM 制。它们都把彩色电视信息整合为一个与本国黑白电视信号带宽相同的彩色全电视信号,但在原理上互不兼容。我国彩电制式采用的是 PAL 制。

4.2　电视广播原理

传统的电视广播是指用无线电波的形式利用超短波进行电视信号传输、覆盖的一种广播方式。由于电视信号本身频带较宽,所以必须用更高的频率作为发射载波,我国电视标准规定的频率范围是甚高频(VHF)48～92[MHz](1～5 频道)、167～223[MHz](6～12 频道)和特高频(UHF)470～958[MHz](13～68 频道)。

在前面学习了调幅与调频,我们知道同样调制信号的频调波比幅调波需要的频带要宽得多。对于最高频率为 6[MHz]多的全电视信号,若用调频方式传送,需要的频带实在太宽了,只好以调幅的方式传送。所以大多数电视标准规定图像采用调幅制,伴音采用调频制。

(1)图像信号调幅

电视信号是一个不对称的信号,因此幅度调制时也有一个极性问题。当同步头处于最大振幅而白电平处于最小振幅时称负极性调制,如图 8.4.3 所示为正负极性图像信号及其调幅信号波形。

我国电视标准规定,图像信号采用负极性调幅。因为负极性调幅有下列优点:

节省发射功率:一般图像中亮的部分比暗的部分面积大。负极性调幅波的平均电平比正极性调幅波的平均电平低,因此负极性调制的平均功率比正极性调制小。

干扰不易被察觉:干扰信号通常是以脉冲形式叠加在调幅信号上,结果调幅波包络电平增高,负极性调制时干扰信号解调后在屏幕上显示为黑点,不易被察觉。

便于实现自动增益控制:负极性调幅波的同步顶电平就是峰值电平,便于用作基准电平进行信号的自动增益控制。

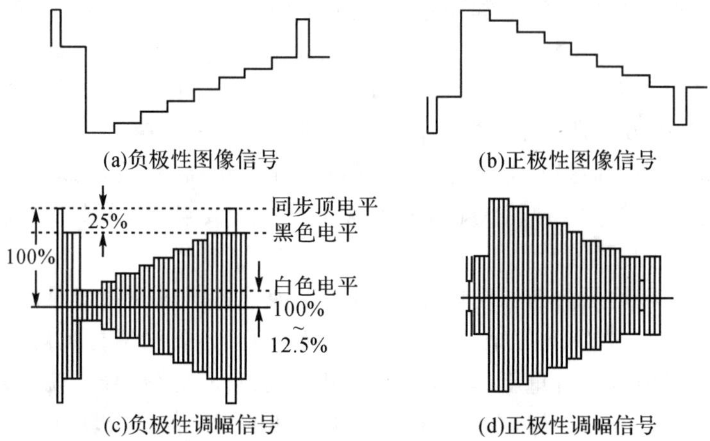

图 8.4.3 正负极性图像信号及其调幅信号

(2)残留边带发射

图像信号的最高频率为 6[MHz],信号幅调波的频谱包含载频和上、下两个边带,仍需占据 12[MHz]以上的带宽。如图 8.4.4 所示。频带越宽,电视设备越复杂,在固定频段内电视频道数目越少,所以必须压缩频带宽度。

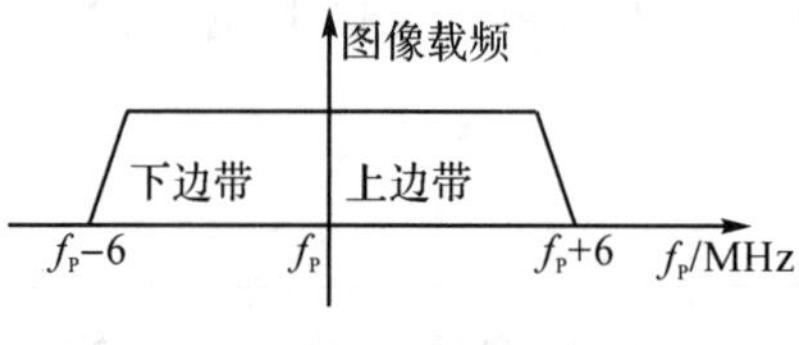

图 8.4.4 调幅波频谱

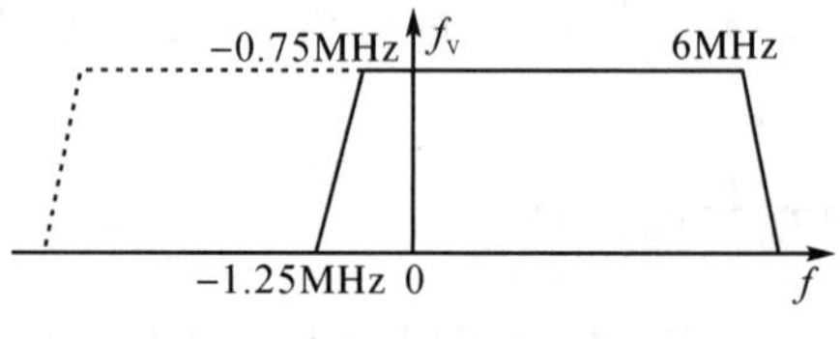

图 8.4.5 残留边带频率特性

为了进一步压缩频带,我们注意到,由于载频不含信息,它的上、下两个边带是完全对称的,上、下边带携带的信息相等,只传送一个边带就已包含了欲传送的全部信息。这样,虽然可以压缩一半频带,但由于视频信号的最低频率几乎是 0 赫兹,电视信号的频率连续分布,两个边带几乎靠在一起,想准确地抑制一个边带相当困难,所以折中为残留边带形式,滤除下边带的大部,只保留 0.75～1.25[MHz]的残余,其频谱特性如图 8.4.5 所示。而且单边带传送时,接收机的检波也要复杂得多,因此广播电视采用了残留边带制。

残留边带只传送一个完整上边带和下边带的低频部分。这样处理后，全电视信号占的带宽为 7.25[MHz]。即对 0～0.75[MHz]图像信号采用双边带发送，0.75～6[MHz]图像信号采用单边带发送。

在发送端是用残留边带滤波器来实现残留边带提取的，这种残余部分在接收机中应对它做进一步处理，以免引起低频分量过重的问题。接收机中的幅频特性必须与之相对应，接收机是由中频放大器的特殊形状的频率特性曲线来保证图像不失真的。

(3)伴音调频

电视伴音信号的频带为 15[kHz]，比起图像信号的带宽和载频来只是个小数，即使以调频的方式传送，所附加的带宽也很有限，但却有效地提高了抗干扰能力，而且等幅的调频信号对图像信号的干扰也小，所以电视伴音几乎无一例外的用调频方式传送。

我国规定电视伴音载波比图像载波高 6.5[MHz]，电视伴音的最大频偏±50[kHz]。伴音有效功率与图像峰值功率之比为 1∶10。

这样，每个电视频道占据的总带宽为 8[MHz]。伴音与图像信号的射频信号分别由两个独立的发射电路产生，共用一副天线发射。发射端总的频率特性如图 8.4.6 所示。

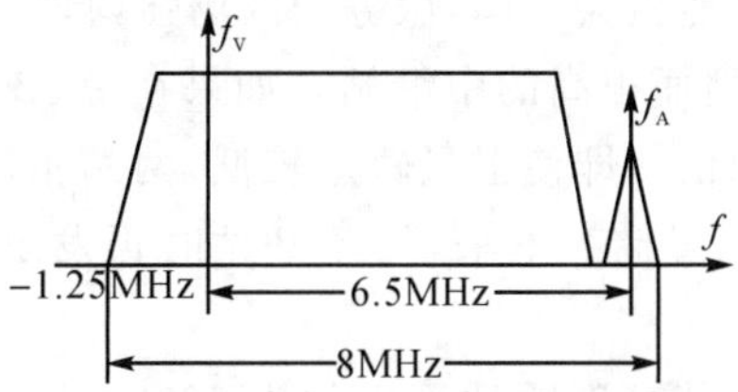

图 8.4.6　一个电视频道的频带

电视伴音也可以作为高质量的节目源，调制参数与调频广播接近，如果用指标较高的调频接收电路，可获得高保真节目效果。还有不少国家采用了模拟的多路伴音系统(可以是双伴音，也可以是立体声)进一步提高放音质量，但是不久将被数字电视系统的多路伴音所淘汰。

(4)电视接收机

根据图像传输原理，电视接收机应分为两大部分：信道处理部分和图像显示部分。

信道处理部分包括信号放大、图像信号幅度解调和伴音信号频率解调，它们的工作原理与音频广播接收类似，也是以超外差方式工作的。此外，在彩色电视机中还要有一个解码器，针对不同的彩电制式，把收到的彩色全电视信号转变为 R、G、B 信号。这一部分体现了模拟电视系统的特征，现代的全数字电视机将有完全不同的数字接收解码方式。

图像显示部分的作用是把亮度(黑白电视机)或 R、G、B(彩色电视机)信号复制成黑白或彩色像素，并由行、场扫描电路驱动，在荧光屏或其他显示屏上排列成图像。这些电路是模拟与数字电视均不可缺少的通用部分，只要增加一个数字接收部件(机顶盒)，就可以使这部分电路继续工作于数字电视系统中。

地面电视广播使用的频段属于超短波范围，我国规定为甚高频波段(VHF)的48[MHz]～223[MHz]和特高频波段(UHF)的 470[MHz]～960[MHz]范围，共安排了 68 个频道。在 VHF 波段中有 12 个频道，在 UHF 中有 56 个频道。具体的频道划分请参见有关手册。需要指出的是，VHF 中的第 5 频道与调频广播(87.5[MHz]～108[MHz])的部分频带有重叠，为了保证调频广播优先，实际上已将第 5 频道取消。

第5节　卫星广播原理

卫星广播电视系统是在卫星通信系统上发展起来的，卫星通信又是在地面微波中继通信和空间技术的基础上发展起来的。由于其具有覆盖面积大、通信容量高、通信质量高、成本低等特点，所以近年来得到了很快发展。

5.1　卫星传输概述

在卫星系统出现之前，地面上解决电视广播覆盖问题的办法主要是增加电视台的数目、加高发射和接收天线、设立数目众多的差转站、通过微波通信传输网络传送和交换电视节目、在大城市发展电缆电视等。所有这些手段都存在数量庞大、经济代价高、信号传输分配环节多、图像质量下降、传输受高山、河流等地理条件限制等问题。

而卫星电视系统利用在高空的人造地球卫星直接转发电视信号，对地面服务居高临下，不受地理条件的限制，一颗卫星就能覆盖全国，服务区内场强均匀，中间环节少，图像质量高。

通信卫星的作用相当于离地面很高的中继站。如果在A、B两个地面站内同时“看”到卫星，便可经卫星立即转发进行通信。即使卫星轨道较低，两站不能同时“看”到卫星，那么当卫星飞经A站上空时，便将接收信号储存下来，飞经B站时再发出去，称为延迟转发，为早期通信卫星所使用。

当卫星轨道在赤道平面内，其高度距地面大约为36000[km]时，运行周期恰好与地球自转周期相同，其位置相对地面来说是静止状态，称为静止卫星，也叫同步卫星。目前国际、国内的通信大多采用同步卫星通信系统。

卫星传输系统的构成如图8.5.1所示，由上行地球站、广播卫星和卫星接收站组成。上行地球站的功能是将要传输的电视信号进行调制、上变频和放大后，以足够的功率馈送到天线，并发送到同步卫星的转发器上。另外，上行地球站还可接收来自卫星的下行信号，用于监测传输质量和自动跟踪卫星。广播卫星是位于地球大气层之外的同步卫星，其上的天线和转发器可接收来自地球站的上行信号，经过下变频和放大等处理环节后，产生下行信号，通过天线将其转发到地面的服务区域。卫星接收站的功能是通过天线接收来自卫星的下行信号，并对其进行放大、变频、解调等处理环节，得到所需的电视信号。

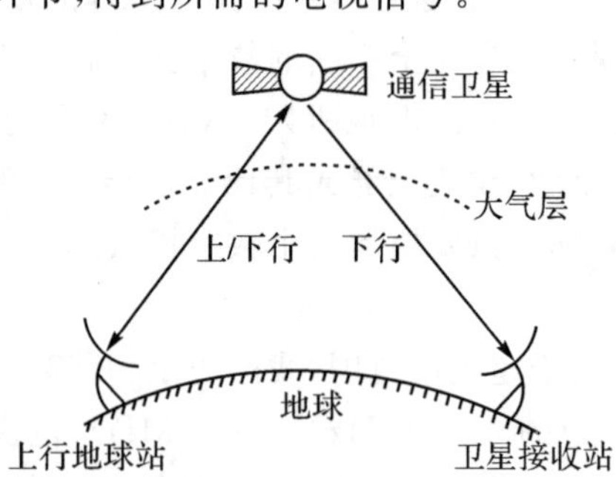

图8.5.1　卫星传输系统

卫星通信与其他中继通信方式相比有如下特点。

(1)覆盖面积大、通信距离远

一颗赤道上空的同步卫星，可以覆盖地球三分之一的面积，利用三颗相隔 120°的同步卫星即可实现全球通信，目前它是远距离越洋通信和电视转播的主要手段。

(2)频带宽、容量大

卫星通信使用微波频段，一颗星上可设多个转发器，可以同时传输几万路电话和几百路电视节目，采用频率再用技术及数字技术的卫星系统，容量还可扩展很多。

(3)通信质量好、可靠性高

卫星通信电波主要在自由空间传播，垂直进入大气层的距离很短，且不需要经过多次转接，噪声影响小、稳定性可靠。

(4)多址连接能力

地面微波中继服务区基本是一条线，而卫星覆盖区内所有地面站都可以利用这一卫星相互通信。

此外还有通信成本与距离无关、机动灵活等特点。

卫星传输方式是有线电视系统和卫星广播系统的重要组成部分，也是未来广播电视的发展热点。

5.2　卫星电视广播系统

卫星电视广播是指利用地球同步轨道卫星上的转发器进行电视广播信号的传输，它相当于一个特殊的微波中继传输系统，只不过其中继站安装在同步卫星上。

电视台广播的节目信号，经光纤线路或微波中继线路传送到上行发射站，节目信号经放大和频率调制后，变成 14[GHz]的载波发射给卫星，卫星上的转发器接收到地面传来的上行电波后，将其放大并转换成 12[GHz]的载波信号，再通过卫星上的天线转变成覆盖一定地区的下行电波。卫星地面接收站收到 12[GHz]的载波信号后，从中解调出节目信号，经当地转播台或有线电视台播出，供用户接收，或者利用卫星广播电视接收机直接接收卫星上的广播电视节目信号，这就是卫星广播系统。

(1)系统构成

卫星电视广播系统主要由上行发射站、卫星(星载转发器)、下行电视接收站和遥测遥控跟踪站组成，卫星电视广播系统的基本构成如图 8.5.2 所示。

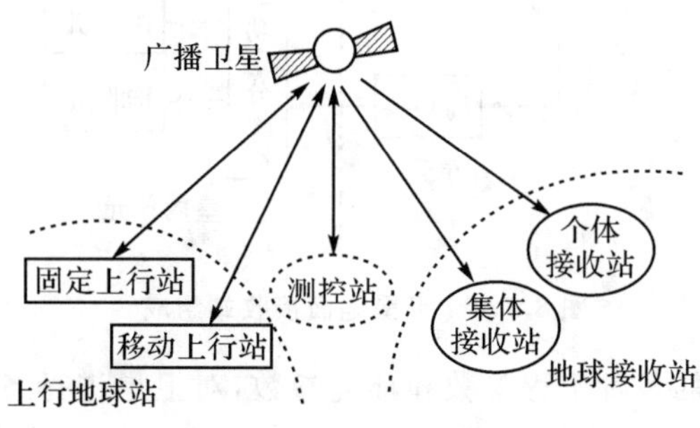

图 8.5.2　卫星电视广播系统

信号在上行站、星载转发器、下行接收站之间传输。

广播卫星是在赤道上空的同步轨道上运行的人造卫星，其绕地球一周的时间正好等于地球自转的周期，因此，从地球上看，该卫星在天空中似乎是静止不动的，故也称为静止卫星。广播卫星是卫星广播系统的核心,其星载广播天线和转发器的主要任务是接收来自上行地球站的广播电视信号,并经低噪声放大、下变频及功率放大等处理后,再转发到所属的服务区域。图 8.5.3 是星载转换器的原理框图。

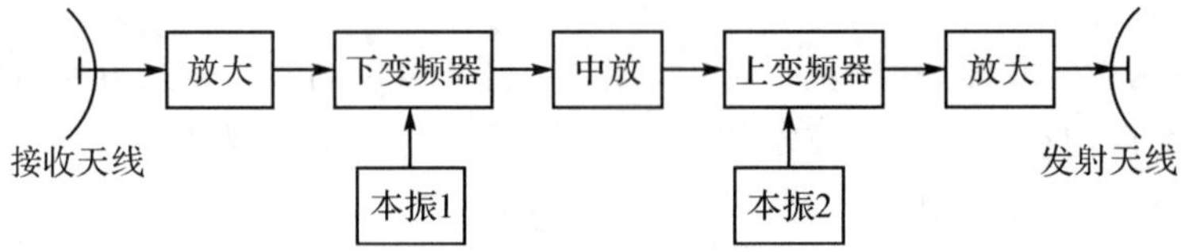

图 8.5.3　星载转换器的原理框图

上行地球站的主要任务是将电视台或播控中心传来的广播电视节目信号进行基带处理、调制、上变频和高频功率放大,然后通过天线向广播卫星发送信号,此信号称为上行信号。另外,上行站也可以接收卫星转发的信号(即下行信号),用以监视卫星广播的传输质量。

上行站有两种:一种是固定上行站,另一种是移动上行站。固定上行站是主要的广播卫星上行站,一般规模较大,功能齐全。移动上行站通常为车载式或组装型设备,功能较单一,常用于特定活动或特定地区情况下的现场直播或节目传送。

地球接收站用来接收广播卫星转发的广播电视信号。根据应用的不同,接收站可分为两种类型,即集体接收站和个体接收站。集体接收站通常具备大口径的接收天线和高质量的接收设备,接收到的信号可送入卫星共用天线电视系统供集体用户收看,也可以作为节目源,供当地电视台或差转台进行地面无线电广播,或者输入到当地有线电视系统前端,并通过光缆和电缆传送到千家万户。个体接收站是个体用户用小型卫星接收天线和简易接收设备进行接收,这种情况要求下行信号在覆盖区的功率足够大。

接收站通常可分为室外单元和室内单元两部分,如图 8.5.4 所示。室外单元主要包括卫星接收天线、高频头、第一中频电缆等;室内部分主要由功率分配器、卫星接收机等组成。其中,高频头的作用是对接收到的信号进行低噪声放大和下变频;第一中频电缆用于将卫星信号从室外传送到室内;功率分配器的作用是将一路信号分为多路,以便给多个接收机提供信号;卫星接收机的作用是将中频信号经过处理后变成视音频信号或射频信号。接收机输出的信号就可送往电视机。

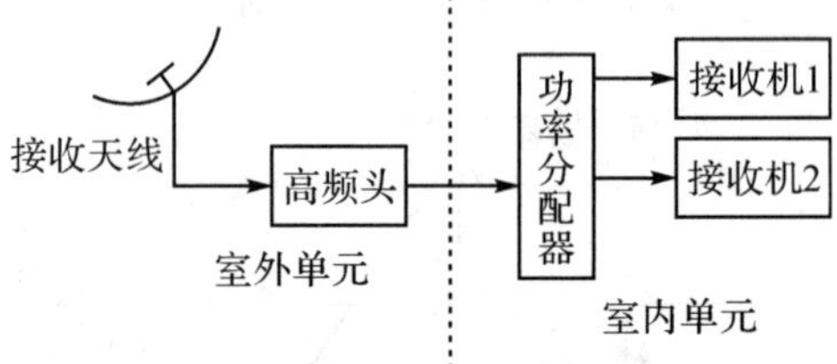

图 8.5.4　卫星地面接收站组成

测控站负责测量卫星的各种工程参数和环境参数,对卫星进行各种功能状态的切换和调整,对卫星轨道、运行姿态加以监控,以保证系统运行正常。对其技术管理的详细方法,此处从略。

(2)卫星广播的频段和频道

卫星广播频段是指用于卫星上行传输和下行传输的频率范围。频段的选择直接关系到电波的传播特性、系统性能、传输容量和技术实现的难易程度。通常要求电波穿越大气层所受的损耗小、频率高、频带宽。由国际电联分配给卫星广播业务使用的频段共有六个，如表8.5.1所示。表中后三个较高频段(Ka、Q、W波段)由于在技术上尚不成熟，所以目前在卫星电视广播中使用的只有前三个较低频段，即L、S、Ku频段。

表8.5.1　卫星广播业务使用的频段

频段	频率范围(GHz)	带宽(MHz)	地区分配
L	0.620～0.790	170	第一、二、三区
S	2.5～2.69 2.5～2.535 2.655～2.69	190 35 35	全世界 第二区 第三区
Ku	11.7～12.2 11.7～12.5 12.5～17.75	500 800 250	第二、三区 第一区 第三区
Ka	22.5～23	500	第二、三区
Q	40.5～42.5	2000	全世界
W	84～86	2000	全世界

注：第一区包括非洲、欧洲以及伊朗以北和中国以北的亚洲地区；第二区包括南北美洲；第三区包括伊朗以东和蒙古以南的亚洲地区以及大洋州地区。我国属于第三区。

由于我国卫星电视广播开始时使用的是通信卫星，因此使用了用于通信业务的C频段。后来，又开启了Ku频段。表8.5.2给出了在C和Ku频段内我国可以使用的上行频率和下行频率的范围。

表8.5.2　卫星广播业务使用的颁段

频段	上行频率范围(GHz)	带宽(MHz)	下行频率范围(GHz)	带宽(MHz)
C	5.85～7.075	1225	3.4～4.2	800
Ku	14.0～14.8 17.3～17.8	800 500	11.7～12.2	500

为了充分利用各频段内的无线电频谱，并防止互相干扰，通常将某一频段分成若干个频道。划分频道时，要确定每个频道的带宽，还要确定相邻频道的间隔及频段两端的保护带。Ku频段和C频段的频道划分可参见有关书籍。

第6节　蓝牙技术

蓝牙作为一个全球公开的无线电应用标准，通过把各种语音和数据设备用无线链路连接起来，使人们能随时随地进行数据信息的交换与传输，它已经在人们的日常生活和工作中扮演着重要的角色。本节将对蓝牙传输技术的原理结构及其应用做一简单介绍。

6.1　蓝牙简介

具体说来，“蓝牙”(Blue Tooth)是一种短距离的无线传输技术标准的代称，蓝牙的实质内容就是要建立通用的无线电空中接口及其控制软件的公开标准。

蓝牙计划主要面向网络中各类数据及语音设备，如PC机、笔记本电脑、打印机、传真机、数码相机、移动电话、高品质耳机、家用音响设备等，使用无线微波的方式将它们连成一个微微网，多个微微网之间也可以互联，从而方便快速地实现各类设备之间的通信。

蓝牙采用分散式网络结构，支持点对点及点对多点通信，工作在全球通用的2.4[GHz] ISM(即工业、科学、医学)频段。其数据速率为1[Mbps]。采用时分双工传输方案实现全双工传输，它是一种低成本、短距离的无线连接技术，是实现语音和数据无线传输的开放性技术规范。其无线收发器是很小的一块芯片，大约有9[mm]×9[mm]。可方便地嵌入到便携式设备中，从而增加设备的通信选择性。蓝牙技术实现了设备的无线连接，并且具有外围设备接口，可以组成一个特定的小型网络。

蓝牙采用了跳频技术，抗信号衰落；采用了快跳频和短分组技术，减少同频干扰，保证传输的可靠性；采用前向纠错(FEC)编码技术，减少远距离传输时的随机噪声影响；使用2.4[GHz]的ISM频段，无需申请许可证；采用FM调制方式，降低设备的复杂性。

该技术的传输速率设计为1[MHz]，以时分方式进行全双工通信，其基带协议是电路交换和分组交换的组合。1个跳频频率发送1个同步分组，每个分组占用1个时隙，也可扩展到5个时隙。蓝牙技术支持1个异步数据通道，或3个并发的同步话音通道，或1个同时传送异步数据和同步话音的通道。每一个话音通道支持64[kbps]的同步话音；异步通道支持最大速率721[kbps]、反向应答速率为57.6[kbps]的非对称连接，或者是432.6[kbps]的对称连接。

6.2 蓝牙的技术原理

“蓝牙”技术最初的目标是取代现有的掌上电脑、移动电话的各种数字设备上的有线电缆连接。在制定蓝牙规范之初，就建立了统一全球的目标，向全世界公开发布，工作于2.4[GHz]的ISM(工业、科学和医学)频段，共79个频道，相邻频道间隔1[MHz]。采用宽带符号速率为1Mbit/s的GFSK调制和每秒频率改变1600次的跳频技术，发射功率1[mW]/2.5[mW]/100[mW]可选，有效通信距离根据发送功率的不同在小于10[m]或小于100[m]内变化。由于蓝牙体积小功耗低，几乎可以被集成到任何数字设备之中，特别是那些对数字传输速率要求不高的移动设备和便携设备。如移动手机、固定通信设备、计算机及其外设、个人数字助理(PDA)、数字摄像机、数字照相机、话筒、各种信息化家用电器和家用集线器(HUB)等，并赋予其通信功能。

(1)蓝牙的硬件单元

①无线射频单元

蓝牙系统的天线发射功率符合FCC关于ISM波段的要求。由于采用扩频技术，发射功率可增加到100[mW]。系统的最大跳频速率为1600跳/秒，在2.402[GHz]到2.480[GHz]之间，采用79个1[MHz]带宽的频点。系统的设计通信距离为0.1～10[m]，如果增加发射功率，这一距离也可以达到100[m]。

②连接控制单元

连接控制单元(即基带)描述了数字信号处理的硬件部分——链路控制器，它实现了基带协议和其他的底层连接规程。

蓝牙系统一般由无线部分、链路控制部分、链路管理支持部分和主终端接口组成。如图8.6.1所示。

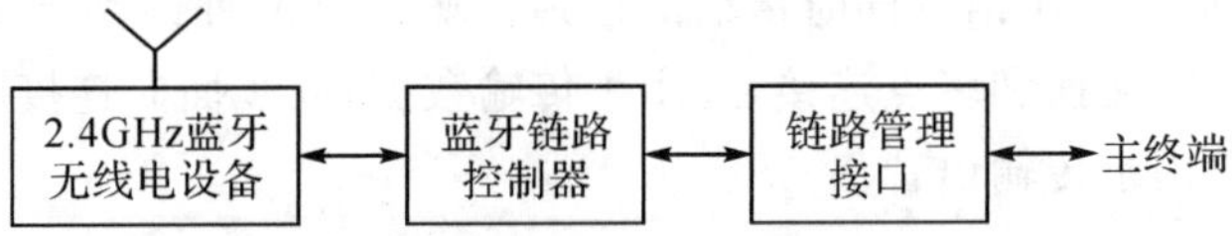

图 8.6.1　蓝牙系统组成

(2)软件结构

蓝牙设备应具有互操作性。对于某些设备,从无线电兼容模块和空中接口,直到应用层协议和对象交换格式,都要实现互操作性;对另外一些设备(如头戴式设备等)的要求则宽松得多。蓝牙计划的目标就是要确保任何带有蓝牙标记的设备都能进行互操作。软件的互操作性始于链路级协议的多路传输、设备和服务的发现,以及分组的分段和重组。蓝牙设备必须能够彼此识别,并通过安装合适的软件识别出彼此支持的高层功能。互操作性要求采用相同的应用层协议栈。不同类型的蓝牙设备(如 PC、手持设备、头戴设备、蜂窝电话等)对兼容性有不同的要求,用户不能奢望头戴式设备内含有地址簿。蓝牙的兼容性是指它具有无线电兼容性,有语音收发能力及发现其他蓝牙设备的能力,而更多的功能则要由手机、手持设备及笔记本电脑来完成。为实现这些功能,蓝牙软件构架将利用现有的规范,如 OBEX、vCard/vCalendar、HID(人性化接口设备)及 TCP/IP 等,而不是再去开发新的规范。设备的兼容性要求能够适应蓝牙规范和现有的协议。

蓝牙 1.0 标准由两个文件组成。一个是核心部分,它规定的是设计标准。另一个叫协议子集部分,它规定的是运作性准则。

蓝牙协议可以分为 4 层,即核心协议层、电缆替代协议层、电话控制协议层和采纳的其他协议层。由于篇幅的限制,这里只向读者介绍核心协议。

蓝牙的核心协议包括基带、链路管理(LMP)、逻辑链路控制与适应协议(SDP)等四部分。

链路管理(LMP)负责蓝牙组件间连接的建立。通过连接的发起、交换、核实,进行身份鉴权和加密等安全方面的任务;通过协商确定基带数据分组大小;它还控制无线单元的电源模式和工作周期,以及微微网内蓝牙组件的连接状态。

逻辑链路控制与适应协议(L2CAP)位于基带协议层之上,属于数据链路层,是一个为高层传输和应用层协议屏蔽基带协议的适配协议。其完成数据的拆装、基带与高层协议间的适配,并通过协议复用、分用及重组操作为高层提供数据业务和分类提取,它允许高层协议和应用接收或发送长过 64 K 字节的 L2CAP 数据包。

业务搜寻协议(SDP)是极其重要的部分,它是所使用模式的基础。通过 SDP,可以查询设备信息、业务及业务特征,并在查询之后建立两个或多个蓝牙设备间的连接。SDP 支持 3 种查询方式:按业务类别搜寻、按业务属性搜寻和业务浏览。

蓝牙系统的软件结构将实现以下功能:配置及诊断、蓝牙设备的发现、电缆仿真、与外围设备的通信、音频通信及呼叫控制,以及交换名片和电话号码等。

6.3　蓝牙技术的特点

蓝牙技术的特点可归纳为以下几点:

(1)全球范围适用:蓝牙工作在 2.4[GHz]的 ISM 频段,全球大多数国家 ISM 频段的范围是 2.4[GHz]～2.4835[GHz]。

(2)同时可传输语音和数据:蓝牙采用电路交换和分组交换技术,支持异步数据信道、3 路语音信道以及异步数据的同步语音同时传输的信道。蓝牙有两种链路类型:异步无连接链路支持对称或非对称、分组交换和多点连接,适用于传输数据;同步面向连接链路支持对称、电路交换和点到点连接,适用于传输语音。

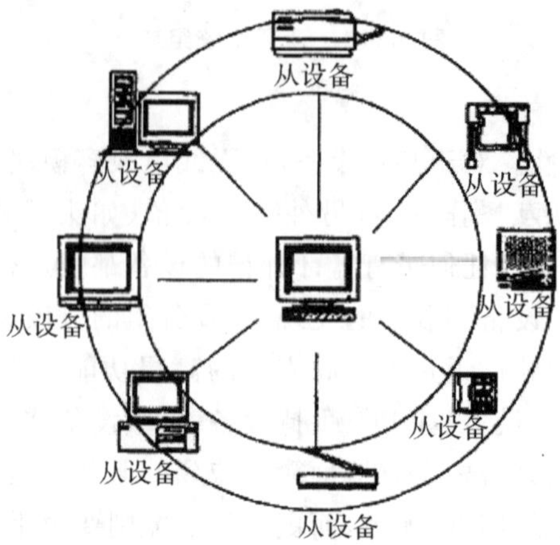

图 8.6.2 蓝牙微微网

(3)可以建立对等连接(Ad-hoc Connection):通过蓝牙采用的跳频、时分双工技术来实现点对点的无线连接,构成"主从网络"微微网,它是蓝牙最基本的一种网络形式,它由一个主设备和一个从设备组成的点对点的通信连接,其结构如图 8.6.2 所示。

通过蓝牙采用的跳频、时分多址技术来实现点对多点的无线连接,构成跨越不同"主从网络"的散射网,其结构如图 8.6.3 所示。其中,主动提出通信要求的称为主设备,它最多可与 7 个被动的从设备同时进行通信,并与多个从设备保持同步。

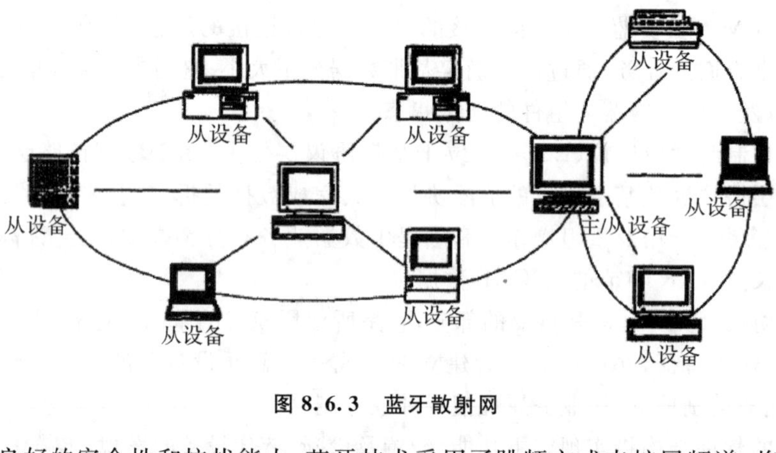

图 8.6.3 蓝牙散射网

(4)具有良好的安全性和抗扰能力:蓝牙技术采用了跳频方式来扩展频谱,将2.402[GHz]~2.48[GHz]频段分成 79 个频点,相邻频点间隔 1[MHz]。蓝牙设备在某个频点发送数据之后,再跳到另一个频点发送,而频点的排列顺序则是伪随机的,每秒钟频率改变 1600 次,每个频率持续 625[μs],提高了抗干扰能力和可靠的安全性。

(5)蓝牙模块体积小,可以方便地集成到各种设备中。

(6)低功耗:蓝牙设备在通信连接状态下,有激活、呼吸、保持和休眠四种工作模式。激活模式是正常的工作状态,另外三种模式均为低功耗模式。

(7)开放的接口标准:蓝牙技术标准的公开化,使得任何人都可以进行蓝牙产品的开发,只要最终通过 SIG 的蓝牙产品兼容性测试，即可推向市场。

(8)成本低，集成蓝牙芯片的产品成本增加很少：目前，蓝牙芯片的批量价格已低于 5 美元，而且还有进一步下滑的趋势。

6.4　蓝牙技术的应用

早在 1994 年，爱立信公司首先提出了蓝牙技术开发计划，到 1997 年，参与开发蓝牙技术的厂商还有诺基亚、英特尔、IBM 和东芝公司。1998 年 5 月，这 5 家最初的倡导公司成立了蓝牙技术特别兴趣小组(SIG)。截止到 2000 年 9 月，蓝牙技术特别兴趣小组的成员已增加到了 2000 多家。蓝牙技术开发商中包括了许多电子产品的生产商、技术供应商、软件设计公司、元器件供应商以及与电子行业相关的各类公司。

由于“蓝牙”所采用的技术和协议可使其工程实现兼具高性能、低功耗和低成本的优势，“蓝牙”标准制定了一个与计算机、因特网、公用交换电话网 PSTN、综合业务数字网 ISDN、局域网 LAN 和广域网 WAN 等网络的接口协议，并定义了使用无线应用协议 WAP 接入因特网等的各种应用。使用“蓝牙”芯片可使便携式或掌上 PC 机在小范围流动工作；所摄照片或影像的数据信号可通过手机传回家中或办公室内的计算机中进行存储；移动手机可与 PSTN 和内部专网连通，并根据实际需要可分流移动手机话务量等。

蓝牙技术在计算机及外设中的应用包括计算机与键盘和鼠标等计算机外设的无线连接，多台计算机共享一台打印机等设备资源，打印机、固定电话、传真机、摄像机、数码相机、PDA 和移动电话等通信、信息、电子、电器设备，使之具有无线组网功能，可营造全无线的工作和生活环境。

蓝牙无线语音通信的应用：如无线耳麦和车内的免提电话系统等。

无线网络的实现：包括拨号上网和网络接入点，两种“互联网桥”的实现方法。拨号上网可以使得笔记本电脑等移动设备通过移动电话接入 Internet；蓝牙无线网络接入点可以让数字设备访问 Internet 和接入本地局域网。

替代红外技术的蓝牙技术应用：包括 PDA 和笔记本电脑等设备间交换电子名片，不同设备上的日程表和资料等实现同步，不同的设备之间传递文件等功能。

家用电器的蓝牙无线组网和遥控：让家用电器上网，可以在回家之前就打开空调和热水器，使各种智能家电和信息网络相连。

实现“三合一”电话功能：将移动电话、无绳电话和对讲机三种功能集中在一部电话中。

其他的应用：包括 USB 适配器、车锁，甚至还有继承了蓝牙技术的手表和钢笔等。

目前，蓝牙的车载远程通信平台的研制成功，标志着汽车车载系统正向智能化、信息化和网络化方向发展。

总之，作为“电缆替代”技术提出的蓝牙技术发展到今天已经演化成了一种个人信息网络的技术。它将内嵌蓝牙芯片的设备互连起来，提供话音和数据接入服务，实现信息的自动交换和处理。蓝牙技术主要针对三大类的应用：话音/数据接入、外围设备互连和个人局域网。话音/数据的接入是将一台计算机通过安全的无线链路连接到通话设备，完成与广域通信网络的互联。

“蓝牙”技术在未来的办公室自动化、家庭网络、电子商务、联络调度、安全管理和工业控制等领域将会得到越来越广泛的应用。

第7节　光纤通信技术

光纤通信(Optical Fiber Communication)是以激光为光源,以光导纤维为传输介质进行的通信。具有传输容量大、抗电磁干扰能力强等突出优点,是构成有线信息高速公路骨干网的主要通信方式。

7.1　光纤通信概述

1966年,英籍华裔科学家高锟最先提出用玻璃纤维进行远距离激光通信的设想。1973年,美国康宁公司制成传输损耗为20[dB/km]的光纤。同年,美国贝尔实验室研制出能在常温下连续工作的半导体激光器。这两项技术突破为光纤通信的实现铺平了道路。1976年,美国在芝加哥两个相距7[km]的电话局间首次进行了光纤通信试验,实现了一根光纤能够同时容纳8000对人通话。

光纤通信不同于有线电通信,后者是利用金属媒体传输信号,光纤通信则是利用透明的光纤传输光波。虽然光和电都是电磁波,但频率范围相差很大。一般通信电缆最高使用频率约9[MHz]~24[MHz],光纤工作频率在10^{14}[Hz]~10^{15}[Hz]之间。

光纤通信最主要的优点是:容量大,光纤工作频率比目前电缆使用的工作频率高出8~9个数量级,故所开发的容量很大;衰减小,光纤每千米衰减比目前容量最大的通信同轴电缆的每千米衰减要低一个数量级以上;体积小,重量轻;防干扰性能好,光纤不受强电干扰、电气化铁道干扰和雷电干扰,抗电磁脉冲能力也很强,保密性好;光纤本身是非金属,光纤通信的发展将为国家节约大量有色金属,成本低,目前市场上光纤价格有所下降,这为光纤通信得到迅速发展创造了重要的前提条件。

光纤通信首先应用于市内电话局之间的光纤中继线路,继而广泛地用于长途干线网上,成为宽带通信的基础。光纤通信尤其适用于国家之间大容量、远距离的通信,包括国内沿海通信和国际间长距离海底光纤通信系统。光纤通信已经成为电信业务的骨干传输网络。一对光纤可以同时容纳上亿人通话,一条光缆几十对光纤,可以同时容纳几十亿人通话,光纤传输容量之大,可以容纳社会上所有的信息传递,也牵连着千家万户和每一个人。

随着经济的发展,语言、图像、数据等信息迅速增长,尤其是因特网的快速兴起,广大用户对通信网宽带的要求十分迫切。因此,光纤通信传输容量仍在不断的扩大。目前光纤的应用已遍及有线电视、长途干线、局域网、海底通信等各领域。近30年,光纤通信发展之快、应用之广、规模之大,涉及学科之多(光、电、化学、物理、材料等),是以前任何一项新技术不能与之相比的。现在光纤通信新技术仍在不断涌现,充分显示了其强劲的生命力和广阔的应用前景。它已成为信息高速公路的主要传输手段,将成为信息社会的支柱。

目前,各国还在进一步研究、开发用于广大用户接入网上的光纤通信系统。随着光纤放大器、光波分复用技术、光弧子通信技术、光电集成和光集成等许多新技术不断取得进展,光纤通信将会得到更快的发展。

7.2　光纤和光缆

(1)光纤的结构和分类

光纤通信系统与其他通信系统一样,是由发射机、传输信道和接受机三部分构成。传输信道采用光导纤维,简称光纤。光纤是光纤通信的传输媒质,由石英经复杂工艺拉制成直径为125[μm]玻璃纤维。属于介质波导,从横截面上看由三部分组成,即折射率较高的芯区,折射率较低的包层和表面涂敷层。芯区也称为纤芯,纤芯中掺有极少量的磷或锗,以提高其折射率,包层掺有极少量的硼或氟,以降低其折射率。涂敷层的作用是增加光纤的柔韧性和保护光纤不受水侵和擦伤。

如图 8.7.1 所示,在端面上向纤芯部射入的光信号,利用在纤芯与包层的交界面上会产生全反射的原理,一边进行多次反射一边由光纤引导着向前传送。对于波长而言如果曲率半径足够大,光纤即使弯曲,光纤对光信号的导波特性也不会受到影响。由于光信号的功率主要集中在纤芯部和纤芯近旁的包层部分,所以纤芯和包层必须是不吸收光信号和不使用光信号产生散射的材料。在光纤通信中,多数情况是用 PCM 方式传送数字信号。光纤的重要特性有损耗和色散。

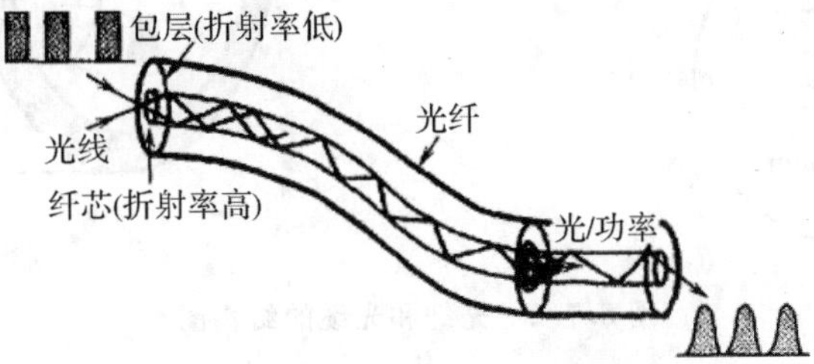

图 8.7.1　光纤的示意图

根据芯区折射率径向分布的不同,可分为阶跃型光纤、渐变型光纤。目前通信上使用的光纤可分为阶跃型多模光纤、渐变型多模光纤、单模光纤。多模光纤是指可以同时传输多种模式的光纤,而单模光纤只能传输一种模式。三种光纤的主要区别见表 8.7.1。

表 8.7.1　三种光纤的主要区别

光纤类型	芯径(μm)	包层直径	传输带宽 MHz·km	传输模式	接续和成本
阶跃型多模光纤	50	125	较大 小于 200 MHz·km	多模	接续较易,成本费最少
渐变型多模光纤	50	125	大 200 GHz～3 GHz·km	多模	接续较易,成本费最大
单模光纤	8～12	125	很大 大于 3 GHz·km	单模	接续较难,成本费较小

(2)芯线和光缆结构

图 8.7.2 是实际使用光纤的结构图,光纤包层的直径为125[μm],纤芯的直径根据用途不同在 10[μm](单模光纤:高速长距离通信用)～50[μm](多模光纤:区内通信、设备间通信用)。光纤对拉力的承受能力较强,不容易拉断,但对弯折的承受力则较差,容易折断,所以在外面包了两层保护层。第一层保护层的外径为 400[μm],采用紫外线硬化树脂材料。将包裹后的状

态称为基准线。在基准线的外面用尼龙包裹构成第二层保护层，外径为 900[μm]。为了便于识别，将尼龙着上颜色。包有两层保护层的光纤称为芯线。芯线有时由一条基准线组成，有时由多条基准线整齐地排列成带状（带状结构的芯线）组成。带状芯线具有线体容易识别，在光纤连接时可一齐完全等优点。

将芯线或者带状芯线堆放在聚乙烯上切开的空槽中，外面包有坚固外皮的光纤称作光缆。在聚乙烯的中心部分使用了抗拉强度很高的加强构件（像钢琴线那样的线），防止光缆被拉伸。外皮根据陆上用、海底用等用途不同，采用了不同的措施，所以外径也有所不同。

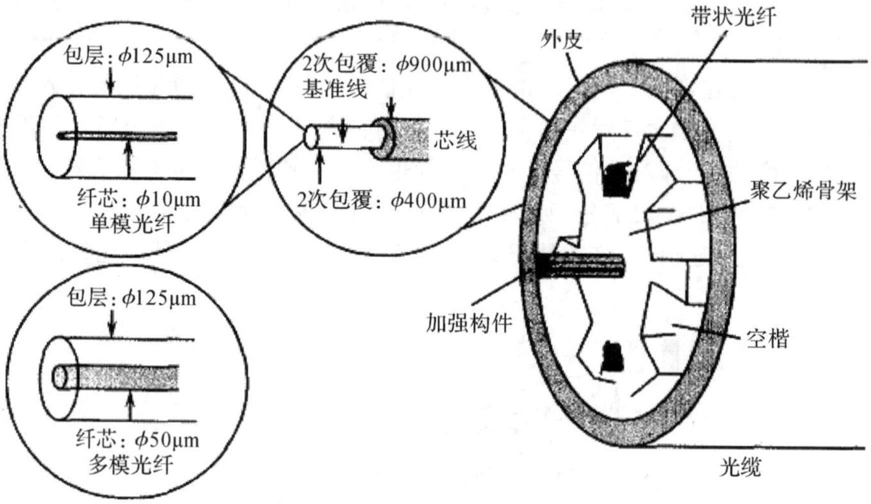

图 8.7.2　光纤和光缆的结构图

7.3　光纤通信

(1)光纤通信系统

光纤通信系统由光发射机、光纤、光中继器和光接收机组成。光发射机是用激光二极管和发光二极管将电信号变换成光信号。而光接收机则正好相反，用光电二极管将光信号变换成电信号。图 8.7.3 是光纤通信系统的示意图。

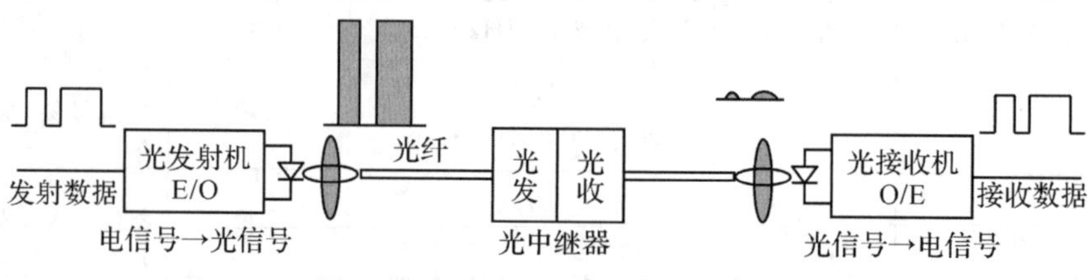

图 8.7.3　光纤通信系统的示意图

①光发射机

光发射机由输入接口、光源、驱动电路、监控电路、控制电路等构成，其核心是光源及驱动电路。在数字通信中，输入电路将输入的信号（如 PCM 脉冲）进行整形，变换成适于线路传送的码型后通过驱动电路光源，光源由激光二极管或发光二极管构成，作用是完成电—光转换，然后将光信号耦合到光纤中，再传输到远方。

②光接收机

光接收机内有光检测器，如光电二极管，其作用是把来自光纤的光信号还原成电信号，经放大、整形、再生、恢复还原后输送给用户。

③光中继器

光中继器位于接收、发射机之间，它包括光接收和光发送设备。其作用是把经过长距离光纤的衰减和畸变后微弱光信号放大、整形，再生成一定强度的光信号，继续送向远方，以保证良好的通信质量。

(2)光纤通信系统的应用

光纤通信系统的光载波频率为100[THz]，是微波载波频率的10^4倍，因此光波系统的信息容量比微波系统增加约10^4倍。正是这种巨大带宽潜力，推动光纤通信系统在全球的开发与应用。目前主要有以下三类应用。

①电信应用

用于遍及全球的电信通信网中的数字语言通信。它包括长距离和短距离通信，长距离通信(包括越洋洲际通信)系统要有大容量的干线，光纤通信可以发挥最大的优势。短距离通信指的是城市之间，几十千米至几百千米的距离。

②数据通信

早期主要用于局域网中的计算机数据和传真信息的传输，一般为几百米至几千米的短距离，速率较低，例如仓库、船舶、飞机、列车或工矿企业内部的计算机局域网等场合。现在已开始向高速率、长距离方向发展。

③视频图像通信

要用于广播电视与共用天线(CATV)系统中，传送宽带高质量图像，将电视节目分配给千家万户，实现了光纤到户。在这类系统中特别是对超级干线或干线多路视频信号传输，采用光纤传输系统是最好的解决办法之一。

上述三类通信中的短距离应用包括城市内和本地环路内的各种电信、数据和视频图像的传送分配业务，其距离一般不超过10[km]。将单信道光波系统用于这些领域显然效益不高。应开发多信道光纤通信系统，将其同时应用于多种业务，构建宽带综合业务数字网(B—ISDN)，同时传送电话、数据、复合视频信道，只有这样，光纤通信系统才能真正发挥宽带大容量的潜力。

目前光通信将逐步取代传统的交换、传输、接入技术，最终实现全光联网。智能交换光网络集语音信号传输、数字图像信号传输、Internet IP业务传输、ATM信号传输于一体，可以在同一数据平台提供语音信号、数据信号、图像信号的传输，实现融媒体传输网络的统一。

习题八

一、填空题

1. 无线电波是电磁波的一种，它的主要参数是波长、速度、频率，它们之间的关系是________，无线电波的传播速度是________。

2. 无线电波有________、________、________和散射波四种主要传播方式。

3. 无线电波按波长可划分为超长波、________、________、________、________(米波)和

________(包括分米波、厘米波、毫米波)几个波段。

4. 长波中波和短波的地面绕射传播距离依次变________,它们能通过________反射传播,超短波和微波波长较短,主要是依靠________传播。

5. 一个载波电流有三个参数可以改变,即:________、________、________。

6. 调频广播具有音质优美、噪声小的特点,但传播距离________,而调幅广播虽然音质差、噪声大,但传播距离________。

7. 调频广播的缺点是________、________,接收机电路复杂一些。

8. AGC 电路又称________电路,它的作用是根据接收信号的大小来自动的控制放大电路的增益,保证________信号基本不变。

9. 我国电视标准规定,每帧画分解为________行,一帧扫描总行数为________行,从上到下分________场拾取,称隔行扫描,这种方法可以减少人眼的________。

10. 彩色电视系统在处理彩色的方式上采用三基色原理,它把任何色彩都分解为________、________、________三种基本的分量进行拍摄传输。

11. 我国电视标准规定,图像信号采用________调制。电视伴音信号的频带为________,以________的方式传送。

12. 卫星传输系统的由________站、________和________站组成。

13. 由国际电联分配给卫星广播业务使用的频段共有六个,目前在卫星电视广播中使用的只有前三个较低频段,即________、________、________频段。

14. "蓝牙"是一种________的无线连接技术标准的代称,蓝牙的实质内容就是要建立通用的________及其________的公开标准。

15. 蓝牙采用分散式网络结构,支持点对点及点对多点通信,工作在全球通用的________频段。其数据速率为________。

16. 光纤通信是以________为光源,以________为传输介质进行的通信。具有传输________、抗________能力强等突出优点。

二、问答题

1. 无线电波有哪些特点?
2. 一台收音机白天收的电台数目没有晚上收到的多是为什么?
3. 什么是载波、调制、解调?
4. 什么是超外差式接收机?它的主要特点是什么?
5. 超外差式收音机中的 AGC 是如何实现的?
6. 我国的电视标准为什么采用隔行扫描?采用隔行扫描与逐行扫描各有什么优缺点?
7. 电视伴音采用调频制有哪些优点?
8. 卫星通信与其它通信方式相比有哪些优点?
9. 什么是蓝牙技术?它有哪些主要技术特点?
10. 什么是光纤通信?并简述其工作原理?

三、电路分析题

1. 请说明无线电波是如何从天线上发射出去的。
2. 简述无线电报的收发报原理。
3. 画出超外差式收音机的电路方框图,并简述其工作过程。
4. 简述电视信号的形成过程及电视广播系统的原理。

5. 说说卫星电视广播的原理及其系统组成。

6. 简述蓝牙技术的系统组成及工作原理。

7. 简述光纤通信系统组成，并画出光纤通信系统示意图。

参考书目

1. 秦曾煌主编:《电工学(第六版)》,高等教育出版社,2004年.
2. 陈众起主编:《电工技术:电工学Ⅰ》,机械工业出版社,2000年.
3. 焦阳主编:《电了技术:电工学Ⅱ》,机械工业出版社,2000年.
4. 史萍、倪世兰编著:《广播电视技术概论》,中国广播电视出版社,2003年.
5. 赵坚勇编著:《电视原理与系统》,西安电子科技大学出版社,2004年.
6. (日)OHM社编,何希才等译:《图解电工学入门》,科学出版社,2000年.
7. (日)OHM社编,薛培鼎等译:《图解电工学入门》,科学出版社,2001年.
8. (日)饭田芳一著,杨凯译:《OHM图解电工电路》,科学出版社,2004年.
9. 易电工作室编著:《零起点轻松学电子电路》,人民邮电出版社,2006年.
10. 易电工作室编著:《零起点轻松学电子技术》,人民邮电出版社,2006年.
11. 华荣茂主编:《电路与模拟电子技术教程》,电子工业出版社,1999年.
12. 李福勤、杨建平主编:《高频电子线路》,北京大学出版社,2008年.
13. 顾德仁等编:《脉冲与数字电路》,高等教育出版社,1979年.
14. 宋东生等编著:《无线电爱好者读本》,人民邮电出版社,1983年.
15. 童诗白主编:《模拟电子技术基础》,高等教育出版社,1980年.